EUROPA-FACHBUCHREIHE
für Bautechnik

# Bautechnik
## Technisches Zeichnen

4. Auflage

Tech 910
Bau

Bearbeitet von Lehrern und Ingenieuren an gewerblichen Schulen

Lektorat:
Dipl.-Ing. Hansjörg Frey, Studiendirektor a.D., Göppingen

VERLAG EUROPA-LEHRMITTEL · Nourney, Vollmer GmbH & Co. KG
Düsselberger Straße 23 · 42781 Haan-Gruiten

EUROPA-Nr.: 41415

**Bearbeiter der „Bautechnik – Technisches Zeichnen"**

| | | |
|---|---|---|
| Frey, Hansjörg | Dipl.-Ing., Studiendirektor a.D. | Göppingen |
| Herrmann, August | Dipl.-Ing. (FH), Oberstudienrat | Schwäbisch Gmünd |
| Kuhn, Volker | Dipl.-Ing., Studiendirektor | Höpfingen |
| Nestle, Hans | Dipl.-Gewerbelehrer, Oberstudiendirektor a.D. | Schwäbisch Gmünd |
| Schulz, Peter | Dipl.-Gewerbelehrer, Studiendirektor a.D. | Leonberg |
| Waibel, Helmuth | Dipl.-Ing. (FH), Studiendirektor a.D. | Biberach |
| Werner, Horst | Dipl.-Ing. (FH), Oberstudienrat | Tauberbischofsheim |

**Leitung des Arbeitskreises:**

Hansjörg Frey, Dipl.-Ing., Studiendirektor a.D., Göppingen

**Bildbearbeitung:**

Irene Lillich, Zeichenbüro, Schwäbisch Gmünd
Wolfgang Nutsch, Dipl.-Ing. (FH), Studiendirektor a.D., Stuttgart
Verlag Europa-Lehrmittel, Abt. Bildbearbeitung, Leinfelden-Echterdingen

4. Auflage 2005
Druck 5 4 3 2 1

Alle Drucke derselben Auflage sind parallel einsetzbar, da bis auf die
Behebung von Druckfehlern untereinander unverändert.

ISBN 3-8085-4144-X

Alle Rechte vorbehalten. Das Werk ist urheberrechtlich geschützt. Jede Verwertung außerhalb
der gesetzlich geregelten Fälle muss vom Verlag schriftlich genehmigt werden.

© 2005 by Verlag Europa-Lehrmittel, Nourney, Vollmer GmbH & Co. KG, 42781 Haan-Gruiten
Satz: Satz+Layout Werkstatt Kluth GmbH, 50374 Erftstadt
Druck: B.o.s.s Druck und Medien GmbH, 47533 Kleve

# Vorwort

Der Verlag Europa-Lehrmittel legt mit dem Titel „Bautechnik – Technisches Zeichnen" ein weiteres Unterrichtswerk für die Bauberufe vor.

Das Buch enthält die Grundlagen des Bauzeichnens unter Berücksichtigung der entsprechenden Ausbildungspläne. DIN 1356-1 „Bauzeichnungen", Ausgabe 2.95 ist bei allen Bauzeichnungen beachtet. Der Inhalt des Buches ist nach dem Fortgang der Ausbildung gegliedert. Die für den Rohbau erforderlichen Ausführungszeichnungen sind in eigenen Kapiteln zusammengefaßt. Daneben wird außer der Projektionslehre z.B. auch das Freihandzeichnen angesprochen mit Anleitungen für Bauskizzen und Maßaufnahmen am Bau. Den Abschluß bildet ein Kapitel über das Zeichnen mit dem Computer als Grundlage für alle Zeichenprogramme.

Der Aufbau des Buches ist so gestaltet, daß ein leichtes Zurechtfinden möglich ist. Dazu dient außer einem Inhalts- und Sachwortverzeichnis die Kopfzeile jeder Buchseite mit Kapitelnummer, Überschriften und entsprechenden Piktogrammen. Verschiedene Farben unterstützen ebenfalls die Gliederung. Informations- und Einführungsseiten sind gelb hinterlegt, Aufgabenseiten weiß. Rote Farbe kennzeichnet wichtige Maße und Raster, blaue Farbe gibt Hinweise auf Papierformate, Anordnung der Zeichnung und Blatteinteilung. Bei jedem Kapitel sind Musterlösungen vorgegeben. Der Text erläutert die Konstruktionsdetails und gibt die notwendigen Hinweise für die Lösung der nachfolgenden Aufgaben.

Bei den Aufgaben wurde bewußt auf Arbeitsblätter verzichtet. Zur Stärkung der **Handlungskompetenz der Schüler** sind die Aufgaben als Arbeitsauftrag formuliert. Alle zur Lösung notwendigen Angaben und Tabellen sind auf den Informationsseiten zusammengefaßt, so daß die **Schüler selbständig arbeiten** und maßstäbliche Zeichnungen in richtiger Anordnung und Blatteinteilung fertigen können.

Die **Lehrer** haben die Möglichkeit, zu den jeweiligen Kapiteln einzelne Zeichnungen erstellen zu lassen oder für die Schüler überschaubare **Bauprojekte** auszuwählen und dabei alle Ausbildungsinhalte ganzheitlich und fächerübergreifend erarbeiten zu lassen. Daneben sind viele Variantenlösungen mit zunehmendem Schwierigkeitsgrad möglich, so daß auch unterschiedlichen pädagogischen Erfordernissen Rechnung getragen werden kann. Zum Erlernen des Zeichnungslesens enthält das Buch besondere Zeichnungen mit zugehörenden Fragen. Die Bearbeitung der Aufgaben erfordert zunächst ein intensives Lesen der Zeichnung um die zur Lösung erforderlichen Angaben herauszufinden.

Das Buch „Bautechnik – Technisches Zeichnen" umfaßt alle Ausbildungsinhalte der Grundstufe und der Fachstufen für Maurer, Beton- und Stahlbetonbauer. Es eignet sich als Lehrbuch und Übungsbuch für Auszubildende und Schüler in Berufsfachschulen, Berufsschule sowie in betrieblichen und überbetrieblichen Ausbildungsstätten. Das Buch bietet die Möglichkeit zum Selbststudium, zur Wiederholung und Prüfungsvorbereitung sowie zur Einarbeitung in die Zeichnungsnormen im Berufsfeld Bautechnik.

Autoren und Verlag bedanken sich bei den Firmen NOE-Schaltechnik in 73079 Süßen und PERI GmbH, Schalung und Gerüste, in 89264 Weißenhorn für die uns zur Verfügung gestellten Zeichnungen.

Göppingen, im Sommer 1996     Hansjörg Frey


**Vorwort zur 3. Auflage**

In der vorliegenden Neuauflage wurden außer den erforderlichen Verbesserungen hauptsächlich die neuen Normen für Beton, Stahlbeton und Spannbeton in DIN 1045-1, -2, -3 und in DIN EN 206-1 sowie für Gesteinskörnungen in DIN 4226 eingearbeitet. Somit enthalten alle Aufgaben die neuen Bezeichnungen für den Beton- und Stahlbetonbau. Außerdem wurde auf die neue Rechtschreibung umgestellt.

Göppingen, im Frühjahr 2002     Hansjörg Frey


**Vorwort zur 4. Auflage**

Die vorliegende Neuauflage berücksichtigt Fehlerkorrekturen und neue Normen.

Göppingen, im Herbst 2005     Hansjörg Frey

# Inhaltsverzeichnis

|  | Vorwort | 3 |
|---|---|---|
| **1** | **Arbeitsmittel zum Zeichnen** | 7 |
| 1.1 | Zeichenarbeitsplätze | 7 |
| 1.2 | Zeichengeräte | 8 |
| 1.3 | Zeichenpapiere | 9 |
| **2** | **Zeichnungsnormen** | 10 |
| 2.1 | Bauzeichnungen | 10 |
| 2.2 | Linien in Bauzeichnungen | 11 |
| 2.3 | Schnittverlauf und Schnittkennzeichnung | 13 |
| 2.4 | Beschriften von Bauzeichnungen | 14 |
| 2.5 | Bemaßen von Bauzeichnungen | 16 |
| 2.5.1 | Maßstäbe | 16 |
| 2.5.2 | Maßlinien, Maßhilfslinien, Maßlinienbegrenzungen | 16 |
| 2.5.3 | Maßzahlen, Maßeinheiten | 16 |
| 2.5.4 | Hinweislinien, Bezugslinien | 17 |
| 2.5.5 | Lese- und Schreibrichtung | 17 |
| 2.5.6 | Arten der Bemaßung | 17 |
| 2.5.7 | Maßtoleranzen | 19 |
| 2.6 | Schraffuren und Farben in Bauzeichnungen | 20 |
| 2.6.1 | Kennzeichnung von Schnittflächen | 20 |
| 2.6.2 | Kennzeichnung von Baustoffen | 20 |
| 2.6.3 | Farbkennzeichnung | 20 |
| **3** | **Geometrische Grundlagen** | 23 |
| 3.1 | Geometrische Grundkonstruktionen | 23 |
| 3.1.1 | Punkt, Gerade, Strahl, Strecke, Parallele | 23 |
| 3.1.2 | Senkrechte, Lote, Strecken teilen | 24 |
| 3.1.3 | Winkel, Winkel übertragen, Winkel halbieren | 25 |
| 3.1.4 | Konstruktion von Winkeln | 26 |
| 3.2 | Dreiecke | 28 |
| 3.3 | Vierecke | 29 |
| 3.3.1 | Quadrat, Rechteck | 29 |
| 3.3.2 | Parallelogramm, Raute | 30 |
| 3.3.3 | Trapez | 31 |
| 3.3.4 | Unregelmäßiges Viereck | 31 |
| 3.4 | Regelmäßige Vielecke | 33 |
| 3.4.1 | Konstruktion regelmäßiger Vielecke mit gegebenem Umkreisdurchmesser | 33 |
| 3.4.2 | Konstruktion regelmäßiger Vielecke mit gegebener Seitenlänge | 34 |
| 3.5 | Kreis | 35 |
| 3.5.1 | Bezeichnungen | 35 |
| 3.5.2 | Sehne | 35 |
| 3.5.3 | Tangente | 35 |
| 3.5.4 | Abrundungen | 36 |
| 3.5.5 | Kreisübergänge | 36 |
| 3.6 | Oval | 38 |
| 3.7 | Ellipse | 38 |
| 3.8 | Bogenformen | 39 |
| **4** | **Projektionen** | 41 |
| 4.1 | Normalprojektion | 41 |
| 4.1.1 | Ansichten von Körpern | 43 |
| 4.1.2 | Ergänzungszeichen | 53 |
| 4.2 | Räumliche Darstellungen | 58 |
| 4.2.1 | Isometrie, Dimetrie, Kavalierperspektive | 58 |
| 4.2.2 | Arbeitsablauf beim Zeichnen räumlicher Darstellungen | 59 |
| 4.3 | Wahre Größen, Abwicklungen | 67 |
| 4.3.1 | Wahre Längen | 67 |
| 4.3.2 | Wahre Flächen | 68 |
| 4.3.3 | Abwicklungen | 71 |
| 4.4 | Schnitte | 76 |
| **5** | **Freihandzeichnen** | 81 |
| 5.1 | Skizziertechnik | 81 |
| 5.1.1 | Linien als Symbole für Baustoffe | 82 |
| 5.1.2 | Skizzieren von Mauerwerk und Belägen | 83 |
| 5.2 | Bauskizzen | 84 |
| 5.2.1 | Entstehung einer Bauskizze | 84 |
| 5.2.2 | Skizzieren von Körpern | 85 |
| 5.2.3 | Entstehung einer räumlichen Bauskizze | 86 |
| 5.2.4 | Darstellung von Bauskizzen | 87 |
| 5.3 | Bauaufnahmen | 88 |
| **6.** | **Bauzeichnungen** | 89 |
| 6.1 | Bauprojekt | 89 |
| 6.2 | Massivbau | 90 |
| 6.2.1 | Mauerwerksbau | 92 |
| 6.2.2 | Beton- und Stahlbetonbau | 94 |
| 6.3 | Holzbau | 97 |
| 6.4 | Ausbau | 101 |
| 6.4.1 | Fliesenarbeiten | 101 |
| 6.4.2 | Trockenbauarbeiten | 103 |
| 6.4.3 | Stuckarbeiten | 105 |
| 6.5 | Erdbau, Tief- und Straßenbau | 107 |
| 6.5.1 | Erdbau | 107 |
| 6.5.2 | Tief- und Straßenbau | 109 |

# Inhaltsverzeichnis

| | | |
|---|---|---|
| **7** | **Werkzeichnungen** | 111 |
| **7.1** | **Arten der Werkzeichnung** | 111 |
| **7.2** | **Inhalte der Werkzeichnung** | 112 |
| 7.2.1 | Öffnungsarten von Türen | 113 |
| 7.2.2 | Öffnungsarten von Fenstern | 113 |
| 7.2.3 | Treppen und Rampen | 113 |
| 7.2.4 | Schornsteine und Schächte | 113 |
| 7.2.5 | Aussparungen | 114 |
| 7.2.6 | Abkürzungen in Werkzeichnungen | 115 |
| 7.2.7 | Symbole für Einrichtungsgegenstände und Installationen | 115 |
| **7.3** | **Darstellung von Werkzeichnungen** | 116 |
| **7.4** | **Projekt: Garage mit Abgrenzungsmauer** | 119 |
| **7.5** | **Projekt: Garagenanlage im Erdwall** | 121 |
| **7.6** | **Projekt: Bushaltestelle mit Wartehäuschen** | 123 |
| **7.7** | **Projekt: Betriebsgebäude** | 125 |
| **7.8** | **Projekt: Funktionsgebäude** | 127 |
| **8** | **Fundamente** | 129 |
| **8.1** | **Fundamentzeichnung** | 129 |
| **8.2** | **Inhalte der Fundamentzeichnung** | 129 |
| **8.3** | **Beispiel einer Fundamentzeichnung** | 130 |
| **9** | **Entwässerung** | 133 |
| **9.1** | **Entwässerungszeichnung** | 133 |
| **9.2** | **Inhalte der Entwässerungszeichnung** | 133 |
| **9.3** | **Beispiel einer Entwässerungszeichnung** | 134 |
| **9.4** | **Sinnbilder und Zeichen** | 134 |
| **10** | **Mauerwerksbau** | 137 |
| **10.1** | **Mauerverbände aus klein- und mittelformatigen Steinen** | 137 |
| 10.1.1 | Rechtwinklige Maueranschlüsse | 137 |
| 10.1.2 | Vorlagen, Nischen, Schlitze, Anschläge | 140 |
| 10.1.3 | Mauerpfeiler | 142 |
| 10.1.4 | Schiefwinklige Maueranschlüsse | 144 |
| **10.2** | **Mauerverbände aus großformatigen Steinen** | 146 |
| **10.3** | **Mauerwerk** | 149 |
| 10.3.1 | Einschaliges Mauerwerk | 149 |
| 10.3.2 | Zweischaliges Mauerwerk | 151 |
| **10.4** | **Mauerbögen** | 153 |
| 10.4.1 | Rundbogen | 153 |
| 10.4.2 | Korbbogen | 153 |
| 10.4.3 | Segmentbogen | 154 |
| 10.4.4 | Scheitrechter Bogen | 154 |
| **10.5** | **Mauerverbände aus natürlichen Steinen** | 156 |
| **11** | **Schalungsbau** | 158 |
| **11.1** | **Stützenschalung** | 158 |
| **11.2** | **Balkenschalung** | 163 |
| **11.3** | **Wandschalung** | 165 |
| **11.4** | **Deckenschalung** | 170 |
| **11.5** | **Treppenschalung** | 174 |
| **11.6** | **Elementschalung** | 176 |
| **12** | **Beton- und Stahlbetonbau** | 178 |
| **12.1** | **Schalpläne** | 178 |
| **12.2** | **Positionspläne** | 180 |
| **12.3** | **Einzelstabbewehrung** | 183 |
| 12.3.1 | Darstellung in Bewehrungszeichnungen | 183 |
| 12.3.2 | Balkenbewehrung | 189 |
| 12.3.3 | Fundamentbewehrung | 195 |
| 12.3.4 | Stützenbewehrung | 198 |
| 12.3.5 | Wandbewehrung | 202 |
| 12.3.6 | Konsolenbewehrung | 206 |
| 12.3.7 | Treppenbewehrung | 209 |
| **12.4** | **Betonstahlmattenbewehrung** | 213 |
| **13** | **Schornsteine** | 220 |
| **13.1** | **Schornsteinaufbau** | 220 |
| **13.2** | **Schornsteinformstücke, Schornsteinverbände** | 221 |
| **14** | **Treppen** | 224 |
| **14.1** | **Treppendarstellung, Treppenbemaßung** | 224 |
| **14.2** | **Gerade Treppen** | 225 |
| **14.3** | **Gewendelte Treppen** | 228 |
| 14.3.1 | Verziehen einer viertelgewendelten Treppe | 228 |
| 14.3.2 | Verziehen einer halbgewendelten Treppe | 229 |
| 14.3.3 | Aufriss der Wandseiten einer viertelgewendelten Treppe | 230 |
| 14.3.4 | Aufriss der Wandseiten einer halbgewendelten Treppe | 231 |
| **15** | **Fertigteilbau** | 233 |
| **15.1** | **Großtafelbauweise** | 233 |
| **15.2** | **Skelettbauweise** | 236 |

# Inhaltsverzeichnis

| | |
|---|---|
| **16** | **Computerunterstütztes Zeichnen** ..... 239 |
| **16.1** | **Hardware und Software** ............. 239 |
| 16.1.1 | Hardware ....................... 239 |
| 16.1.2 | Software ....................... 241 |
| **16.2** | **Grundfunktionen** .................. 242 |
| 16.2.1 | Koordinatensysteme ............. 242 |
| 16.2.2 | Positionierfunktionen ............ 243 |
| 16.2.3 | Identifizierungsfunktionen ....... 244 |
| **16.3** | **Hilfsfunktionen** ................... 244 |
| 16.3.1 | Programmparameter ............ 244 |
| 16.3.2 | Zoomfunktionen ................ 245 |
| 16.3.3 | Ebenentechnik, Layer ........... 245 |
| **16.4** | **Zeichenfunktionen** ................ 246 |
| **16.5** | **Editierfunktionen** ................. 248 |
| 16.5.1 | Editieren ....................... 248 |
| 16.5.2 | Schraffieren ................... 251 |

| | |
|---|---|
| **16.6** | **Bemaßen, Beschriften** .............. 252 |
| 16.6.1 | Bemaßen ...................... 252 |
| 16.6.2 | Beschriften .................... 253 |
| **16.7** | **Bibliotheken** ...................... 254 |
| 16.7.1 | Symbole und Makros ............ 254 |
| 16.7.2 | Varianten ...................... 254 |
| **16.8** | **Dreidimensionales Konstruieren** ...... 255 |
| **16.9** | **Spezifische Bau-CAD-Technik** ....... 257 |
| 16.9.1 | Weiterverarbeitung der Geometriedaten ................ 257 |
| 16.9.2 | Mengenermittlung, Kosten ........ 258 |
| 16.9.3 | Vom CAD-System zur automatischen Fertigung ........... 258 |

Sachwortverzeichnis ................ 259

# 1 Arbeitsmittel zum Zeichnen
## 1.1 Zeichenarbeitsplätze

**Zeichenarbeitsplatz in der Schule**

1. Zeichenplatte DIN A 3 oder DIN A 4
2. Zeichenschiene
3. Zeichenmaßstab
4. Zeichendreiecke
5. Zeichenstifte
6. Spitzgerät für Zeichenstifte
7. Radiergummi
8. Zirkel
9. Kreisschablone

**Arbeitsplatz im Zeichenbüro**

10. Zeichentisch
11. Zeichenmaschine mit Laufwagenführung, Zeichenkopf und Zeichenlineale
12. Tuschezeichengeräte
13. Radiermittel für Tusche
14. Zeichenschablone
15. Schriftschablone
16. Radierschablone
17. Zeichenbesen

**Computerunterstützter Zeichenarbeitsplatz**

18. Computer (Zentraleinheit)
19. Tastatur mit Funktionstastenfeld
20. Text-Bildschirm
21. Grafik-Bildschirm
22. Maus
23. Plotter

# 1 Arbeitsmittel zum Zeichnen
## 1.2 Zeichengeräte

### Zeichenplatte, Zeichentisch

Als Zeichnungsunterlage kann eine Zeichenplatte aus Kunststoff für das Zeichnungsformat DIN A 4 oder DIN A 3 verwendet werden ①. Auf der Zeichenplatte wird das Zeichenpapier mittels einer Klemmvorrichtung gehalten. Größere Zeichnungen lassen sich auf einem Zeichenbrett mit Reißschiene oder auf einem Zeichentisch ⑩ mit Zeichenmaschine ⑪ fertigen.

Beim Zeichentisch ist eine stufenlose Höhenverstellung und Schrägstellung des Tisches möglich, so dass man im Stehen oder im Sitzen zeichnen kann.

### Zeichenschiene, Zeichenmaschine

Die Zeichenschiene dient zum Zeichnen paralleler Linien und wird an der Zeichenplatte in einer Nut geführt ②. Sie ist feststellbar.

Die Zeichenmaschine mit dem Zeichenkopf besitzt meistens eine Laufwagenführung ⑪. Am Zeichenkopf sind die Zeichenlineale rechtwinklig zueinander befestigt. Sie besitzen eine Maßeinteilung und eine Tuschekante. Die Tuschekante verhindert, dass Tusche unter das Lineal fließt. Am Zeichenkopf lassen sich verschiedene Winkel einstellen.

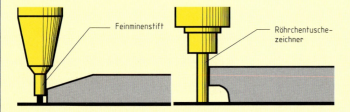

**Lineal ohne Tuschekante**      **Lineal mit Tuschekante**

### Zeichenmaßstäbe/Zeichendreiecke

Der Zeichenmaßstab ③ ist mit einer Griffleiste versehen und ist 30 cm lang. Er sollte eine gut ablesbare 1 mm-Einteilung haben. Der Dreikant-Maßstab eignet sich zum direkten Abtragen verkleinerter Maße und enthält meist die Maßstäbe 1:2,5, 1:5, 1:10, 1:20, 1:50 und 1:100.

Zum Zeichnen von Linien unter einem Winkel von z.B. 30°, 45° oder 60° benötigt man Zeichendreiecke ④. Man unterscheidet Zeichendreiecke mit den Winkeln 45° – 90° – 45° und 30° – 90° – 60°. Eine Sonderform der Zeichendreiecke sind die Geometrie-Dreiecke (Geo-Dreiecke). Sie enthalten neben einem Winkelmesser noch andere Zeichenhilfen.

### Zeichenstifte

Für Bleistiftzeichnungen verwendet man **Holzbleistifte** oder Minenhalter mit einsetzbaren Zeichenminen ⑤. Bei den Minenhaltern unterscheidet man Minenklemmstifte und Feinminenstifte. In die **Minenklemmstifte** werden 2 mm dicke Zeichenminen verschiedener Härtegrade eingesetzt. Für Zeichnungen auf Karton eignen sich H-, F- oder HB-Minen, auf Transparentpapier 2H- oder 3H-Minen.

| sehr hart | | | hart | | mittel | | | weich | | sehr weich | |
|---|---|---|---|---|---|---|---|---|---|---|---|
| 6H | 5H | 4H | 3H | 2H | H | F | HB | B | 2B | 3B 4B 5B 6B | |

**Minenhärten bei Zeichenstiften**

**Feinminenstifte** sind Druckbleistifte, mit denen sich z.B. die Linienbreiten 0,3 mm, 0,5 mm, 0,7 mm, 0,9 mm zeichnen lassen.

**Farbstifte** werden zum farbigen Anlegen von Schnittflächen in Ausführungszeichnungen und zur Kennzeichnung von Baustoffen oder Bauwerksteilen benötigt.

### Tuschezeichengeräte

Für Tuschezeichnungen verwendet man vorwiegend Röhrchentuschezeichner ⑫. Sie bestehen aus dem Halteschaft, dem Zeichenkegel mit abnehmbarem Tuschetank und der Verschlusskappe. Die Tusche fließt durch das Zeichenröhrchen zum Papier. Der Röhrchendurchmesser entspricht der jeweiligen Linienbreite. Zur Kennzeichnung der Linienbreite wurden folgende Kennfarben am Tuschezeichner festgelegt:

0,25 mm – weiß, 0,35 mm – gelb, 0,5 mm – braun, 0,7 mm – blau, 1,0 mm – orange, 1,4 mm – grün und 2,0 mm – grau.

Die **Zeichentusche** soll gute Fließeigenschaften aufweisen, schnell trocknen, lichtecht, radierfest und tiefschwarz sein.

**Faserschreiber** werden ebenfalls für verschiedene Linienbreiten hergestellt.

### Spitzgeräte, Radiermittel

Zum Spitzen von Bleistiften und Zeichenminen werden in der Regel Spitzdosen mit Staubfang verwendet ⑥. Das Spitzen geschieht mittels kleiner Messer oder mit einem Schleifring. Radiergummis ⑦ müssen gründlich ausradieren und dürfen nicht schmieren. Zum Ausradieren kleiner Stellen kann man eine Radierschablone aus Metall ⑯, zum Entfernen des Radierstaubes einen Zeichenbesen ⑰ verwenden. Tuschelinien lassen sich mit Radiermessern oder Rasierklingen entfernen.

### Zirkel, Zeichenschablonen

Kreislinien können mit dem Zirkel ⑧ gezeichnet werden. Für größere Kreise verwendet man den **Schnellverstellzirkel**, gegebenenfalls mit Verlängerung, für kleinste Kreise einen **Fallnullenzirkel**. Jeder Zirkel sollte einen Bleistift- und einen Tuschefüllereinsatz haben. Zum Abgreifen und Übertragen von Strecken kann eine Nadel eingesetzt werden (Stechzirkel). Mit Zeichenschablonen ⑭ kann man sich das Zeichnen von häufig wiederkehrenden geometrischen Formen erleichtern. So gibt es **Kreisschablonen** ⑨ zum Zeichnen von Kreisen, **Kurvenschablonen** zum Zeichnen beliebiger Kurven mit unterschiedlichen Bögen, Schablonen zum Zeichnen von Ellipsen, Quadraten, Symbolen, z.B. für Einrichtungsgegenstände, **Schriftschablonen** ⑮ für verschiedene Schriftgrößen und Schriftarten. Wird mit Tusche gezeichnet, müssen die Schablonen an der Zeichenkante einen Abstand vom Zeichenpapier aufweisen, damit die Tusche nicht unter die Schablone fließen kann.

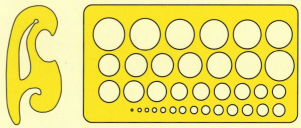

**Kurven- und Kreisschablone**

# 1 Arbeitsmittel zum Zeichnen
## 1.3 Zeichenpapiere

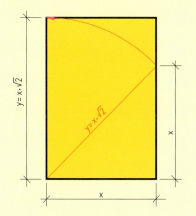
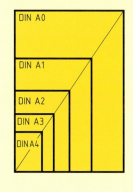

**Darstellung der Papierformatreihe A**

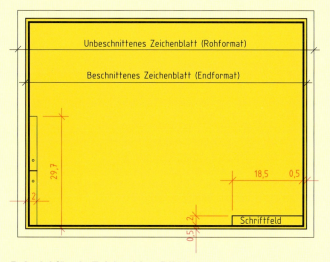

**Beispiel für ein Zeichenblatt DIN A 1**

| Datum | Art der Änderung | | | |
|---|---|---|---|---|
| Datum | Art der Änderung | | | |
| Ä n d e r u n g e n | | | | |
| Planungsbüro | | | | |
| Bauvorhaben | | Bauherr | | |
| Zeichnungsinhalt | | Maßstab | | Zeichnungs-Nr. |
| Datum | bearbeitet | Datum | | geändert |

**Beispiel eines Schriftfeldes auf Bauplänen**

| Schule | Name | Klasse | Datum | Nr. |
|---|---|---|---|---|
| | Zeichnungsinhalt | | Maßstab | gepr. |

3,5   6,0   3,5   3,5   2,0
18,5

**Beispiel eines Schriftfeldes auf Zeichnungen in der Schule**

Für Bauzeichnungen werden vor allem weiße Zeichenkartons oder transparente Zeichenpapiere verwendet. Bei der Auswahl des Zeichenpapiers ist auf dessen Dicke und Oberflächenbeschaffenheit zu achten. Das Papiergewicht ist von der Papierdicke abhängig. Es wird nach Gewichtsstufen in g/m² gekennzeichnet.

**Zeichenkartons** sind weiß mit glatter oder matter Oberfläche. Solche mit matter Oberfläche eignen sich besonders für Bleistiftzeichnungen. Zeichenkartons haben ein Papiergewicht von 150 g/m² bis 200 g/m². Sie sind als Einzelblätter in den Papierformaten A 0 bis A 4 erhältlich.

**Transparentpapiere** sind lichtdurchlässig und ermöglichen ein Vervielfältigen der Zeichnungen durch Lichtpausen. Zum Zeichnen werden vorzugsweise Papiere mit einem Papiergewicht von etwa 90 g/m² verwendet. Sie können glatt oder matt sein. Papiere mit glatter Oberfläche eignen sich für Tuschezeichnungen, solche mit matter Oberfläche für Bleistiftzeichnungen.

**Skizzierpapiere** sind Transparentpapiere mit einem Papiergewicht von 40 g/m² bis 55 g/m². Sie dienen zum Skizzieren z.B. von Vorentwürfen oder Baudetails.

### Papierformate

Zeichenpapiere gibt es in Rollen oder als Einzelblätter auf DIN-Format geschnitten. Ausgangsformat ist das Format DIN A 0. Es ist eine Rechteckfläche von einem Quadratmeter und einem Seitenverhältnis von $1:\sqrt{2}$. Durch Halbieren erhält man das Format DIN A 1 wieder mit dem Seitenverhältnis $1:\sqrt{2}$, durch weiteres Halbieren das Format DIN A 2 sowie alle weiteren Formate. Die Maße für unbeschnittene Blätter (Rohformat) und beschnittene Blätter (Endformat) sind in DIN EN ISO 5457 und DIN EN ISO 216 festgelegt. Ist ein Rand vorgesehen, hat dieser eine Breite von 5 mm vom Endformat aus gemessen. Er begrenzt die Zeichenfläche. Soll eine Zeichnung als Lichtpause oder Kopie in einem Ordner abgelegt werden, ist ein Heftrand erforderlich. Dieser hat eine Länge von 297 mm und eine Breite von 18 mm bis 20 mm und ist im unteren Teil der linken Zeichnungskante angeordnet.

| Papierformate nach DIN EN ISO 5457 und DIN EN ISO 216 | | | |
|---|---|---|---|
| Format Reihe A DIN | Rohformat unbeschnitten in mm | Endformat beschnitten in mm | Zeichenfläche in mm |
| A 0 | 880 x 1230 | 841 x 1189 | 821 x 1159 |
| A 1 | 625 x 880 | 594 x 841 | 574 x 811 |
| A 2 | 450 x 625 | 420 x 594 | 400 x 564 |
| A 3 | 330 x 450 | 297 x 420 | 277 x 390 |
| A 4 | 240 x 330 | 210 x 297 | 180 x 277 |

### Schriftfeld

Jede Zeichnung erhält ein Schriftfeld, aus dem die wichtigsten Angaben zu ersehen sind, z.B. Planungsbüro (Architekt, Fachingenieur), Bauvorhaben, Bauherr, Planinhalt, Maßstab, Zeichnungsnummer, Bearbeiter, Prüfer und Datum. Erforderliche Planänderungen werden über dem Schriftfeld fortlaufend nach oben angeordnet. Das Schriftfeld ist an der rechten unteren Ecke der Zeichnung innerhalb des Zeichnungsrandes anzubringen und hat eine Länge von 185 mm. Für Schülerzeichnungen genügt ein vereinfachtes Schriftfeld.

# 2 Zeichnungsnormen
## 2.1 Bauzeichnungen

Bauzeichnungen müssen von allen am Baugeschehen beteiligten Personen gelesen werden können. Deshalb wurden einheitliche Zeichnungsregeln geschaffen, die in nationalen und internationalen Normen festgelegt sind.

| Nationale und internationale Normung | | |
|---|---|---|
| Normen-bezeichnung | Institut | Geltungsbereich |
| DIN | Deutsches Institut für Normung (DIN), Berlin | Bundesrepublik |
| EN | Europäisches Komitee für Normung (CEN), Brüssel | Europa (für Mitgliedsländer) |
| ISO | Internationale Organisation für Normung (ISO), Genf | weltweit (für Mitgliedsländer) |

Alle Länder, deren nationale Normungsinstitute in den internationalen Norm-Organisationen (CEN, ISO) Mitglied sind, übernehmen die gemeinsam erarbeiteten Normen als nationale Normen.

### 2.1 Bauzeichnungen

Bauzeichnungen dienen der Verständigung zwischen Bauherren, Architekten, Fachingenieuren, Baubehörden und Bauausführenden. Sie werden nach DIN 1356 für den Entwurf, die Genehmigung, die Ausführung und die Abrechnung von Bauten benötigt. Für die Planung der Bauobjekte werden Vorentwurfszeichnungen, Entwurfszeichnungen, Bauvorlagezeichnungen und Ausführungszeichnungen erstellt. Die Baudurchführung erfolgt nach den Ausführungszeichnungen. Diese sind für die Objektplanung, die Tragwerksplanung und andere Fachplanungen erforderlich.

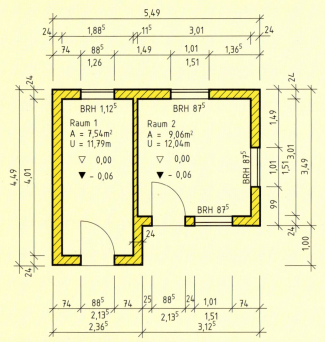

**Ausführungszeichnung (Grundriss)**

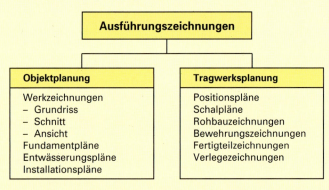

### Vervielfältigung

Da für alle am Baugeschehen Beteiligten verschiedene Bauzeichnungen benötigt werden, sind durch Lichtpausen oder Kopieren der Originalzeichnungen Mehrfertigungen zu erstellen, z.B. für Architekt, Bauherr, Fachingenieure, Baufirma, Baustelle und Baubehörde. Zur Archivierung ist auch eine Mikroverfilmung möglich.

### Faltung

Vervielfältigte Zeichnungen können durch Falten auf das Ablageformat DIN A4 gebracht werden. Nach DIN 824 ist darauf zu achten, dass die in einem Ordner abgelegten Zeichnungen in eingeheftetem Zustand entfaltet und wieder gefaltet werden können. Das Schriftfeld befindet sich dann auf der Deckseite am unteren Rand der gefalteten Zeichnung. Der Heftrand muss frei bleiben. Um das Falten zu erleichtern, werden an den Blatträndern Faltmarkierungen angebracht.

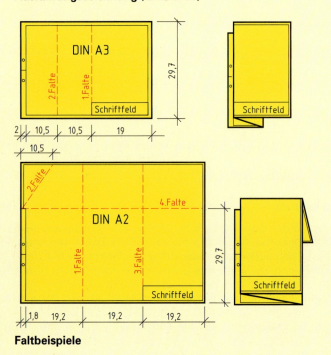

**Faltbeispiele**

# 2 Zeichnungsnormen
## 2.2 Linien in Bauzeichnungen

Um eine Zeichnung aussagekräftig und leicht lesbar zu machen, verwendet man verschiedene Linienarten und Linienbreiten.
Diese sind in DIN 1356-1 und DIN ISO 128-23 festgelegt. Die Linienbreiten der einzelnen Linienarten sind vom Zeichnungsmaßstab abhängig. Bei Bleistiftzeichnungen eignen sich für breite Linien weiche Zeichenstifte, z. B. F-, HB- oder B-Zeichenstifte, für schmale Linien harte Zeichenstifte, z. B. H- oder 2H-Zeichenstifte.

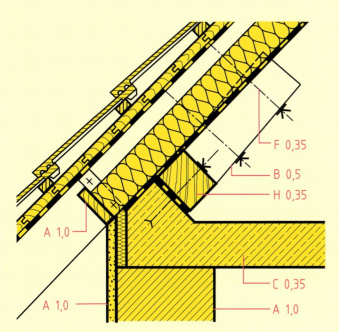

**Linienarten und Linienbreiten in einer Ausführungszeichnung M 1:10**

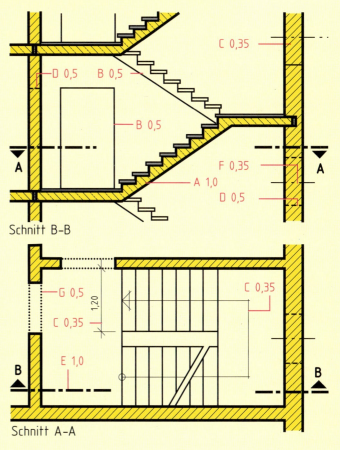

**Linienarten und Linienbreiten in einer Ausführungszeichnung M 1:50**

| Linienarten und Linienbreiten | | | | | |
|---|---|---|---|---|---|
| Linienart | | | Anwendungsbereich | Linienbreiten in Abhängigkeit vom Zeichnungsmaßstab | |
| | | | | ≤ 1:100 | ≥ 1:50 |
| | | | | Linienbreite in mm | |
| A | Volllinie, breit | ——— | Begrenzung von Schnittflächen | 0,5 | 1,0 |
| B | Volllinie, schmal | ——— | Sichtbare Kanten und Umrisse von Bauteilen, Begrenzung von Schnittflächen schmaler und kleiner Bauteile | 0,35 | 0,5 |
| C | Volllinie, fein | ——— | Maßlinien, Maßhilfslinien, Hinweislinien, Lauflinien, Pfeile, Begrenzung von Ausschnitten, Schraffuren | 0,25 | 0,35 |
| D | Strichlinie, schmal | – – – – | Verdeckte Kanten und verdeckte Umrisse von Bauteilen | 0,35 | 0,5 |
| E | Strichpunktlinie, breit | —-—-— | Kennzeichnung der Lage der Schnittebene | 0,5 | 1,0 |
| F | Strichpunktlinie, fein | —-—-— | Achsen | 0,25 | 0,35 |
| G | Punktlinie, schmal | ········· | Bauteile vor bzw. über der Schnittebene | 0,35 | 0,5 |
| H | Freihandlinie | ∼∼∼∼ | Schraffur für Schnittflächen von Holz | 0,25 | 0,35 |

# 2 Zeichnungsnormen
## 2.2 Linien in Bauzeichnungen
### Aufgaben zu 2.2 Linien in Bauzeichnungen

**1** Von den angegebenen Linienarten sind jeweils 4 Linien nach DIN 1356 im Abstand von 5 mm zu zeichnen und zu beschriften.

- breite Volllinie
- schmale Volllinie
- feine Volllinie
- schmale Strichlinie
- breite Strichpunktlinie
- feine Strichpunktlinie
- Punktlinie

**2** Die vorgegebenen Beispiele sind mit breiter Volllinie ①, schmaler Volllinie ②, und feiner Volllinie ③ zu zeichnen.

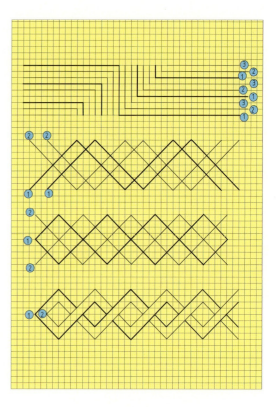

**3** Die Beispiele sind mit breiter Volllinie ①, schmaler Volllinie ②, feiner Volllinie ③ und Strichlinie ④ zu zeichnen.

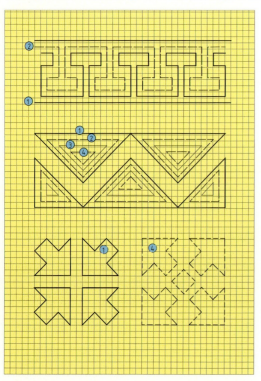

**4** Die Kreisbögen sind mit schmaler Volllinie zu zeichnen.

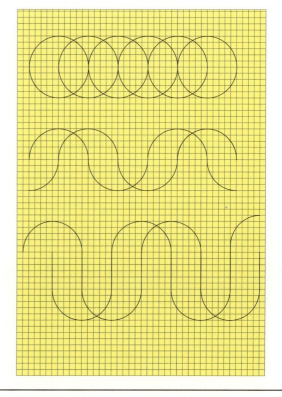

# 2 Zeichnungsnormen
## 2.3 Schnittverlauf und Schnittkennzeichnung

In Ansichtszeichnungen sind häufig Lage, Konstruktion und Abmessungen der inneren Bauteile eines Baukörpers nicht ersichtlich. Deshalb werden **Schnittebenen** rechtwinklig oder parallel zu den Außenflächen durch den Baukörper gelegt und die dabei entstehenden Schnittflächen gezeichnet. Liegt die Schnittebene waagerecht im Bauwerk, spricht man vom Grundriss, ist sie senkrecht angeordnet, spricht man vom Schnitt. Grundrisse und Schnitte sind so zu legen, dass sie wesentliche Einzelheiten, wie Wände, Decken, Treppen, Tür- und Fensteröffnungen zeigen. Auch wichtige Detailpunkte können als Schnittdarstellung gezeichnet werden.

Der **Schnittverlauf** wird durch eine breite Strichpunktlinie als Schnittverlaufslinie dargestellt. Diese braucht nicht durchgehend, sondern nur im äußeren Bauwerksbereich gezeichnet werden. Muss die Schnittebene nach vorne oder nach hinten geknickt werden, so ist auch der Knickbereich anzugeben. Die Blickrichtung auf die Schnittebene wird durch rechtwinklige Dreiecke ▼ angegeben. Diese sind von der Schnittverlaufslinie abgesetzt und schwarz ausgefüllt. Die Kennzeichnung des Schnittverlaufs erfolgt durch gleiche Großbuchstaben, z.B. A – A, die an der Pfeilspitze in der jeweiligen Leserichtung angeordnet werden.
Die **Schnittflächen** werden mit breiten Volllinien umrandet. Durch Schraffur oder Farbe können die verwendeten Baustoffe gekennzeichnet sein.

Grundrisse können nach DIN 1356 in zwei Abbildungsvarianten, dem Typ A und dem Typ B, gezeichnet werden. Beim Typ A werden alle in der Schnittebene **von oben** her sichtbaren Kanten und Begrenzungen der geschnittenen Bauteile durch Volllinien dargestellt. Für verdeckt liegende Kanten werden Strichlinien, für oberhalb der Schnittebene liegende wichtige Kanten von Bauteilen, wie Unterzüge oder Deckenöffnungen, Punktlinien verwendet.

Beim Typ B handelt es sich um eine Darstellungsart, die typisch für den Ingenieurhochbau ist. Dabei werden alle in der Schnittebene **von unten** her sichtbare Kanten und Begrenzungen in der Zeichnung dargestellt. Die Zeichnung zeigt also das, was man in einem Spiegel sehen könnte, wenn man ihn unter die Schnittebene legen würde. Sichtbare Kanten werden auch hier als Volllinie, nach oben verdeckt liegende Kanten, z.B. Schlitze, als Strichlinie gezeichnet. Unterhalb der Schnittebene liegende Bauteilkanten, z.B. Treppenteile, werden mit einer Punktlinie dargestellt.

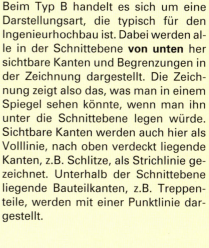

**Blickrichtung Typ A**

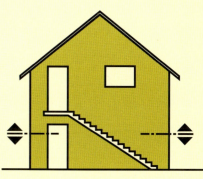

**Blickrichtung Typ B**

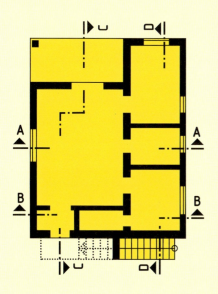

**Schnittkennzeichnung im Grundriss**

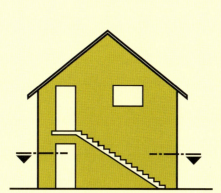

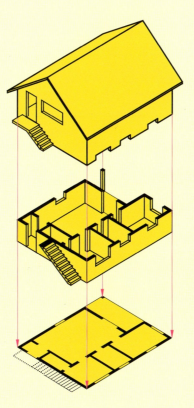

**Grundriss Typ A**

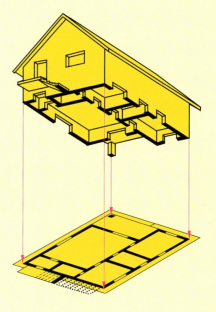

**Grundriss Typ B**

# 2 Zeichnungsnormen
## 2.4 Beschriften von Bauzeichnungen

**Normschrift, Schriftform B – vertikal**

**Normschrift, Schriftform B – kursiv**

Bauzeichnungen müssen gut lesbar beschriftet werden. Die Beschriftung muss ausreichend und zweckmäßig angeordnet sein. In der DIN EN ISO 3098 ist die Beschriftung von technischen Zeichnungen festgelegt. Empfohlen wird die Schriftform B, vertikal oder kursiv. Die kursive Schrift ist unter einem Winkel von 15° nach rechts geneigt. Diese Schriftformen ergeben ein einheitliches Schriftbild. Sie sind für die Mikroverfilmung geeignet. In der Norm sind in Abhängigkeit von der Schrifthöhe die Linienbreite, die Abstände der Buchstaben und der Schriftzeilen voneinander sowie das Höhenverhältnis von Groß- und Kleinbuchstaben festgelegt.

Die **Schrifthöhe** $h$ soll nicht kleiner als 2,5 mm, bei Verwendung von Groß- und Kleinbuchstaben nicht kleiner als 3,5 mm sein.

Für die **Linienbreite** ist 1/10 der Schrifthöhe vorgesehen.

Die **Zeilenabstände** betragen von Grundlinie zu Grundlinie 16/10 $h$, wenn bei Großbuchstaben (z. B. Ä) Oberlängen und bei Kleinbuchstaben (z. B. g) Unterlängen auftreten. Bei einer Schrift ohne Ober- und Unterlängen betragen sie 14/10 $h$.

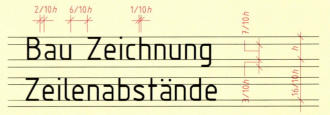

Beim Schreiben eines Textes ist zu vermeiden, dass innerhalb eines Wortes durch gleiche **Buchstabenabstände** zu große oder zu kleine Zwischenräume entstehen. Die Flächen zwischen den Buchstaben sollen optisch etwa gleich groß erscheinen. Dies erreicht man durch angepasste Buchstabenabstände.

**Beispiel:**

**Schnittangaben** sind mit der nächst größeren Schrifthöhe zu schreiben. So ist z.B. bei einer 3,5 mm hohen Schrift die Schnittangabe 5 mm hoch zu beschriften.

Für hoch- oder tiefgestellte Beschriftungen ist die nächst kleinere Schrifthöhe zu wählen, z.B. für **Maßangaben** in cm oder mm, für **Indizes**, für **Toleranzangaben**.

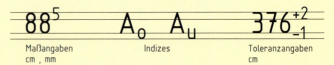

**Positionsnummern** haben die gleiche Größe wie die Maßzahlen und sind in einen Kreis zu schreiben.

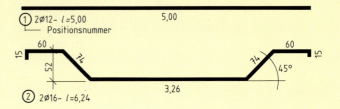

| Normschrift nach DIN EN ISO 3098 (Maße in mm) | | | | | | |
|---|---|---|---|---|---|---|
| Schriftgröße | | Linienbreite | Mindestabstand zwischen | | | |
| für Großbuchstaben **Nenngröße** $h$ | für Kleinbuchstaben | | Grundlinien bei Buchstaben ohne Unterlängen | mit Oberlängen | Schriftzeichen | Wörtern |
| 10/10 $h$ | 7/10 $h$ | 1/10 $h$ | 14/10 $h$ | 16/10 $h$ | 2/10 $h$ | 6/10 $h$ |
| 2,5 | – | 0,25 | 3,5 | 4 | 0,5 | 1,5 |
| 3,5 | 2,5 | 0,35 | 5 | 5,7 | 0,7 | 2,1 |
| 5 | 3,5 | 0,5 | 7 | 8 | 1 | 3 |
| 7 | 5 | 0,7 | 10 | 11,4 | 1,4 | 4,2 |
| 10 | 7 | 1 | 14 | 16 | 2 | 6 |
| 14 | 10 | 1,4 | 20 | 22,8 | 2,8 | 8,4 |
| 20 | 14 | 2 | 28 | 32 | 4 | 12 |

# 2 Zeichnungsnormen
## 2.4 Beschriften von Bauzeichnungen

Technische Zeichnungen werden von Hand oder mit Schriftschablonen beschriftet. Für das Beschriften von Hand sind für die Schrifthöhe und die Zeilenabstände Hilfslinien erforderlich. Für Schriftübungen können vorbereitete Blätter mit senkrechten oder mit 15° nach rechts geneigten Hilfslinien verwendet werden. Wird die Schrift auf kariertem Papier geübt, nimmt man üblicherweise für Großbuchstaben 7 mm, für Kleinbuchstaben 5 mm und für deren Ober- und Unterlängen 2 mm an.

Beim Schreiben der Buchstaben empfiehlt es sich, die durch Pfeile dargestellte Strichführung einzuhalten. Dies gilt sowohl für die vertikale als auch für die kursive Schriftform.

**Schriftübungen vertikal**

| | |
|---|---|
| IJLT | Lageplan |
| FEHN | Ansicht |
| VWXY | Grundriss |
| MKAÄ | Schnitt |
| DBPR | Detail |
| CGOU | Maßstab |
| ZS17 | Bauzeichnung |
| 3508 | Gebäude |
| 6924 | Rohbau |
| ijfl | Ausbau |
| vwxy | Baugrube |
| tkhr | Wände |
| nmou | Decken |
| bdpq | Dach |
| cesz | Fundament |
| aägß | Mauerwerk |
| ø □ =+ | Schalung |

**Schriftübungen kursiv**

| | |
|---|---|
| IJLT | Beton |
| FEHN | Bewehrung |
| VWXY | Sichtbeton |
| MKAÄ | Putz |
| DBPR | Estrich |
| CGOU | Fußboden |
| ZS17 | Abdichtung |
| 3508 | Anstrich |
| 6924 | Bauzaun |
| ijfl | Graben |
| vwxy | Kamin |
| tkhr | Fachwerk |
| nmou | Sturz |
| bdpq | Rundbogen |
| cesz | Balkendecke |
| aägß | Treppe |
| ø □ ≠ + | Auftritt |

# 2 Zeichnungsnormen

## 2.5 Bemaßen von Bauzeichnungen
### 2.5.1 Maßstäbe  2.5.2 Maßlinien, Maßhilfslinien, Maßlinienbegrenzungen
### 2.5.3 Maßzahlen, Maßeinheiten

Einer Ausführungszeichnung müssen alle notwendigen Maße ohne zusätzliches Rechnen entnommen werden können. Alle Maße sind in die Zeichnung so einzutragen, dass sie fehlerfrei abzulesen sind. In DIN 406 und DIN 1356 sind deshalb Bemaßungsregeln vorgegeben.

### 2.5.1 Maßstäbe

Da es nur selten möglich ist, Bauteile in natürlicher Größe zu zeichnen, werden sie meist in verkleinerten Maßstäben dargestellt. Bei Verkleinerungsmaßstäben bedeutet die Zahl hinter dem Doppelpunkt, um wievielmal kleiner das Maß in der Zeichnung ist als in Wirklichkeit. Diese Zahl bezeichnet man als **Verhältniszahl**. M 1:50 bedeutet, die wirkliche Länge wird in der Zeichnung 50mal kleiner dargestellt.

$$\text{Länge in der Zeichnung} = \frac{\text{wirkliche Länge}}{\text{Verhältniszahl}}$$

Je nach Art der Zeichnung oder nach Größe des Bauteils sind im Bauwesen unterschiedliche Maßstäbe üblich. Der in einer Zeichnung verwendete Maßstab muss in das Schriftfeld eingetragen werden. Verwendet man in einer Zeichnung mehrere Maßstäbe, so ist der Hauptmaßstab im Schriftfeld einzutragen; alle anderen Maßstäbe sind der jeweiligen Einzeldarstellung zuzuordnen.

| Maßstäbe im Bauwesen | | | |
|---|---|---|---|
| Zeichnungsart | Maßstäbe | | |
| Lagepläne | 1:500 | 1:1000 | |
| Vorentwurfszeichnungen | 1:200 | 1:500 | |
| Entwurfszeichnungen | 1:100 | | |
| Bauvorlagezeichnungen | 1:100 | | |
| Ausführungszeichnungen | 1:50 | | |
| Detailzeichnungen | 1:1 | 1:5 | 1:10  1:20 |

### 2.5.2 Maßlinien, Maßhilfslinien, Maßlinienbegrenzungen

Zum Bemaßen einer Zeichnung sind Maßzahlen, Maßlinien, Maßlinienbegrenzungen und gegebenenfalls Maßhilfslinien erforderlich.

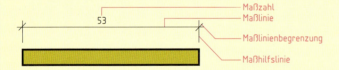

**Benennungen für die Bemaßung**

**Maßlinien** sind als feine Volllinien zu zeichnen (Tabelle Seite 11). Sie können zwischen den Begrenzungslinien von Schnittflächen und Ansichten oder zwischen Maßhilfslinien gezeichnet werden. Maßlinien sollen einen Abstand von mindestens 10 mm von den Körperkanten und etwa 7 mm von anderen parallel verlaufenden Maßlinien haben. Sie werden
- parallel zum anzugebenden Maß und der zu bemaßenden Strecke sowie
- rechtwinklig zu den zugehörigen Körperkanten oder Umrisslinien gezeichnet.

Die Maßlinien gehen dabei einige Millimeter über die Maßlinienbegrenzung hinaus. Maßlinien sollen sich mit anderen Hilfslinien und untereinander möglichst nicht kreuzen. Ist dies nicht zu umgehen, ist eine der Maßlinien kurz zu unterbrechen.

**Maßhilfslinien** werden benötigt, wenn die Maße aus der Darstellung herausgezogen werden sollen. Sie werden möglichst nach unten und nach rechts gezeichnet, stehen im allgemeinen rechtwinklig zur Maßlinie und gehen einige Millimeter über diese hinaus. In Bauzeichnungen beginnen die Maßhilfslinien nicht unmittelbar an der Körperkante, sondern sind deutlich von dieser abgesetzt. Mittellinien dürfen als Maßhilfslinien verwendet werden.

**Maßlinienbegrenzungen** kennzeichnen die Strecke, für die die eingetragene Maßzahl gelten soll.
Sie können festgelegt werden
- durch einen Schrägstrich unter 45°, der bezogen auf die Leserichtung der Maßzahl von links unten nach rechts oben etwa 4 mm lang gezeichnet wird,
- oder durch einen Punkt mit 1 mm oder 1,4 mm Durchmesser.

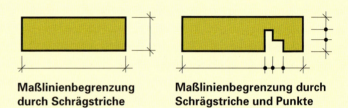

**Maßlinienbegrenzung durch Schrägstriche**  **Maßlinienbegrenzung durch Schrägstriche und Punkte**

### 2.5.3 Maßzahlen, Maßeinheiten

**Maßzahlen** sind mit geringem Abstand über der Maßlinie einzutragen und sollen mindestens 3,5 mm groß geschrieben werden. Bei Platzmangel können die Maßzahlen nach rechts oder nach links herausgetragen werden. Sie sind so anzuordnen, dass sie von unten oder von rechts lesbar sind, wenn die Zeichnung in Leserichtung betrachtet wird.

**Maßeinheiten** sind in Bauzeichnungen üblicherweise in m und cm angegeben. Dabei werden alle Maße unter einem Meter in cm, alle über einem Meter in m geschrieben. Bruchteile von cm werden zur besseren Unterscheidung hochgesetzt. Bei Maßzahlen in Dezimalschreibweise ist als Dezimalzeichen das Komma anzuwenden. Die verwendeten Maßeinheiten werden hinter der Maßstabangabe im Schriftfeld angegeben, z.B. 1:50 – m,cm. Die in die Zeichnung eingetragenen Maße entsprechen der wirklichen Größe des Bauteils.

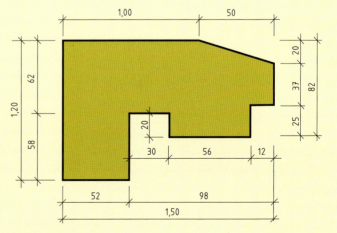

**Eintragung von Maßzahlen**

# 2 Zeichnungsnormen
## 2.5 Bemaßen von Bauzeichnungen
### 2.5.4 Hinweislinien, Bezugslinien  2.5.5 Lese- und Schreibrichtung
### 2.5.6 Arten der Bemaßung

### 2.5.4 Hinweislinien, Bezugslinien

Hinweislinien werden benötigt, wenn für besondere Hinweise, wie z.B. Angaben über Baustoffe oder Konstruktionen, nicht genügend Platz in der Zeichnung vorhanden ist. Sie sind möglichst in Blockform rechtwinklig aus der Darstellung herauszuziehen und sollen höchstens einmal abgewinkelt werden. Das schräge Herausziehen unter 45° wird nur empfohlen, wenn es der Verdeutlichung dient. Hinweislinien enden z.B. innerhalb einer Fläche, an einer Kante, an einer Maßlinie oder an einer Mittellinie.

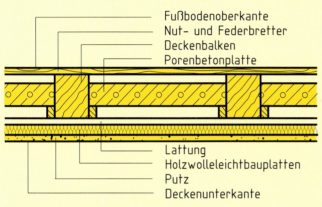

**Anordnung von Hinweislinien**

### 2.5.5 Lese- und Schreibrichtung

Zeichnungen werden je nach Art und Größe des Objekts im Hochformat oder im Querformat erstellt. Die Leserichtung einer Zeichnung ist von der Lage des gezeichneten Objekts abhängig und vor der Beschriftung festzulegen. Alle Maße, Symbole und Wortangaben sind so einzutragen, dass sie **von unten oder von rechts lesbar** sind, wenn die Zeichnung in Leserichtung betrachtet wird.

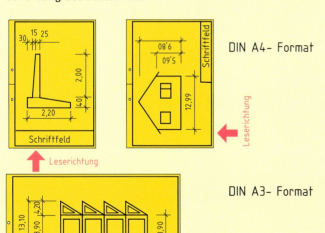

**Leserichtungen bei Zeichnungen**

### 2.5.6 Arten der Bemaßung

#### Längenbemaßung

Wichtige Maße bei der Bauwerksbemaßung sind Außenmaße, Raummaße und Wanddicken. Außerdem unterscheidet man im Mauerwerksbau nach der Maßordnung im Hochbau Maße für Pfeiler, Öffnungen und Vorlagen.

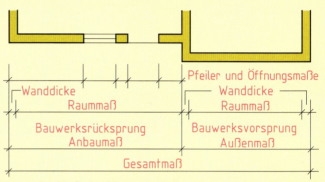

**Arten der Maße im Mauerwerksbau**

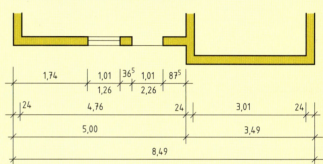

**Anordnung von Maßketten im Mauerwerksbau**

Im Fertigteilbau sind nach der Modulordnung die Achsmaße Grundlage für alle weiteren Maße.

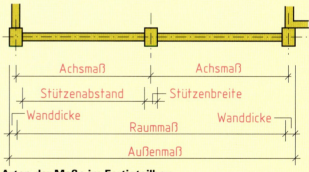

**Arten der Maße im Fertigteilbau**

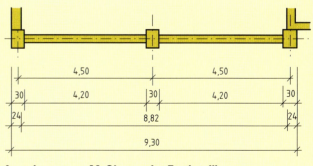

**Anordnung von Maßketten im Fertigteilbau**

# 2 Zeichnungsnormen
## 2.5 Bemaßen von Bauzeichnungen
### 2.5.6 Arten der Bemaßung

Die Maßlinien sind wegen der Übersichtlichkeit der Zeichnung möglichst außerhalb der Darstellung anzuordnen. Werden mehrere parallele Maßketten benötigt, liegt das größte Maß am weitesten von der Darstellung entfernt.

Bei der Bemaßung von Wandöffnungen in Grundrissen, wie z.B. bei Türen oder Fenstern, wird die Maßzahl für die Öffnungsbreite über der Maßlinie, für die Öffnungshöhe unter der Maßlinie eingetragen. Die Maßzahl gilt immer für die kleinste lichte Öffnung.

Bei schiefwinkligen Baukörpern ist die Bemaßung ebenfalls parallel zu den Baukörperkanten anzuordnen. Maßgebend für die Umkehrung der Leserichtung ist die Wendeachse. Werden Zahlen wie 6, 9, 66, 68, 86 oder 99 schräg geschrieben, erhalten sie im Zweifelsfall hinter der Zahl einen Punkt.

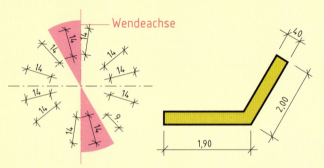

**Leserichtung bei schiefwinkligen Bemaßungen**

### Bezugsbemaßung
Eine Bezugsbemaßung liegt vor, wenn sich die Maße auf eine Bezugslinie beziehen. Von einer steigenden Bemaßung spricht man, wenn die Maße von einem Bezugspunkt ausgehen und aufaddiert werden. Die Maßzahlen, bezogen auf den Bezugspunkt, werden quer an die Maßhilfslinie geschrieben.

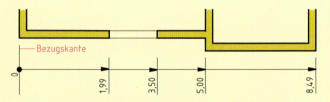

**Bezugsbemaßung in steigender Bemaßung**

### Tabellenbemaßung
Bei der Tabellenbemaßung können Maßbuchstaben anstelle von Maßzahlen verwendet werden, wenn für gleiche Bauteile unterschiedliche Maße vorliegen, z.B. bei Fertigteilstützen oder Trägern. Die Zahlenwerte für die Buchstaben werden in einer Tabelle zusammengefasst. Als Maßbuchstaben dürfen nur Kleinbuchstaben verwendet werden. Sie werden so groß wie die Maßzahlen geschrieben.

| Position | Anzahl | a (cm) | b (cm) |
|---|---|---|---|
| 1.1 | 10 | 30 | 40 |
| 1.2 | 24 | 40 | 60 |
| 1.3 | 14 | 50 | 70 |

**Bemaßen mit Maßbuchstaben**

### Höhenbemaßung
Eine Höhenbemaßung ist z.B. bei Geschosshöhen, lichten Raumhöhen, lichten Rohbauhöhen, Brüstungs-, Fenster-, Tür- und Sturzhöhen erforderlich. Die Höhenmaße können im Schnitt entweder durch Kettenbemaßung oder durch Eintragung von Höhenangaben festgelegt werden. Das Symbol für Höhenlagen ist ein gleichseitiges Dreieck. Schwarz ausgefüllt (▼ oder ▲) dient es der **Höhenangabe für die Rohkonstruktion**, nicht ausgefüllt (▽ oder △) der **Höhenangabe für die Fertigkonstruktion**. Die Zahlen stehen in Schnittdarstellungen oberhalb oder unterhalb des Dreiecks, in Grundrissen rechts neben dem Dreieck. Das + oder − Zeichen vor der Maßzahl bezieht sich dabei auf die Höhenlage ± 0,00. Sie bezeichnet die Oberfläche der Fertigkonstruktion des Fußbodens im Erdgeschoss. In Grundrissen ist bei Brüstungen zusätzlich die Rohbauhöhe über der Oberfläche Rohfußboden (BRH) anzugeben. Als Geschosshöhe bezeichnet man den Abstand zwischen den Fußbodenoberflächen von zwei übereinanderliegenden Geschossen.

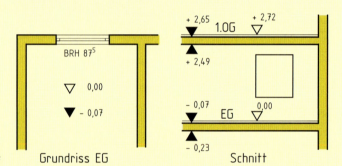

**Höhenangaben in Grundrissen und Schnitten**

### Querschnittsbemaßung
Querschnittsmaße von Rechteckflächen können entweder mit Hilfe von Maßlinien oder in den Abmessungen Breite/Dicke angegeben werden. Es ist dabei zu beachten, dass die erste Zahl immer die Breite, die zweite Zahl die Dicke bzw. die Höhe des Querschnitts angibt. Werden die Maße in die Querschnittsfläche eingetragen, ist an dieser Stelle die Schraffur zu unterbrechen.

Da in Ansichtszeichnungen die Querschnittsform eines Bauteils nicht erkennbar ist, kann bei quadratischen Querschnitten vor die Maßzahl das Quadratzeichen □, z.B. □ 12, bei kreisförmigen Querschnitten das Durchmesserzeichen ⌀, z.B. ⌀ 20, gesetzt werden.

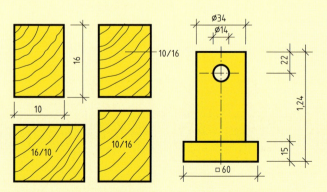

**Bemaßung von rechteckigen, quadratischen und kreisförmigen Querschnitten**

# 2 Zeichnungsnormen
## 2.5 Bemaßen von Bauzeichnungen
### 2.5.6 Arten der Bemaßung  2.5.7 Maßtoleranzen

### Winkelbemaßung
Bei Winkelmaßen ist die Maßlinie ein Kreisbogen, der um den Scheitelpunkt des Winkels gezeichnet wird. Für die Maßbegrenzung werden Punkte verwendet, bei Bewehrungszeichnungen können die Punkte auch entfallen. Nach DIN 406 sind anstelle von Punkten auch Pfeile möglich.

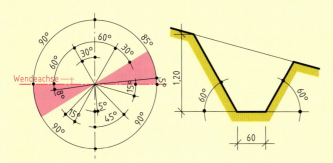

**Bemaßung von Winkeln**

### Sehnen- und Bogenbemaßung
Die Maßzahl steht beim Sehnenmaß über der Maßlinie, beim Bogenmaß über der bogenförmigen Maßlinie. Bei der Angabe des Bogenmaßes wird über die Maßzahl ein Bogen gezeichnet.

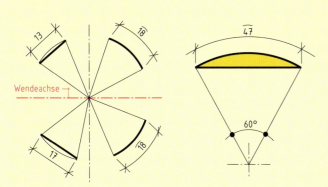

**Sehnen- und Bogenbemaßung**

### Radienbemaßung
Radien (Halbmesser) werden durch den Großbuchstaben R gekennzeichnet, der vor die Maßzahl gesetzt wird. Die Maßlinien werden in Richtung auf den Mittelpunkt gezeichnet und erhalten als Maßbegrenzung einen Punkt am Kreisbogen.

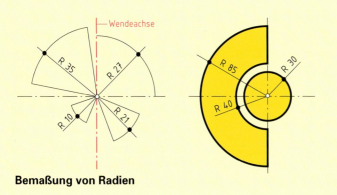

**Bemaßung von Radien**

### Dickenbemaßung
Bei flachen Bauteilen kann die Bauteildicke durch ein $t$ vor der Maßzahl angegeben werden. Das Maß wird in oder neben die Darstellung geschrieben.

**Bemaßung von Bauteildicken**

### 2.5.7 Maßtoleranzen
Maßzahlen, die zur Bemaßung der einzelnen Bauteile in die Bauzeichnung eingetragen werden, bezeichnet man als **Nennmaße**.
Die bei der Herstellung von Bauteilen erzielten Maße nennt man **Istmaße**. Im Bauwesen kommen immer wieder Maßabweichungen von den Nennmaßen vor. Der Unterschied zwischen Nennmaß und Istmaß wird **Istabmaß** genannt. Damit die Maßabweichungen nicht zu groß werden, können zulässige Maßabweichungen von den Nennmaßen, so genannte **Grenzabmaße** nach oben (+) und nach unten (–) festgelegt werden. Aus dem Nennmaß und den Grenzabmaßen ergeben sich das **Höchstmaß** und das **Mindestmaß** für das Bauteil.
Den Unterschied, zwischen dem Höchstmaß und dem Mindestmaß bezeichnet man als **Maßtoleranz**. Die Grenzabmaße für die einzelnen Bauteile sind in DIN 18201, DIN 18202 und DIN 18203 festgelegt.

**Begriffe bei Toleranzangaben**

### Beispiel:
Ein Gebäude aus Fertigbauteilen besteht aus Stützen mit den Querschnittsmaßen 30 cm/40 cm und aus Wandtafeln mit einer Länge von 3,50 m. Der Achsabstand beträgt 3,80 m. Das Grenzabmaß beträgt nach DIN 18203 für die Stützenbreite ± 6 mm, für die Wandtafellänge ± 10 mm. Somit lassen sich die Mindestmaße, die Höchstmaße und die Maßtoleranzen ermitteln. Sie dürfen jedoch die Grenzabmaße für Außen- und Tragwerksmaße nicht überschreiten.

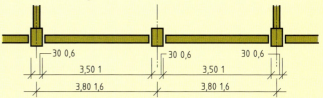

| Bauteilmaße | Nennmaß | Mindestmaß | Höchstmaß | Maßtoleranz |
|---|---|---|---|---|
| Stützenbreite | 0,30 m | 0,294 m | 0,306 m | 12 mm |
| Wandtafellänge | 3,50 m | 3,49 m | 3,51 m | 20 mm |
| Achsabstand | 3,80 m | 3,784 m | 3,816 m | 32 mm |

# 2 Zeichnungsnormen

## 2.6 Schraffuren und Farben in Bauzeichnungen
### 2.6.1 Kennzeichnen von Schnittflächen
### 2.6.2 Kennzeichnen von Baustoffen
### 2.6.3 Farbkennzeichnung

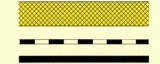

Grundlagen für die Darstellung von Schnittflächen und von Baustoffen in Bauzeichnungen sind vor allem in den Normblättern DIN ISO 128-50, DIN 1356 und DIN 919 enthalten.

### 2.6.1 Kennzeichnung von Schnittflächen

Schnittflächen bei Bauteilen müssen gegenüber Flächen in Ansichtszeichnungen besonders hervorgehoben werden. Die allgemeine Kennzeichnung kann geschehen durch

- eine breite Umrisslinie um die Schnittfläche,
- Anlegen der Fläche mit einem Grau-Punkt-Raster,
- eine einfache Schraffur unter 45° zur Leserichtung,
- Schwärzen, vor allem bei schmalen Schnittflächen.

Beim Schraffieren ist der Abstand der Schraffurlinien der Größe der Schnittfläche anzupassen. Grenzen die Schnittflächen zweier Bauteile aneinander, ist die Schraffurrichtung zu wechseln und, falls erforderlich, der Schraffurlinienabstand zu ändern. Sind die Schnittflächen geschwärzt, müssen sie durch Zwischenräume voneinander getrennt werden. Werden Maße oder Hinweise in die Schnittfläche eingetragen, ist die Schraffur an dieser Stelle zu unterbrechen.

    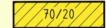

### 2.6.2 Kennzeichnung von Baustoffen

Anstelle der allgemeinen Kennzeichnung von Schnittflächen können nach DIN 1356 die für die Bauteile zu verwendenden Baustoffe durch Symbole angegeben werden.

| Baustoff | |
|---|---|
| Boden, gewachsen | |
| Kies | |
| Sand | |
| Beton, unbewehrt | |
| Stahlbeton | |
| Fertigteile | |
| Mauerwerk | |
| Mörtel, Putz | |
| Dämmstoffe | |
| Vollholz, quer zur Faser geschnitten | |
| Vollholz, längs zur Faser geschnitten | |

Dichtstoffe

Abdichtungen (Sperrstoffe)

Metall (z.B. Stahlprofil)

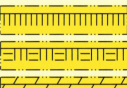

In der DIN ISO 128-50 sind noch weitere Symbole zur Kennzeichnung verschiedener Stoffe festgelegt, die zum Teil von denen in der DIN 1356 abweichen.

| Baustoff | |
|---|---|
| Boden, gewachsen | |
| Boden, geschüttet | |
| Fels | |
| Beton, unbewehrt | |
| Beton, bewehrt | |
| Leichtbeton | |
| Beton, wasserundurchlässig | |
| Mauerwerk, Ziegel | |
| Mauerwerk, Leichtziegel | |
| Mauerwerk, Bimsbaustoffe | |
| Schamotte | |
| Glas | |
| Gipsplatte | |
| Holzwerkstoffe | |

### 2.6.3 Farbkennzeichnung

In Entwurfs-, Ausführungs- und Teilzeichnungen werden in der Regel die Bauteile und Baustoffe nur durch eine Schwarz-Weiß-Schraffur dargestellt.
Nach der Bauvorlagenverordnung sind jedoch bestimmte Schnitte und Grundrisse in den Bauvorlagen beim Bauantrag farbig zu kennzeichnen.

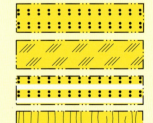

neues Mauerwerk, braunrot (RAL 3016)

neuer Beton oder Stahlbeton, blassgrün (RAL 6021)

vorhandene Bauteile grau (RAL 7001)

zu beseitigende Bauteile gelb (RAL 1016)

# 2 Zeichnungsnormen

## 2.5 Bemaßen von Bauzeichnungen
Aufgaben zu 2.5 Bemaßen von Bauzeichnungen

**1** Die vorgegebene Fläche ist in den Maßstäben M 1:2, M 1:5 und M 1:10 zu zeichnen.

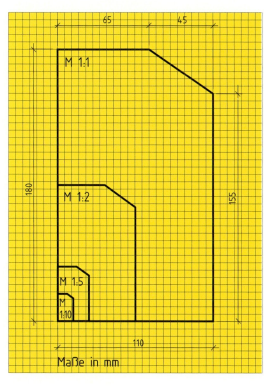

**2** Die vorgegebene Fläche ist in den Maßstäben M 1:2, M 1:5 und M 1:10 zu zeichnen.

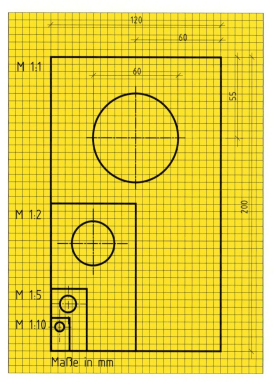

**3** Das vorgegebene Bauteil ist im Maßstab 1:10 zu zeichnen und zu bemaßen.

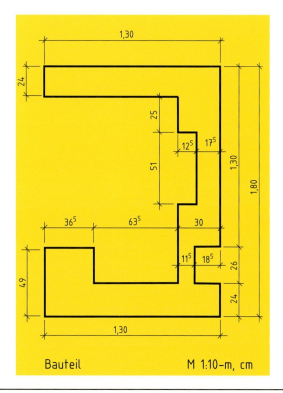

**4** Das Betonfertigteil ist im Maßstab 1:5 zu zeichnen und zu bemaßen.

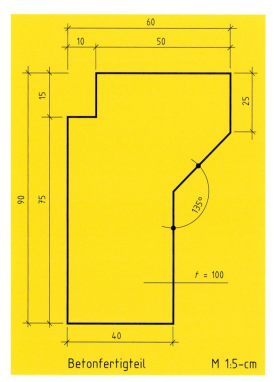

# 2 Zeichnungsnormen

**Aufgaben zu 2.5 Bemaßen von Bauzeichnungen**
**Aufgaben zu 2.6 Schraffuren von Bauzeichnungen**

**5** Der Grundriss einer Gartenmauer mit Pflanztrog ist im Maßstab 1:20 zu zeichnen und zu bemaßen.

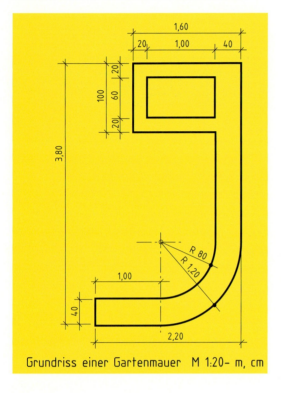

**6** Der Grundriss eines Gartengrundstücks ist im Maßstab 1:200 zu zeichnen und zu bemaßen.

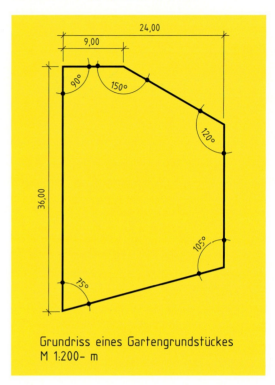

**7** Die vorgegebenen Flächen sind nach DIN 1356 zu schraffieren.

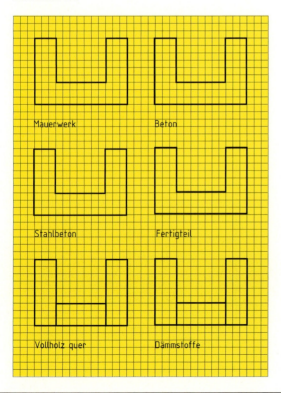

**8** Die vorgegebenen Bauteile sind nach DIN 1356 zu schraffieren.

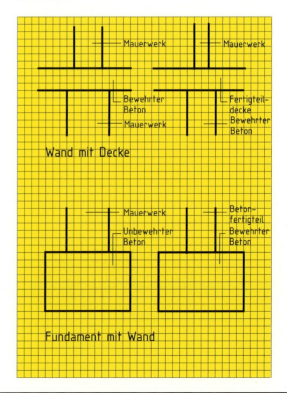

# 3 Geometrische Grundlagen
## 3.1 Geometrische Grundkonstruktionen
### 3.1.1 Punkt, Gerade, Strahl, Strecke, Parallelen

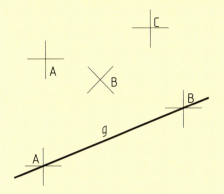

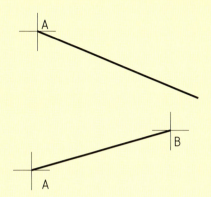

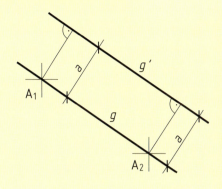

**Punkt:**
Schnittpunkt zweier Geraden
Bezeichnung: Großbuchstaben

**Gerade:**
kürzeste Verbindungslinie zweier Punkte, die nicht begrenzt ist.
Bezeichnung: AB ≙ $g$

**Strahl:**
von einem Punkt ausgehende Gerade

**Strecke:**
durch zwei Punkte begrenzte Gerade
Eine Strecke hat stets eine Länge.
Bezeichnung: $\overline{AB}$

**Parallelen:**
Geraden $g$ und $g'$, die an beliebigen Punkten, z.B. $A_1$ und $A_2$, den gleichen Abstand $a$ haben.

**Abstand:**
rechtwinklig zu den Geraden gemessene Entfernung

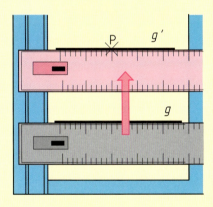

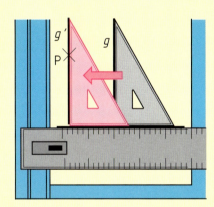

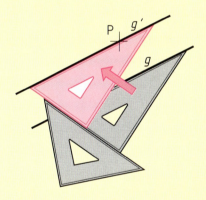

Parallele $g'$ zu einer **waagerechten** Geraden $g$ durch Punkt P mit der **Zeichenschiene**

Parallele $g'$ zu einer **senkrechten** Geraden $g$ durch Punkt P mit **Zeichenschiene** und **Winkeldreieck**

Parallele $g'$ zu einer **schrägen** Geraden $g$ durch Punkt P mit den **Winkeldreiecken**

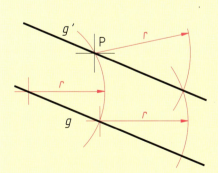

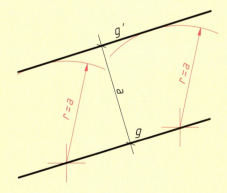

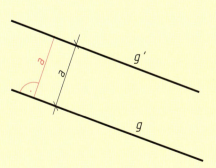

Parallele $g'$ zu einer Geraden $g$ durch Punkt P mit dem **Zirkel**

Parallele $g'$ zu einer Geraden $g$ im Abstand $a$ mit dem **Zirkel**

Parallele $g'$ zu einer Geraden $g$ im Abstand $a$ mit den **Winkeldreiecken**

# 3 Geometrische Grundlagen
## 3.1 Geometrische Grundkonstruktionen
### 3.1.2 Senkrechte, Lote, Strecken teilen

**Errichten einer Senkrechten g' auf einer Geraden g im Punkt P**

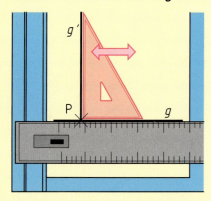

Mit der **Zeichenschiene** durch Verschieben des Winkeldreieckes bis P

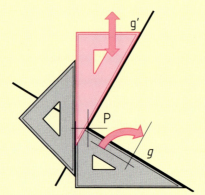

Mit den **Winkeldreiecken** durch Drehen und Verschieben eines Winkeldreieckes bis P

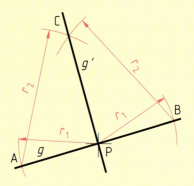

Mit dem **Zirkel** durch Abtragen von $r_1$ beidseitig von P bis A und B. Kreisbogen um A und B mit $r_2$ ergeben C

**Fällen eines Lotes g' auf eine Gerade g von einem Punkt P**

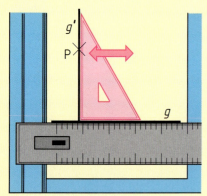

Mit der **Zeichenschiene** durch Verschieben des Winkeldreieckes bis P

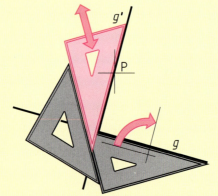

Mit den **Winkeldreiecken** durch Drehen und Verschieben eines Winkeldreieckes bis P

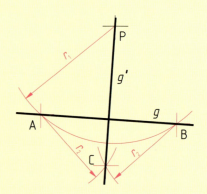

Mit dem **Zirkel** durch Kreisbogen um P mit $r_1$ bis zum Schnitt mit $g$ in A und B. Kreisbogen um A und B mit $r_2$ ergeben C

**Strecken teilen in gleichgroße Teile**

durch Halbieren

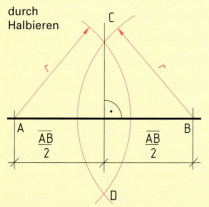

mit Hilfsstrahl (z.B. 5 Teile)

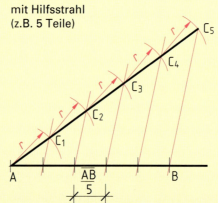

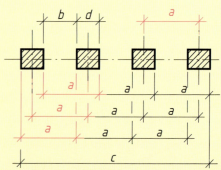

Kreisbogen um A und B mit $r \approx 2/3\ \overline{AB}$ schneiden sich in C und D. Die Verbindungslinie CD halbiert $\overline{AB}$ (Mittelsenkrechte).

Auf dem Hilfsstrahl von A aus 5 gleiche ($r \approx 1/5\ \overline{AB}$) Teile abtragen. Parallelen zu $BC_5$ durch $C_1, C_2, \ldots$ teilen $\overline{AB}$ in 5 Teile.

Bei Teilungsaufgaben ist zu beachten:
Anzahl der Teilpunkte =
Anzahl der Teilabschnitte + 1
Achsmaß $a$ = Abstand $b$ + Bauteildicke $d$
Außenmaß $c$ = Achsmaß $a \cdot$ Anzahl der Abstände $n$ + Bauteildicke $d$

# 3 Geometrische Grundlagen
## 3.1 Geometrische Grundkonstruktionen
### 3.1.3 Winkel, Winkel übertragen, Winkel halbieren

**Winkel**

Bezeichnungen

A = Scheitelpunkt

Winkel entstehen durch zwei sich schneidende Geraden.
Bezeichnung: kleine griechische Buchstaben, z.B. $\alpha$, $\beta$, $\gamma$

Arten

spitzer Winkel
$\alpha < 90°$

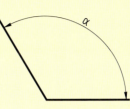

stumpfer Winkel
$\alpha > 90°$

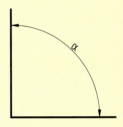

rechter Winkel
$\alpha = 90°$

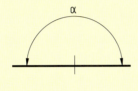

gestreckter Winkel
$\alpha = 180°$

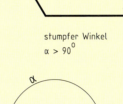

überstumpfer Winkel
$\alpha > 180°$

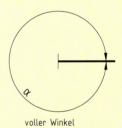

voller Winkel
$\alpha = 360°$

**Winkel übertragen**

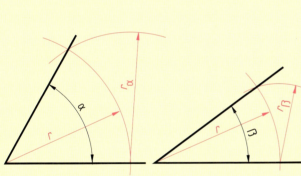

Winkel addieren: $\alpha + \beta$

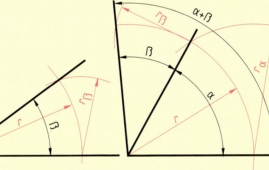

Winkel subtrahieren: $\alpha - \beta$

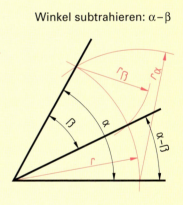

**Winkel halbieren**

mit Zirkel — mit Maßstab — mit Parallelen — mit Leisten

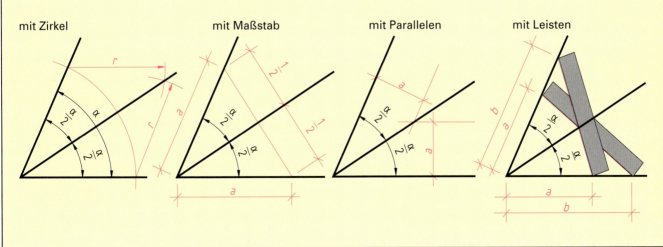

# 3 Geometrische Grundlagen
## 3.1 Geometrische Grundkonstruktionen
### 3.1.4 Konstruktion von Winkeln

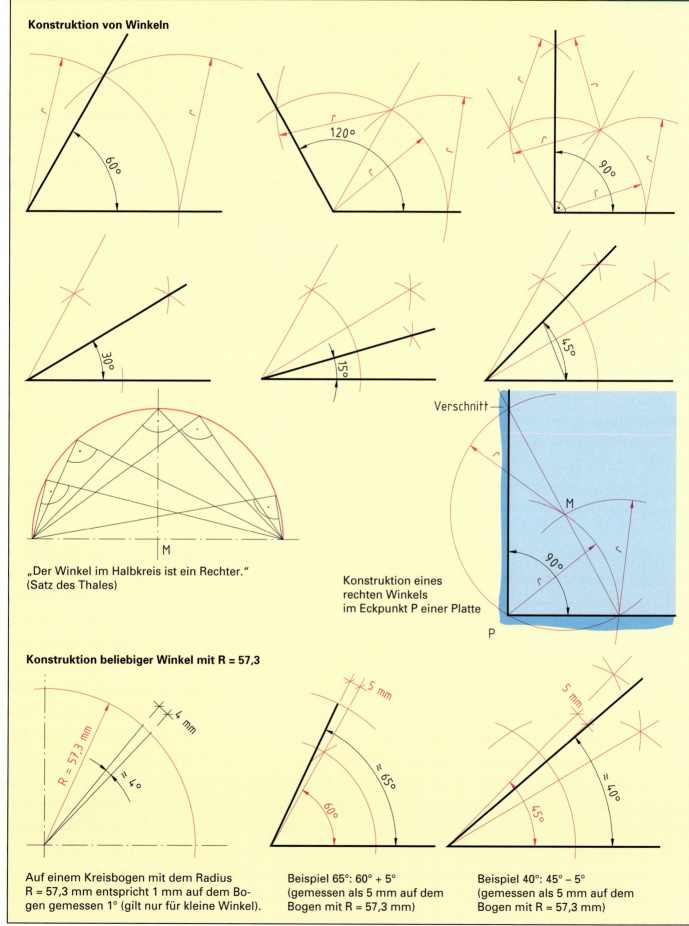

„Der Winkel im Halbkreis ist ein Rechter."
(Satz des Thales)

Konstruktion eines rechten Winkels im Eckpunkt P einer Platte

**Konstruktion beliebiger Winkel mit R = 57,3**

Auf einem Kreisbogen mit dem Radius R = 57,3 mm entspricht 1 mm auf dem Bogen gemessen 1° (gilt nur für kleine Winkel).

Beispiel 65°: 60° + 5° (gemessen als 5 mm auf dem Bogen mit R = 57,3 mm)

Beispiel 40°: 45° − 5° (gemessen als 5 mm auf dem Bogen mit R = 57,3 mm)

# 3 Geometrische Grundlagen
## 3.1 Geometrische Grundkonstruktionen
**Aufgaben zu 3.1 Geometrische Grundkonstruktionen**

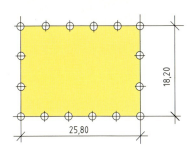 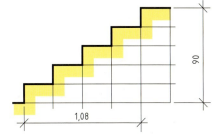 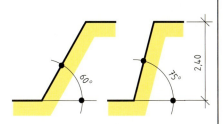

**1** Ein rechteckiges **Grundstück**, 25,80 m lang und 18,20 m breit, ist einzuzäunen. 16 Betonpfosten sind gleichmäßig auf der Grundstücksgrenze zu versetzen (M 1:250).

**2** Eine **Eingangstreppe** mit einer Lauflänge von 1,08 m und einer Höhe von 90 cm ist aufzureißen. Die Treppe hat 4 Auftritte und 5 Steigungen (M 1:10).

**3** Die **Böschungswinkel** bei einer Baugrube von 65° und 75° sind zu zeichnen. Die Baugrubentiefe beträgt 2,40 m (M 1:50).

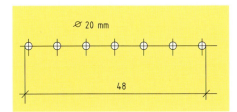 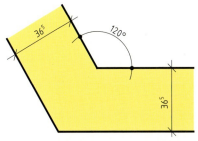 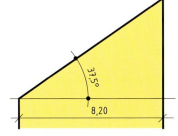

**4** Für die untere Bewehrung eines **Stahlbetonbalkens** sind 7 Betonstabstähle mit ⌀ 20 mm einzuteilen. Die Gesamtbreite der Bewehrungslage beträgt 48 cm (M 1:5).

**5** Eine **stumpfwinklige Mauerecke** unter 120°, 36,5 cm dick, ist zu zeichnen (M 1:10).

**6** Ein **Pultdach** mit einer Breite von 8,20 m und einer Dachneigung von 37,5° ist zu zeichnen (M 1:100).

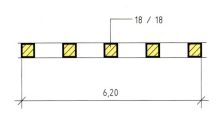 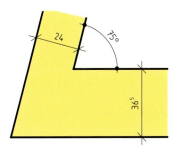 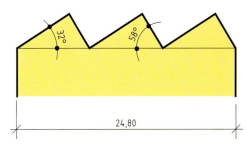

**7** Für ein **Vordach** sind 5 Holzstützen 18/18 cm in gleichem Abstand aufzureißen. Der Abstand der äußeren Stützen (Außenmaß) beträgt 6,20 m (M 1:50).

**8** Eine **spitzwinklige Mauerecke** unter 75°, 36,5 cm und 24 cm dick, ist zu zeichnen (M 1:10).

**9** Das Dach einer **Lagerhalle** mit einer Länge von 24,80 m, bestehend aus 3 Sheds, ist zu zeichnen. Die Neigungswinkel betragen 32° und 58° (M 1:200).

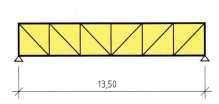 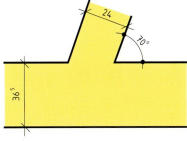 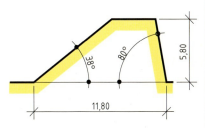

**10** Ein **Fachwerkträger** mit 6 quadratischen Feldern und je einem Diagonalstab ist aufzureißen. Die Stützweite beträgt 13,50 m (M 1:100).

**11** Ein **schiefwinkliger Mauerstoß** unter 70°, 36,5 cm dick, ist zu zeichnen. Die einbindende Mauer ist 24 cm dick (M 1:10).

**12** Der Querschnitt eines **Lärmschutzwalles** mit einer Breite von 11,80 m und den beiden Böschungswinkeln von 38° und 80° (Pflanzwand) ist zu zeichnen. Die Höhe beträgt 5,80 m (M 1:100).

# 3 Geometrische Grundlagen
## 3.2 Dreiecke

**Bezeichnungen**

gradlinig begrenzte Fläche mit
3 Ecken A, B, C,
3 Seiten $a$, $b$, $c$,
3 Winkeln $\alpha$, $\beta$, $\gamma$

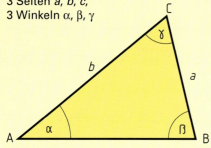

Ein Dreieck aus 3 Stäben ist unverschieblich.

**Beispiele:**

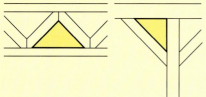

Fachwerkträger    Strebe

**Arten**

| Seiten / Winkel | gleichseitig | gleichschenklig | ungleichseitig |
|---|---|---|---|
| spitzwinklig | $a = b = c$  $\alpha = \beta = \gamma = 60°$ | $a = b$  $\alpha = \beta$ | $a \neq b \neq c$  $\alpha \neq \beta \neq \gamma$ |
| rechtwinklig |  | $b = c$  $\beta = \gamma$  $\alpha = 90°$ | $a \neq b \neq c$  $\alpha = 90°$ |
| stumpfwinklig |  | $a = b$  $\alpha = \beta$  $\gamma > 90°$ | $a \neq b \neq c$  $\alpha > 90°$ |

**Wichtige Punkte im Dreieck**

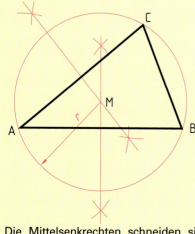

Die Mittelsenkrechten schneiden sich im **Umkreismittelpunkt M** des Dreiecks.

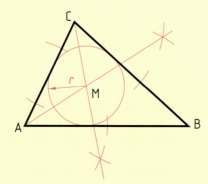

Die Winkelhalbierenden schneiden sich im **Inkreismittelpunkt M** des Dreiecks.

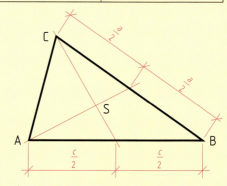

Die Seitenhalbierenden schneiden sich im **Schwerpunkt S** des Dreiecks.

**Einfache Dreieckskonstruktionen**

Gegeben: $c$ = 5,5 cm, $\alpha$ = 60°, $\beta$ = 45°

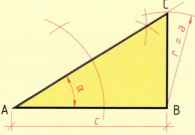

Gegeben: $c$ = 6,0 cm, $a$ = 3,7 cm, $\alpha$ = 30°

Gegeben: $c$ = 6,0 cm, $a$ = 3,6 cm, $b$ = 4,8 cm

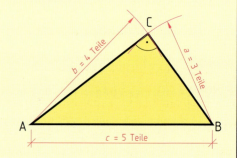

Ein Dreieck mit einem Seitenverhältnis 3 : 4 : 5 ist stets rechtwinklig.

# 3 Geometrische Grundlagen
## 3.3 Vierecke
### 3.3.1 Quadrat, Rechteck

**Quadrat**

**Geometrische Eigenschaften**

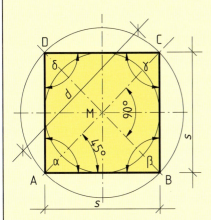

**Konstruktion**
aus $s$ = 4,5 cm

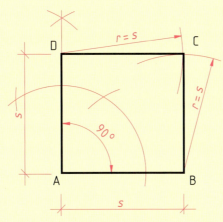

aus $d$ = 7,0 cm

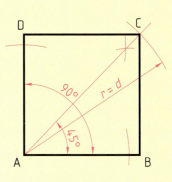

Die Seiten $s$ sind gleich lang.
Gegenüberliegende Seiten sind parallel.
Die Eckenwinkel sind jeweils 90°.
Die Diagonalen sind gleich lang und schneiden sich unter 90° im Mittelpunkt des Um- und Inkreises sowie im Schwerpunkt. Sie halbieren die Eckenwinkel.
Das Quadrat ist symmetrisch zu 4 Achsen.

Strecke $\overline{AB}$ = $s$,
Winkel von 90° in A,
Strecke $\overline{AD}$ = $s$,
Kreisbögen um D und B mit $r = s$ schneiden sich in C.

Winkel von 45° in A,
von A aus $\overline{AC}$ = $d$,
Winkel von 90° in A,
Parallelen zu den freien Schenkeln durch C bis B und D.

**Rechteck**

**Geometrische Eigenschaften**

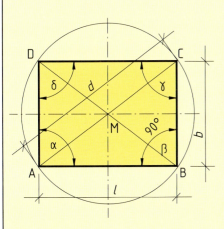

**Konstruktion**
aus $l$ = 5,5 cm, $b$ = 4,5 cm

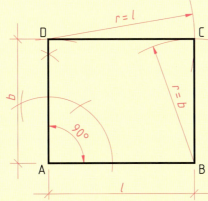

aus $l$ = 4,5 cm, $d$ = 5,8 cm

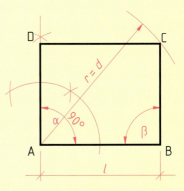

Die gegenüberliegenden Seiten von $l$ und $b$ sind gleichlang und parallel.
Die Eckenwinkel betragen je 90°.
Die Diagonalen sind gleichlang und schneiden sich im Mittelpunkt des Umkreises sowie im Schwerpunkt.
Das Rechteck ist symmetrisch zu 2 Achsen.

Strecke $\overline{AB}$ = $l$,
Winkel von 90° in A,
Strecke $\overline{AD}$ = $b$,
Kreisbogen um D bzw. B mit $r = l$ bzw. $b$ schneiden sich in C.

Strecke $\overline{AB}$ = $l$,
Winkel von 90° in A und B,
Kreisbogen um A mit $r = d$, schneidet freien Schenkel in des Winkels β in C,
Parallele zu AB durch C schneidet den freien Schenkel des Winkels α in D.

# 3 Geometrische Grundlagen
## 3.3 Vierecke
### 3.3.2 Parallelogramm, Raute

**Parallelogramm (Rhomboid)**

| Geometrische Eigenschaften | Konstruktion aus $s_1 = 5{,}0$ cm, $s_2 = 3{,}8$ cm, $\alpha = 75°$ | aus $s_1 = 3{,}0$ cm, $b = 4{,}0$ cm, $\beta = 120°$ |
|---|---|---|

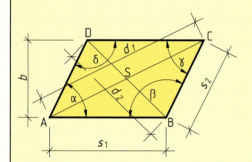 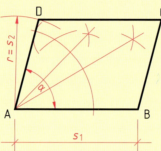 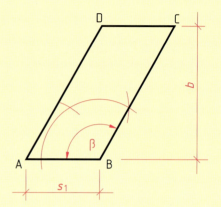

Gegenüberliegende Seiten sind parallel und gleich lang.
Gegenüberliegende Winkel sind gleich.
Nebeneinander liegende Winkel ergänzen sich zu 180°.
Die Diagonalen halbieren sich gegenseitig im Schwerpunkt S.

Strecke $\overline{AB} = s_1$,
Winkel $\alpha = 75°$ in Punkt A,
Strecke $\overline{AD} = s_2$,
Parallelen zu AB durch D und zu AD durch B schneiden sich in C.

Strecke $\overline{AB} = s_1$,
Winkel $\beta = 120°$ in B,
Parallele zu AB im Abstand $b$ schneidet freien Schenkel $\beta$ in C.
Parallele zu AB durch C ergibt D.

**Raute**

| Geometrische Eigenschaften | Konstruktion aus $s = 4{,}0$ cm, $\alpha = 75°$ | aus $d_1 = 4{,}0$ cm, $d_2 = 5{,}0$ cm |
|---|---|---|

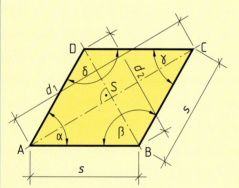 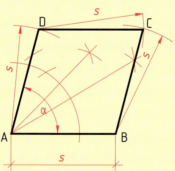 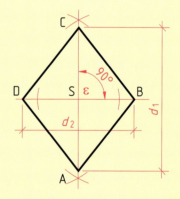

Alle 4 Seiten sind gleich lang.
Gegenüberliegende Seiten sind parallel.
Gegenüberliegende Winkel sind gleich.
Nebeneinander liegende Winkel ergänzen sich zu 180°.
Diagonalen halbieren sich gegenseitig unter 90° im Schwerpunkt S.
Die Diagonalen halbieren die Eckenwinkel und sind Symmetrieachsen.

Strecke $\overline{AB} = s$,
Winkel $\alpha = 75°$ in A,
Strecke $\overline{AD} = s$ bis B,
Kreisbögen um B und D mit $r = s$ schneiden sich in C.

Winkel $\varepsilon = 90°$ in S,
von S aus $d_1/2$ beidseitig abtragen bis A und C sowie $d_2/2$ beidseitig abtragen bis B und D.

# 3 Geometrische Grundlagen
## 3.3 Vierecke
### 3.3.3 Trapez, 3.3.4 Unregelmäßiges Viereck

### 3.3.3 Trapez

**Geometrische Eigenschaften:** 2 gegenüberliegende Seiten sind parallel: AB ∥ CD.
Nebenwinkel an den parallelen Seiten ergänzen sich zu 180°; $\alpha + \delta = 180°$, $\beta + \gamma = 180°$.

**Arten**

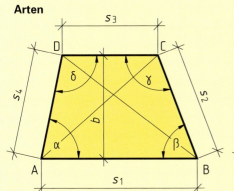
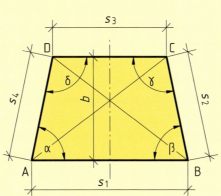
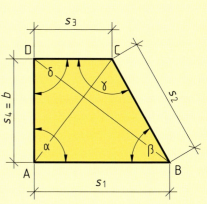

**ungleichschenklig**

Die Seiten sind ungleich lang.
Die Eckenwinkel sind ungleich groß.
Die Eckenlinien sind ungleich lang.

**gleichschenklig**

Die nichtparallelen Seiten sind gleich lang.
Die Winkel an den parallelen Seiten sind gleich.
Die Eckenlinien sind gleich lang. Das Trapez ist symmetrisch zu einer Achse.

**rechtwinklig**

Die Seiten sind ungleich lang.
$\overline{AD}$ = Breite $b$.
1 Seite läuft rechtwinklig zu den parallelen Seiten.

### Konstruktion

**Ungleichseitiges Trapez**
aus $s_1$ = 6,0 cm, $s_2$ = 4,0 cm, $s_3$ = 3,0 cm, $\beta$ = 60°

**Gleichschenkliges Trapez**
aus $s_1$ = 5,0 cm, $s_3$ = 2,4 cm, $b$ = 4,0 cm

**Rechtwinkliges Trapez**
aus $s_1$ = 5,5 cm, $b$ = 3,8 cm, $\alpha$ = 45°

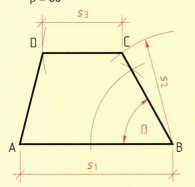
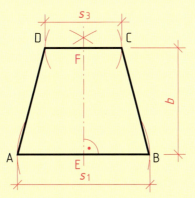
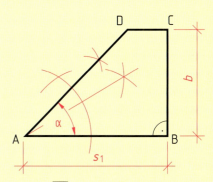

Strecke $\overline{AB} = s_1$,
Winkel von 60° in B,
Strecke $\overline{BC} = s_2$ bis C,
Parallele zu AB durch C,
Strecke CD = $s_3$ bis D.

Strecke $\overline{AB} = s_1$,
Mittelsenkrechte von $\overline{AB}$ in E,
Strecke $\overline{EF} = b$ bis F,
Parallele zu AB durch F,
beidseitig von F $s_3/2$ bis C und D.

Strecke $\overline{AB} = s_1$,
Winkel $\beta$ = 90° in B und $\alpha$ in A,
Strecke $\overline{BC} = b$ bis C,
Parallele zu AB durch C bis D.

### 3.3.4 Unregelmäßiges Viereck
(Vielecke)

Bei unregelmäßigen Vierecken (Vielecken) werden die Ecken von einer Bezugsachse aus festgelegt. Man fällt von den Ecken Lote auf die Bezugsachse, deren Fußpunkte auf der Bezugsachse von einem Nullpunkt aus eingemessen werden.
Seitenlängen und Eckenwinkel sind verschieden groß.

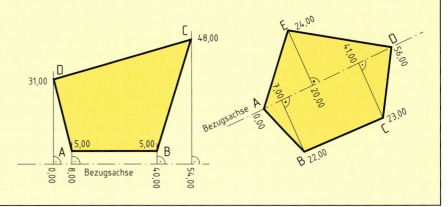

# 3 Geometrische Grundlagen

## 3.2 Dreiecke und 3.3 Vierecke

Aufgaben zu 3.2 Dreiecke und 3.3 Vierecke

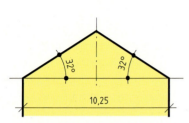
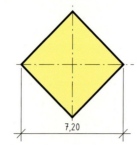
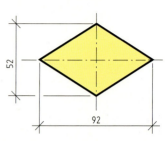

**1** Der **Dachgiebel** mit der Form eines gleichschenkligen Dreiecks ist zu zeichnen. Die Giebelbreite beträgt 10,25 m, der Neigungswinkel 32° (M 1:100).

**2** Ein quadratisches **Gartenbeet** mit einem Diagonalmaß von 7,20 m ist zu zeichnen (M 1:100).

**3** Eine rautenförmige **Fensteraussparung** mit den Diagonalmaßen 92 cm und 52 cm ist zu zeichnen (M 1:10).

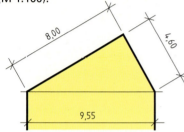
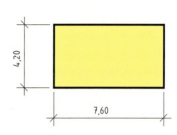
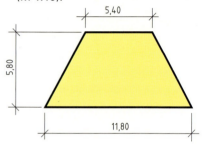

**4** Die Querschnittsfläche eines **Satteldaches** mit der Form eines ungleichseitigen Dreiecks ist zu zeichnen. Die Dachbreite ist 9,55 m, die Sparrenlängen ohne Überstand 8,00 m und 4,60 m (M 1:100).

**5** Der rechteckige Grundriss einer **Garage** mit einer Länge von 7,60 m und einer Breite von 4,20 m ist zu zeichnen (M 1:100).

**6** Die **Dachfläche** mit der Form eines gleichschenkligen Trapezes ist zu zeichnen. Die Trauflänge ist 11,80 m, die Firstlänge 5,40 m, die Breite 5,80 m (M 1:100).

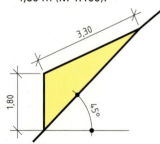
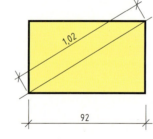
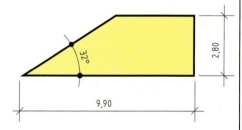

**7** Für ein Dach mit der Dachneigung von 45° ist eine **Dachgaube** zu zeichnen. Die Höhe der Gaube an der Fensterseite beträgt 1,80 m, ihre Sparrenlänge 3,30 m (M 1:50).

**8** Die **Aussparung** für einen Rohrleitungsschacht mit einer Breite von 92 cm und einem Diagonalmaß von 1,02 m ist aufzureißen (M 1:10).

**9** Die Seitenfläche der **Rampe** mit der Form eines rechtwinkligen Trapezes ist zu zeichnen. Die Länge an der Sohle ist 9,90 m, die Höhe 2,80 m, der Neigungswinkel 32° (M 1:100).

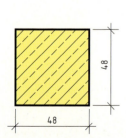
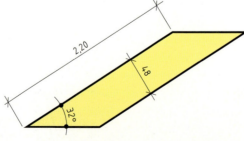
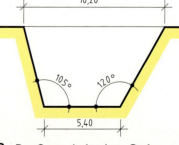

**10** Die **Stahlbetonstütze** mit einem quadratischen Querschnitt, deren Kantenlänge 48 cm beträgt, ist zu zeichnen (M 1:10).

**11** Die Schalfläche einer parallelogrammförmigen **Treppenwange** ist zu zeichnen. Die Länge beträgt 2,20 m, die Breite 48 cm, der Steigungswinkel 32° (M 1:20).

**12** Der Querschnitt eines **Grabens** mit der Form eines ungleichseitigen Trapezes ist zu zeichnen. Die Breite an der Sohle ist 5,40 m, die obere 10,20 m. Die Winkel an der Sohle sind 120° und 105° (M 1:100).

# 3 Geometrische Grundlagen
## 3.4 Regelmäßige Vielecke
### 3.4.1 Konstruktion regelmäßiger Vielecke mit gegebenem Umkreisdurchmesser

**Geometrische Eigenschaften:**
- Gleichlange Seiten,
- Gleichgroße Eckenwinkel,
- Ecken liegen auf einem Kreis (Umkreis),
- Symmetrisch zu mehreren Achsen.

### 3.4.1 Konstruktion regelmäßiger Vielecke mit gegebenem Umkreisdurchmesser

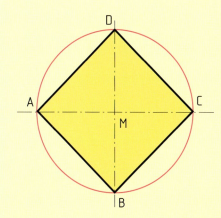
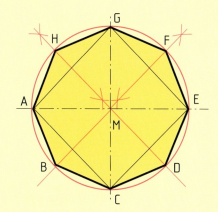

**Regelmäßiges Viereck (Quadrat)**

Umkreis mit Mittelachsen, Schnittpunkte der Mittelachsen mit dem Umkreis ergeben Viereck ABCD.

**Regelmäßiges Achteck**

Umkreis mit Mittelachsen, Mittelsenkrechten über den Viereckseiten $\overline{AC}$, $\overline{CE}$, $\overline{EG}$ und $\overline{GA}$ schneiden den Umkreis in B, D, F und H.

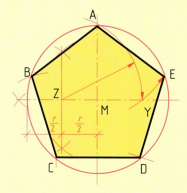
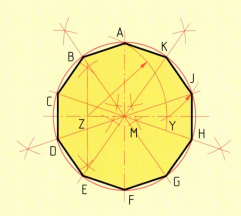

**Regelmäßiges Fünfeck**

Umkreis mit Mittelachsen, Radius $\overline{MX}$ halbieren in Z, Kreisbogen um Z mit Radius $\overline{ZA}$ bis Y, $\overline{AY}$ auf Umkreis abtragen bis E, D, C und B.

**Regelmäßiges Zehneck**

Umkreis mit den Eckpunkten des Fünfecks,
Mittelsenkrechten über den Fünfeckseiten $\overline{AC}$, $\overline{CE}$, $\overline{EG}$, $\overline{GI}$, $\overline{IA}$ schneiden den Umkreis in den Eckpunkten B, D, F, H und K des Zehnecks.
Strecke $\overline{MY}$ = Seitenlänge

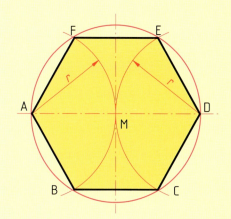
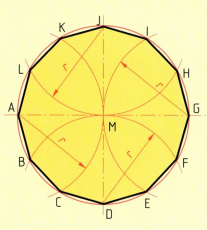

**Regelmäßiges Sechseck**

Umkreis mit Mittelachsen, Kreisbögen um A und D mit dem Umkreishalbmesser $\overline{MA}$ schneiden den Umkreis in B und F bzw. C und E.

**Regelmäßiges Zwölfeck**

Umkreis mit Mittelachsen, Kreisbögen um A, D, G und J mit dem Umkreishalbmesser $\overline{MA}$ schneiden den Umkreis in den Eckpunkten C und K, B und F, E und I sowie H und L des Zwölfecks.

# 3 Geometrische Grundlagen
## 3.4 Regelmäßige Vielecke
### 3.4.1 Konstruktion regelmäßiger Vielecke mit gegebener Seitenlänge

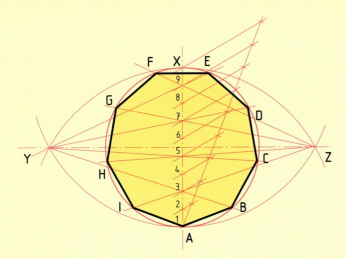

**Allgemeine Vieleckskonstruktion**

Umkreis mit Mittelachsen,
Durchmesser $\overline{AX}$ in so viele Teile teilen, wie das Vieleck Ecken haben soll (z.B. neun).
Um A und X Kreisbögen mit dem Durchmesser beschrieben, ergeben Y und Z.
Die von diesen Punkten über jeden zweiten Teilungspunkt hinausgezogenen Geraden schneiden den Umkreis und ergeben die Eckpunkte des regelmäßigen Vielecks.

**Konstruktion regelmäßiger Vielecke mit gegebener Seitenlänge**

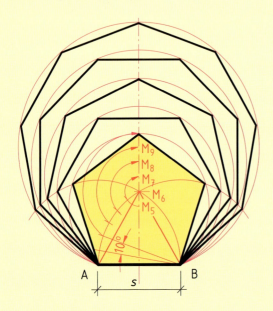

**Konstruktion**

aus Seitenlänge $s = 3{,}5$ cm

Seitenlänge $s = \overline{AB}$ abtragen,
Gleichseitiges Dreieck $ABM_6$,
Mittelsenkrechte über $\overline{AB}$ über $M_6$ hinaus,
Kreisbogen $AM_6$ in 6 gleiche Teile teilen
(jeweils Winkel von 10° aneinander abtragen),
Kreisbögen um $M_6$ mit den jeweiligen Teilstrecken als Radien bis zum Schnitt mit der Mittelsenkrechten ergeben die Mittelpunkte der Umkreise für die regelmäßigen Vielecke.

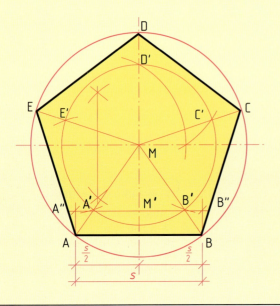

**Regelmäßiges Fünfeck**

aus Seitenlänge $s = 5$ cm

Regelmäßiges Fünfeck mit beliebig großem Umkreisdurchmesser A', B', C', D' und E',
Fünfeckseite $\overline{A'B'}$ über A' und B' hinaus verlängern und beidseitig von M' aus $s/2$ abtragen bis A'' und B'',
Parallelen zu $\overline{MM'}$ durch A'' und B'' schneiden die Verlängerungen von $\overline{MA'}$ und $\overline{MB'}$ in A und B,
Kreis um M mit Radius $\overline{MB}$ (Umkreis) schneidet die Fünfeckstrahlen in den Eckpunkten A, B, C, D und E des Fünfecks.

# 3 Geometrische Grundlagen
## 3.5 Kreis
### 3.5.1 Bezeichnungen  3.5.2 Sehne  3.5.3 Tangente

### 3.5.1 Bezeichnungen

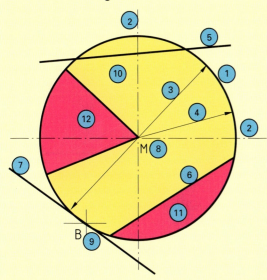

① **Kreislinie** (Peripherie)
Linie, die von einem Punkt (Mittelpunkt M) stets den gleichen Abstand hat

② **Mittelachsen**
2 gerade Strich-Punkt-Linien, die sich unter 90° in M schneiden

③ **Durchmesser**
Abstand von Kreislinie zu Kreislinie über M gemessen

④ **Halbmesser** (Radius)
Entfernung vom Mittelpunkt M zur Kreislinie (1/2 Durchmesser)

⑤ **Sekante** (Schneidende)
Gerade, die die Kreislinie schneidet

⑥ **Sehne**
Länge der Sekante innerhalb des Kreises

⑦ **Tangente** (Berührende)
Gerade, die die Kreislinie in einem Punkt berührt

⑧ **Mittelpunkt M**
Mittelpunkt und Schwerpunkt des Kreises. Schnittpunkt der Mittellinien

⑨ **Berührungspunkt B**
Punkt, in dem die Tangente die Kreislinie berührt

⑩ **Kreisfläche**
Fläche innerhalb der Kreislinie

⑪ **Kreisabschnitt** (Segment)
Fläche, begrenzt durch Sehne und Kreislinie

⑫ **Kreisausschnitt** (Sektor)
Fläche, begrenzt durch 2 Halbmesser und der Kreislinie

### 3.5.2 Sehne

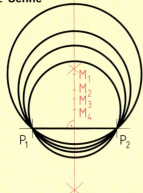
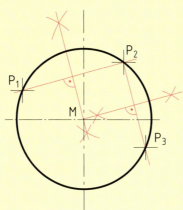
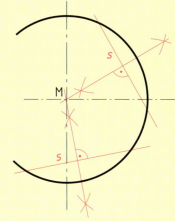

Die Mittelpunkte von Kreisen, welche durch die Endpunkte $P_1$ und $P_2$ einer Sehne gehen, liegen auf der Mittelsenkrechten der Sehne.

Der Mittelpunkt M eines Kreises, der durch die drei Punkte $P_1$, $P_2$ und $P_3$ geht, liegt auf dem Schnittpunkt der Mittelsenkrechten über den Sehnen $\overline{P_1P_2}$ und $\overline{P_2P_3}$.

Ermitteln des Mittelpunktes eines Kreises durch Mittelsenkrechten über zwei beliebig gewählten Sehnen (Verlauf der Sehnen etwa unter 90°).

### 3.5.3 Tangente

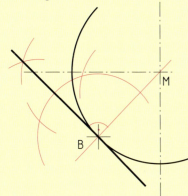
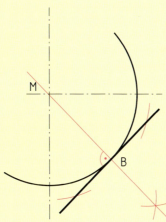
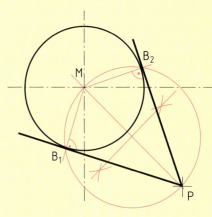

Die Tangente an einen Kreis im Berührungspunkt B verläuft rechtwinklig zu $\overline{MB}$.

Der Berührungspunkt B einer Tangente liegt auf dem Lot von M auf die Tangente.

Die Berührungspunkte $B_1$ und $B_2$ der Tangenten an einen Kreis vom Punkt P außerhalb des Kreises liegen auf den Schnittpunkten der Halbkreise über $\overline{MP}$.

# 3 Geometrische Grundlagen
## 3.5 Kreis
### 3.5.4 Abrundungen  3.5.5 Kreisübergänge

**3.5.4 Abrundungen** — bei gegebenem Abrundungsradius

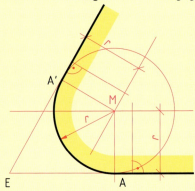
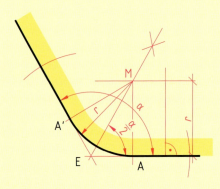
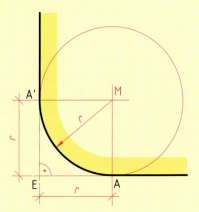

Parallelen zu den Schenkeln im Abstand $r$ schneiden sich im Mittelpunkt M des Abrundungskreises. Lote vom Mittelpunkt M auf die Schenkel ergeben die Anschlusspunkte A und A'.

Parallele zu einem Schenkel im Abstand $r$ schneidet die Winkelhalbierende im Mittelpunkt M des Abrundungskreises. Lote von M auf die Schenkel ergeben die Anschlusspunkte A und A'.

Parallelen zu den Schenkeln im Abstand $r$ schneiden sich im Mittelpunkt M des Abrundungskreises. Lote von M auf die Schenkel ergeben die Anschlusspunkte A und A'.

bei gegebenen Anschlusspunkten

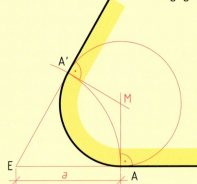
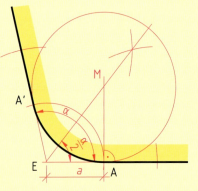
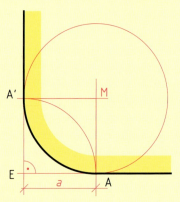

Einmessen der Anschlusspunkte A und A' von E aus.
Die Senkrechten in den Anschlusspunkten A und A' schneiden sich im Mittelpunkt des Abrundungskreises.

Einmessen der Anschlusspunkte von E aus bis A und A'.
Die Senkrechte und Winkelhalbierende schneiden sich im Mittelpunkt M des Abrundungskreises.

Einmessen der Anschlusspunkte von E aus bis A und A'.
Die Senkrechten in A und A' schneiden sich im Mittelpunkt M des Abrundungskreises.

### 3.5.5 Kreisübergänge

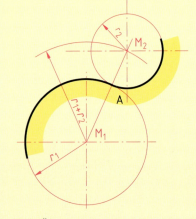
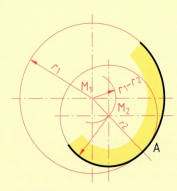
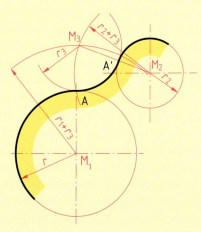

Der Übergangspunkt A liegt auf der Verbindungslinie der Mittelpunkte $M_1$ und $M_2$. Der Abstand der Mittelpunkte beträgt $(r_1 + r_2)$.

Der Übergangspunkt A liegt auf der Verbindungslinie der Mittelpunkte $M_1$ und $M_2$. Der Abstand der Mittelpunkte beträgt $(r_1 - r_2)$.

Die Übergangspunkte A und A' liegen auf den Verbindungslinien der Mittelpunkte. Die Abstände der Mittelpunkte betragen $(r_1 + r_3)$ und $(r_2 + r_3)$.

# 3 Geometrische Grundlagen

## 3.4 Regelmäßige Vielecke und 3.5 Kreis

**Aufgaben zu 3.4 Regelmäßige Vielecke und 3.5 Kreis**

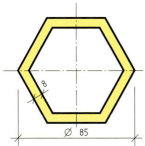

**1** Das **Betonfertigteil** mit der Form eines regelmäßigen Sechsecks mit einem Umkreisdurchmesser von 85 cm und einer Wanddicke von 8 cm ist zu zeichnen (M 1:10).

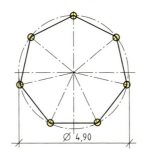

**2** Ein **Kioskdach** wird von 7 Stahlstützen getragen. Diese sind auf einem Kreis mit einem Durchmesser von 4,90 m in gleichem Abstand aufzureißen (M 1:50).

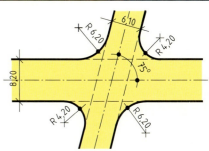

**3** Zwei **Straßen** kreuzen sich unter einem Winkel von 75°. Die Straßenbreiten betragen 8,20 m und 6,10 m. Die spitzen Winkel sind mit einem Radius von 4,20 m, die stumpfen mit einem Radius von 6,20 m abzurunden (M 1:200).

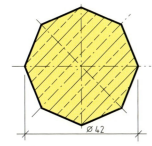

**4** Eine **Stahlbetonstütze** mit der Querschnittsform eines regelmäßigen Achtecks und einem Umkreisdurchmesser von 42 cm ist zu zeichnen (M 1:5).

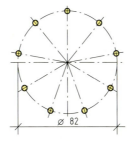

**5** Für eine **Rahmeneckverbindung** sind 9 Einlassdübel vorgesehen. Diese sind auf einem Kreis mit einem Durchmesser von 82 cm, gleichmäßig verteilt, zu zeichnen (M 1:10).

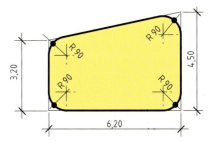

**6** Eine **Verkehrsinsel** hat die Form eines rechtwinkligen Trapezes. Die Maße der parallelen Seiten sind 4,50 m und 3,20 m, die Breite 6,20 m. Die Ecken sind mit einem Radius von 90 cm abzurunden (M 1:50).

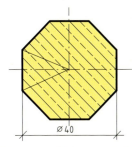

**7** Der Querschnitt der **Stütze** hat die Form eines regelmäßigen Achtecks. Der Abstand der parallelen Seiten beträgt 40 cm (M 1:5).

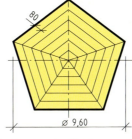

**8** Die **Bodenfläche** ist als regelmäßiges Fünfeck mit einem Umkreisdurchmesser von 9,60 m zu zeichnen. Die 80 cm breiten Platten sind so zu verlegen, dass ihre Fugen parallel zu den Fünfeckseiten verlaufen (M 1:100).

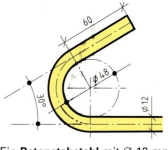

**9** Ein **Betonstabstahl** mit ⌀ 12 mm ist unter 150° aufzubiegen. Der Biegerollendurchmesser ist 48 mm, das gerade Hakenende 60 mm (M 1:10).

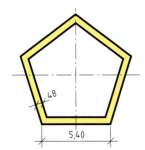

**10** Die **Einfassung** mit der Form eines regelmäßigen Fünfeckes ist aufzureißen. Die Seitenlänge außen ist 5,40 m, die Breite der Einfassung 48 cm (M 1:100).

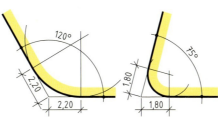

**11** Zwei **Bordsteinkanten** verlaufen in einem Winkel von 120° bzw. 75°. Sie sind so abzurunden, dass die Kreisanschlusspunkte 2,20 m bzw. 1,80 m vom Scheitelpunkt entfernt sind (M 1:100).

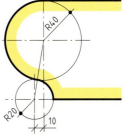

**12** Eine **Schablone** aus zwei sich berührenden Kreisbögen mit den Radien von 40 mm und 20 mm ist zu zeichnen. Die Mittelpunkte sind 10 mm gegeneinander versetzt (M 1:1).

# 3 Geometrische Grundlagen
## 3.6 Ovale
## 3.7 Ellipse

**3.6 Ovale**  aus 4 Kreisbögen

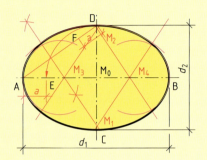

Zeichnen der Mittelachsen AB und CD. Abtragen von $\overline{M_0D}$ auf $M_0A$ von $M_0$ aus bis E.
Abtragen von $\overline{AE}$ auf Verbindungslinie DA von D aus bis F.
Mittelsenkrechte über $\overline{AF}$ schneidet $\overline{AB}$ in $M_3$ ($M_4$) und CD in $M_1$ ($M_2$).

aus 8 Kreisbögen

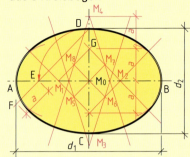

Zeichnen der Mittelachsen AB und CD. Abtragen von $\overline{M_0D}$ auf $M_0A$ bis E. Verbindungslinie DE über E bis F. Abtragen von $\overline{EF}$ = a auf Mittelachsen von $M_0$ aus bis $M_1$, H, $M_2$ und G sowie über G und H bis $M_4$ und $M_3$. Mittelpunkte $M_5$, $M_6$, $M_7$ und $M_8$ ergeben sich durch Parallelen zu $M_1G$ und $M_2G$ durch $M_0$.

Eioval

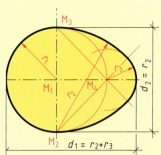

Zeichnen eines Kreises mit Mittelachsen. Schnittpunkte der Mittelachsen mit Kreis ergeben die Mittelpunkte $M_2$, $M_3$ und $M_4$.
Kreisbogen um $M_2$ und $M_3$ mit Radius $r_2$ sowie um $M_4$ mit Radius $r_3$ ergeben das Eioval.

**3.7 Ellipse**
Bezeichnungen: $\overline{AB}$ = $d_1$ große Achse
$\overline{CD}$ = $d_2$ kleine Achse
$F_1$ und $F_2$ = Brennpunkte
$s_1$ und $s_2$ = Brennstrahlen

**Geometrische Eigenschaften** Die Summe der Entfernungen der Ellipsenpunkte von den Brennpunkten ist gleich der großen Achse.

$$s_1 + s_2 = d_1$$

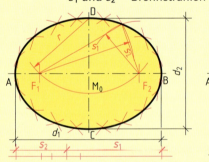

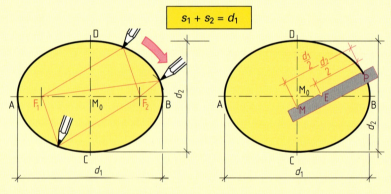

Kreisbogen um D mit $r$ = 1/2 $\overline{AB}$ schneidet $\overline{AB}$ in den Brennpunkten $F_1$ und $F_2$.
Kreisbögen um $F_1$ und $F_2$ mit mehreren Brennstrahlenpaaren $s_1$ und $s_2$ ergeben Ellipsenpunkte.

Schnur mit der Länge $\overline{AB}$ in den Brennpunkten $F_1$ und $F_2$ befestigen.
Durch Spannen und Entlangfahren mit dem Bleistift entsteht die Ellipse.

Schablone fertigen mit den Markierungen M, E und P in den Abständen 1/2 $\overline{AB}$ und 1/2 $\overline{CD}$ von P aus.
Schablone so bewegen, dass M und E auf der kleinen und großen Achse gleiten. Die Punkte P liegen auf der Ellipse.

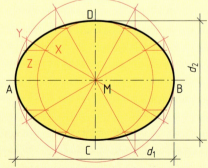

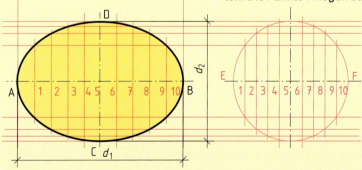

Kreise um M durch A und D.
Strahl von M schneidet Kreise in X und Y. Parallelen zu AB durch X und zu CD durch Y schneiden sich im Ellipsenpunkt Z.

Zeichnen der großen und kleinen Achse AB und CD. In Verlängerung von AB Hilfskreis mit dem Durchmesser $\overline{CD}$. Große Achse AB in beliebig viele gleich große Teile teilen (z.B. 10 Teile), ebenso den Durchmesser des Hilfskreises $\overline{EF}$. In den Teilpunkten Parallelen zu CD zeichnen. Die Schnittpunkte der Parallelen mit dem Hilfskreis durch Parallelen zu AF auf die entsprechenden Senkrechten der Teilpunkte von $\overline{AB}$ übertragen.

# 3 Geometrische Grundlagen
## 3.8 Bogenformen

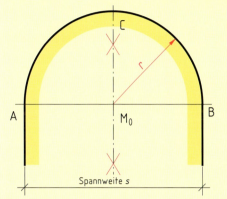

**Rundbogen**
Mittelsenkrechte über Spannweite $s = \overline{AB}$ durch $M_0$ (Mittelachse).
Halbkreis über $\overline{AB}$ mit $r = s/2$ ergibt den Rundbogen.

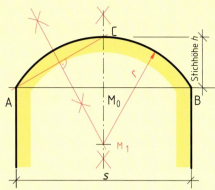

**Stichbogen**
Mittelsenkrechte über Spannweite $s = \overline{AB}$. Hierauf Stichhöhe $h$ abtragen bis C. Mittelsenkrechte über $\overline{AC}$ schneidet Mittelachse in $M_1$.

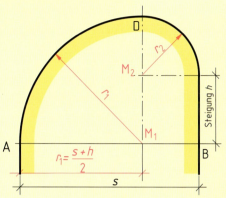

**Einhüftiger Bogen**
Auf Spannweite $s = \overline{AB}$ in B Senkrechte errichten und darauf Steigung $h$ abtragen. Auf AB von A aus $(s+h)/2$ bis $M_1$ abtragen. Senkrechte auf AB in $M_1$ schneidet Parallele zu AB durch C in $M_2$. Viertelkreise um $M_1$ mit $r_1$ und um $M_2$ mit $r_2$ ergeben den Bogen.

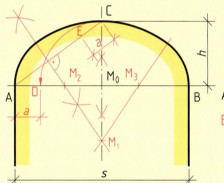

**Korbbogen aus 3 Kreisbögen**
Mittelsenkrechte über Spannweite $s = \overline{AB}$. Von $M_0$ aus Stichhöhe $h$ abtragen bis C. Auf $\overline{M_0A}$ von $M_0$ aus $\overline{M_0C}$ abtragen bis D. $\overline{AD} = a$ auf Verbindungslinie AC abtragen bis E.
Mittelsenkrechte über $\overline{AE}$ schneidet AB in $M_2$ ($M_3$) und die Mittelachse in $M_1$.

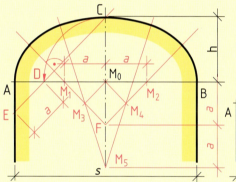

**Korbbogen aus 5 Kreisbögen**
Mittelsenkrechte über Spannweite $s = \overline{AB}$. Stichhöhe $h$ von $M_0$ aus abtragen bis C. Verbindungslinie CD über D bis E. $\overline{DE} = a$ von $M_0$ aus abtragen bis $M_1$, $M_2$ und $M_5$. $M_3$ und $M_4$ ergeben sich durch Halbieren von $\overline{M_1F}$ und $\overline{M_2F}$.

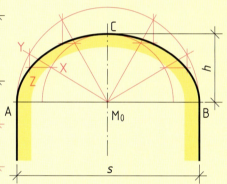

**Ellipsenbogen**
Mittelsenkrechte über Spannweite $s = \overline{AB}$. Stichhöhe $h$ von $M_0$ aus bis C abtragen. Halbkreise über $M_0$ mit $\overline{M_0A}$ und $\overline{M_0C}$. Strahl von $M_0$ schneidet Kreise in X und Y. Parallelen zu AM durch X und zu $M_0C$ durch Y schneiden sich im Bogenpunkt Z.

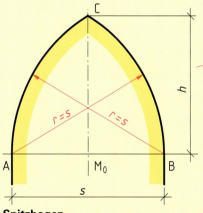

**Spitzbogen**
Mittelsenkrechte über Spannweite $s = \overline{AB}$. Kreisbogen um A und B mit $r = s$ schneiden sich in C.

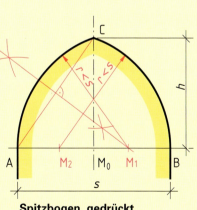

**Spitzbogen, gedrückt**
Mittelsenkrechte über Spannweite $s = \overline{AB}$. Stichhöhe $h = \overline{AB}$ von M bis C abtragen. Mittelsenkrechte über $\overline{AC}$ bzw. $\overline{BC}$ schneiden AB in $M_1$ und $M_2$.

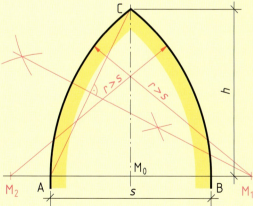

**Spitzbogen, überhöht**
Mittelsenkrechte über Spannweite $s = \overline{AB}$. Stichhöhe $h = \overline{AB}$ von M bis C abtragen. Mittelsenkrechte über $\overline{AC}$ bzw. $\overline{BC}$ schneiden AB in $M_1$ und $M_2$.

# 3 Geometrische Grundlagen

## 3.6 Ovale, 3.7 Ellipse und 3.8 Bogenformen

**Aufgaben zu 3.6 Ovale, 3.7 Ellipse und 3.8 Bogenformen**

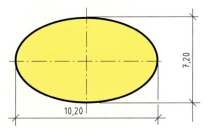

**1** Ein elliptisches **Gartenbeet** ist anzulegen. Die Länge der großen Achse beträgt 10,20 m, die Länge der kleinen Achse 7,20 m (M 1:100).

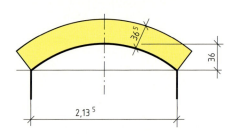

**2** Ein **Torbogen** ist als gemauerter Segmentbogen auszuführen. Die Spannweite beträgt 2,135 m, die Stichhöhe 36 cm, die Bogendicke 36,5 cm (M 1:20).

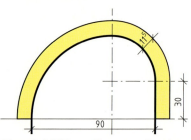

**3** Ein **einhüftiger Bogen** mit einer Spannweite von 90 cm und einer Steigung von 30 cm ist zu zeichnen. Die Bogendicke beträgt 11,5 cm (M 1:10).

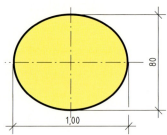

**4** Eine ovale **Fensteröffnung**, zusammengesetzt aus 8 Kreisbögen, ist zu zeichnen. Der große Durchmesser beträgt 1,00 m, der kleine 80 cm (M 1:10).

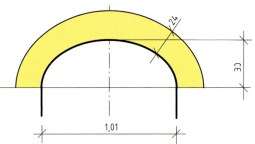

**5** Eine **Fensteröffnung** ist als Korbbogen aus 3 Kreisbögen zu zeichnen. Die Spannweite ist 1,01 m, die Stichhöhe 30 cm und die Bogendicke 24 cm (M 1:10).

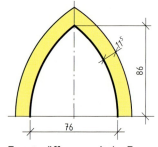

**6** Eine **Fensteröffnung** mit der Form eines überhöhten Spitzbogens ist zu zeichnen. Die Spannweite beträgt 76 cm die Scheitelhöhe 86 cm und die Bogendicke 11,5 cm (M 1:10).

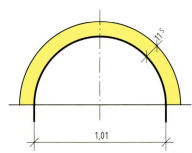

**7** Der **Rundbogen** einer Tür mit einer Spannweite von 1,01 m ist aufzureißen. Die Dicke des zu mauernden Bogens beträgt 11,5 cm (M 1:10).

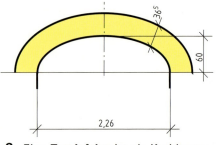

**8** Eine **Toreinfahrt** ist als Korbbogen aus 5 Kreisbögen aufzureißen. Die Spannweite beträgt 2,26 m, die Stichhöhe 60 cm und die Bogendicke 36,5 cm (M 1:20).

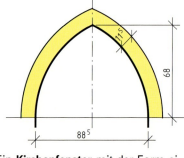

**9** Ein **Kirchenfenster** mit der Form eines gedrückten Spitzbogens ist zu zeichnen. Die Spannweite beträgt 88,5 cm, die Scheitelhöhe 68 cm und die Bogendicke 11,5 cm (M 1:10).

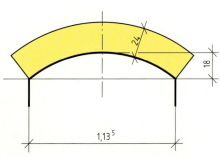

**10** Ein gemauerter **Segmentbogen** mit einer Spannweite von 1,135 m und einer Stichhöhe von 18 cm ist aufzureißen. Die Bogendicke beträgt 24 cm (M 1:10).

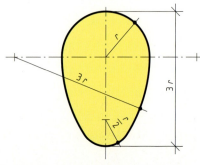

**11** Die Abmessungen des eiförmigen **Rohrquerschnitts** sind vom Radius $r$ = 350 mm abgeleitet. Der Querschnitt mit den Übergangspunkten ist zu zeichnen (M 1:10).

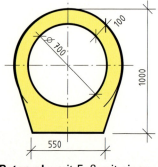

**12** Das **Betonrohr** mit Fuß mit einem Nenndurchmesser von 700 mm und einer Wanddicke von 100 mm ist zu zeichnen. Die Gesamthöhe ist 1000 mm, die Breite am Fuß 550 mm (M 1:10).

# 4 Projektionen
## 4.1 Normalprojektion

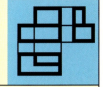

Körper haben drei Ausdehnungen, Flächen nur zwei. Zur Abbildung von Körpern auf Zeichenflächen benutzt man die Methoden der Projektion. Bei der Projektion werden die Eckpunkte der Körper mit Hilfe von **Projektionslinien** (Projektionsstrahlen) auf **Bildebenen** abgebildet.

Gehen die Projektionsstrahlen von einem Punkt aus, bezeichnet man die Darstellung als **Zentralprojektion**. Verlaufen die Projektionslinien dagegen parallel und treffen rechtwinklig auf die Bildebenen auf, spricht man von **rechtwinkliger Parallelprojektion**. Für Bauzeichnungen verwendet man meist die rechtwinklige Parallelprojektion.

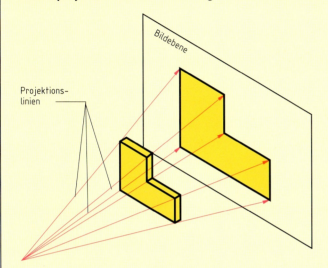

**Zentralprojektion**

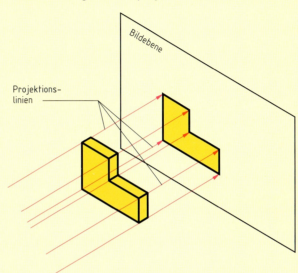

**Rechtwinklige Parallelprojektion**

### 4.1 Normalprojektion

Die Normalprojektion ist eine rechtwinklige Parallelprojektion, bei der ein Körper so in einer Raumecke angeordnet wird, dass seine Hauptansichten parallel zu den Seiten der Raumecke (Bildebenen) liegen. Diese Bildebenen werden als **Aufrissebene**, **Grundrissebene** und **Seitenrissebene** bezeichnet. Darauf werden die Seiten des Körpers durch parallele Projektionsstrahlen abgebildet. Klappt man die Grundrissebene 90° um die Projektionsachse nach unten und die Seitenrissebene ebenfalls 90° nach hinten, können die verschiedenen Ansichten auf einem Zeichenblatt dargestellt werden.

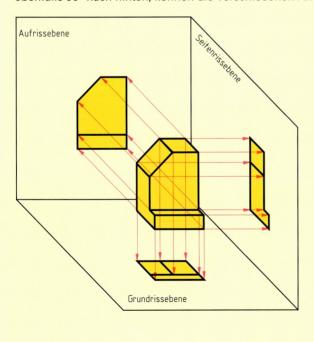

**Normalprojektion in einer Raumecke**

**Ansichten in einer Raumecke**

# 4 Projektionen
## 4.1 Normalprojektion

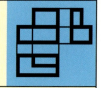

Die Bezeichnung der Abbildungen wird durch die Blickrichtung bzw. durch die Bildebene bestimmt, auf die eine Ansicht projiziert wird. Die von vorn betrachtete Abbildung auf der Aufrissebene bezeichnet man als **Vorderansicht**. Unter der Vorderansicht ist auf der Grundrissebene die **Draufsicht** angeordnet. Rechts neben der Vorderansicht wird auf der Seitenrissebene die **Seitenansicht von links** abgebildet.

Bei der Normalprojektion werden alle parallel zu den Bildebenen liegenden Körperflächen in wahrer Größe abgebildet, d.h. die Kantenlängen und die Winkel entsprechen denen des Körpers. Auf die Abbildung der Projektionsachsen kann verzichtet werden. Jedoch sind die Projektionslinien wichtige Hilfen bei der Konstruktion. Da die Vorderansicht genau über der Draufsicht angeordnet ist, legt man die Länge des Körpers mit senkrechten Projektionslinien fest. In der Draufsicht werden dann die Breitenmaße und in der Vorderansicht die Höhenmaße abgetragen.

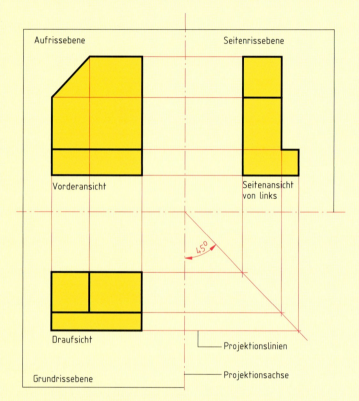

**Bezeichnung der Ansichten**

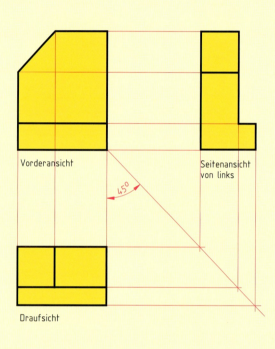

**Anordnung der Ansichten ohne Projektionsachsen**

Zur Konstruktion der Seitenansicht werden die Höhenmaße aus der Vorderansicht übertragen. Die Seitenansicht liegt deshalb immer auf der gleichen Höhe wie die Vorderansicht. Die Projektionslinien von der Draufsicht zur Seitenansicht können durch Anlegen eines Winkels von 45° oder durch Zeichnen eines Viertelkreises umgelenkt werden. Dadurch haben die Seitenansicht und die Draufsicht den gleichen Abstand von der Vorderansicht.

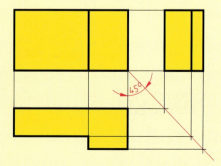 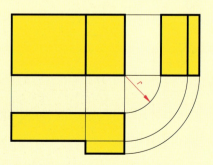 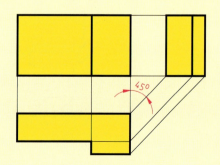

**Umlenkung der Projektionslinien zwischen Draufsicht und Seitenansicht**

# 4 Projektionen
## 4.1 Normalprojektion
### 4.1.1 Ansichten von Körpern

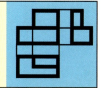

Um einen Körper eindeutig zeichnerisch darzustellen, genügen meist die Vorderansicht, die Draufsicht und eine Seitenansicht. Diese Darstellung auf drei Bildebenen bezeichnet man als **Dreitafelprojektion**. Von Gebäuden werden jedoch in der Regel vier Ansichten gezeichnet und diese nach den Himmelsrichtungen benannt. Schwierige Baukörper kann man zusätzlich von oben und unten betrachten und sie in Draufsicht und Untersicht darstellen. Die Anordnung und Bezeichnung dieser insgesamt sechs Ansichten ist nach DIN 6 festgelegt, wobei sichtbare Kanten als Volllinien und verdeckte Kanten als Strichlinien gezeichnet werden.

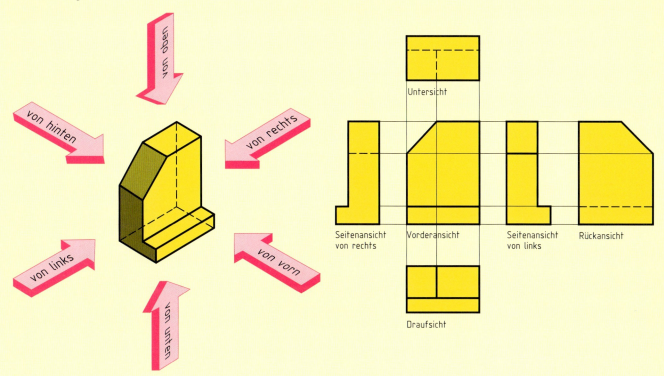

**Blickrichtung auf sechs Ansichten**      **Anordnung und Bezeichnung der Ansichten nach DIN 6**

**Beispiel für die Darstellung einer Wandecke mit Wandschlitz in Normalprojektion nach einer räumlichen Darstellung.** Die Abmessungen der Lösung sind auf das 5-mm-Raster karierter Zeichenblätter abgestimmt.

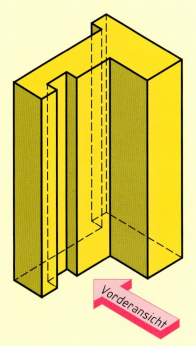
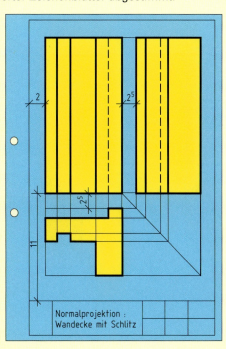

**Räumliche Darstellung**      **Dreitafelprojektion mit Blatteinteilung für DIN-A4-Hochformat**

# 4 Projektionen

## 4.1 Normalprojektion
### Aufgaben zu 4.1.1 Ansichten von Körpern

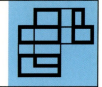

**1** Die **Bauteile** mit Flächen parallel zu den Bildebenen sind in der Dreitafelprojektion zu zeichnen. Vorderansicht, Draufsicht und Seitenansicht von links sind darzustellen. Blatteinteilung wie im Beispiel auf Seite 43.

DIN A 4 Hochformat
Maßstab 1 : 20

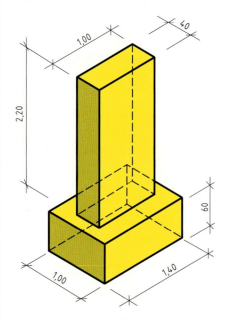

a) Pfeiler mit Fundament

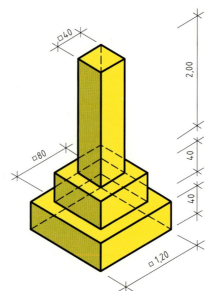

b) Stütze mit abgetrepptem Fundament

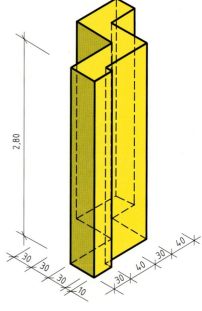

c) Winkelförmiger Pfeiler

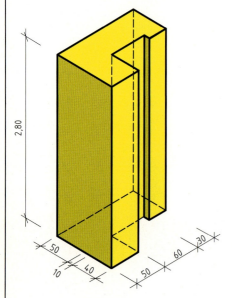

d) U-förmiger Pfeiler

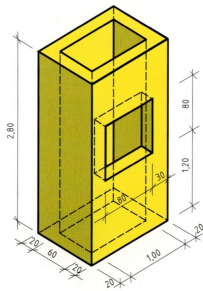

e) Schacht mit Öffnung

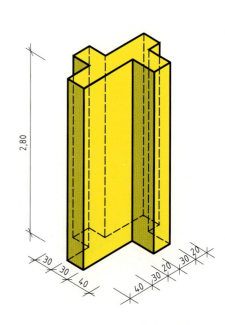

f) Versetzte Wandkreuzung

# 4 Projektionen

## 4.1 Normalprojektion
### Aufgaben zu 4.1.1 Ansichten von Körpern

**2** Die **Mauersteine** und **Betonwaren** sind in der Dreitafelprojektion zu zeichnen. Vorderansicht, Draufsicht und Seitenansicht von links sind darzustellen. Alle Maße sind in Millimeter angegeben.

DIN A 4 Querformat
Maßstab 1 : 2

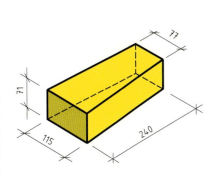

a) **Radialstein**

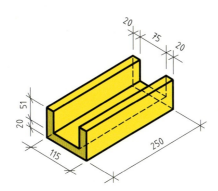

b) **U-Schale**

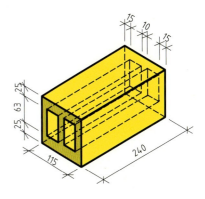

c) **Langlochziegel**

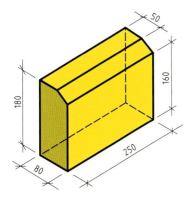

d) **Betoneinfassungsstein**

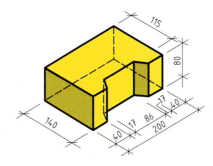

e) **Doppelverbundstein (Randstein)**

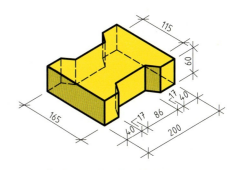

f) **Doppelverbundstein**

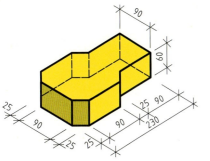

g) **Verbundstein**

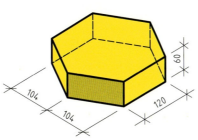

h) **Sechskant-Verbundstein**

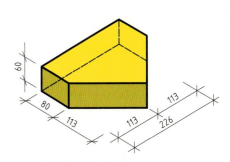

i) **Diagonalstein**

# 4 Projektionen

## 4.1 Normalprojektion
### Aufgaben zu 4.1.1 Ansichten von Körpern

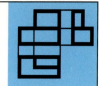

**3** Zu den räumlich dargestellten **Baukörpern** sind die zugehörigen Vorderansichten zu suchen.

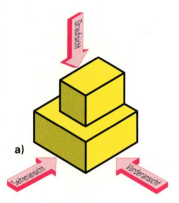 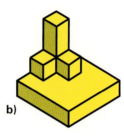 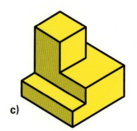 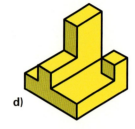

a)  b)  c)  d)

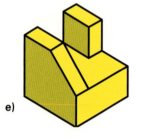 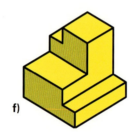 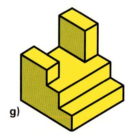 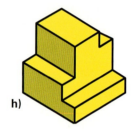

e)  f)  g)  h)

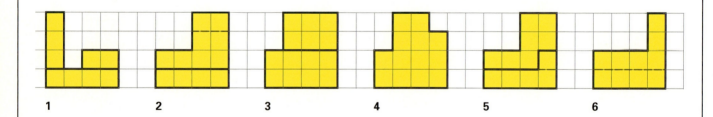

1  2  3  4  5  6

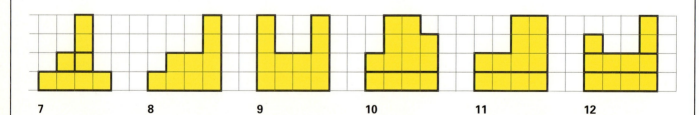

7  8  9  10  11  12

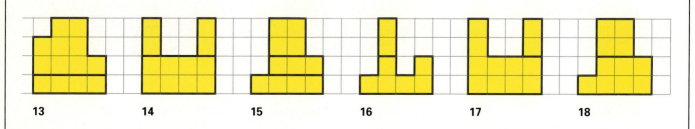

13  14  15  16  17  18

# 4 Projektionen

## 4.1 Normalprojektion
Aufgaben zu 4.1.1 Ansichten von Körpern

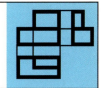

**4** Zu den räumlich dargestellten **Baukörpern** auf Seite 46 sind die zugehörigen Draufsichten zu suchen.

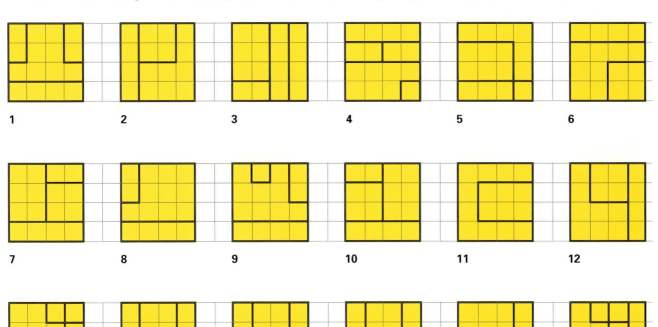

**5** Zu den räumlich dargestellten **Baukörpern** von Seite 46 sind die zugehörigen Seitenansichten von links zu suchen.

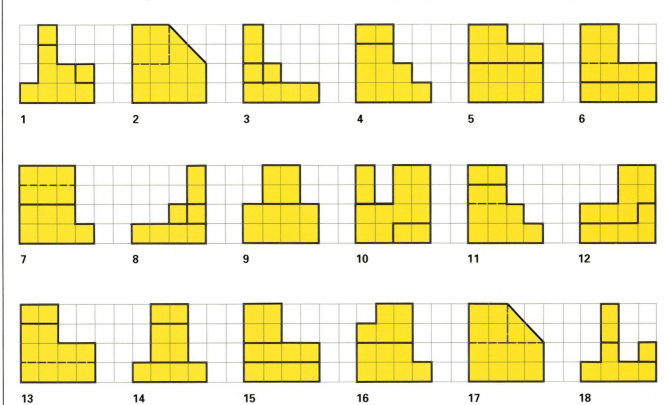

# 4 Projektionen

## 4.1 Normalprojektion
Aufgaben zu 4.1.1 Ansichten von Körpern

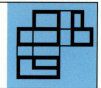

**6** Die **Betonwaren** und **Fertigteile** sind in der Dreitafelprojektion in Vorderansicht, Draufsicht und Seitenansicht von links zu zeichnen. Alle Maße sind in Zentimeter angegeben.

 DIN A 4 Querformat
Maßstab 1 : 5

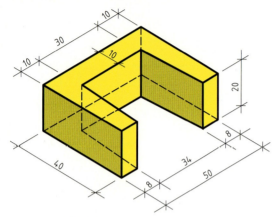

a) U-Stein

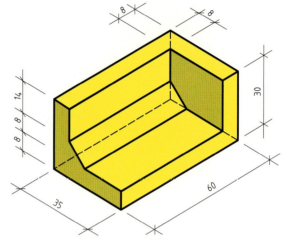

b) L-Stein-Eckelement

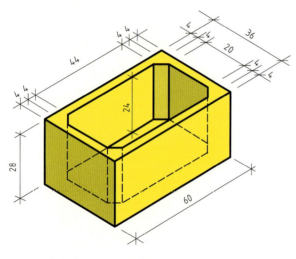

c) Pflanzstein

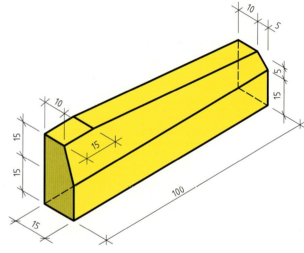

d) Einfahrtstein

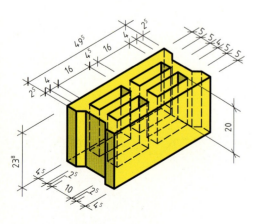

e) Hohlblockstein

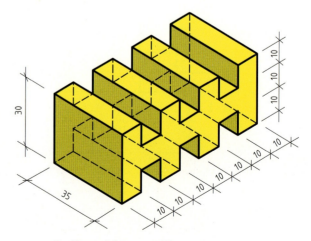

f) Hangsicherungs-Element

# 4 Projektionen

## 4.1 Normalprojektion
**Aufgaben zu 4.1.1 Ansichten von Körpern**

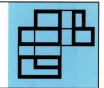

**7** Die **Stuckleisten** sind in der Dreitafelprojektion zu zeichnen. Die Vorderansicht, die Draufsicht und die Seitenansicht von links sind darzustellen. Alle Maße sind in Millimeter angegeben. Blatteinteilung wie im Beispiel Seite 43.

DIN A 4 Hochformat
Maßstab 1 : 1

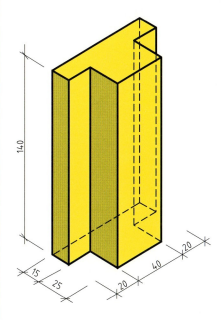

a) Stuckleiste mit Lisene

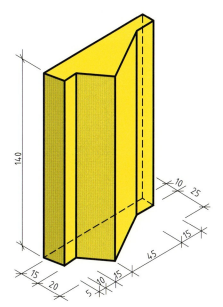

b) Stuckleiste mit Dreieckprofil

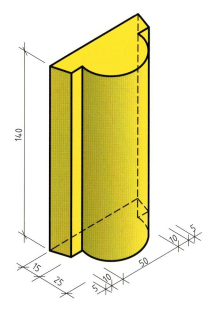

c) Stuckleiste mit Rundstab

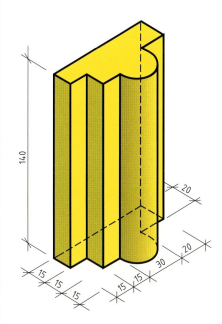

d) Stuckleiste mit nichtsymmetrischem Profil

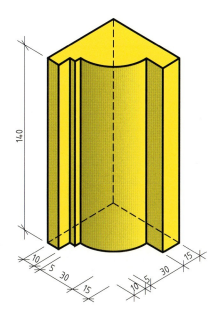

e) Stuckleiste mit Viertelstab

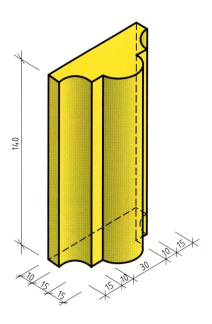

f) Stuckleiste mit Viertelkehlen und Rundstab

# 4 Projektionen

## 4.1 Normalprojektion
### Aufgaben zu 4.1.1 Ansichten von Körpern

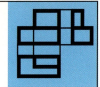

**8** Die **Holzverbindungen** mit schrägen Flächen sind in der Dreitafelprojektion zu zeichnen. Die Vorderansicht, die Draufsicht und die Seitenansicht von links sind darzustellen. Die Maße sind in Zentimeter angegeben. Blatteinteilung wie im Beispiel Seite 43.

 DIN A 4 Hochformat
Maßstab 1 : 2

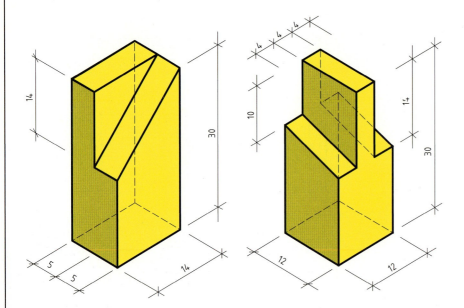
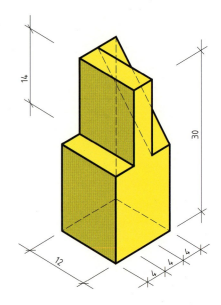

a) **Blatt mit Gehrung**  b) **Brustzapfen**  c) **Zapfen mit einseitiger Gehrung**

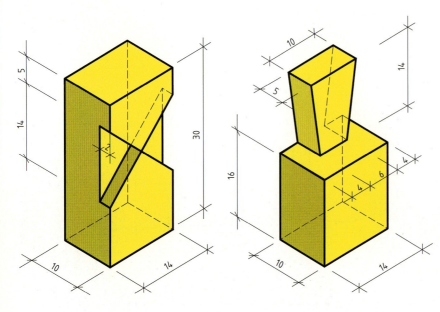
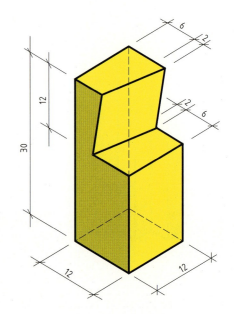

d) **Kreuzkamm**  e) **Schwalbenschwanz**  f) **schräges Blatt**

# 4 Projektionen

## 4.1 Normalprojektion
Aufgaben zu 4.1.1 Ansichten von Körpern

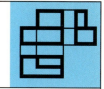

**9** Die zusammengesetzten Baukörper mit geneigten und gekrümmten Flächen sind in Normalprojektion darzustellen. Alle **Gebäude** sind in Vorderansicht, Draufsicht, Seitenansicht von links und Seitenansicht von rechts zu zeichnen. Die Abmessungen sind den räumlichen Darstellungen zu entnehmen, die dem 5 mm-Raster der Karos auf dem Zeichenblatt entsprechen. Schräge Kanten sind durch waagerechte und senkrechte Hilfslinien festgelegt.

 DIN A 4 Querformat

**Beispiel für die Darstellung eines Hauses mit Satteldach in Normalprojektion nach einer räumlichen Darstellung**

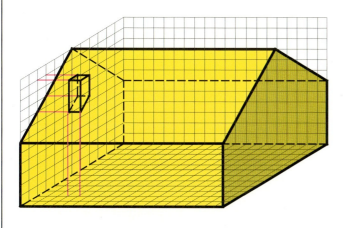

Räumliche Darstellung

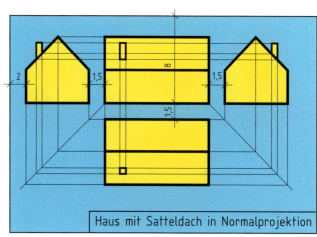

Normalprojektion mit Blatteinteilung

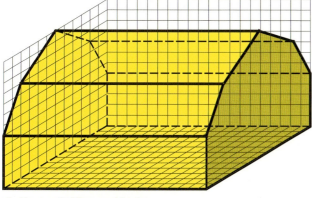

a) Haus mit Mansarddach

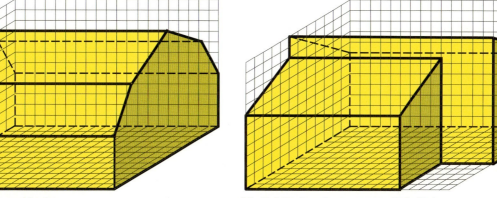

b) Gebäude mit versetzten Pultdächern

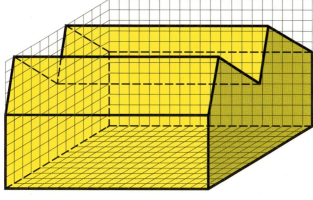

c) Gebäude mit Sheddach

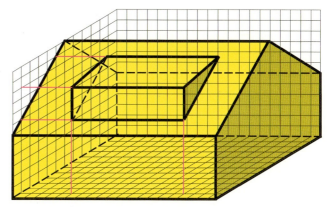

d) Haus mit Satteldach und Gaube

# 4 Projektionen

## 4.1 Normalprojektion
Aufgaben zu 4.1.1 Ansichten von Körpern

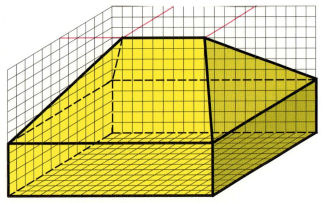
e) Haus mit Walmdach

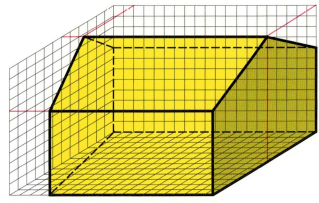
f) Wohnhaus mit schrägem Giebel

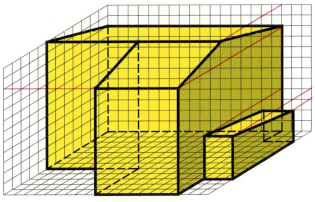
g) Winkelhaus mit Garage

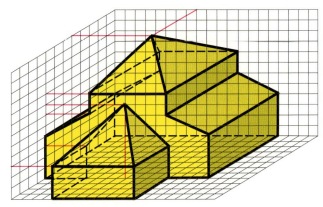
h) Halle mit Zeltdach

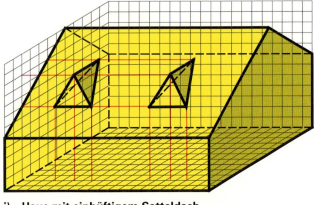
i) Haus mit einhüftigem Satteldach

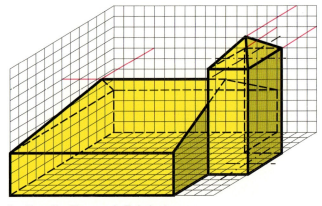
j) Kapelle, Turm mit Zeltdach

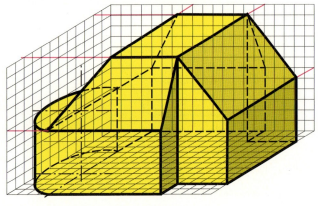
k) Wohnhaus mit Halbkreiserker

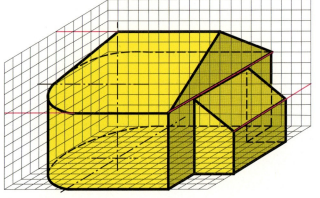
l) Halle mit Vorraum

# 4 Projektionen

## 4.1 Normalprojektion
### 4.1.2 Ergänzungszeichnen

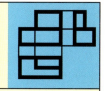

Sind von einem Bauwerk oder Bauteil nur zwei Ansichten vorhanden, so kann man weitere Ansichten (Risse) ergänzen (Rissergänzung). Die Abmessungen der ergänzten Ansichten werden durch Schnittpunkte der Projektionslinien aus den vorhandenen Ansichten festgelegt.

Im Beispiel sind die Vorderansicht und die Draufsicht eines Hauses gegeben. Die Seitenansicht von links soll ergänzt werden. Sie wird konstruiert, indem man die Höhenmaße aus der Vorderansicht und die Breitenmaße aus der Draufsicht überträgt.

Die Abmessungen der Lösungen sind auf das Raster karierter Zeichenblätter abgestimmt.

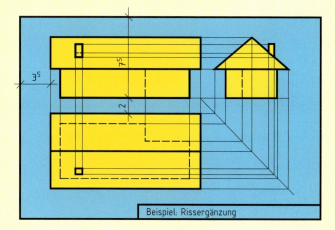

Beispiel: Rissergänzung

Ist von einem Körper nur eine Ansicht gegeben, so ist dieser nicht vollständig bestimmt. Es ergeben sich beim Ergänzungszeichnen verschiedene Lösungsmöglichkeiten.

Im Beispiel ist die Vorderansicht eines Körpers gegeben und damit die Länge und die Höhe festgelegt. Für die Breite des Körpers sind keine Angaben vorhanden. Deshalb sind bei Rissergänzungen unterschiedliche Seitenansichten möglich.

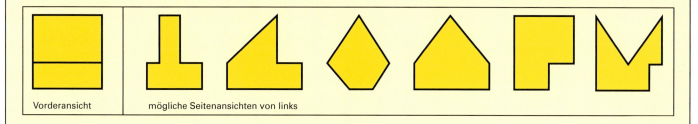

| Vorderansicht | mögliche Seitenansichten von links |

Auch die Abbildung von nur zwei Ansichten ist nicht immer eindeutig. Insbesondere bei Ansichten mit nur wenigen Kanten sind mehrere Lösungen als Rissergänzungen möglich.

Im Beispiel sind Vorderansicht und Draufsicht eines Körpers gegeben. Daraus können sich unterschiedliche Seitenansichten ergeben, die wiederum zu unterschiedlichen Körpern führen.

# 4 Projektionen

## 4.1 Normalprojektion
### Aufgaben zu 4.1.2 Ergänzungszeichnen

**1** Die dargestellten Vorderansichten und Draufsichten von Gebäuden sind zu zeichnen und jeweils durch die **Seitenansicht von links** zu ergänzen. Blatteinteilung wie im Beispiel Seite 53.

DIN A 4 Querformat
Maßstab 1 : 200

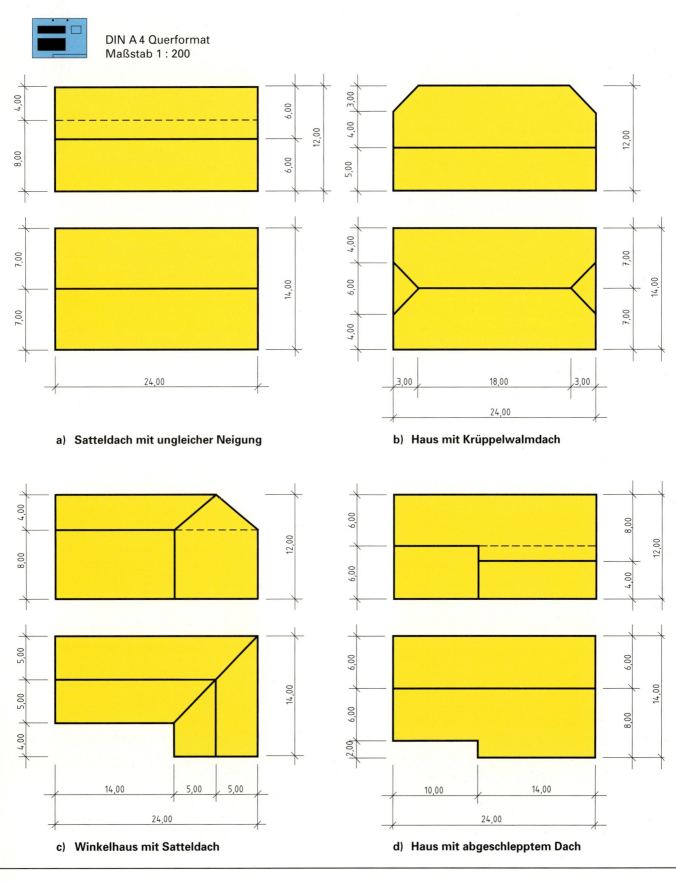

a) Satteldach mit ungleicher Neigung

b) Haus mit Krüppelwalmdach

c) Winkelhaus mit Satteldach

d) Haus mit abgeschlepptem Dach

# 4 Projektionen
## 4.1 Normalprojektion
Aufgaben zu 4.1.2 Ergänzungszeichnen

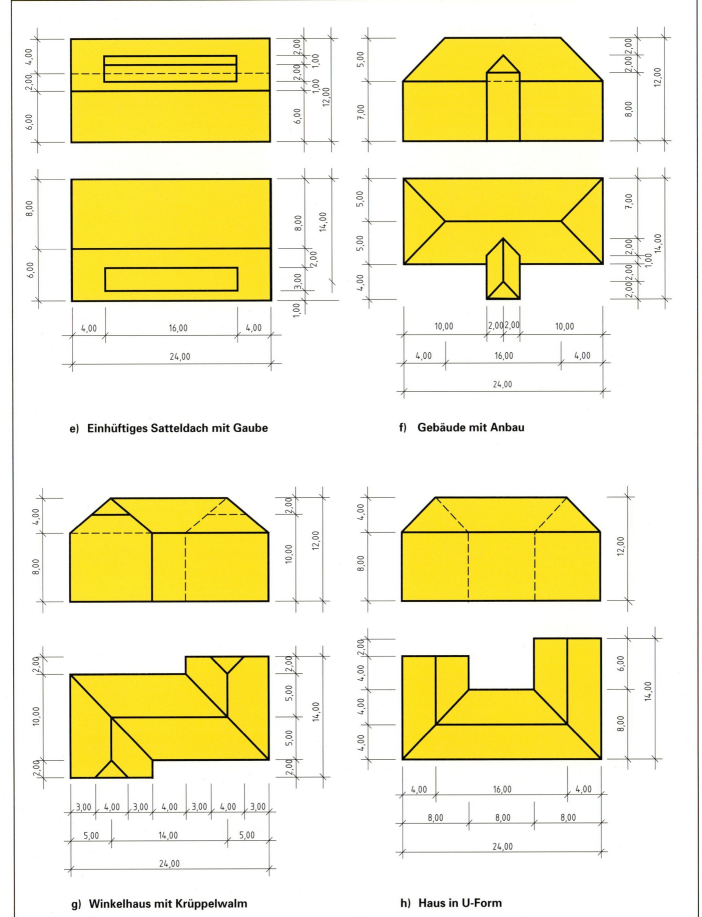

e) Einhüftiges Satteldach mit Gaube

f) Gebäude mit Anbau

g) Winkelhaus mit Krüppelwalm

h) Haus in U-Form

# 4 Projektionen

## 4.1 Normalprojektion
### Aufgaben zu 4.1.2 Ergänzungszeichnen

**2** Die dargestellten Vorderansichten und Seitenansichten von links sind zu zeichnen und jeweils durch die **Draufsicht** zu ergänzen. Blatteinteilung wie im Beispiel auf Seite 43.

DIN A 4 Hochformat
Maßstab 1 : 20

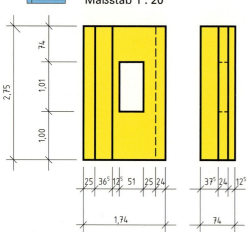

a) Mauerecke mit Vorlage und Fenster

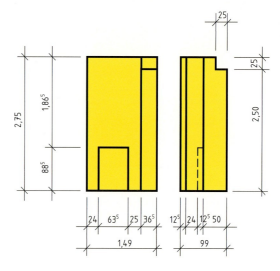

b) Wandecke mit Aussparungen

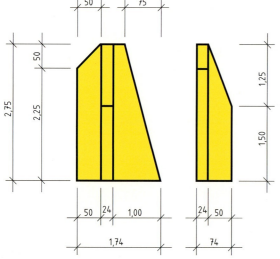

c) Wandecke mit Schrägen

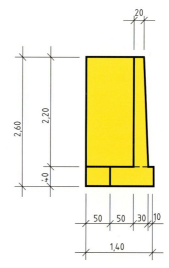

d) Stützwandecke

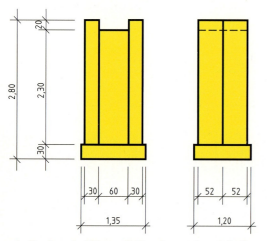

e) Sechseckstütze mit Fundament und Auflagergabel

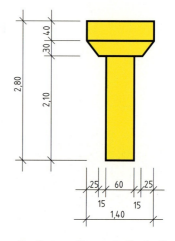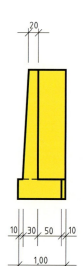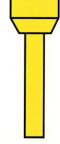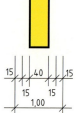

f) Betonstütze mit Kapitell

# 4 Projektionen

## 4.1 Normalprojektion
Aufgaben zu 4.1.2 Ergänzungszeichnen

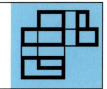

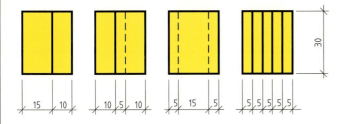

**3** Zu den gegebenen Vorderansichten von Körpern sind jeweils 5 mögliche **Draufsichten** darunter zu zeichnen. Die Maße sind in Zentimeter angegeben. Die Dicke der Körper beträgt 25 cm.

 DIN A 4 Hochformat
Maßstab 1 : 10
Rand- und Zwischenabstände 1,5 cm

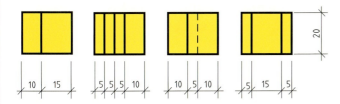

**4** Zu den gegebenen Draufsichten von Körpern sind jeweils 4 mögliche **Vorderansichten** darüber zu zeichnen. Die Maße sind in Zentimeter angegeben. Die Höhe der Körper beträgt 40 cm.

 DIN A 4 Hochformat
Maßstab 1 : 10
Rand- und Zwischenabstände 1,5 cm

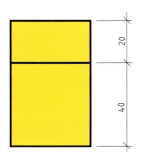 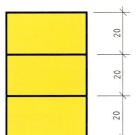

**5** Zu den gegebenen Vorderansichten und Draufsichten sind jeweils 3 mögliche **Seitenansichten von links** zu zeichnen. Die Maße sind in Zentimeter angegeben.

 DIN A 4 Hochformat
Maßstab 1 : 10
Rand- und Zwischenabstände 1 cm

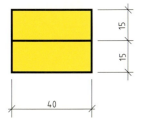 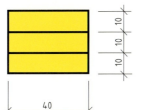

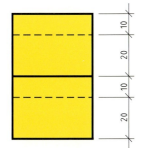 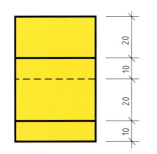

**6** Zu den gegebenen Vorderansichten und Draufsichten sind jeweils 3 mögliche **Seitenansichten von rechts** zu zeichnen. Die Maße sind in Zentimeter angegeben.

 DIN A 4 Hochformat
Maßstab 1 : 10
Rand- und Zwischenabstände 1 cm

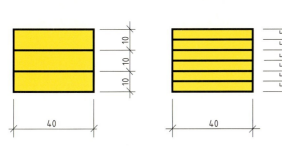

# 4 Projektionen

## 4.2 Räumliche Darstellungen
### 4.2.1 Isometrie, Dimetrie, Kavalierprojektion

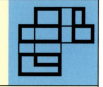

Bei der Normalprojektion muss der Betrachter aus den einzelnen Ansichten eines Körpers eine Vorstellung von seiner Form entwickeln. Leichter verständlich und anschaulicher sind räumliche Darstellungen. Dabei werden jedoch Winkel verzerrt und Maße verkürzt abgebildet.

Die am häufigsten angewandten räumlichen Darstellungen, auch **axonometrische Projektionen** oder **Schrägbilder** genannt, sind nach DIN 5 die Isometrie, die Dimetrie und die Kavalierprojektion. Bei diesen Projektionsarten wird der Körper in seinen drei Ausdehnungen auf einer Bildebene dargestellt.

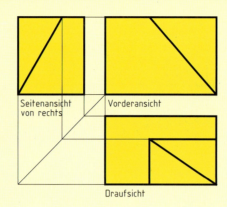

**Körper in Normalprojektion**

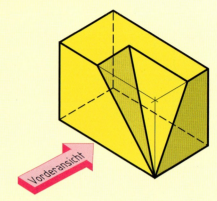

**Körper in räumlicher Darstellung**

### Isometrie

Die isometrische Projektion ist eine räumliche Darstellung, bei der in drei Ansichten das Wesentliche eines Körpers dargestellt werden kann. Länge und Breite verlaufen unter einem Winkel von 30° zur Waagerechten. Alle Maße in Richtung der Achsen (Hauptrichtungen) werden ohne Verkürzung gezeichnet.

Die Isometrie ist nicht zur Darstellung von Körpern mit quadratischer Grundfläche geeignet, da sich hierbei Kanten decken.

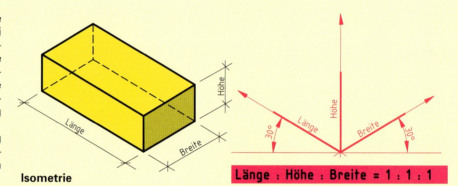

**Isometrie**

**Länge : Höhe : Breite = 1 : 1 : 1**

### Dimetrie

Die dimetrische Projektion ist eine räumliche Darstellung, bei der in einer Ansicht Wesentliches gezeigt werden kann. Die Länge des Körpers wird unter einem Winkel von 7° zur Waagerechten gezeichnet, die Breite unter einem Winkel von 42°. Die Längen- und Höhenmaße werden maßstabsgerecht angetragen, das Breitenmaß auf die Hälfte verkürzt.

**Dimetrie**

**Länge : Höhe : Breite = 1 : 1 : 1/2**

### Kavalierprojektion

Die Kavalierprojektion, üblicherweise auch Kavalierperspektive genannt, ist eine räumliche Darstellung in schräger Parallelprojektion, bei der die Vorderansicht, wie in der Normalprojektion, unverzerrt und maßstabsgetreu dargestellt wird. Die Breite wird unter einem Winkel von 45° zur Waagerechten gezeichnet. Da bei dieser Darstellung die Breitenmaße zu groß erscheinen, ist es üblich, diese Maße auf Zweidrittel zu verkürzen.

Die Kavalierprojektion eignet sich besonders zum freihändigen Skizzieren von Körpern auf Karopapier. Dabei verkürzt sich das Breitenmaß von 1 cm (2 Karos) auf die Diagonallänge eines Karos.

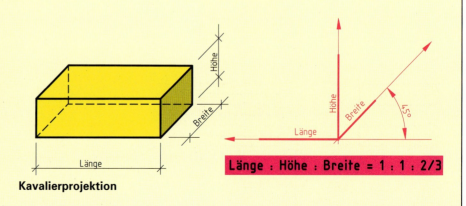

**Kavalierprojektion**

**Länge : Höhe : Breite = 1 : 1 : 2/3**

# 4 Projektionen
## 4.2 Räumliche Darstellungen
### 4.2.2 Arbeitsablauf beim Zeichnen räumlicher Darstellungen

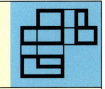

Bei der Konstruktion von räumlichen Darstellungen legt man zuerst die Achsen (Hauptrichtungen) für das jeweilige Schrägbild fest. Häufig ist es zweckmäßig, einen Hüllkörper zu zeichnen, in den weitere Hilfslinien eingetragen werden. Dabei werden parallele Linien durch Parallelverschiebung der Achsen gezeichnet.

Beim Zeichnen sind folgende Grundregeln zu beachten:

- **Parallele Kanten bleiben auch in der räumlichen Darstellung parallel.**
- **Senkrechte Kanten bleiben auch in der räumlichen Darstellung senkrecht.**
- **Schräge Kanten sind durch waagerechte und senkrechte Hilfslinien festzulegen.**
- **Linien für die Achsen, zur Darstellung des Hüllkörpers und weitere Hilfslinien zeichnet man zunächst als feine Linien. Sie sind so zu zeichnen, dass sich Schnittpunkte ergeben.**

**Zeichnen von prismatischen Körpern**
Beim Zeichnen von prismatischen Körpern, z.B. von Fundamenten, Stützen oder Wänden, ist stets von einem Hüllkörper auszugehen.
Bei der Konstruktion der Körper ist es zweckmäßig, schrittweise vorzugehen:

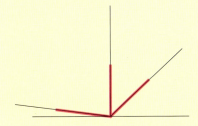
1 Körperecke festlegen

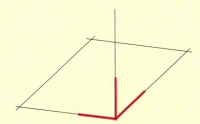
2 Grundfläche zeichnen

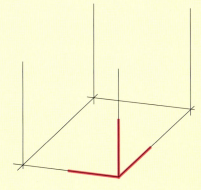
3 Senkrechte in den Eckpunkten errichten

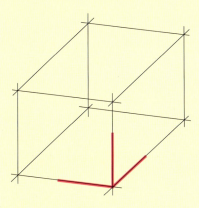
4 Größte Höhe antragen und Hüllkörper zeichnen

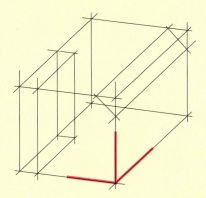
5 Weitere Maße festlegen und Kanten konstruieren

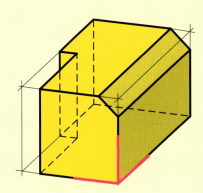
6 sichtbare und verdeckte Kanten einzeichnen

**Zeichnen von stumpfen und keilförmigen Körpern**
Bei der räumlichen Darstellung von stumpfen und keilförmigen Körpern, z.B. von Walmdächern, wird auch ein Hüllkörper gezeichnet. Stumpfe Körper erhalten als Zeichenhilfe Diagonallinien und Symmetrieachsen.

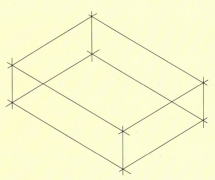
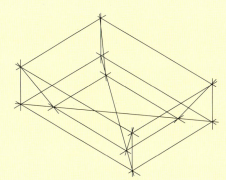
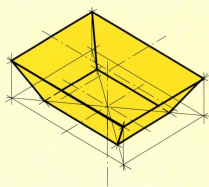

**Behälter in isometrischer Projektion**

# 4 Projektionen

## 4.2 Räumliche Darstellungen
### 4.2.2 Arbeitsablauf beim Zeichnen räumlicher Darstellungen

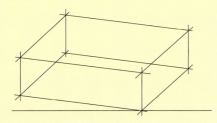 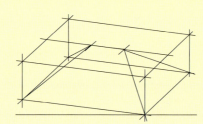 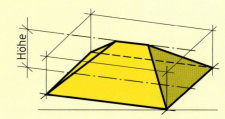

**Walmdach in dimetrischer Projektion**

### Zeichnen von spitzen Körpern

Bei der Schrägbilddarstellung von spitzen Körpern wird das Höhenmaß senkrecht vom Fußpunkt der Spitze abgetragen. Dieser liegt bei rechteckigen Grundflächen, z.B. beim Zeltdach, im Schnittpunkt der Diagonalen. Auf die Konstruktion von Hüllkörpern wird üblicherweise verzichtet, jedoch werden meist Symmetrieachsen eingezeichnet.

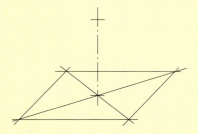 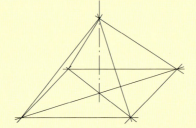 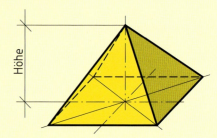

**Pyramide in Kavalierperspektive**

### Zeichnen von zusammengesetzten Körpern

Bei der Darstellung von Schrägbildern von zusammengesetzten Körpern, z.B. einer Stütze mit Fundament oder eines Daches mit Gaube, müssen die Anschlusspunkte durch zwei sich kreuzende Hilfslinien festgelegt werden.

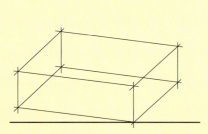 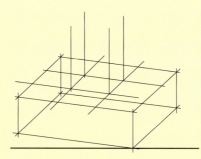 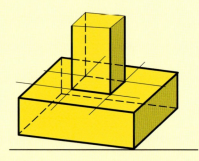

**Stütze mit Fundament in dimetrischer Projektion**

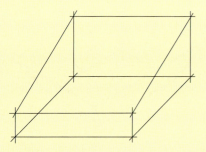 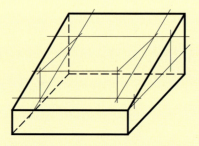 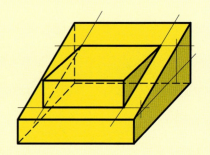

**Haus mit Pultdach und Gaube in Kavalierperspektive**

# 4 Projektionen
## 4.1 Räumliche Darstellungen
### 4.2.2 Arbeitsablauf beim Zeichnen räumlicher Darstellungen

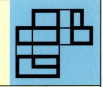

**Zeichnen von zylindrischen und kegelförmigen Körpern**

Bei der räumlichen Darstellung von zylindrischen und kegelförmigen Körpern in Isometrie und Dimetrie werden Kreisflächen als Ellipsen abgebildet. In der Kavalierperspektive bleibt die Kreisform in der Vorderansicht erhalten, während in den anderen Ansichten ebenfalls Ellipsen entstehen.

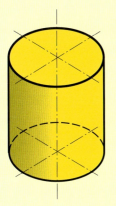 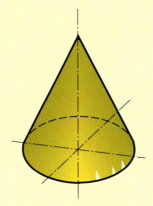 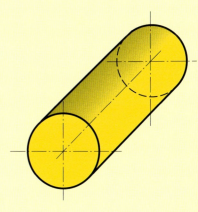

**Zylinder in isometrischer Darstellung**   **Kegel in dimetrischer Darstellung**   **Zylinder in Kavalierperspektive**

Als Hilfe für die Konstruktion dient ein die Kreisfläche umschreibendes Quadrat, das sich in räumlicher Darstellung als Parallelogramm abbildet und die Ellipse umschließt. In der isometrischen Darstellung entspricht die Seitenlänge $s$ des Parallelogramms dem Durchmesser des Kreises. Bei der Darstellung in der Dimetrie und in der Kavalierperspektive wird das Parallelogramm entsprechend verkürzt. Durch die Schnittpunkte der Parallelogrammseiten mit den Achsen des Parallelogramms ergeben sich vier Punkte der Ellipse.

Vier weitere Punkte der Ellipse erhält man durch Einzeichnen der Ellipsendurchmesser. Dazu muss die Länge des großen Durchmessers $D$ und die Länge des kleinen Durchmessers $d$ berechnet werden (Seite 62). Die beiden Ellipsendurchmesser stehen stets rechtwinklig aufeinander. Bei der Isometrie verlaufen sie in der Richtung der Diagonalen des Parallelogramms. Mit Hilfe der beiden Durchmesser kann man noch weitere Ellipsenpunkte bestimmen (Seite 38).

**Beispiel für eine Ellipsenkonstruktion in isometrischer Darstellung**

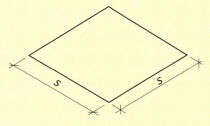 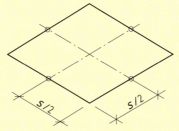 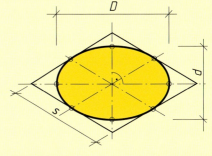

1 Parallelogramm mit Seitenlänge $s$ zeichnen

2 Bestimmen von vier Ellipsenpunkten durch Parallelenachsen

3 Einzeichnen der Ellipsendurchmesser ergibt vier weitere Ellipsenpunkte

Je nach Lage des Körpers ist die Ellipse in der Draufsicht, in der Vorderansicht oder in der Seitenansicht zu konstruieren. Die Form dieser Ellipsen ist für jede Darstellungsart an den Seiten eines Würfels ablesbar.

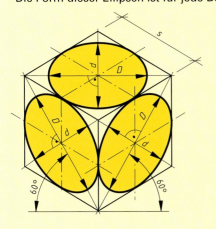 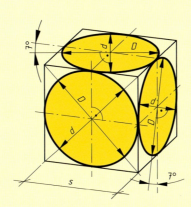 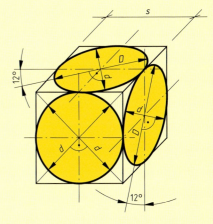

**Kreise in der Isometrie**   **Kreise in der Dimetrie**   **Kreise in der Kavalierperspektive**

# 4 Projektionen
## 4.1 Räumliche Darstellungen
### 4.2.2 Arbeitsablauf beim Zeichnen räumlicher Darstellungen

Bei der **Isometrie** liegt die Ellipse in der Draufsicht waagerecht, d.h. der große Durchmesser D ist waagerecht zu zeichnen. In der Vorderansicht und der Seitenansicht bilden die großen Ellipsendurchmesser einen Winkel von 60° zur Waagerechten und verlaufen ebenfalls in Richtung der Diagonalen der Parallelogramme.

| Berechnung der Ellipsendurchmesser bei der **Isometrie**: | $D \approx 1{,}22 \cdot s$ $d \approx D : 1{,}73$ | In allen Ansichten |
|---|---|---|

Bei der **Dimetrie** verlaufen die Ellipsendurchmesser in der Vorderansicht ebenfalls in Richtung der Diagonalen des Parallelogramms. Die großen Durchmesser der anderen Ellipsen sind jeweils um 7° zur Waagerechten bzw. zur Senkrechten geneigt.

| Berechnung der Ellipsendurchmesser bei der **Dimetrie**: | $D \approx 1{,}06 \cdot s$ $d \approx 0{,}90 \cdot D$ $d \approx 0{,}33 \cdot D$ | In allen Ansichten In der Vorderansicht In der Draufsicht und in der Seitenansicht |
|---|---|---|

Bei der **Kavalierperspektive** entstehen nur in der Draufsicht und in der Seitenansicht Ellipsen. Die großen Durchmesser sind jeweils um 12° zur Waagerechten bzw. zur Senkrechten geneigt.

| Berechnung der Ellipsendurchmesser bei der **Kavalierperspektive**: | $D \approx 1{,}12 \cdot s$ $d \approx 0{,}37 \cdot D$ | In der Draufsicht und in der Seitenansicht |
|---|---|---|

Die Ellipsen können auch mit Hilfe anderer geometrischer Grundkonstruktionen gezeichnet werden (Seite 38). Bei einem Verfahren, das für alle räumlichen Darstellungen anwendbar ist, werden Zwischenpunkte auf der Ellipse konstruiert. Diese Punkte erhält man auf einer Parallelenschar, indem man Strecken aus einer viertelkreisförmigen Hilfsfigur überträgt. Die Anzahl der Parallelen kann beliebig gewählt werden. Für die Konstruktion der Ellipsen bei der Dimetrie müssen die Strecken auf die Hälfte, bei der Kavalierperspektive auf Zweidrittel verkürzt werden. Die Verkürzung ist in jedem beliebigen Verhältnis möglich und erfolgt auf einem Hilfsstrahl mittels Parallelverschiebung.

**Beispiel für eine Ellipsenkonstruktion in Kavalierperspektive**

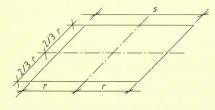

1 Parallelogramm mit der Seitenlänge s = 2r zeichnen
Die Breite wird entsprechend verkürzt

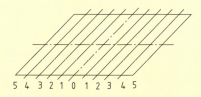

2 Parallelenschar in das Parallelogramm einzeichnen

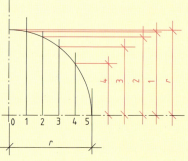

3 Viertelkreisförmige Hilfsfigur mit Radius r zeichnen und Parallelenschar eintragen

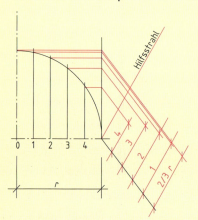

4 Verkürzen der Strecken entsprechend dem Verkürzungsmaßstab

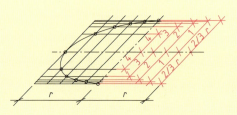

5 Übertragen der Strecken auf die Parallelenschar ergibt Ellipsenpunkte

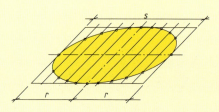

6 Ellipse freihändig oder mit Kurvenlineal zeichnen

# 4 Projektionen
## 4.2 Räumliche Darstellungen
Aufgaben zu 4.2 Räumliche Darstellungen

**1** Die in Normalprojektion dargestellten Körper sind in der **isometrischen** und der **dimetrischen Projektion** und in der **Kavalierperspektive** zu zeichnen.

 DIN A 4 Querformat
Die Maße sind dem unterlegten 5 mm-Raster zu entnehmen.

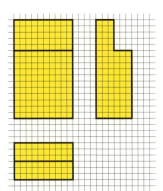
a)

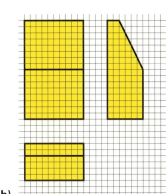
b)

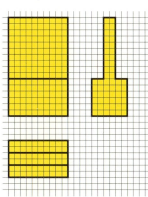
c)

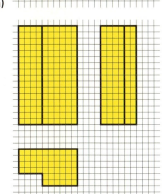
d)

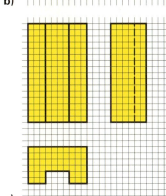
e)

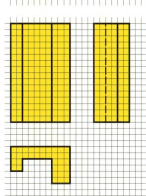
f)

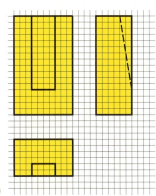
g)

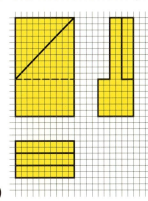
h)

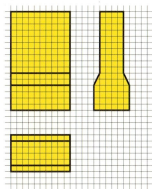
i)

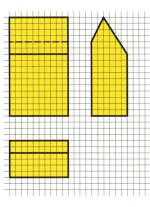
j)

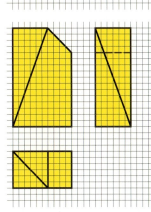
k)

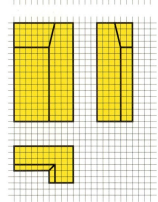
l)

# 4 Projektionen
## 4.2 Räumliche Darstellungen
### Aufgaben zu 4.2 Räumliche Darstellungen

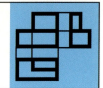

**2** Die in Vorderansicht, Draufsicht und Seitenansicht von rechts dargestellten Bauteile sind in **isometrischer Darstellung** zu zeichnen.

   DIN A4 Querformat
M 1 : 2

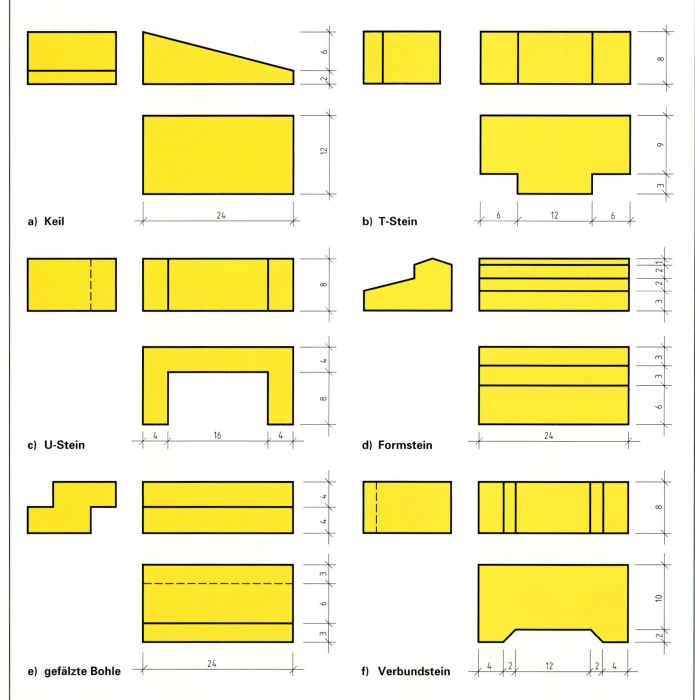

a) Keil
b) T-Stein
c) U-Stein
d) Formstein
e) gefälzte Bohle
f) Verbundstein

**3** Die auf Seite 56 in Vorderansicht und Seitenansicht von links dargestellten Bauteile sind in **isometrischer Darstellung** (dimetrischer Darstellung) zu zeichnen.

   DIN A4 Hochformat
M 1 : 20

# 4 Projektionen
## 4.2 Räumliche Darstellungen
### Aufgaben zu 4.2 Räumliche Darstellungen

**4** Die in Vorderansicht, Draufsicht und Seitenansicht von rechts dargestellten Gebäude sind in der **Kavalierperspektive** zu zeichnen.

DIN A4 Querformat
M 1 : 100

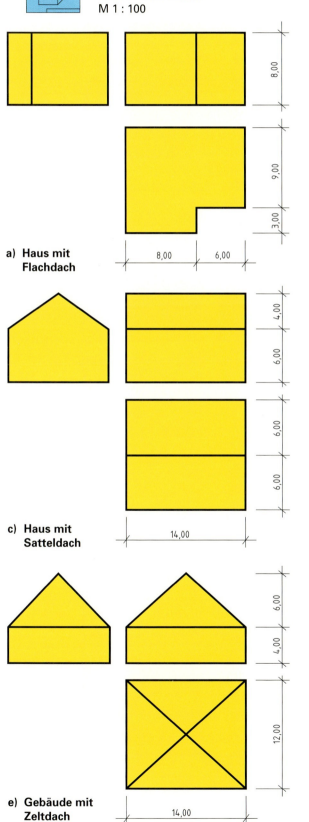

a) Haus mit Flachdach

c) Haus mit Satteldach

e) Gebäude mit Zeltdach

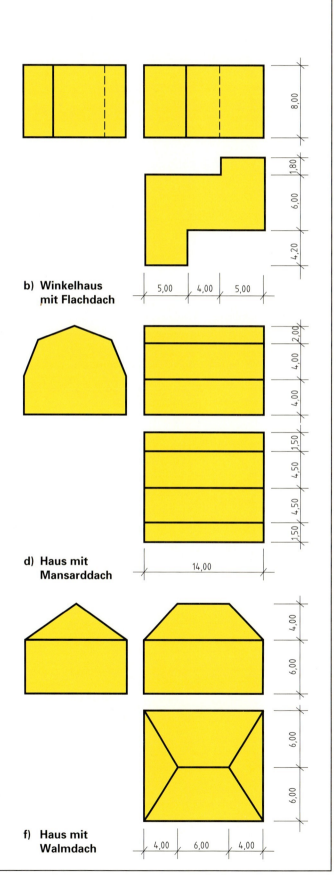

b) Winkelhaus mit Flachdach

d) Haus mit Mansarddach

f) Haus mit Walmdach

# 4 Projektionen
## 4.2 Räumliche Darstellungen
### Aufgaben zu 4.2 Räumliche Darstellungen

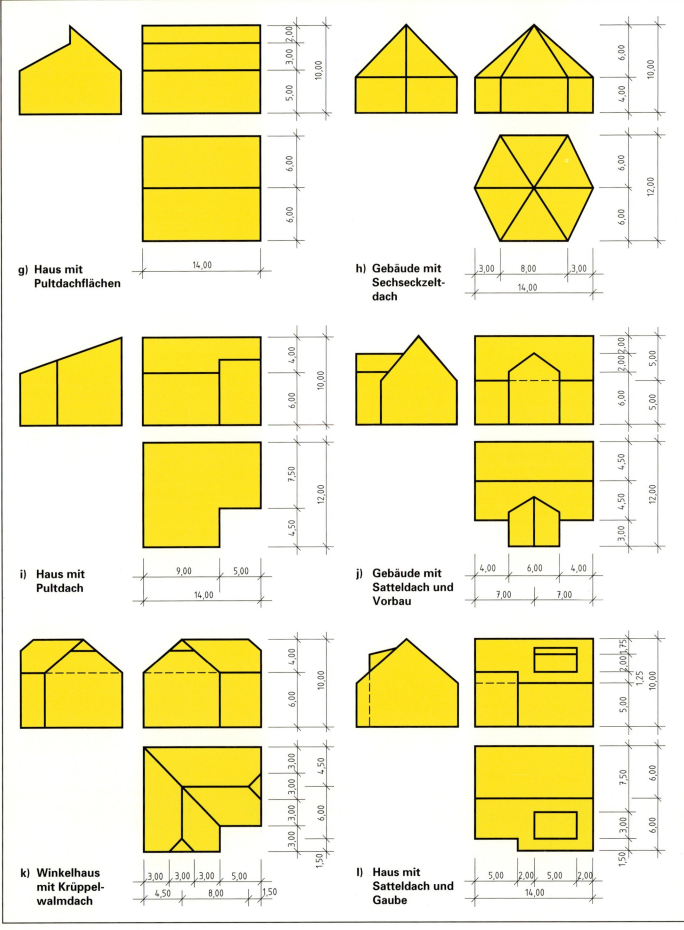

g) Haus mit Pultdachflächen

h) Gebäude mit Sechseckzeltdach

i) Haus mit Pultdach

j) Gebäude mit Satteldach und Vorbau

k) Winkelhaus mit Krüppelwalmdach

l) Haus mit Satteldach und Gaube

# 4 Projektionen

## 4.3 Wahre Größen, Abwicklungen
### 4.3.1 Wahre Längen

Bei der Normalprojektion wird nur die Kante, die parallel zu einer Bildebene liegt, in wahrer Länge abgebildet.

Steht eine Kante rechtwinklig auf einer Bildebene, so entsteht ein Punkt. In der Draufsicht werden z.B. die Länge und Breite eines Quaders in wirklicher Größe abgebildet, die Abbildung der Höhe ergibt jedoch nur einen Punkt.

Verläuft eine Kante schräg zur Bildebene, wie z.B. die Seitenkante eines Zeltdaches, wird diese verkürzt abgebildet. Liegt eine Kante schräg zu allen drei Bildebenen, ermittelt man die wahre Länge mit Hilfe des Drehverfahrens oder des Klappverfahrens.

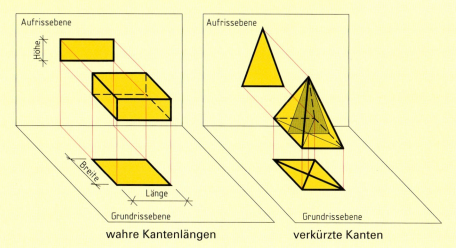

**Abbildung von Kanten in der Normalprojektion**

### Drehverfahren

Beim Drehverfahren wird ein Stützdreieck so weit gedreht, bis es parallel zu einer Bildebene liegt. Dazu dreht man z.B. das Stützdreieck AHS in der Grundrissebene mit Hilfe eines Kreisbogens um H mit dem Radius $\overline{HA}$ bis A'. Durch Projektion von A' in die Aufrissebene erhält man die wahre Länge $\overline{A'S}$.

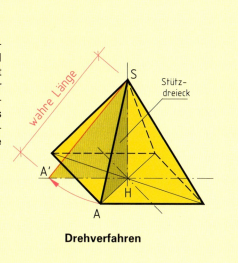
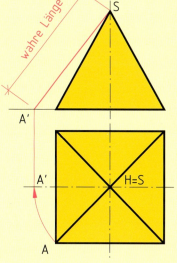

**Drehverfahren**

### Klappverfahren

Beim Klappverfahren wird ein Stützdreieck in die Grundrissebene geklappt. Dazu wird z.B. die Höhe $\overline{HS}$ aus dem Aufriss entnommen und rechtwinklig vom Punkt H aus in der Grundrissebene angetragen. Daraus ergibt sich der Punkt S'. Die Strecke $\overline{AS'}$ ist die wahre Länge.

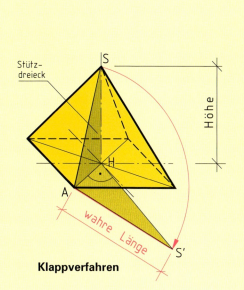
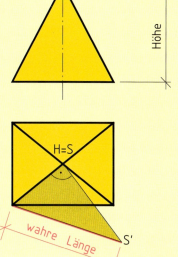

**Klappverfahren**

# 4 Projektionen

## 4.3 Wahre Größen, Abwicklungen
### 4.3.2 Wahre Flächen

Flächen, die parallel zur Bildebene liegen, werden in wahrer Größe abgebildet. Rechtwinklig zur Bildebene stehende Flächen ergeben bei der Projektion Kanten. Schräg zur Bildebene liegende Flächen, z.B. Seitenflächen von spitzen und stumpfen Körpern, werden verkürzt abgebildet. Eine wahre Fläche erhält man, indem man sie um eine Drehachse in die Grundrissebene klappt. Dazu wird die Höhe $h_s$ der Seitenfläche aus dem Aufriss in die Grundrissebene übertragen. Diese Höhe $h_s$ wird in der Grundrissebene rechtwinklig zur Drehachse eingezeichnet. Wahre Flächen können auch aus den wahren Längen ihrer Seiten konstruiert werden.

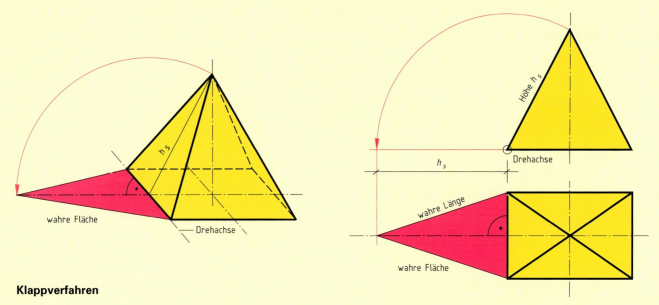

**Klappverfahren**

**Beispiel für die Konstruktion von wahren Grat- und Kehllängen sowie von wahren Dachflächen**

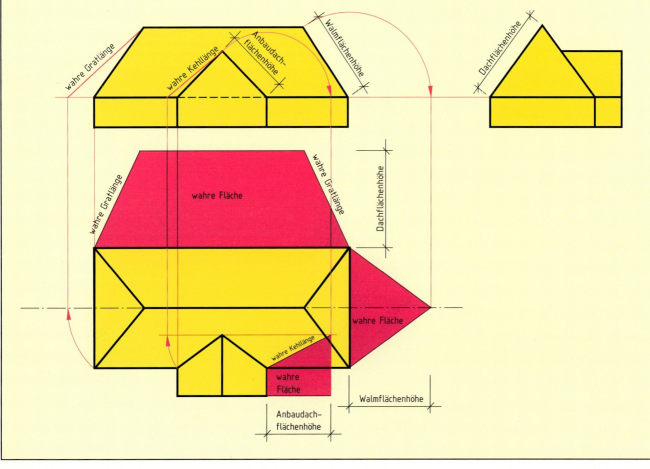

# 4 Projektionen
## 4.3 Wahre Größen, Abwicklungen
Aufgaben zu 4.3.1 Wahre Längen und 4.3.2 Wahre Flächen

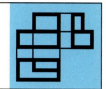

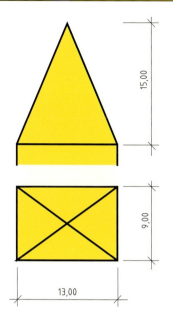

**1** Das **Zeltdach** ist in drei Ansichten zu zeichnen. In die Vorderansicht ist die wahre Gratlänge und in die Draufsicht sind beide wahren Dachflächen einzuzeichnen.

DIN A 4 Hochformat
M 1 : 200

**2** Das **Haus mit Walmdach** ist in drei Ansichten darzustellen. Es ist die wahre Gratlänge zu konstruieren und die wahre Fläche von Hauptdach und Walm zu zeichnen.

DIN A 4 Hochformat
M 1 : 200

**3** Das pyramidenförmige **Dach eines Erkers** ist in drei Ansichten zu zeichnen. Die wahre Gratlänge und zwei wahre Dachflächen sind darzustellen.

DIN A 4 Hochformat
M 1 : 100

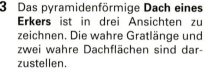

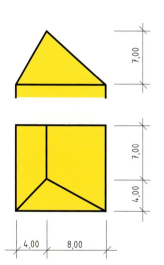

**4** Das **ungleich geneigte Dach** mit einem Walm ist in drei Ansichten zu zeichnen. Die wahren Gratlängen und alle wahren Dachflächen sind zu ermitteln.

DIN A 4 Querformat
M 1 : 200

**5** Das **Satteldach** eines Hauses mit schrägem Giebel ist in drei Ansichten zu zeichnen. Die wahren Längen am Giebel sind zu konstruieren und die wahren Dachflächen darzustellen.

DIN A 4 Querformat
M 1 : 200

**6** Das **Walmdach** eines Gebäudes mit Anbau ist in drei Ansichten zu zeichnen. Die wahren Grat- und Kehllängen sind zu konstruieren.

DIN A 4 Querformat
M 1 : 200

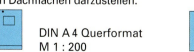

# 4 Projektionen
## 4.3 Wahre Größen, Abwicklungen
Aufgaben zu 4.3.1 Wahre Längen und 4.3.2 Wahre Flächen

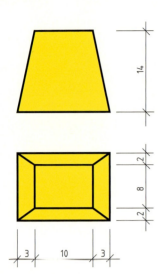

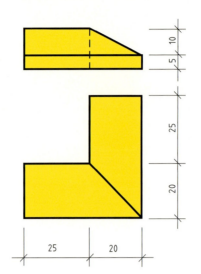

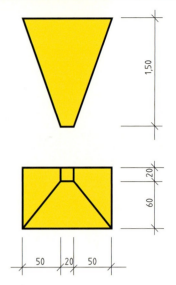

**7** Die **abgeschrägte Deckenaussparung** ist in Vorderansicht und Draufsicht zu zeichnen. Die wahren Längen und Flächen sind darzustellen.

DIN A 4 Hochformat
M 1 : 2

**8** Die winkelförmige **abgeschrägte Abdeckplatte** ist in drei Ansichten darzustellen. Die wahre Länge der schrägen Kante und die wahre Größe einer schrägen Fläche sind zu zeichnen.

DIN A 4 Querformat
M 1 : 5

**9** Der **Behälter** ist in drei Ansichten zu zeichnen. Es ist die wahre Länge der schrägen Kante zu ermitteln. Zwei schräge Flächen sind in wahrer Größe abzubilden.

DIN A 4 Hochformat
M 1 : 20

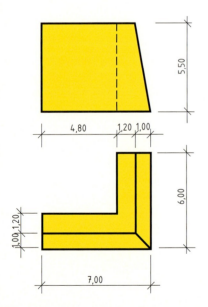

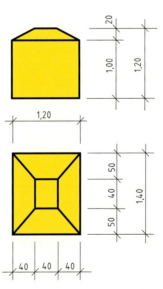

**10** Die **Ecke einer abgeschrägten Stützwand** ist in drei Ansichten zu zeichnen. Es sind die schräge Kante der Ecke und die beiden abgeschrägten Flächen in wahrer Größe darzustellen.

DIN A 4 Hochformat
M 1 : 100

**11** Das abgeschrägte **Fundament** ist in drei Ansichten darzustellen. Die wahre Länge der schrägen Kante und die wahre Größe der Flächen ist zu konstruieren.

DIN A 4 Hochformat
M 1 : 20

**12** Eine abgeschrägte **schiefwinklige Wandecke** ist in drei Ansichten zu zeichnen. Die wahre Länge der schrägen Kanten ist zu ermitteln.

DIN A 4 Querformat
M 1 : 20

# 4 Projektionen
## 4.3 Wahre Größen, Abwicklungen
### 4.3.3 Abwicklungen

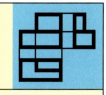

Als Abwicklung bezeichnet man die Darstellung der Oberfläche eines Körpers in einer Ebene. Die einzelnen Flächen werden zusammenhängend als eine wahre Fläche gezeichnet.

Bei Körpern mit schrägen Flächen, z.B. bei Pyramiden, stumpfen oder schräg geschnittenen Körpern, müssen zunächst die wahren Flächen konstruiert werden. Bei zylindrischen oder kegelförmigen Körpern muss zuerst die Länge des Kreisumfanges ermittelt werden.

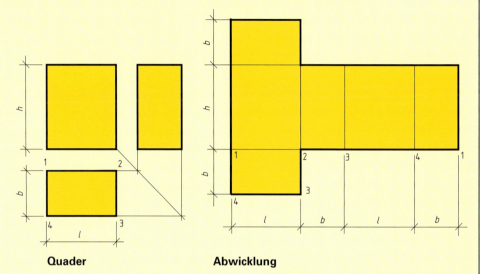

**Quader** — **Abwicklung**

### Abwicklung von Prismen

Bei der Abwicklung eines **Quaders** werden die Seitenflächen aneinandergereiht gezeichnet. Diese Seitenflächen ergeben zusammen die Form eines Rechtecks. Seine Länge entspricht dem Umfang der Grundfläche des Quaders. Grund- und Deckfläche werden in der Regel an einer langen Seite des Quaders angeordnet.

Bei der Abwicklung eines **Prismas mit sechseckiger Querschnittsfläche** werden die Seitenlängen $s$ aus dem Grundriss übernommen und zusammenhängend an einer Geraden abgetragen. Durch Übertragen der Körperhöhe $h$ ergibt sich die Mantelfläche. Grund- und Deckfläche werden an einer Seitenfläche angeordnet. Die Abwicklung von Prismen mit beliebiger Querschnittsfläche erfolgt in gleicher Weise.

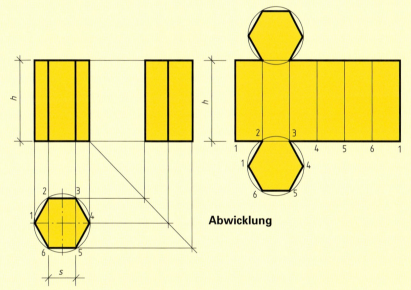

**Prisma mit sechseckiger Querschnittsfläche** — **Abwicklung**

Bei der Abwicklung eines **schiefen Prismas mit rechteckiger Querschnittsfläche** setzt sich die Mantelfläche aus Rechtecken und Parallelogrammen zusammen. Man beginnt mit der wahren Parallelogrammfläche aus dem Aufriss. Die schräge Parallelogrammseite ist die wahre Länge der anschließenden rechteckigen Seitenfläche. Die zweite Parallelogrammseite ist symmetrisch zur ersten anzuordnen. Daran schließt sich die zweite Rechteckfläche an. Grund und Deckfläche werden in der Regel an eine rechteckige Seitenfläche angehängt.

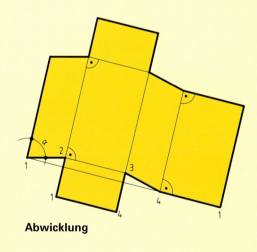

**Schiefes Prisma mit rechteckiger Querschnittsfläche** — **Abwicklung**

# 4 Projektionen
## 4.3 Wahre Größen, Abwicklungen
### 4.3.3 Abwicklungen

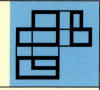

**Abwicklung von schräg geschnittenen Prismen**

Bauteile können so schräg geschnitten sein, dass die Schnittfläche in der Aufrissebene als Kante abgebildet ist. Die Abwicklung der Mantelfläche und der Grundfläche erfolgt bei diesen Körpern durch Übertragung der Kanten aus der Grundriss- und der Aufrissebene. Dazu werden zunächst die Längen der Grundrisskanten auf einer Geraden abgetragen. Rechtwinklig dazu werden die zugehörigen Seitenkanten gezeichnet. Ihre Längen entnimmt man dem Aufriss.

Bei einfachen Körpern, z.B. einem **schräg geschnittenen Prisma mit rechteckiger Querschnittsfläche**, kann auf die Konstruktion der wahren Schnittfläche verzichtet werden. Die Länge der Schnittfläche kann aus dem Aufriss, die Breite aus dem Grundriss entnommen werden.

Bei einem **schräg geschnittenen Prisma mit sechseckiger Querschnittsfläche** muss jedoch die **wahre Schnittfläche** z.B. durch **Umklappen** der Schnittfläche um eine Drehachse **in die Grundrissebene** konstruiert werden. Die Drehachse liegt im Schnittpunkt der Verlängerung der Abbildung von Grundfläche und Schnittfläche im Aufriss. Vom Drehpunkt aus zeichnet man in der Aufrissebene Kreisbögen von den Kanten der Vorderansicht bis zur Verlängerung der Grundfläche. Diese Schnittpunkte werden durch Projektionslinien in die Grundrissebene übertragen, wo sie auf die waagerechten Projektionslinien der Eckpunkte der Grundfläche treffen. Die Verbindung dieser Schnittpunkte ergibt die wahre Schnittfläche.

Bei einem **schräg geschnittenen Fünfkantprisma** kann die **wahre Schnittfläche** auch **in der Aufrissebene** konstruiert werden. Dazu zeichnet man in beliebigem Abstand eine Parallele zur Abbildung der Schnittebene. Mit Hilfe von rechtwinkligen Projektionslinien werden die Längenmaße von der wahren Schnittfläche aus auf die Parallele übertragen. Die Breitenmaße werden aus dem Grundriss übernommen und von der Parallelen aus auf den Projektionslinien abgetragen.

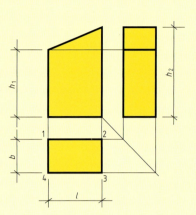

**Schräg geschnittenes Prisma mit rechteckiger Querschittsfläche**

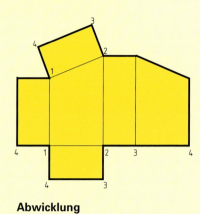

**Abwicklung**

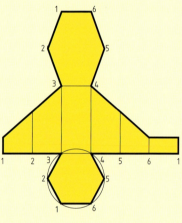

**Schräg geschnittenes Prisma mit sechseckiger Querschnittsfläche und wahrer Schnittfläche in der Grundrissebene**

**Abwicklung**

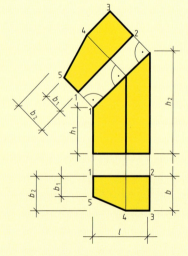

**Schräg geschnittenes Fünfkantprisma mit wahrer Schnittfläche in der Aufrissebene**

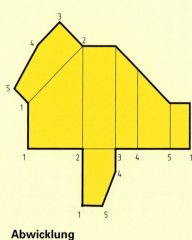

**Abwicklung**

# 4 Projektionen
## 4.3 Wahre Größen, Abwicklungen
### 4.3.3 Abwicklungen

**Abwicklung einer Pyramide**

Bei der Abwicklung einer Pyramide zeichnet man zunächst die Grundfläche. Kreisbogen um die Punkte 1 und 2 mit dem Radius der in der Normalprojektion ermittelten wahren Kantenlänge schneiden sich in S. Von S aus zeichnet man einen Kreis mit dem Radius der wahren Kantenlänge. Auf dem Kreis werden die restlichen Seitenlängen der Grundfläche abgetragen. Ihre Verbindungslinien mit S ergeben die Abwicklung des Pyramidenmantels.

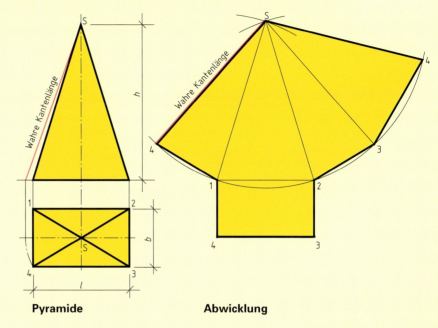

**Pyramide**      **Abwicklung**

**Abwicklung eines Pyramidenstumpfes**

Bei der Abwicklung eines Pyramidenstumpfes ergänzt man den stumpfen Körper in der Normalprojektion zu einer Pyramide. Man erhält dadurch die wahre Kantenlänge der Gesamtpyramide und der Ergänzungspyramide. Die wahre Kante der Gesamtpyramide führt zum Punkt S. Die Seitenkanten der Grundfläche werden wie bei der Pyramide konstruiert. Der Kreisbogen von S aus mit der wahren Kantenlänge der Ergänzungspyramide ergibt die Schnittpunkte für die oberen Begrenzungskanten der trapezförmigen Seitenflächen. Die Deckfläche wird meist der Grundfläche gegenüber angeordnet.

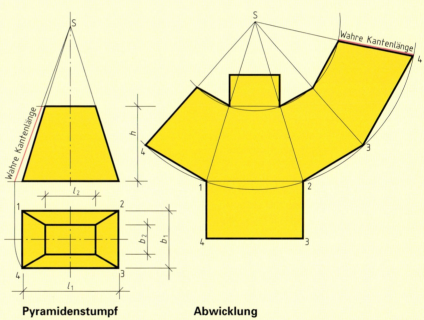

**Pyramidenstumpf**      **Abwicklung**

**Modellbau**

Abwicklungen benötigt man z. B. zur Herstellung von Zuschnitten für Betonschalungen und Verkleidungen. Damit man aus einer Abwicklung ein Modell fertigen kann, müssen die Kanten gefalzt, gegebenenfalls auch vorgeritzt werden. Für das Zusammenfügen sind an den freien Kanten Klebelaschen erforderlich. Alle Körper lassen sich mit Hilfe von Abwicklungen als Modell herstellen.

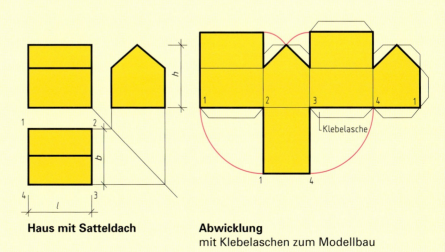

**Haus mit Satteldach**      **Abwicklung** mit Klebelaschen zum Modellbau

# 4 Projektionen
## 4.3 Wahre Größen, Abwicklungen
### 4.3.3 Abwicklungen

**Abwicklung eines Zylinders**

Die Abwicklung eines Zylinders ergibt ein Rechteck für die Mantelfläche, dessen Länge dem Umfang des Grundkreises entspricht. Diese Länge kann sehr genau ermittelt werden (Methode von Kochansky). Dazu zeichnet man eine waagerechte Tangente, die sich mit einer unter 30° zur Senkrechten geneigten Linie durch M in Punkt A schneidet. Von A aus wird der Radius r dreimal auf der Tangente abgetragen. Die Strecke $\overline{BC}$ ist der halbe Kreisumfang.

Außerdem kann man den Umfang des Kreises rechnerisch ermitteln. Für die baupraktische Anwendung ist es ausreichend genau, die Länge des Umfangs in zwölf Teile aufzuteilen und die Sehnenlängen abzutragen.

**Abwicklung eines schräg geschnittenen Zylinders**

Ein schräg geschnittener Zylinder wird meist so gezeichnet, dass die Schnittfläche im Aufriss eine Kante ergibt. Für die Abwicklung wird der Umfang in der Regel in zwölf gleiche Teile aufgeteilt. In diesen Punkten werden senkrechte Projektionslinien abgetragen. Um die Längen der Mantellinien zu erhalten, teilt man den Grundkreis in ebenfalls zwölf Teile. Durch Hochloten dieser Kreispunkte in den Aufriss erhält man die Länge der Mantellinien. Diese werden in die Abwicklung übertragen. Durch Verbindung der entstandenen Schnittpunkte ergibt sich für die obere Begrenzung der Mantelfläche eine gekrümmte Linie.

Die Schnittfläche konstruiert man durch Umklappen. Dabei entsteht eine Ellipse. Die vorhandene Zwölferteilung wird zur Bestimmung der Ellipsenpunkte verwendet und die Breitenmaße von der Symmetrieachse aus angetragen.

**Abwicklung eines Kegels**

Wird ein Kegel entlang einer Mantellinie aufgeschnitten und abgewickelt, so ergibt die Mantelabwicklung einen Kreisausschnitt. Der Radius dieses Kreisausschnitts entspricht der Mantellinie des Kegels im Aufriss. Auf dem Kreisbogen muss die Länge des Umfangs des Grundkreises angetragen werden. Dazu teilt man diesen Grundkreis in zwölf gleiche Teile und überträgt die Sehnenlänge zwölfmal auf den Kreisbogen.

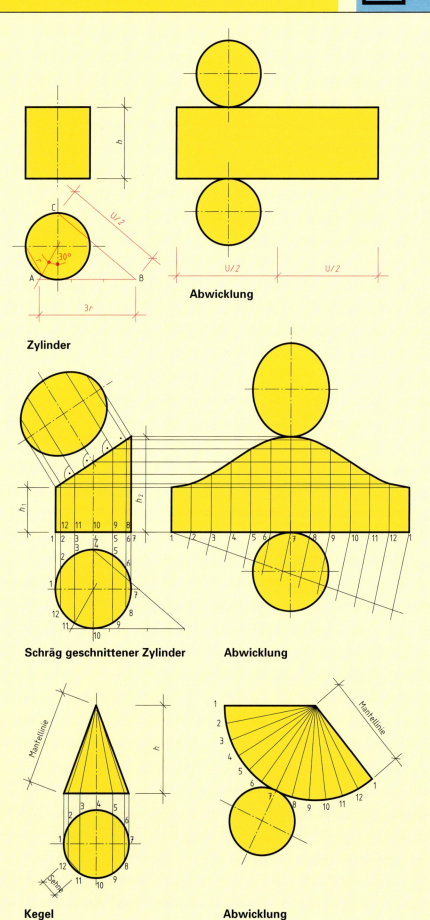

Zylinder — Abwicklung

Schräg geschnittener Zylinder — Abwicklung

Kegel — Abwicklung

# 4 Projektionen
## 4.3 Wahre Größen, Abwicklungen
**Aufgaben zu 4.3.3 Abwicklungen**

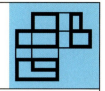

**1** Von den in räumlicher Darstellung abgebildeten **Körpern** sind die Vorderansicht und die Draufsicht zu zeichnen. Es sind, falls erforderlich, wahre Größen zu bestimmen und die Abwicklung darzustellen.

 DIN A 4 Querformat

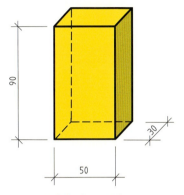

a) **Schalungskörper**
M 1 : 10

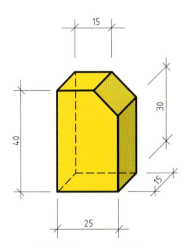

b) **Einfassungsstein**
M 1 : 5

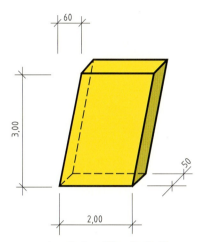

c) **schräge Wandscheibe**
M 1 : 50

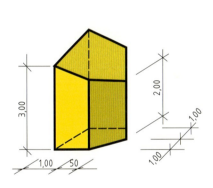

d) **Erker mit schräger Dachfläche**
M 1 : 50

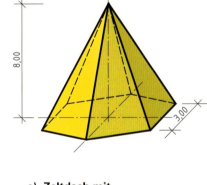

e) **Zeltdach mit Sechseckgrundfläche**
M 1 : 100

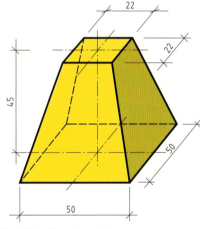

f) **Einzelfundament**
M 1 : 10

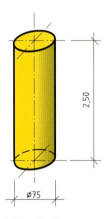

g) **Rundstütze**
M 1 : 25

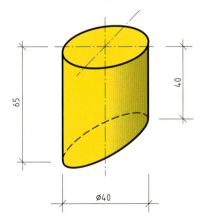

h) **Lüftungsrohr über Dach**
M 1 : 10

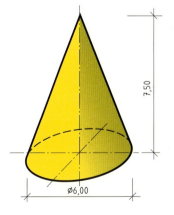

i) **Dach eines Rundturmes**
M 1 : 100

**2** Zur **Herstellung von Modellen** werden die Abwicklungen aus Aufgabe 1 auf Karton aufgezeichnet, mit Klebelaschen versehen, ausgeschnitten, gefaltet und zusammengeklebt.

# 4 Projektionen
## 4.4 Schnitte

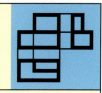

Die äußere Form eines Körpers und dessen Abmessungen kann man aus den Ansichten entnehmen. Kenntnisse über das Innere des Körpers, z.B. eines Bauteils, erhält man durch Schnitte. Dazu wird durch den Körper eine Schnittebene gelegt und nur der Teil des Körpers abgebildet, der sich in der Schnittebene oder in Blickrichtung befindet. Schnitte zeigen z.B. Wanddicken, Öffnungen sowie den verwendeten Baustoff.

**Schnittebenen**
Schnitte werden jeweils parallel zu den Bildebenen geführt. Waagerechte Schnitte werden als **horizontale Schnitte** bezeichnet, nach DIN 1356 nennt man sie **Grundrisse**. Senkrechte Schnitte werden als **vertikale Schnitte** bezeichnet. Man unterscheidet **Längsschnitte** und **Querschnitte**.

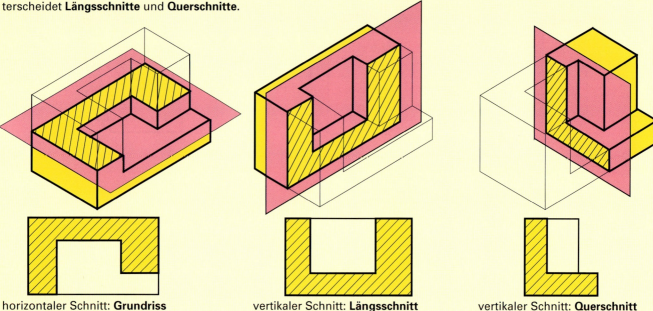

horizontaler Schnitt: **Grundriss**     vertikaler Schnitt: **Längsschnitt**     vertikaler Schnitt: **Querschnitt**

**Schnittarten**
Nach dem Umfang der Schnittdarstellung unterscheidet man den **Vollschnitt,** den **Halbschnitt** und den **Teilschnitt**. Beim Vollschnitt wird der gesamte Körper in einer Schnittebene geschnitten. Halbschnitte werden bei symmetrischen Körpern verwendet und zeigen je zur Hälfte Ansicht und Schnitt. In Teilschnitten sind wesentliche Teilbereiche eines Körpers dargestellt. Stabförmige Körper, z.B. Träger und Stützen, werden quer zur Längsachse geschnitten. Die Schnittfläche kann in eine Ansicht geklappt werden. Diese Darstellung bezeichnet man als **Profilschnitt**.

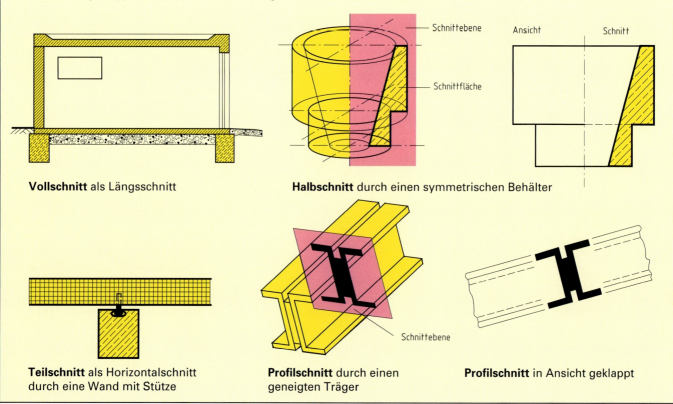

**Vollschnitt** als Längsschnitt     **Halbschnitt** durch einen symmetrischen Behälter

**Teilschnitt** als Horizontalschnitt durch eine Wand mit Stütze     **Profilschnitt** durch einen geneigten Träger     **Profilschnitt** in Ansicht geklappt

# 4 Projektionen
## 4.4 Schnitte

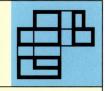

**Schnittdarstellung**

Körperkanten geschnittener Bauteile werden mit breiten Volllinien gezeichnet. Die Schnittflächen werden schraffiert oder farbig angelegt. Zur Kennzeichnung der verwendeten Baustoffe können entsprechende Schraffuren verwendet werden (Seite 20). Ansichtskanten werden mit schmalen Volllinien, verdeckte Kanten mit schmalen Strichlinien gezeichnet. Sie können entfallen, wenn sie unwesentlich sind oder die Zeichnung schwer lesbar machen. Werden Bauteile vor der Schnittebene dargestellt, erfolgt dies mit Punktlinien.
Der Schnittverlauf wird durch eine breite Strichpunktlinie angegeben. Er wird meist nicht durchgehend markiert. Die Blickrichtung ist durch rechtwinklig-gleichschenklige Dreieckspfeile festgelegt. Die Kennzeichnung der Schnitte erfolgt durch Großbuchstaben an den Spitzen der Dreieckspfeile (Seite 13). Die Schnittbezeichnung erfolgt mit den entsprechenden Großbuchstaben, z.B. Schnitt A – A.

**Schnittanordnung**

Schnitte entstehen durch Projektion geschnittener Bauteile. Deshalb werden sie auch wie in der Normalprojektion entsprechend der Blickrichtung bei der Projektion abgebildet und neben, unter oder über den Ansichten angeordnet. In der Bautechnik macht es häufig die Größe der Zeichnungen notwendig, dass Schnitte und Grundrisse gesondert gezeichnet werden.

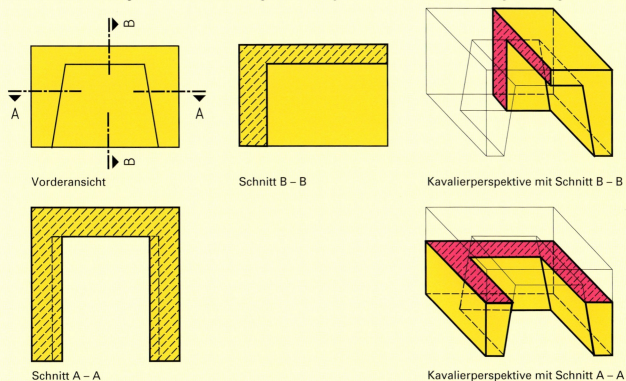

**Anordnung und Darstellung von Schnitten**

**Schnittversprung**

Schnittebenen werden so gelegt, dass wesentliche Einzelheiten im Schnitt gezeigt werden. Dazu ist es manchmal notwendig, Teile der Schnittebene parallel zu verschieben (Schnittversprung). Verspringt der Schnitt, so ist die Stelle des Versprunges durch Abwinkeln der Strichpunktlinie anzugeben.

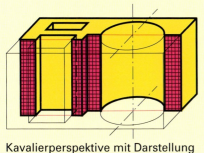

Kavalierperspektive mit Darstellung der Schnittflächen
**Vertikaler Schnitt mit Schnittversprung durch einen Formstein**

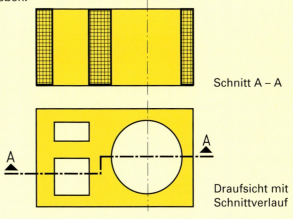

Schnitt A – A

Draufsicht mit Schnittverlauf

# 4 Projektionen
## 4.4 Schnitte
### Aufgaben zu 4.4 Schnitte

**1** Von den in räumlicher Darstellung und in Normalprojektion dargestellten **Körpern** sind Schnitte zu zeichnen. Der Horizontalschnitt ist unter der Vorderansicht anzuordnen, die beiden Vertikalschnitte sind neben der Vorderansicht zu zeichnen. Die Schnittführung und die Körperabmessungen sind der Normalprojektion zu entnehmen.

 DIN A 4 Querformat
Eine Karolänge entspricht einem Zentimeter

a) 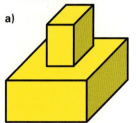   b) 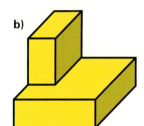   c) 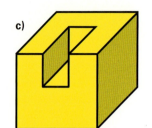   d)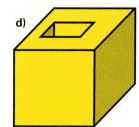

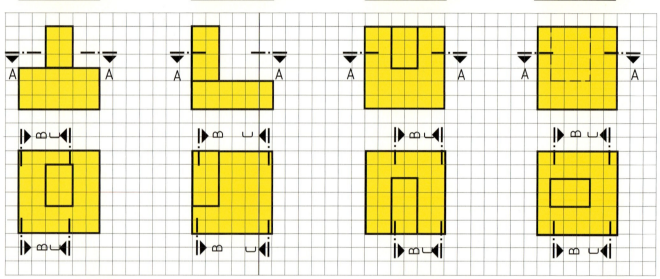

e) 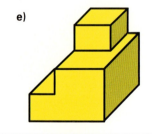   f) 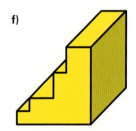   g) 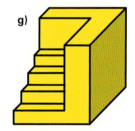   h)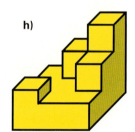

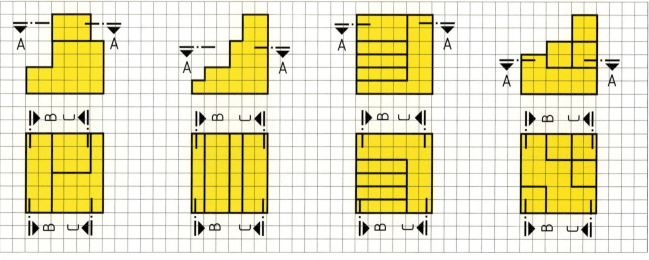

# 4 Projektionen
## 4.4 Schnitte
**Aufgaben zu 4.4 Schnitte**

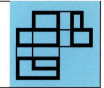

**2** Die **Körper** sind in Kavalierperspektive, Vorderansicht und Draufsicht dargestellt. Es ist die Vorderansicht und die Seitenansicht von links zu zeichnen. Außerdem ist unter der Vorderansicht ein Horizontalschnitt und neben der Seitenansicht ein Vertikalschnitt abzubilden. Die Schnittführung und die Körperabmessungen sind der Normalprojektion zu entnehmen.

 DIN A 4 Querformat
Eine Karolänge entspricht einem Zentimeter

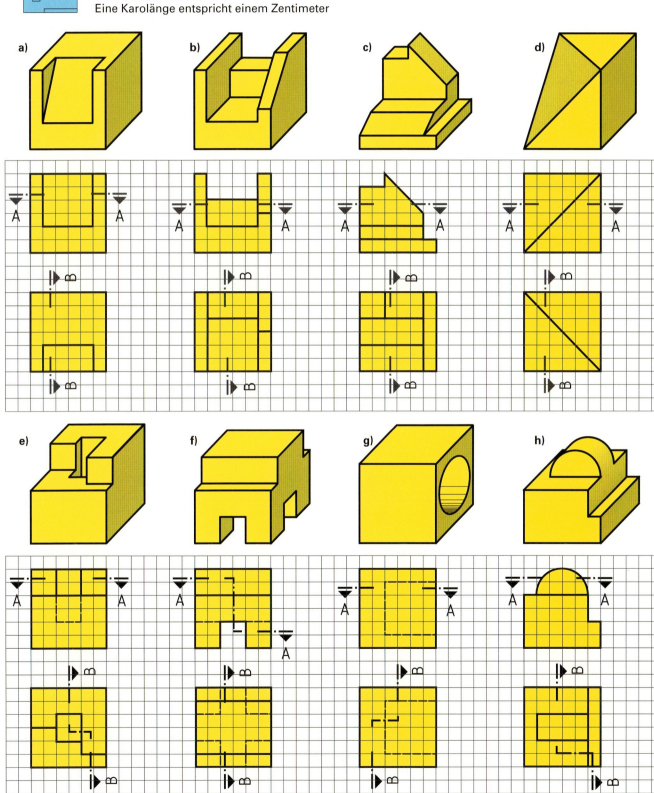

# 4 Projektionen
## 4.4 Schnitte
### Aufgaben zu 4.4 Schnitte

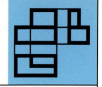

**3** Von den in räumlicher Darstellung abgebildeten **Bauteilen** ist die Vorderansicht sowie ein Vertikalschnitt (Querschnitt) und ein Horizontalschnitt zu zeichnen. Der Schnittverlauf ist jeweils mittig anzuordnen, die Blickrichtung ist nach rechts und nach unten.

DIN A 4 Hochformat
M 1 : 20

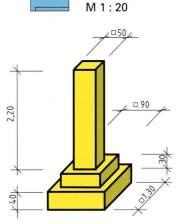
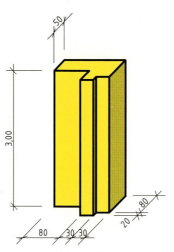
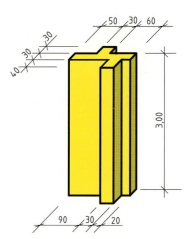

a) Stütze mit Fundament    b) Wandecke    c) Wandscheibe mit Vorlagen

**4** Von den in räumlicher Darstellung abgebildeten **Bauteilen** ist die Vorderansicht sowie ein Vertikalschnitt (Querschnitt) und ein Horizontalschnitt zu zeichnen. Der Schnittverlauf ist jeweils mittig anzuordnen, die Blickrichtung ist nach rechts und nach unten.

DIN A 4 Querformat
M 1 : 2

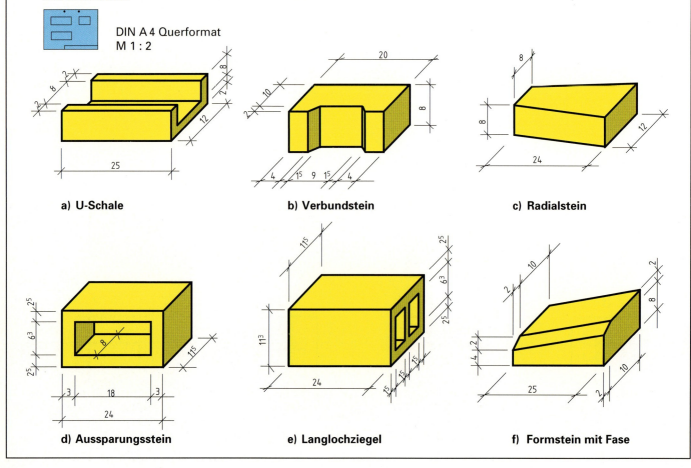

a) U-Schale    b) Verbundstein    c) Radialstein

d) Aussparungsstein    e) Langlochziegel    f) Formstein mit Fase

# 5 Freihandzeichnen
## 5.1 Skizziertechnik

- Entspannte, aufrechte Sitzhaltung einnehmen
- Zeichenbewegungen möglichst großzügig ausführen
- Zeichenstift, Hand und Arm bilden eine lockere Einheit
- Zeichenstift nicht zu weit vorne anfassen und locker halten
- Fingerspitzen auf Zeichenfläche bzw. am Rand der Zeichenunterlage gleiten lassen

- Zum Skizzieren weichen Bleistift oder Filzstift verwenden
- Skizzieren kann man auf jedem hellen Papier
- Für eine feste Zeichenunterlage sorgen, diese wenn möglich leicht schräg halten
- Bei geraden Linien deren Endpunkt anpeilen
- Möglichst keinen Radiergummi verwenden

- Vor dem Skizzieren an die Blattaufteilung denken
- Skizze nicht zu klein anfangen, Zeichenfläche ausnützen
- Erst grobe Umrisse, dann Einzelheiten zeichnen
- Skizze mit feinen Linien anlegen, dabei Maßverhältnisse beachten
- Feine Linien beim Zusammentreffen an Ecken stets durchziehen
- Endgültige Linien breiter nachzeichnen

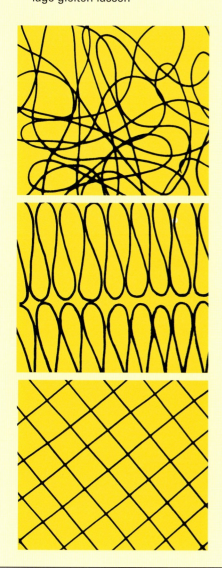
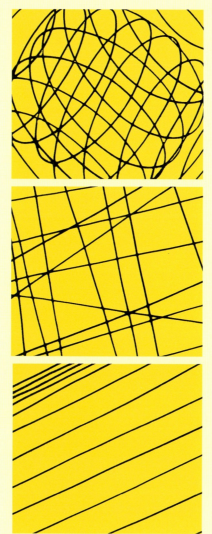
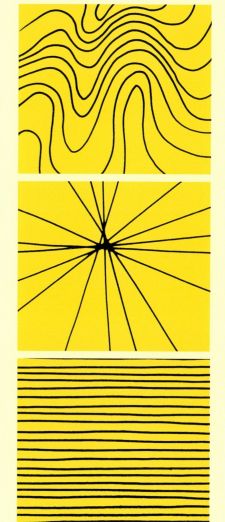

# 5 Freihandzeichnen

## 5.1 Skizziertechnik
### 5.1.1 Linien als Symbole für Baustoffe

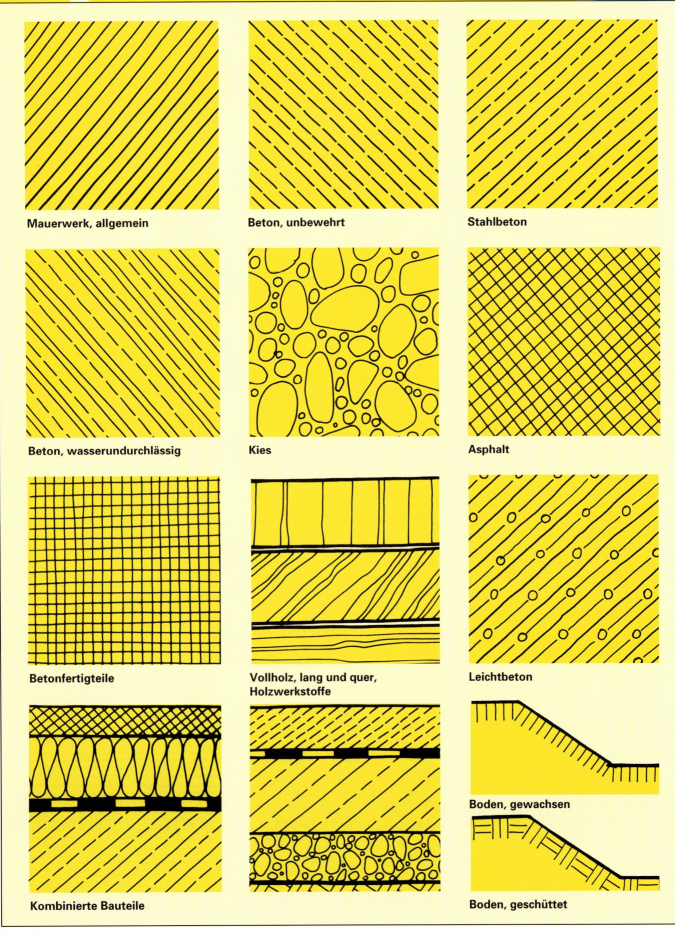

# 5 Freihandzeichnen
## 5.1 Skizziertechnik
### 5.1.2 Skizzieren von Mauerwerk und Belägen

**Beispiele für Mauerwerk**

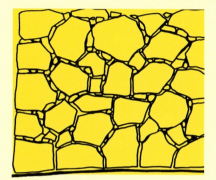

Zyklopenmauerwerk

Bruchsteinmauerwerk

Ziegelmauerwerk, Blockverband

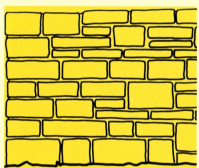

Schichtenmauerwerk

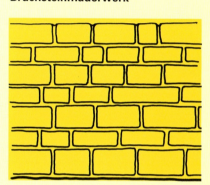

Quadermauerwerk

**Beispiele für Boden- und Wandbeläge**

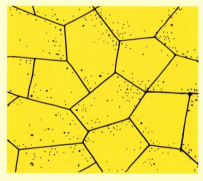

Polygonaler Verband

Unregelmäßiger Rechteckverband

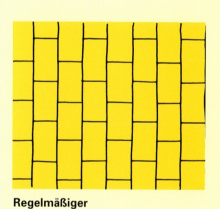

Regelmäßiger Rechteckverband

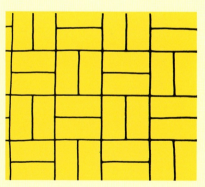

Klinkerpflaster, Schachbrettverband

Klinkerpflaster, Diagonalverband

Klinkerpflaster, Fischgrätverband

# 5 Freihandzeichnen
## 5.2 Bauskizzen
### 5.2.1 Entstehung einer Bauskizze

**Sohlbank**

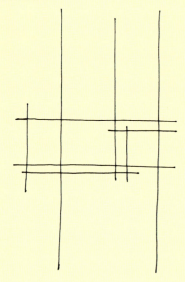
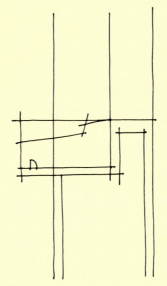
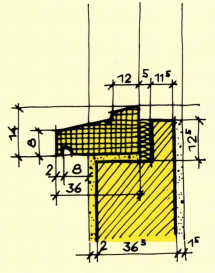

1 Umrisse zeichnen  
2 Einzelheiten zeichnen  
3 Nachzeichnen, bemaßen und schraffieren

**Deckenauflager bei zweischaligem Mauerwerk**

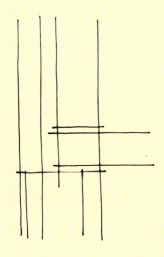
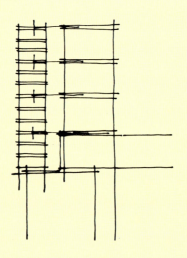
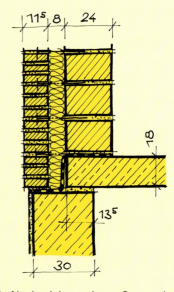

1 Umrisse zeichnen  
2 Einzelheiten zeichnen  
3 Nachzeichnen, bemaßen und schraffieren

**Beispiele für Bauskizzen**

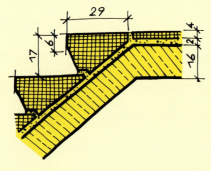
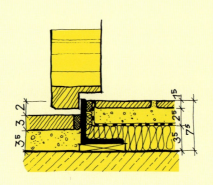
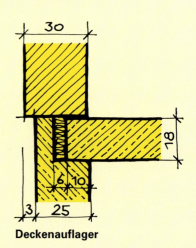

Treppe  
Türanschlag  
Deckenauflager

# 5 Freihandzeichnen
## 5.2 Bauskizzen
### 5.2.2 Skizzieren von Körpern

- Stets vom geometrischen Grundkörper (Hüllkörper) ausgehen
- Körper als räumliches „Drahtmodell" darstellen
- Den geometrischen Grundkörper entsprechend dem zu zeichnenden Körper durch Ebenen zerlegen
- Alle Körperkanten, auch die verdeckten, zeichnen
- Je schräger eine Fläche zur Zeichenebene steht, desto verkürzter ist sie zu zeichnen
- Sichtbare Körperkanten abschließend nachzeichnen
- Durch Anlegen entsprechender Flächen räumliche Wirkung steigern

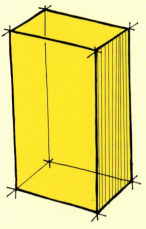

**Quader, stehend**

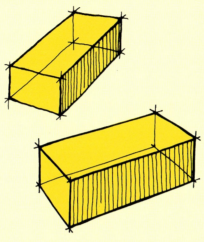

**Quader, liegend**

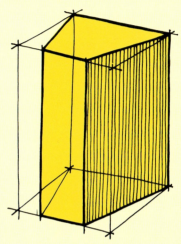

**Prisma**

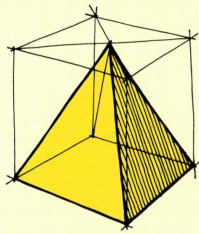

**Pyramide, quadratisch**

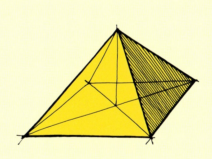

**Pyramide, rechteckig**

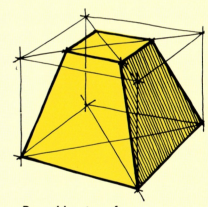

**Pyramidenstumpf**

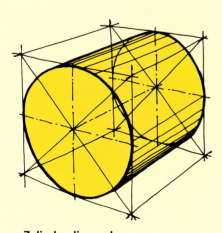

**Zylinder, liegend**

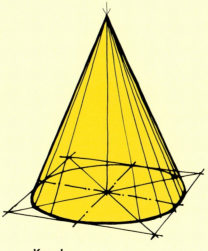

**Kegel**

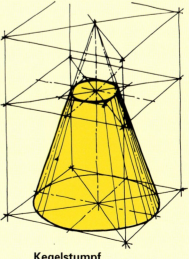

**Kegelstumpf**

# 5 Freihandzeichnen
## 5.2 Bauskizzen
### 5.2.3 Entstehung einer räumlichen Bauskizze

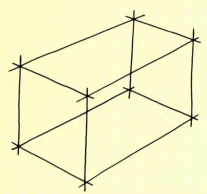

**1** Grundkörper

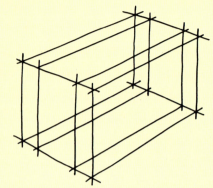

**2** Ebenen längs

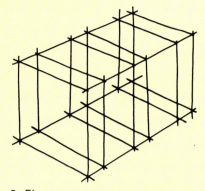

**3** Ebenen quer

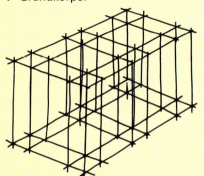

**4** Ebenen längs und quer

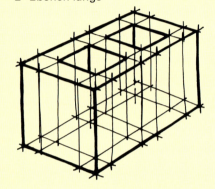

**5** Sichtbare Kanten ausgezogen

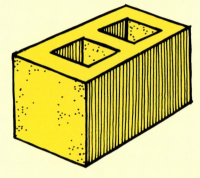

**6** Skizze fertig angelegt

**Beispiele von räumlichen Bauskizzen**

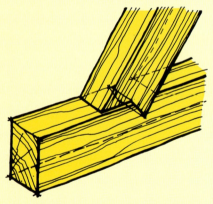

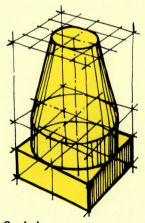

Strebenanschluss

Balkenauflager

Walmdach

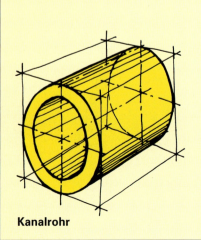

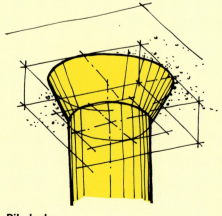

Kanalrohr

Sockel

Pilzdecke

# 5 Freihandzeichnen
## 5.2 Bauskizzen
### 5.2.4 Darstellung von Bauskizzen

**Betonfertigteil – Treppenstufe**

**Gemauerte Stützwand**  **Stützwandelement als Fertigbauteil**

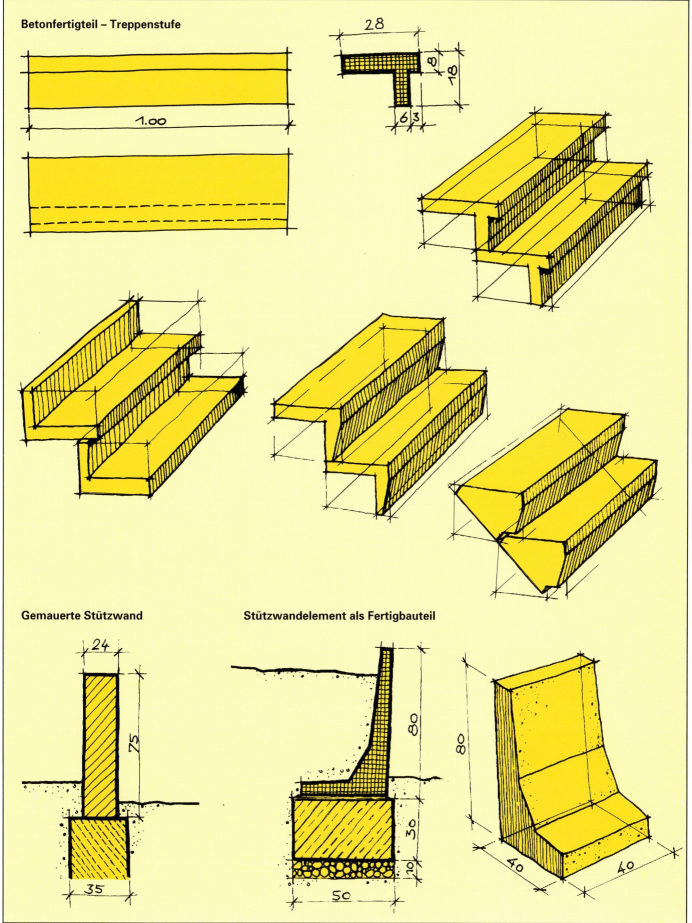

# 5 Freihandzeichnen
## 5.3 Bauaufnahmen

Unter einer Bauaufnahme versteht man das Aufmessen und eine möglichst maßstabsgerechte Darstellung eines vorhandenen Bauwerks oder Bauteils. Eine Bauaufnahme wird in der Regel freihändig gezeichnet.

Bauaufnahmen dienen

- als Grundlage für die Instandsetzung schadhafter Bauteile,
- zur Feststellung des Istzustandes vor baulichen Maßnahmen und
- zur Dokumentation historischer Gebäude.

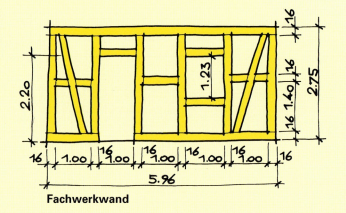

**Beispiele von Bauaufnahmen**

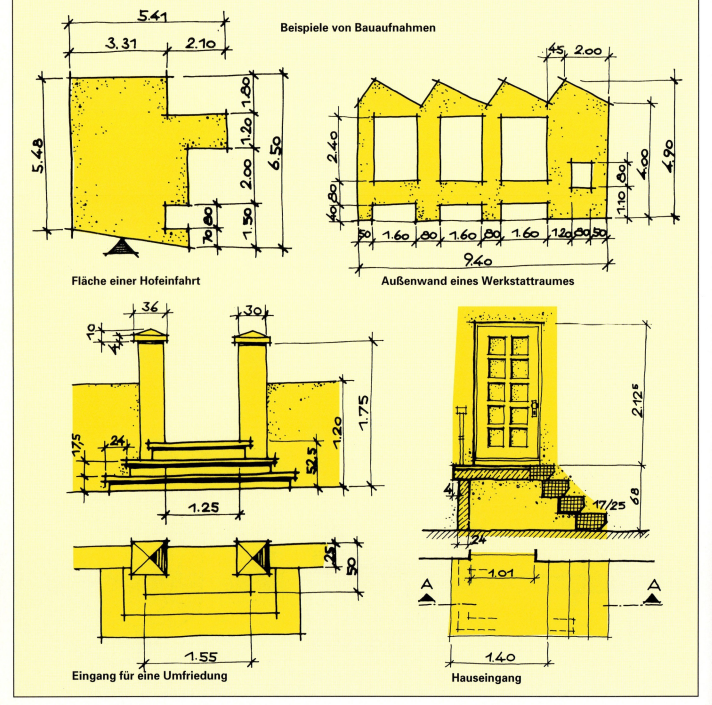

# 6 Bauzeichnungen

## 6.1 Bauprojekt

Bauzeichnungen werden für den Hochbau, Ingenieurbau, Tiefbau sowie für den Ausbau gefertigt. Sie dienen dem Entwurf, der Genehmigung, der Ausführung und der Abrechnung von Bauvorhaben. Im Lageplan, in Grundrissen, in Schnitten und in Ansichten werden alle erforderlichen Angaben festgelegt. Um Bauwerke und Bauteile anschaulich darzustellen, können sie ergänzend in räumlicher Darstellung gezeichnet werden.

Für ein Gebäude sind die Bauzeichnungen in zwei verschiedenen Bauweisen dargestellt,
        in **Massivbauweise** als Mauerwerksbau mit Stahlbetonflachdach und
        in **Holzbauweise** als Fachwerkbau mit Satteldach.

Die nachfolgenden Aufgaben beziehen sich auf das Gebäude und dessen Außenanlagen. Es sind jeweils verschiedene Ausführungsmöglichkeiten aus dem Mauerwerksbau, dem Beton- und Stahlbetonbau sowie aus dem Holzbau zu zeichnen. Das Bauprojekt wird ergänzt durch Aufgaben aus dem Ausbau, dem Erdbau sowie dem Tief- und Straßenbau.

**Beispiel eines Gebäudes in Massivbauweise**

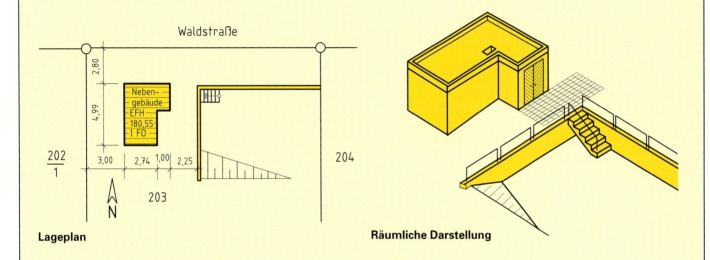

Lageplan          Räumliche Darstellung

**Beispiel eines Gebäudes in Holzbauweise**

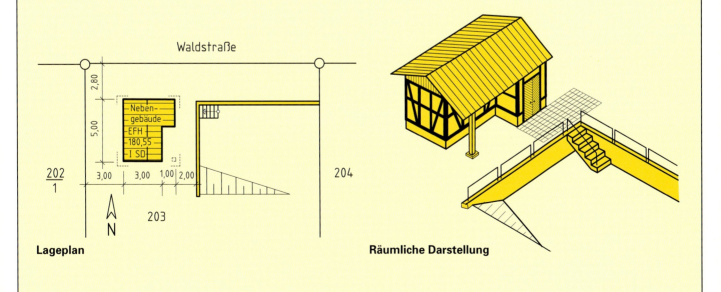

Lageplan          Räumliche Darstellung

# 6 Bauzeichnungen
## 6.2 Massivbau

### Ausführungsbeschreibung des Gebäudes

| Bauteil | Ausführung |
|---|---|
| Fundament | Streifenfundament aus Standardbeton C16/20 |
| Bodenplatte | Stahlbeton C20/25, Trennlage PE-Folie, kapillarbrechende Schicht Gesteinskörnung 8/32 |
| Estrich | Zementestrich ZE 35, $d$ = 5 cm, auf Trennschicht |
| Außenwände | Mauerwerk, $d$ = 24 cm |
| Zwischenwand | Mauerwerk, $d$ = $11^5$ cm |
| Stürze | Stahlbeton C20/25 |
| Dachdecke | Massivplatte Stahlbeton C25/30, $d$ = 16 cm, mit Aufkantung, Lagerung auf Gleitfolie, Aussparung für Entwässerung 50 cm/25 cm |

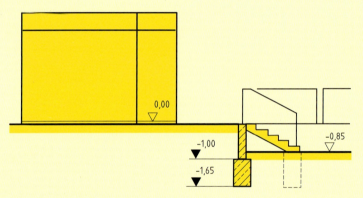

Ansicht von Süden

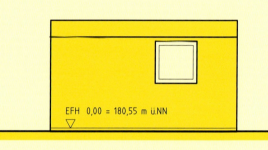

Ansicht von Westen

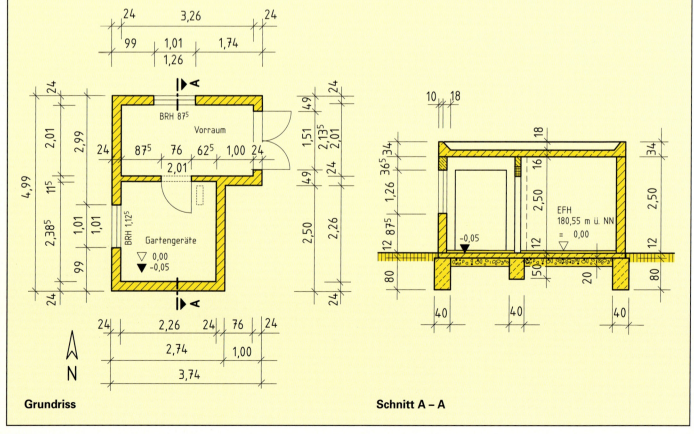

Grundriss

Schnitt A – A

# 6 Bauzeichnungen
## 6.2 Massivbau
### Aufgaben zu 6.2 Massivbau

Die Aufgaben beziehen sich auf das Gebäude als Massivbau auf Seite 90. Die Maße sind dem Grundriss und dem Schnitt A – A zu entnehmen.

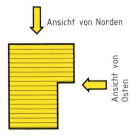

**Draufsicht**

**Draufsicht mit Angabe des Deckendurchbruches**

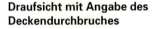

**Gebäudeumriss mit Festlegung der Schnittebenen**

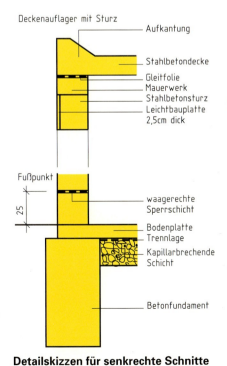

**Detailskizzen für senkrechte Schnitte**

**1** Die **Ansicht von Osten** und die **Ansicht von Norden** des Gebäudes ist zu zeichnen. Das Gelände verläuft in Höhe Oberkante Bodenplatte.

 DIN A 4 Hochformat
M 1:50

**2** Die **Draufsicht** des Gebäudes ist zu fertigen. Die Aufkantung des Dachrandes ist dem Schnitt A – A zu entnehmen. Der Deckendurchbruch für die Dachentwässerung ist zu zeichnen und zu bemaßen. Die verdeckten Kanten der Wände sind einzuzeichnen.

 DIN A 4 Hochformat
M 1:25

**3** Der **Grundriss** des Gebäudes ist mit Bemaßung zu zeichnen.

 DIN A 4 Hochformat
M 1:50

**4** Von dem Gebäude ist der **Schnitt B – B** und der **Schnitt C – C** zu zeichnen. Die Baustoffe und die Abmessungen sind dem Grundriss, dem Schnitt A – A und den Detailskizzen zu entnehmen.

 DIN A 4 Hochformat
M 1:50

**5** Von dem Gebäude ist der **senkrechte Schnitt** auf der Fensterseite zu zeichnen. Die Baustoffe und die Abmessungen sind dem Grundriss, dem Schnitt A – A und den Detailskizzen zu entnehmen. Die Höhenbemaßung ist mit den entsprechenden Dreieckssymbolen (Höhenkoten) auszuführen.

 DIN A 4 Hochformat
M 1:20

**6** Das Gebäude ist zweimal in **Kavalierperspektive** zu zeichnen. Die Blickrichtung ist so zu wählen, daß bei der ersten Zeichnung die Ostansicht und bei der zweiten Zeichnung die Südansicht als Vorderansicht abgebildet wird.

 DIN A 4 Hochformat
M 1:50

# 6 Bauzeichnungen
## 6.2 Massivbau
### 6.2.1 Mauerwerksbau

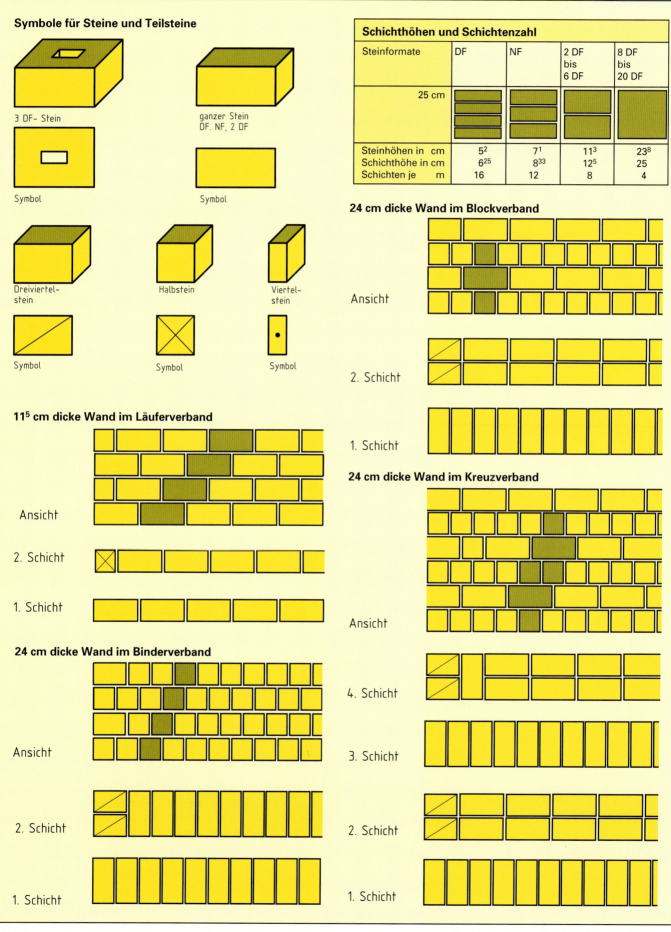

# 6 Bauzeichnungen
## 6.2 Massivbau
### Aufgaben zu 6.2.1 Mauerwerksbau

Die Aufgaben beziehen sich auf das Gebäude als Massivbau auf Seite 90. Fehlende Maße sind dem Grundriss und dem Schnitt A – A zu entnehmen. Maßangaben mit ≈ Zeichen geben die Zeichnungsgröße an.

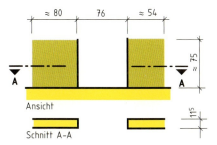

**Zwischenwand**

1. Die **Zwischenwand** des Gebäudes ist $11^5$ cm dick. Sie wird aus 2 DF-Steinen im Läuferverband erstellt. Für einen 2,10 m breiten Ausschnitt ist die 1. Schicht und die 2. Schicht darzustellen sowie eine 75 cm hohe Ansicht des Mauerwerks.

DIN A 4 Querformat
M 1:10 mit Fugen

**Außenwand an der Südseite**

2. Die 24 cm dicke **Außenwand an der Südseite** des Gebäudes ist im Läuferverband mit 16 DF-Steinen zu erstellen. Die 1. Schicht und die 2. Schicht der Wand ist mit den beiden anschließenden Ecken darzustellen (Mauerecken Seite 137). Die Südansicht ist in Wandhöhe zu zeichnen.

DIN A 4 Hochformat
M 1:20 ohne Fugen

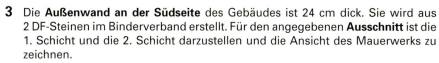

**Außenwand an der Südseite (Ausschnitt)**

3. Die **Außenwand an der Südseite** des Gebäudes ist 24 cm dick. Sie wird aus 2 DF-Steinen im Binderverband erstellt. Für den angegebenen **Ausschnitt** ist die 1. Schicht und die 2. Schicht darzustellen und die Ansicht des Mauerwerks zu zeichnen.

DIN A 4 Hochformat
M 1:10 mit Fugen

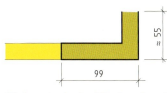

**Südwestecke im Blockverband**

4. Die **Südwestecke** des Gebäudes ist in Fensterhöhe **im Blockverband** mit 2 DF-Steinen zu errichten. Die 1. Schicht und die 2. Schicht der Mauerecke sind gemäß Schnittangabe darzustellen (Mauerecken Seite 137). Die Ansicht von Westen ist sechs Schichten hoch zu zeichnen.

DIN A 4 Hochformat
M 1:10 mit Fugen

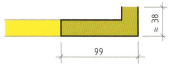

**Südwestecke im Kreuzverband**

5. Die **Südwestecke** des Gebäudes ist in Fensterhöhe **im Kreuzverband** mit DF-Steinen zu erstellen. Es sind vier Schichten der Mauerecke entsprechend dem skizzierten Schnitt darzustellen Die Westansicht ist acht Schichten hoch zu zeichnen.

DIN A 4 Hochformat
M 1:10 mit Fugen

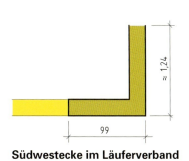

**Südwestecke im Läuferverband**

6. Die **Südwestecke** des Gebäudes ist mit 16 DF-Steinen **im Läuferverband** herzustellen. Es sind vier Schichten ab der Brüstungshöhe in Kavalierperspektive zu zeichnen. Das Wandstück auf der Südseite ist abzutreppen.

DIN A 4 Querformat
M 1:10 mit Fugen

# 6 Bauzeichnungen
## 6.2 Massivbau
### 6.2.2 Beton- und Stahlbetonbau

Betonbauteile werden in Ansichten und Schnitten gezeichnet. Zur Herstellung der Bauteile sind Schalungszeichnungen und Bewehrungszeichnungen mit Stahlauszug erforderlich.

**Beispiel einer Schalungszeichnung für den Torsturz des Gebäudes mit Schalungsplattenauszug**

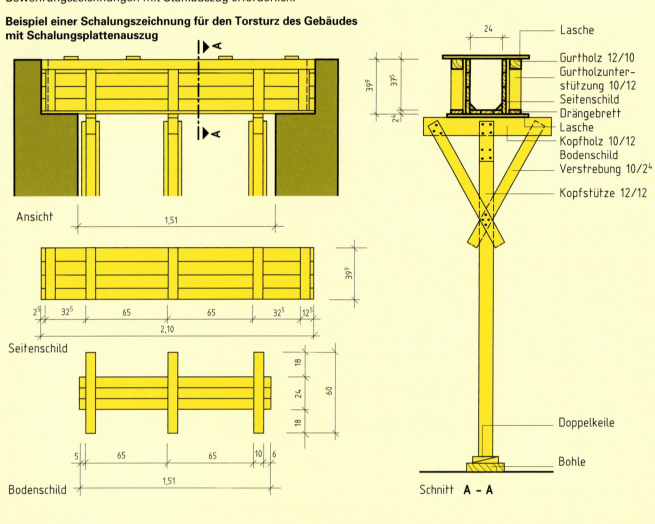

**Beispiel einer Bewehrungszeichnung für den Torsturz mit Stahlauszug**

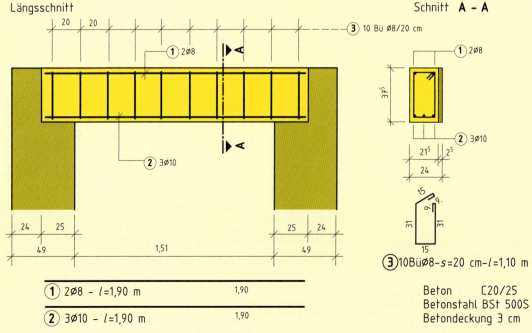

Beton C20/25
Betonstahl BSt 500S
Betondeckung 3 cm

# 6 Bauzeichnungen
## 6.2 Massivbau
### Aufgaben zu 6.2.2 Beton- und Stahlbetonbau

Die Aufgaben beziehen sich auf das Gebäude als Massivbau mit Stützwand und Freitreppe auf Seite 90.

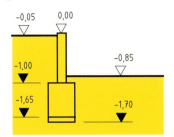

**Stützwand**

**1** Die 15 cm dicke **Stützwand** aus Stahlbeton C20/25 ist auf einem 50 cm breiten Fundament aus C16/20 herzustellen. Der senkrechte Schnitt durch die Stützwand ist zu zeichnen und zu bemaßen.

DIN A 4 Hochformat
M 1 : 10

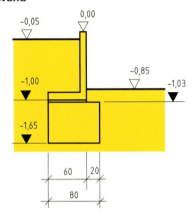

**Stützwand mit L-förmigen Stahlbetonfertigteilen**

**2** Die **Stützwand** wird aus L-förmigen Stahlbetonfertigteilen erstellt. Die 10 cm dicken Wandscheiben werden auf einem Fundament aus Standardbeton C8/10 mit Zementmörtel versetzt. Der senkrechte Schnitt durch die Stützwand ist zu zeichnen und zu bemaßen.

DIN A 4 Hochformat
M 1 : 10

**3** Eine **Wandscheibe** in L-Form ist 49 cm lang, die Fuge zwischen den Fertigteilen 1 cm breit. Ein 1,20 m langer Teilbereich der Stützwand ist in der Kavalierperspektive zu zeichnen. Die Betrachtungsrichtung ist so zu wählen, dass die Vorderansicht die L-Form der Wandscheibe zeigt.

DIN A 4 Hochformat
M 1 : 10

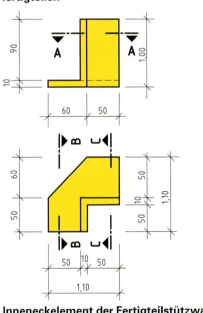

**Inneneckelement der Fertigteilstützwand**

**4** In der **Ecke der Fertigteilstützwand** wird ein Sonderelement versetzt. Das Inneneckelement ist in der Normalprojektion darzustellen. Es sind die Vorderansicht und die Draufsicht zu zeichnen und die beiden Seitenansichten zu ergänzen.

DIN A 4 Querformat
M 1 : 20

**5** Das **Inneneckelement der Fertigteilstützwand** ist in der Vorderansicht und in den Schnitten A – A, B – B und C – C zu zeichnen. Die Schnittflächen sind baustoffgerecht zu schraffieren.

DIN A 4 Querformat
M 1 : 20

**6** Das **Inneneckelement der Fertigteilstützwand** ist in der Kavalierperspektive zu zeichnen und zu bemaßen.

DIN A 4 Querformat
M 1 : 10

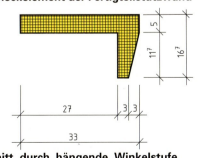

**Schnitt durch hängende Winkelstufe für Außentreppe**

**7** Die 90 cm breite **Außentreppe** besteht aus 5 hängenden Winkelstufen, die auf Stahlbeton-Fertigteilträgern aufgelegt sind. Es ist eine Treppenstufe in isometrischer Darstellung zu zeichnen und zu bemaßen.

DIN A 4 Querformat
M 1 : 5

# 6 Bauzeichnungen
## 6.2 Massivbau
### Aufgaben zu 6.2.2 Beton- und Stahlbetonbau

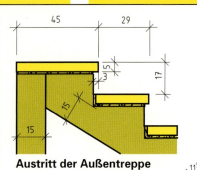

**Austritt der Außentreppe**

**8** Die **Außentreppe** hat 5 Stufen und überwindet eine Höhe von 85 cm. Das Steigungsverhältnis s/a beträgt 17/29. Die Plattenstufen werden auf zwei Längsträger aus Stahlbeton aufgelegt. Das Mörtelbett ist 2 cm dick. Es ist ein senkrechter Schnitt (Längsschnitt) durch die Treppe zu zeichnen. Das Fundament muss nicht vollständig dargestellt werden.

DIN A 4 Querformat
M 1 : 10

**9** Die in Kavalierperspektive dargestellte **Werkstein-Fensterbank** ist in Vorderansicht und Draufsicht zu zeichnen.

DIN A 4 Querformat
M 1 : 5

**Werkstein-Fensterbank**

**10** Von der **Werkstein-Fensterbank** ist ein senkrechter Schnitt (Querschnitt) in Fensterbankmitte zu zeichnen. Der Schnitt ist zu bemaßen, fehlende Maße sind zu ergänzen.

DIN A 4 Querformat
M 1 : 2

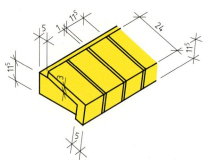

**Fensterbank-Fertigteil**

**11** Die **Fensterbänke** werden als Fertigteile aus L-förmigen Klinkern auf Leichtbetonkern versetzt. Der Betonkern und die Klinker sind um 14° zur Waagerechten geneigt. Von der in Isometrie dargestellten Fensterbank ist ein senkrechter Schnitt (Querschnitt) zu zeichnen und zu bemaßen.

DIN A 4 Querformat
M 1 : 2

**12** Der **Fenstersturz** wird in Ortbeton hergestellt. Die Auflagerlänge beträgt beidseitig 25 cm. Es ist eine herkömmliche Schalung in Ansicht und Schnitt mit Schalungsplattenauszug zu zeichnen.

DIN A 4 Querformat
M 1 : 10

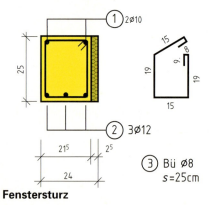

**Fenstersturz**

**13** Der **Fenstersturz** wird aus Beton C20/25 und Betonstabstahl BSt 500 S hergestellt. Die Betondeckung beträgt 3 cm. Es ist eine Bewehrungszeichnung in Längs- und Querschnitt mit Stahlauszug zu zeichnen.

DIN A 4 Querformat
M 1 : 10

**14** Der **Torsturz** besteht aus zwei nebeneinanderliegenden Flachstürzen. Der Bereich des Torsturzes ist als senkrechter Teilschnitt (Detail) zu zeichnen. Es sind der Sturz, das Mauerwerk und die Stahlbetondecke mit Aufkantung darzustellen, baustoffgerecht zu schraffieren und zu bemaßen.

DIN A 4 Hochformat
M 1 : 5

**Teilschnitt des Torsturzes**

# 6 Bauzeichnungen
## 6.3 Holzbau

### Ausführungsbeschreibung des Gebäudes

| Bauteil | Ausführung |
|---|---|
| Fundament | Streifenfundament, Standardbeton C16/20 |
| Bodenplatte | Stahlbeton C20/25, Trennlage PE-Folie, kapillarbrechende Schicht Gesteinskörnung 8/32 |
| Estrich | Zementestrich ZE 35, $d$ = 5 cm, auf Trennschicht |
| Sockel | Stahlbeton C20/25, $b$ = 20 cm, mittig über Fundament |
| Wände | Fachwerk, Nadelholz Sortierklasse S 10 |
| Holzbalkendecke | Balkenlage, Nadelholz Sortierklasse S 10 |
| Dach | Satteldach als Pfettendach mit einfach stehendem Stuhl, Dachneigung 30° |

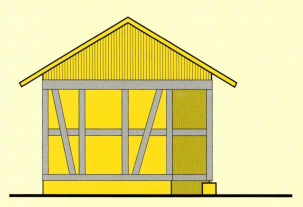

Ansicht von Süden

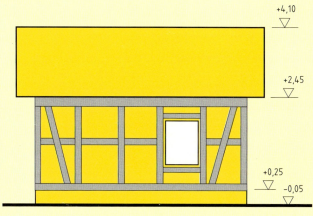

Ansicht von Westen

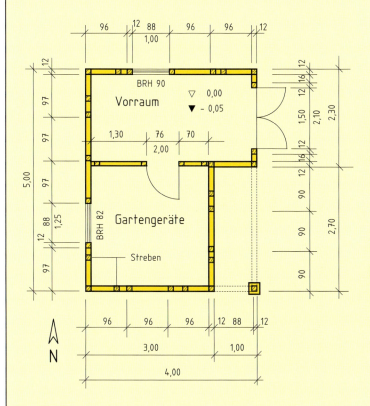

Grundriss mit Schwellen und Pfosteneinteilung

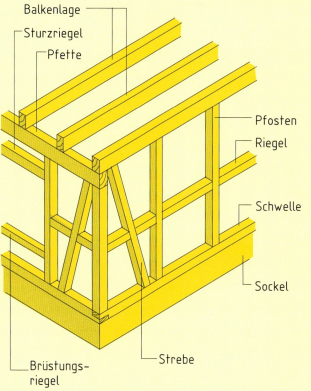

Räumliche Darstellung der Südwestecke der Fachwerkwand mit Balkenlage

# 6 Bauzeichnungen
## 6.3 Holzbau

**Beispiel einer Fachwerkwand für die Westseite des Gebäudes und einer Balkenlage**

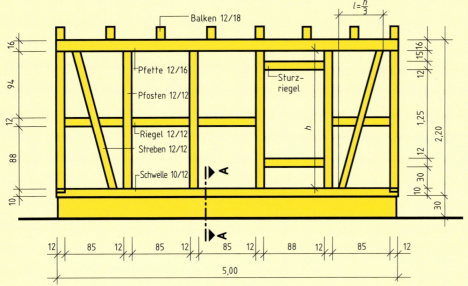

Ansicht

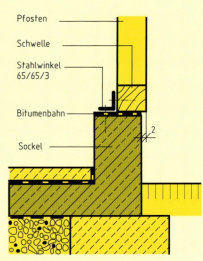

Schnitt A – A

**Holzverbindungen im Fachwerkbau**

gerader Zapfen für Pfosten und Riegel | abgesteckter Zapfen für Eckpfosten | abgestirnter Zapfen an Streben | Zapfen mit Versatz für Sturzriegel | Blatt für Eckausbildung

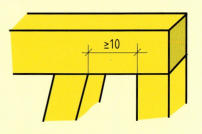

Strebenanschluss: Mindestabstand für das Besteck zwischen Pfosten und Strebe

**Beispiel eines Pfettendachs**

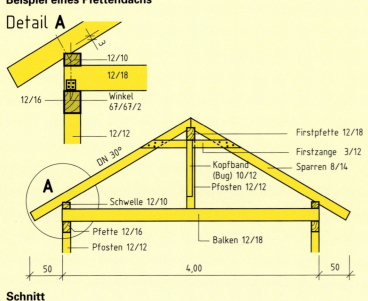

Schnitt

**Beispiel einer Auswechslung in der Balkenlage**

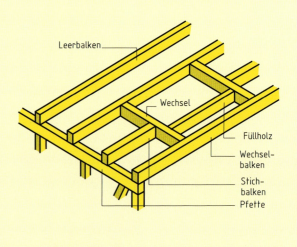

Räumliche Darstellung

# 6 Bauzeichnungen
## 6.3 Holzbau
### Aufgaben zu 6.3 Holzbau

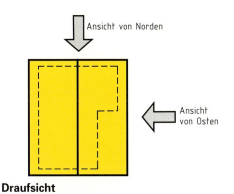
**Draufsicht**

**Kennzeichnung schräger Strebenzapfenlöcher**

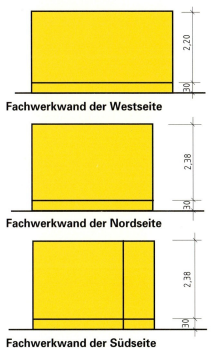
**Fachwerkwand der Westseite**

**Fachwerkwand der Nordseite**

**Fachwerkwand der Südseite**

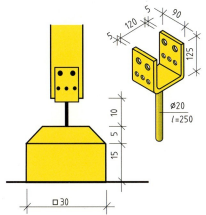
**Fußpunkt des Pfostens mit Sockel**

Die Aufgaben beziehen sich auf das Gebäude auf den Seiten 97 und 98. Fehlende Maße sind den Ansichten und Schnitten zu entnehmen oder selbst zu wählen.

**1** Das Fachwerk des Nebengebäudes ist außen mit Brettern verschalt. Der Sockel von 30 cm Höhe bleibt sichtbar.
Der Dachvorsprung an der Giebelseite beträgt 25 cm, an der Traufe 50 cm. Es ist die **Ansicht von Norden** und die **Ansicht von Osten** zu zeichnen.

DIN A 4 Hochformat
M 1:50

**2** Von dem Nebengebäude ist die **Draufsicht auf den Schwellenkranz** der Fachwerkwände zu zeichnen. Die Zapfenlöcher für die Pfosten und Streben sind einzuzeichnen und deren Abstände zu bemaßen. Die abgeschrägte Seite von Strebenzapfenlöchern ist durch ein Kreuz zu kennzeichnen. Die Trennwand wird nicht als Fachwerkwand ausgeführt.

DIN A 4 Hochformat
M 1:25

**3** Die **Fachwerkwand der Westseite** des Gebäudes ist entsprechend der Beispielzeichnung zu konstruieren. Die Wand ist von Oberkante Fundament bis Oberkante Pfette zu zeichnen und zu bemaßen.

DIN A 4 Querformat
M 1:25

**4** Die **Fachwerkwand der Nordseite** des Gebäudes ist zu konstruieren und darzustellen. Die Pfette mit den Querschnittsmaßen 12 cm/18 cm wird durch den äußeren Balken der Balkenlage gebildet. Die anderen Holzquerschnitte sind wie im Beispiel zu wählen.

DIN A 4 Querformat
M 1:25

**5** Der Grundriss des Gebäudes zeigt den Versprung der Fachwerkwand an der Südseite. Die auskragenden Balken und Pfetten werden an der Südostecke durch einen Pfosten mit den Querschnittsmaßen von 12 cm/12 cm gestützt. Die Holzquerschnitte sind wie auf der Beispielzeichnung anzunehmen. Die **Südansicht der Fachwerkwand** und der Pfosten ist zu zeichnen und zu bemaßen

DIN A 4 Querformat
M 1:25

**6** Die Fachwerkwände und der Pfosten sind auf Betonsockel spritzwassergeschützt aufgelagert. Es sind der **Schnitt durch den Wandsockel** auf der Westseite und der **Fußpunkt des Pfostens mit Sockel** zu zeichnen und zu bemaßen.

DIN A 4 Querformat
M 1:10

# 6 Bauzeichnungen

## 6.3 Holzbau

### Aufgaben zu 6.3 Holzbau

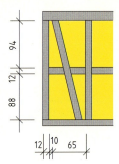

**Eckpfosten und Strebe**

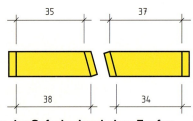

**Länge der Gefacheriegel ohne Zapfen**

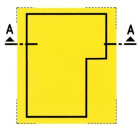

**Schnitt durch das Pfettendach**

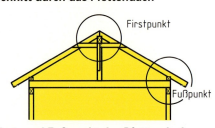

**First- und Fußpunkt des Pfettendachs**

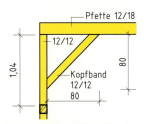

**Unverschiebliches Dreieck aus Firstpfette, Pfosten und Kopfband**

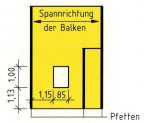

**Lage der Pfetten und Lagen der Auswechslung**

**7** Der **Eckpfosten** und die **Strebe** der Fachwerkwand sind einzeln darzustellen. Die Zapfen der Strebe ist abgestirnt. Alle Zapfen sind 4 cm lang. Es ist jeweils die Vorderansicht, die Draufsicht und die Seitenansicht von links zu zeichnen.

DIN A 4 Hochformat
M 1:10

**8** Die **Gefacheriegel** eines Gefaches sind einzeln darzustellen. Außerdem ist ein Sturzriegel abzubilden. Die Gefacheriegelzapfen sind an der Strebe abgestirnt, der Sturzriegel hat an beiden Seiten als Verstärkung einen Versatz. Alle Zapfen sind 4 cm lang.
Es ist jeweils die Vorderansicht, die Draufsicht, die Seitenansicht von links und die Kavalierperspektive zu zeichnen.

DIN A 4 Hochformat
M 1:10

**9** Das Satteldach wird als **Pfettendach** erstellt. Die Dachhöhe von Oberkante Balkenlage bis Oberkante Firstpfette beträgt 1,22 m. Die Holzquerschnitte sind wie in der Beispielzeichnung zu wählen. Es ist der Querschnitt des Pfettendachstuhls A – A zu zeichnen. Die beiden unterstützenden Wände sind teilweise darzustellen.

DIN A 4 Querformat
M 1:25

**10** Von dem Pfettendach des Gebäudes sind **Firstpunkt** und **Fußpunkt** als Detail zu zeichnen.
Die Holzquerschnitte sind wie in der Beispielzeichnung zu wählen. Die Sparrenkerven sind 3 cm tief.

DIN A 4 Hochformat
M 1:10

**11 Firstpfette, Pfosten und Kopfband** bilden beim Pfettendachstuhl ein unverschiebliches Dreieck. Die drei abgebildeten Konstruktionshölzer sind einzeln in Normalprojektion zu zeichnen. Der Pfosten ist in Vorderansicht, Draufsicht und Seitenansicht von rechts, das Kopfband in Vorderansicht, Draufsicht und Seitenansicht von links und die Firstpfette in Vorderansicht, Seitenansicht von links und Untersicht abzubilden.

DIN A 4 Querformat
M 1:10

**12** Die 4 m langen Kanthölzer der Balkenlage haben einen Querschnitt von 12 cm/18 cm. Der lichte Abstand der Balken soll etwa 60 cm betragen. Es sind die drei unterstützenden Pfetten in Längsrichtung und die **Balkenlage mit Auswechslung** zu zeichnen.

DIN A 4 Hochformat
M 1:25

# 6 Bauzeichnungen
## 6.4 Ausbau
### 6.4.1 Fliesenarbeiten

Fliesen und Platten sind senkrecht und fluchtrecht oder waagerecht bzw. im geforderten Gefälle zu verlegen. Bei der Anordnung der Beläge sind auch gestalterische Gesichtspunkte zu berücksichtigen.

Die Verlegelängen werden deshalb so aufgeteilt, daß Streifen mit auf Maß zugeschnittenen Fliesen an Wandecken oder am Ende des Fliesenbelages liegen. Fliesenstreifen kleiner als eine halbe Fliesenbreite sind zu vermeiden. Vorteilhafter ist es, symmetrisch auf beiden Seiten der Verlegelänge je einen breiteren Streifen mit Teilfliesen anzuordnen.

Die Fliesenaufteilung kann berechnet und in einem Fliesenverlegeplan dargestellt werden. Dabei sind die Fliesenformate und die Fugenbreiten zu beachten. Die Fugen sind bei kleinen Fliesen 2 mm oder 3 mm breit, bei großformatigen Platten kann die Fugenbreite bis zu 10 mm betragen. Bei der Ermittlung der Verlegelängen muß die Dicke angrenzender Beläge sowie bei Innenmaßen eine zusätzliche Fuge berücksichtigt werden.

**Beispiel für die Aufteilung eines Wandfliesenbelags**

Höhe der gefliesten Wandfläche 2,00 m, Fliesenformat 197 mm/197 mm, Fugenbreite 3 mm, Fliese + Fuge = 200 mm. Die Anzahl der Fliesen und die Größe der Teilfliesen ist zu ermitteln.

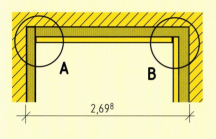

**Wand-Horizontalschnitt**

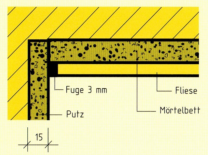

**Detail A** Maße in mm

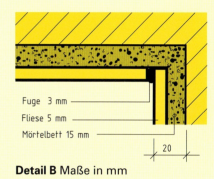

**Detail B** Maße in mm

Lösung:
- **Anzahl der Wandfliesen in der Höhe**
  2000 mm Wandhöhe : 200 mm Fliesenhöhe = **10 ganze Fliesen**

- **Anzahl der Wandfliesen in der Länge**
  - Verlegelänge:     2698 mm Rohbaumaß – 15 mm Putz – 20 mm Fliesenbelagsdicke – 3 mm Fuge
    $$= 2660 \text{ mm}$$
  - Anzahl der ganzen Fliesen: 2660 mm Verlegelänge : 200 mm Fliesenbreite = 13,3 Fliesen
    Da 0,3 Fliesen < 0,5 Fliesen werden **12 ganze Fliesen** gewählt.
  - Breite der Teilfliesen: $\dfrac{2660 \text{ mm Verlegelänge} - 12 \text{ ganze Fliesen} \times 200 \text{ mm}}{2} - 3 \text{ mm Fuge} = \underline{\underline{127 \text{ mm}}}$

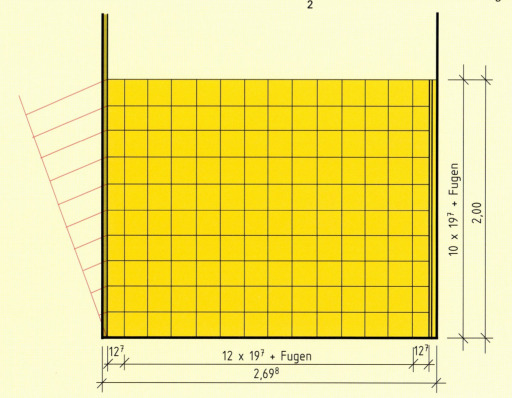

**Verlegeplan**

# 6 Bauzeichnungen
## 6.4 Ausbau
### Aufgaben zu 6.4.1 Fliesenarbeiten

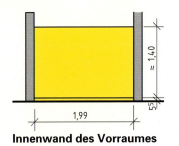
**Innenwand des Vorraumes**

**Nordwestecke des Gartengeräteraumes**

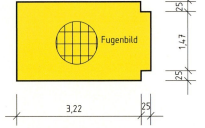
**Boden des Vorraumes** (Innenmaße)

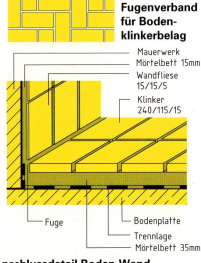
**Fugenverband für Bodenklinkerbelag**

**Anschlussdetail Boden-Wand**

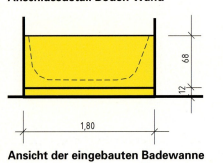
**Ansicht der eingebauten Badewanne**

Die Aufgaben 1 bis 5 beziehen sich auf das Gebäude in Massivbauweise auf Seite 90.

**1** Die **Innenwand des Vorraumes** auf der Westseite des Gebäudes soll etwa 1,40 m hoch mit ganzen Wandfliesen verkleidet werden. Die Wandfliesen haben das Format 150 mm/150 mm. Die Fugenbreite beträgt 3 mm. Die seitlichen Wände sind 1 cm dick verputzt.
Der Abstand der untersten Fliesenreihe vom Rohfußboden beträgt 5,5 cm. Der Verlegeplan für die Wandfliesen ist zu zeichnen.

 DIN A 4 Querformat
M 1:10

**2** In der **Nordwestecke des Gartengeräteraumes** wird ein Fliesenspiegel angebracht. Die Höhe über OK FFB beträgt 60 cm, die Fliesenspiegelhöhe etwa 80 cm. Die Steinzeugfliesen haben das Format 100 mm/100 mm, die Fugen sind 2 mm breit. Der Fliesenverlegeplan für die Ansicht auf der Westseite und für die Ansicht auf der Nordseite ist zu zeichnen.

 DIN A 4 Querformat
M 1:10

**3** Der **Boden des Vorraumes** wird mit Steinzeugfliesen belegt. Die Herstellmaße der Fliesen betragen 196 mm/296 mm, die Fugenbreite 4 mm. Die Anordnung der Fliesen sind dem Fugenbild zu entnehmen. Der Fußbodenverlegeplan ist zu zeichnen.

 DIN A 4 Querformat
M 1:20

**4** Der **Fußboden des Vorraumes** erhält einen Bodenklinkerbelag im Mörtelbett. Die Platten haben das Format 115 mm/240 mm, die Fugenbreite beträgt 10 mm. Der Verlegeplan ist für den skizzierten Fugenverband zu zeichnen.

 DIN A 4 Querformat
M 1:20

**5** Die Innenwand auf der Westseite des Vorraumes ist mit Wandfliesen im Mörtelbett zu verkleiden. Der Fußboden erhält einen Bodenklinkerbelag. Das **Anschlussdetail Boden-Wand** ist zu zeichnen.

 DIN A 4 Hochformat
M 1:1

**6** Eine **eingebaute Badewanne** wird mit Steingutfliesen im Format 98 mm/198 mm gefliest. Die Fliesen sind hochkant anzuordnen. Die Fugenbreite beträgt 3 mm. Der Fuß der Badewanne ist zurückgesetzt. Der Anschluss erfolgt beidseitig an eine belagsfertige Wand. Der Verlegeplan für die Längsseite ist zu zeichnen.

 DIN A 4 Querformat
M 1:10

# 6 Bauzeichnungen
## 6.4 Ausbau
### 6.4.2 Trockenbauarbeiten

**Unterdecken**

Zur Montage von Unterdecken müssen die Abstände der Lattung bestimmt werden. Die Abstände der Grundlattung werden entsprechend den erforderlichen Befestigungen bauseits festgelegt. Für die Einteilung der Traglattung ist ein Verlegeplan zweckmäßig. Die Aufteilung der Deckenflächen für die Traglattung richtet sich nach den Plattenmaßen und den erforderlichen Befestigungsabständen sowie nach vorhandenen Öffnungen. Aus gestalterischen Gründen können Rasterdecken, z.B. Kassettendecken, mit Randfriesen aus Gipskartonplatten hergestellt werden. Die Einteilung des Deckenrasters wird dann von der Raummitte aus vorgenommen.

| Plattenmaße und Achsmaße für Unterkonstruktionen | |
|---|---|
| übliche Deckenplattenformate | 60 cm/40 cm    $62^5$ cm/$62^5$ cm |
| Standardbreiten großformatiger Platten | 1,00 m   bzw.   1,25 m |
| Raster der Achsmaße für Unterkonstruktionen | $33^5$ cm,   40 cm,   50 cm,   $62^5$ cm |

**Beispiel einer Rasterdecke:**

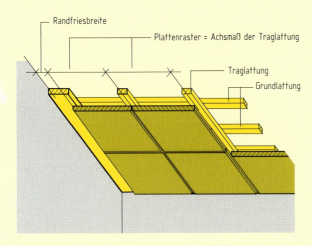

**Räumliche Darstellung einer Rasterdecke mit Grund- und Traglattung**

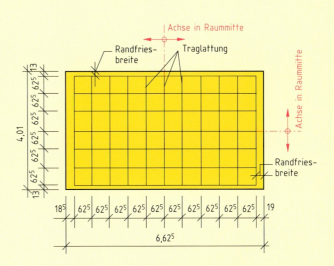

**Verlegeplan für Deckenplatten $62^5$ cm/$62^5$ cm mit Randfries**

**Leichte Trennwände**

Leichte Trennwände werden aus Gipswandbauplatten oder als Ständerwände mit Beplankung hergestellt. Holzständerwände werden üblicherweise mit Ständerquerschnitten 60 mm/60 mm bzw. 60 mm/80 mm erstellt. Metallständerwände bestehen aus 50 mm, 75 mm oder 100 mm breiten Metallblech-Profilen. Der Rasterabstand der Ständer beträgt $62^5$ cm bzw. 50 cm. Der erforderliche Schall- und Wärmeschutz wird durch Mineralfaserdämmstoffe zwischen den Ständern und fachgerechte Wandanschlüsse erreicht.

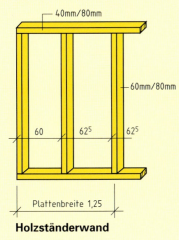

**Holzständerwand**

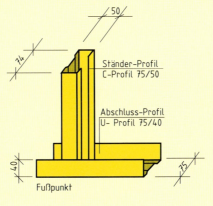

**Profilarten für Metallständerwand**

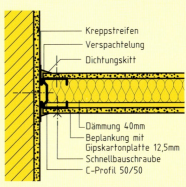

**Anschluss einer Metallständerwand an eine Massivwand**

# 6 Bauzeichnungen
## 6.4 Ausbau
### Aufgaben zu 6.4.2 Trockenbauarbeiten

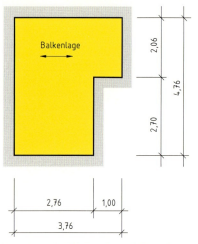

**Raummaße für Decke mit Traglattung**

1. Die Decke über dem Gebäude auf Seite 97 besteht aus Holzbalken. Quer zu den Holzbalken soll eine **Traglattung** 24 mm/48 mm zur Aufnahme von Gipskartonplatten angebracht werden. Der größte Lattenabstand (Achsmaß) soll nicht mehr als 33,5 cm betragen. Die erste und die letzte Latte haben einen Wandabstand von 6 cm. Der Lattenabstand soll gleichmäßig sein. Die Deckenuntersicht mit Traglattung ist zu zeichnen. Die Achsmaße der Lattung sind anzugeben.

   DIN A 4 Hochformat
   M 1 : 25

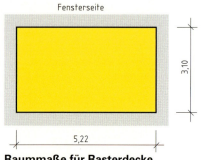

**Raummaße für Rasterdecke**

2. Ein Raum erhält eine **Rasterdecke** aus Platten 60 cm/40 cm ohne Randfries. Die erste Plattenreihe ist an der Fensterseite anzuordnen und so auszumitteln, dass die Zuschnitt-Platten an den beiden kurzen Deckenseiten gleich groß sind. Die zweite Plattenreihe ist gegenüber der ersten Reihe um eine halbe Platte zu versetzen. Der Plattenverlegeplan ist zu zeichnen und zu bemaßen.

   DIN A 4 Querformat
   M 1 : 25

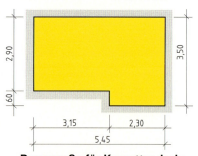

**Raummaße für Kassettendecke**

3. Eine **Raumdecke** wird mit Gips-Kassettenplatten $62^5$ cm/$62^5$ cm verkleidet. Ringsum ist ein Randfries vorgesehen. Die Traglattung ist quer zum Raum anzuordnen. Der Verlegeplan der Kassettendecke ist zu zeichnen und die Achsmaße der Traglattung sind einzuzeichnen.

   DIN A 4 Querformat
   M 1 : 25

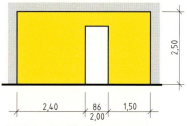

**Ansicht der Zwischenwand**

4. Eine **Zwischenwand** ist als leichte Trennwand mit Metallständern 50 mm/50 mm und beidseitiger Beplankung mit Gipskartonplatten herzustellen. Der Ständerabstand beträgt $62^5$ cm. Die Ansicht der Wand ist zu zeichnen und die Ständereinteilung zu bemaßen.

   DIN A 4 Querformat
   M 1 : 25

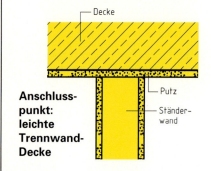

**Anschlusspunkt: leichte Trennwand-Decke**

5. Eine **leichte Trennwand** mit Metallständern 50 mm/50 mm wird beidseitig mit 12,5 mm dicken Gipskartonplatten beplankt. Im Zwischenraum ist ein 40 mm dicker Mineralfaserdämmstoff anzuordnen. Der Anschlusspunkt der Metallständerwand an eine 1,5 cm dick verputzte Stahlbetondecke ist zu zeichnen.

   DIN A 4 Hochformat
   M 1 : 1

# 6 Bauzeichnungen
## 6.4 Ausbau
### 6.4.3 Stuckarbeiten

Stuckprofile werden mit Hilfe von Schablonen gefertigt, die entlang einer Führung, dem Lattengang, gezogen werden.

Das Schablonenblech ist das Gegenstück des herzustellenden Profils. Die Form des Profils wird im Maßstab 1:1 aufgezeichnet und auf das Schablonenblech übertragen. Das Blech ist seitlich und oben etwa 3 cm größer als der Umriss des Profils.

Von der Blechschablone überträgt man die Kontur des Profils auf ein Brett. Dieses Schablonenbrett wird an den Profilkanten 3 mm bis 5 mm größer als die Profilform ausgeschnitten und nach hinten abgeschrägt.

Stuckprofile werden häufig als erhabene Profile ausgeführt, jedoch können an Decken und Wänden auch vertiefte Profile gezogen werden.

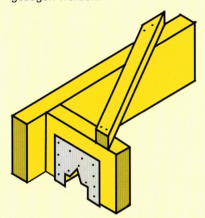

**Tischzugschablone als Kopfschablone**

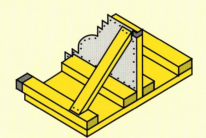

**Eckgesimsschablone als Mittelschablone**

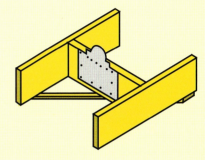

**Mittelschablone für vertiefte Profilzüge**

**Stuckschablonen**

**Beispiel einer Stuckschablone:**

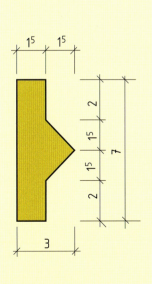

**Stuckprofil**

**Schablonenblech**

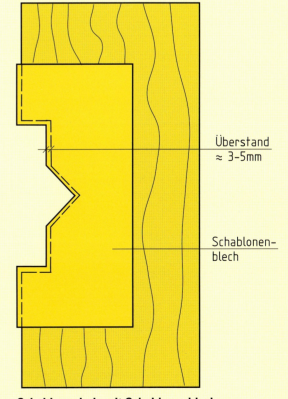

**Schablonenholz mit Schablonenblech**

# 6 Bauzeichnungen
## 6.4 Ausbau
### Aufgaben zu 6.4.3 Stuckarbeiten

**Stuckprofil mit Viertelkehlen**

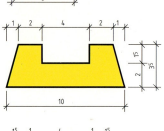

**1** Das **Stuckprofil mit zwei Viertelkehlen,** das Schablonenblech und das Schablonenholz sind zu zeichnen. Das Schablonenholz steht an drei Seiten 2 cm über. Das Profil und das Schablonenblech ist zu bemaßen.

DIN A 4 Hochformat
M 1 : 1

**Stuckprofil mit Nut**

**2** Das **Stuckprofil mit Nut,** das Schablonenblech und das Schablonenholz sind zu zeichnen. Das Schablonenholz ist an drei Seiten 4 cm größer als das Schablonenblech. Das Profil und das Schablonenblech ist zu bemaßen.

DIN A 4 Hochformat
M 1 : 2

**Stuckprofil mit Halbrundstab**

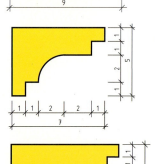

**3** Das **Stuckprofil mit Halbrundstab,** das Schablonenblech und das Schablonenholz sind zu zeichnen. Das Schablonenholz ist an den beiden Seiten 4 cm und an der oberen Seite 2 cm größer als das Schablonenblech. Das Schablonenblech ist zu bemaßen.

DIN A 4 Hochformat
M 1 : 2

**Eckgesimsprofil mit Viertelkehle**

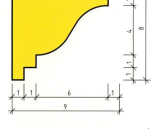

**4** Das **Eckgesimsprofil mit Viertelkehle** und das Schablonenblech sind zu zeichnen und zu bemaßen. Das Schablonenblech ist an den freien Rändern 3 cm breiter als das Profil.

DIN A 4 Querformat
M 1 : 1

**Eckgesimsprofil mit Karniesbogen**

**5** Das **Eckgesimsprofil mit Karniesbogen** und das Schablonenblech sind darzustellen. Die Bogenradien sind gleich groß. Das Schablonenblech ist an den freien Rändern 4 cm breiter als das Profil. Das Schablonenblech ist zu bemaßen.

DIN A 4 Querformat
M 1 : 1

**Stark gegliedertes Eckprofil**

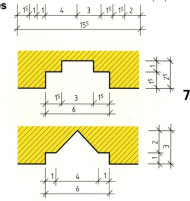

**6** Für das **stark gegliederte Eckprofil** ist das Schablonenblech zu konstruieren und zu bemaßen.

DIN A 4 Querformat
M 1 : 1

**Vertiefte Profilzüge**

**7** Für die beiden **vertieften Profilzüge** sind die Schablonenbleche zu zeichnen und zu bemaßen. Die Bleche haben die Außenmaße 8 cm/12 cm.

DIN A 4 Hochformat
M 1 : 1

# 6 Bauzeichnungen
## 6.5 Erdbau, Tief- und Straßenbau
### 6.5.1 Erdbau

Im Erdbau werden z.B. Baugruben, Leitungsgräben und Straßeneinschnitte (Abtrag) sowie Dämme und Rampen (Auftrag) gezeichnet. Die Darstellung erfolgt im Grundriss (Lageplan) und in Schnitten (Profilen). Als Längsprofil bezeichnet man den Aufriss in der Längsachse eines Erdbauwerks. Geländeschnitte quer zur Längsachse nennt man Querprofile.

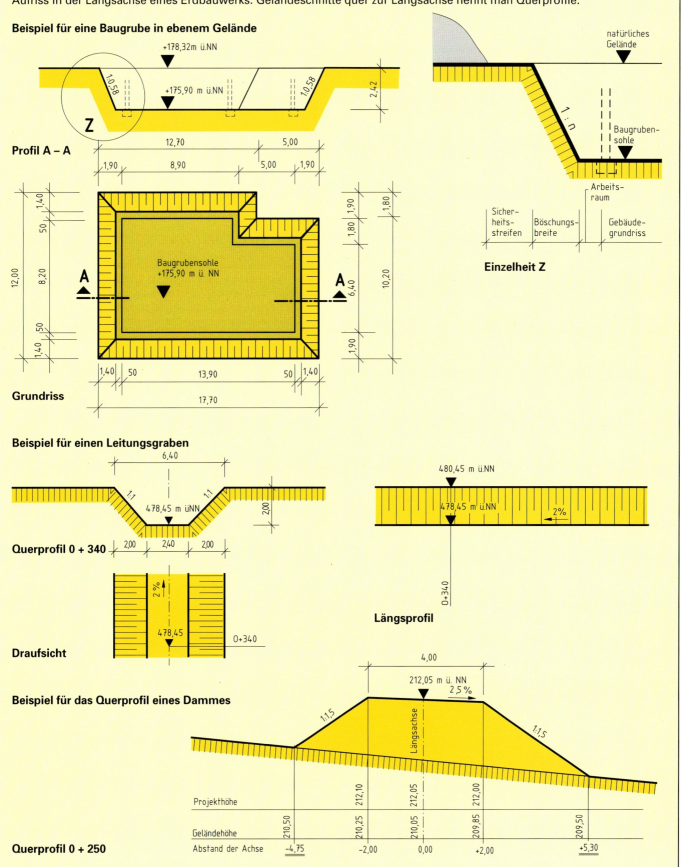

# 6 Bauzeichnungen
## 6.5 Erdbau, Tief- und Straßenbau
### Aufgaben zu 6.5.1 Erdbau

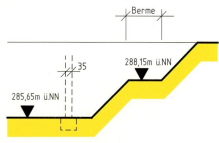

**Baugrube mit Böschung**

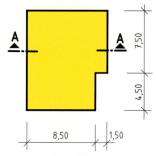

**Gebäudegrundriss (Hausgrund)**

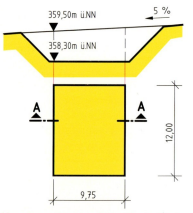

**Hausgrundriss und Profilschnitt A – A**

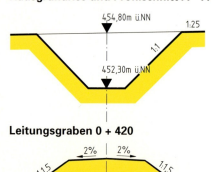

**Leitungsgraben 0 + 420**

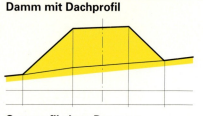

**Damm mit Dachprofil**

**Querprofil eines Dammes**

**1** Eine 5,00 m tiefe **Baugrube** wird durch eine 2,00 m breite Berme abgestuft. Die Böschung hat eine Neigung von 1:1. Für den Arbeitsraum sind 50 cm und für die äußere Wandschalung 20 cm anzunehmen. Die Baugrubenböschung mit aufgehender Wand und Arbeitsraum sind zu zeichnen und zu bemaßen.

DIN A 4 Querformat
M 1:50

**2** Für das im Grundriss dargestellte Gebäude ist die 2,20 m tiefe **Baugrube** in ebenem Gelände herzustellen. Der Arbeitsraum einschließlich Schalung beträgt 75 cm. Die Böschungsneigung ist mit 60° vorgegeben. Die Baugrube und der **Hausgrund** sind in der Draufsicht und im Schnitt A – A zu zeichnen und zu bemaßen.

DIN A 4 Hochformat
M 1:100

**3** Ein Baugelände hat einseitig eine Neigung von 5 %. Die Böschungsneigungen für die **Baugrube eines Wohnhauses** betragen 1:1. Der Arbeitsraum einschließlich Schalung hat eine Breite von 65 cm. Die Baugrube ist im **Profilschnitt A – A** und in der Draufsicht zu zeichnen. Hierbei ist zu beachten, dass sich die Böschungsflächen bei gleicher Böschungsneigung in der Draufsicht unter 45° schneiden.

DIN A 4 Hochformat
M 1:100

**4** Ein **Leitungsgraben** hat an der Sohle eine Breite von 1,20 m. Die Böschungen haben eine Neigung von 1:1. Das Gelände weist quer zur Längsachse des Grabens eine Neigung von 1:25 auf. Der Graben ist im Querprofil zu zeichnen. Außerdem ist ein 5,00 m langes Teilstück des Grabens in der Draufsicht darzustellen.

DIN A 4 Hochformat
M 1:50

**5** Ein **Damm** wird mit einer Böschungsneigung von 1:1,5 hergestellt. Das anstehende Gelände ist im Dammquerschnitt eben. Die Dammhöhe in der Längsachse beträgt 3,80 m. Die 9,50 m breite Dammkrone erhält ein Dachprofil mit 2 % Gefälle. Das Dammquerprofil ist zu zeichnen und zu bemaßen.

DIN A 4 Querformat
M 1:100

**6** Das **Querprofil** 0 + 230 eines **Dammes** mit der Kronenbreite von 7,00 m ist zu zeichnen. Die folgenden Höhen in m ü. NN sind zugrunde zu legen:

| | | | | | | |
|---|---|---|---|---|---|---|
| Projekthöhe | 144,73 | | 150,13 | 150,20 | 150,27 | 146,27 |
| Geländehöhe | 144,73 | 145,23 | | 145,58 | | 146,27 |
| Abstand von der Achse | − 11,60 | − 4,20 | − 3,50 | 0,00 | + 3,50 | + 8,30 |

DIN A 4 Querformat
M 1:100

# 6 Bauzeichnungen
## 6.5 Erdbau, Tief- und Straßenbau
### 6.5.2 Tief- und Straßenbau

Zu den Straßenbaumaßnahmen zählen die Befestigung von Straßen, Wegen und Plätzen mit Asphalt, Beton und Pflaster. Der Straßenoberbau wird in mehreren Schichten eingebaut um ausreichende Tragfähigkeit, Frostsicherheit und Verkehrssicherheit zu gewährleisten. In den Richtlinien für den Straßenoberbau (RStO) werden für verschiedene Verkehrsbelastungen (Bauklassen) zweckmäßige Schichtenfolgen und Ausführungsarten (Bauweisen) vorgegeben. Bei der Planung und Ausführung ist besonders auf die Randausbildung und Entwässerung der Straße zu achten. In bebauten Gebieten liegen unter dem Straßenkörper die Ver- und Entsorgungsleitungen.

**Beispiel eines Straßenquerschnitts**

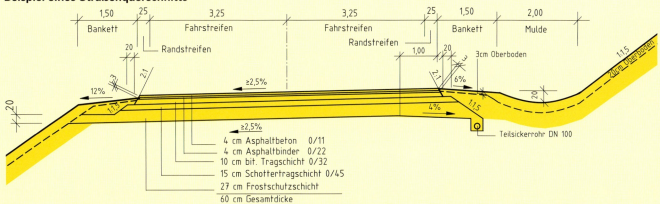

**Bauweisen mit bituminöser Decke für Fahrbahnen** (Auszug aus den RStO)

| Bauklasse | SV | | | | I | | | | II | | | | III | | | | IV | | | | V | | | | VI | | | |
|---|---|---|---|---|---|---|---|---|---|---|---|---|---|---|---|---|---|---|---|---|---|---|---|---|---|---|---|---|
| Dicke des frostsicheren Oberbaues | 60 | 70 | 80 | 90 | 50 | 60 | 70 | 80 | 50 | 60 | 70 | 80 | 50 | 60 | 70 | 80 | 50 | 60 | 70 | 80 | 40 | 50 | 60 | 70 | 40 | 50 | 60 | 70 |

**Bituminöse Tragschicht auf Frostschutzschicht**

Deckschicht / Binderschicht / bit. Tragschicht / Frostschutzschicht

**Bauweisen mit Betondecke für Fahrbahnen** (Auszug aus den RStO)

| Bauklasse | I | | | | II | | | | III | | | |
|---|---|---|---|---|---|---|---|---|---|---|---|---|
| Dicke des frostsicheren Oberbaues | 50 | 60 | 70 | 80 | 50 | 60 | 70 | 80 | 50 | 60 | 70 | 80 |

**Tragschicht mit hydraulischem Bindemittel auf Frostschutzschicht**

Betondecke / Tragschicht mit hydraulischem Bindemittel / Frostschutzschicht

**Bauweisen mit Pflasterdecke für Fahrbahnen** (Auszug aus den RStO)

| Bauklasse | III | | | | IV | | | | V | | | |
|---|---|---|---|---|---|---|---|---|---|---|---|---|
| Dicke des frostsicheren Oberbaues | 50 | 60 | 70 | 80 | 50 | 60 | 70 | 80 | 50 | 60 | 70 | 80 |

**Bituminöse Tragschicht auf Frostschutzschicht**

Pflasterdecke / bit. Tragschicht / Frostschutzschicht

**Baustoffe im Tief- und Straßenbau**

| Schicht | Schraffur |
|---|---|
| Bituminöse Deckschicht | |
| Betondecke | |
| Pflasterdecke | |
| Tragdeckschicht | |
| Bituminöse Binderschicht | |
| Bituminöse Tragschicht | |
| Hydraulisch gebundene Tragschicht | |
| Schotter- oder Kiestragschicht | |
| Frostschutzschicht | |
| Splitt, Sand | |

**Beispiele für Randausbildungen bei Straßen ohne Randbefestigung**

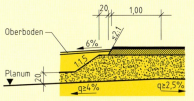

Bituminöse Bauweise

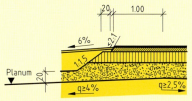

Bituminöse Bauweise

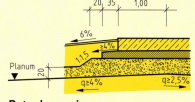

Betonbauweise

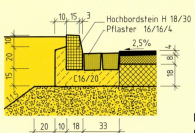

**Beispiel einer Randausbildung mit Hochbordsteinen**

**Beispiel einer Randausbildung mit Rundbordsteinen und Gehweg**

# 6 Bauzeichnungen
## 6.5 Erdbau, Tief- und Straßenbau
### Aufgaben zu 6.5.2 Tief- und Straßenbau

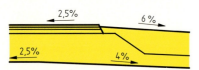
**Randausbildung ohne Randbefestigung**

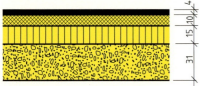
**Schichtenfolgen für Straßen Bauklasse IV**

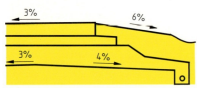
**Randausbildung für Straße in Betonbauweise**

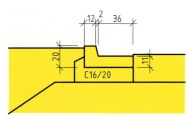
**Randausbildung mit Bordrinne**

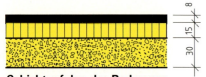
**Schichtenfolge des Radweges**

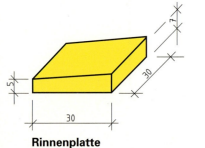
**Rinnenplatte**

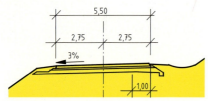
**Straßenquerschnitt**

**1** Eine Straße ist in bituminöser Bauweise für Bauklasse I herzustellen. Zur Ausführung kommt eine bituminöse Tragschicht auf 40 cm Frostschutzschicht. Die **Randausbildung** für die Straße **ohne Randbefestigung** ist zu zeichnen.

DIN A 4 Querformat
M 1:10

**2** Eine **Straße mit bituminöser Tragschicht** und Schottertragschicht ist für Bauklasse IV herzustellen. Die Schichtdicken sind wie angegeben zu wählen. Die Randausbildung für die Straße ohne Randbefestigung ist zu zeichnen.

DIN A 4 Querformat
M 1:10

**3** Eine **Straße in Betonbauweise** ist für Bauklasse II herzustellen mit einer 33 cm dicken Frostschutzschicht. Die Randausbildung für die Straße ohne Randbefestigung ist zu zeichnen.

DIN A 4 Querformat
M 1:10

**4** Eine Straße ist mit bituminöser Tragschicht auf Frostschutzschicht für Bauklasse II herzustellen. Die Frostschutzschicht ist 44 cm dick. Die **Randausbildung der Straße** mit einer Randbefestigung als **Betonfertigteil** ist zu zeichnen.

DIN A 4 Querformat
M 1:10

**5** Ein 2,50 m breiter **Radweg** wird ohne Randbefestigung ausgeführt. Das Planum und die fertige Befestigung weisen ein Quergefälle von 3% auf. Der Schichtenaufbau ist wie angegeben zu wählen. Die Neigungswinkel der Randausbildungen entsprechen denen von Straßen. Zur Lastverteilung ist die Kiestragschicht beidseitig 25 cm zu verbreitern. Der Radwegquerschnitt ist zu zeichnen.

DIN A 4 Querformat
M 1:10

**6** Ein 1,50 m breiter **Gehweg** wird mit einer Randbefestigung mit Bordsteinen hergestellt. Die Ausführung ist wie in der Beispielzeichnung auf Seite 109 zu wählen, jedoch mit 6 cm dicken Gehwegplatten 30 cm/30 cm auf einem 3 cm dicken Mörtelbett. Die Entwässerungsrinne wird mit geneigten Rinnenplatten ausgeführt. Der Gehweg mit Randbefestigung ist zu zeichnen.

DIN A 4 Querformat
M 1:10

**7** Ein **Straßenquerschnitt** mit bituminöser Tragschicht auf 52 cm dicker Frostschutzschicht ist wie in der Beispielzeichnung auf Seite 109, jedoch mit dem Schichtenaufbau für Bauklasse IV, zu zeichnen.

DIN A 4 Querformat
M 1:50

# 7 Werkzeichnungen
## 7.1 Arten der Werkzeichnung

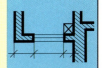

Werkzeichnungen bilden die Grundlage der Bauausführung. Sie enthalten alle Einzelangaben, die zur Erstellung eines Bauwerks erforderlich sind. Werkzeichnungen oder Werkpläne werden aus den Bauvorlagezeichnungen erarbeitet. Dabei erstellt man zunächst die Werkzeichnungen zur Ausführung des Rohbaus. Diese werden entsprechend dem Bauablauf, z.B. für die Installationen oder den Innenausbau, weiterbearbeitet.

Als Werkzeichnung für ein Bauwerk werden Grundrisse, Schnitte und Ansichten vorzugsweise im Maßstab 1:50 dargestellt. Für die Darstellung schwieriger Bauteilanschlüsse fertigt man Detailzeichnungen (Einzelheiten) in den Maßstäben 1:20, 1:10, 1:5 oder 1:1.

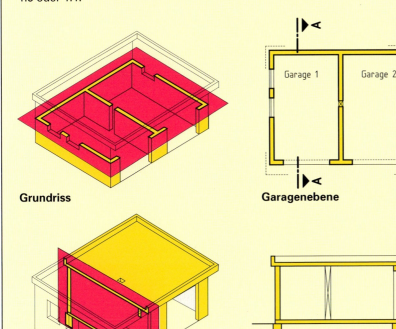

**Grundriss** / **Garagenebene**

Der **Grundriss** ist die Draufsicht auf das waagerecht geschnittene Bauwerk. Dabei sind die wesentlichen Bauteile des Gebäudes wie z.B. Wände, Treppen, Öffnungen für Fenster und Türen oder Aussparungen für Schlitze und Durchbrüche darzustellen.
Grundrisse werden für alle Geschosse gezeichnet und sind entsprechend der dargestellten Ebene zu benennen.

**Schnitt** / **Schnitt A – A**

Der **Schnitt** ist der Aufriss des senkrecht geschnittenen Bauwerks. Der Schnitt wird parallel zu einer Außenfläche geführt.
Die Schnittflächen der einzelnen Bauteile sind je nach verwendetem Baustoff zu schraffieren.

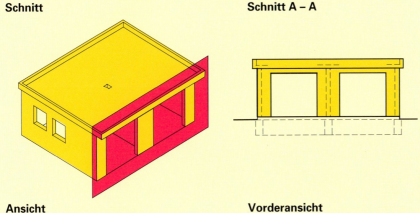

**Ansicht** / **Vorderansicht**

Die **Ansicht** ist der senkrechte Aufriss einer Bauwerksseite. Ansichten werden für alle Bauwerksseiten gezeichnet.
Die Ansichten sind entsprechend der Lage, z.B. als Vorderansicht, Straßenansicht oder nach der Orientierung zur Himmelsrichtung, z.B. als Ansicht von Süden, zu kennzeichnen.

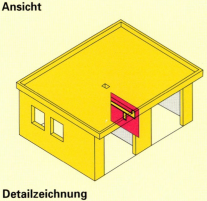

**Detailzeichnung** / **Deckenanschluss**

Die **Detailzeichnung** ist eine größere Darstellung eines schwierigen Bauteiles oder Bauteilausschnittes.
Dieses Bauteil kann im Grundriss, Schnitt oder in der Ansicht dargestellt werden und ist eindeutig durch Schraffur, Bemaßung und Beschriftung zu kennzeichnen.

# 7 Werkzeichnungen
## 7.2 Inhalte der Werkzeichnung

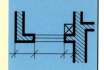

| Zeichnungsart | Darstellung von Bauteilen | Bemaßung | Beschriftung |
|---|---|---|---|
| **Grundriss**<br><br>Garagenebene | • Türöffnung mit Bewegungsrichtung der Türe<br>• Treppen und Rampen mit Steigungsrichtung, Anzahl der Steigungen und Steigungsverhältnis<br>• Schornsteine und Schächte<br>• Aussparungen, Durchbrüche, Schlitze<br>• Lage und Verlauf von Abdichtungen<br>• Verlauf der Grundleitungen und Dränung<br>• Anordnung der Einrichtungen in Bad, WC und Küche<br>• Einbauschränke, wichtige Möblierungen<br>• Schraffur der geschnittenen Bauteile entsprechend der verwendeten Baustoffe | • Rohbaumaße<br>• Außenmaße<br>• lichte Raummaße<br>• Bauteilmaße<br>• Öffnungsmaße<br>• Brüstungsmaße<br>• Aussparungsmaße<br>• Querschnittsmaße<br>• Lage des Bauwerks über NN in Bezug auf die Fertighöhe des Hauptgeschosses<br>• Oberkante Rohfußboden ▼<br>• Oberkante Fertigfußboden ▽ | • Bezeichnung des Grundrisses<br>• Raumbezeichnungen<br>• Raumfläche<br>• Konstruktionsaufbau der Bauteile mit Baustoffangaben<br>• Angabe des Schnittverlaufes und Kennzeichnung des Schnittes |
| **Schnitt**<br><br>Schnitt A – A | • Dachkonstruktion<br>• Treppen und Rampen<br>• Aussparungen und Einbauteile<br>• Fußbodenaufbau<br>• Schornsteine und Dachaufbauten<br>• Balkone<br>• Geländeverlauf des natürlichen und des geplanten Geländes<br>• Lage und Verlauf von Abdichtungen<br>• Fundamente<br>• Dränung<br>• Schraffur der geschnittenen Bauteile entsprechend der verwendeten Baustoffe | • Geschosshöhen<br>• Raumhöhen<br>• Höhenangaben für Decken, Fußböden, Podeste, Brüstungen<br>• Höhen des anschließenden Geländes oder der Außenanlagen<br>• Querschnittsmaße<br>• Bauteilmaße, soweit diese aus dem Grundriss nicht ersichtlich sind<br>• Treppen mit Angabe der Steigungen und des Steigungsverhältnisses<br>• Höhenkoten | • Bezeichnung des Schnittes<br>• Konstruktionsaufbau der Bauteile mit Baustoffangaben |
| **Ansicht**<br><br>Vorderansicht | • Gliederung des Fassade<br>• Bauteile, die verdeckt hinter der Fassade liegen, wie z.B. Außenwände, Tragwände, Decken oder Fundamente<br>• Geländeverlauf vor der Fassade<br>• Fenster und Türen mit Teilung und Öffnungsart<br>• Schornsteine und Dachaufbauten<br>• Balkone | • Geschosshöhen<br>• Traufhöhen<br>• Dachhöhen<br>• Geländehöhen des natürlichen und des geplanten Geländes am Gebäude | • Bezeichnung der Ansicht<br>• Angaben zur Oberflächengestaltung von Bauteilen<br>• Baustoffangaben |
| **Detailzeichnung**<br><br>Deckenanschluss | • Konstruktiver Aufbau der Bauteile<br>• Bauteile und ihre Anschlüsse<br>• Schraffur der geschnittenen Bauteile entsprechend der verwendeten Baustoffe | • Bauteilmaße<br>• Bezugsmaße zum Schnitt oder Grundriss<br>• Höhenkoten | • Bezeichnung des Details<br>• Benennung der Einzelteile mit Baustoffangabe<br>• Einbau- oder Montagehinweise |

# 7 Werkzeichnungen

7.2.1 Öffnungsarten von Türen, 7.2.2 Öffnungsarten von Fenstern
7.2.3 Treppen und Rampen, 7.2.4 Schornsteine und Schächte

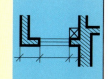

## 7.2.1 Öffnungsarten von Türen

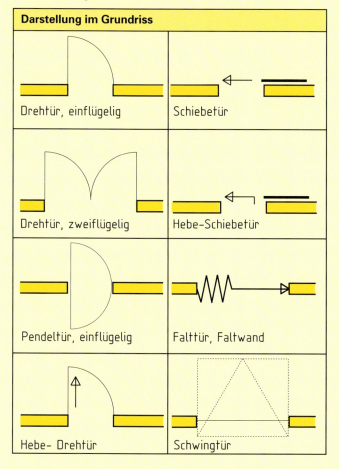

## 7.2.2 Öffnungsarten von Fenstern und Türen

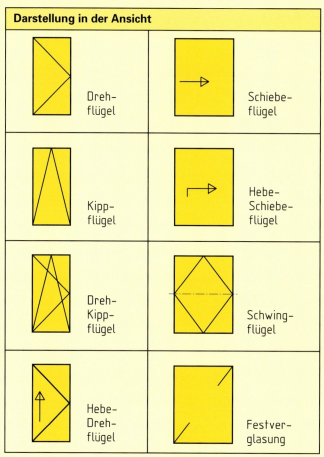

## 7.2.3 Treppen und Rampen

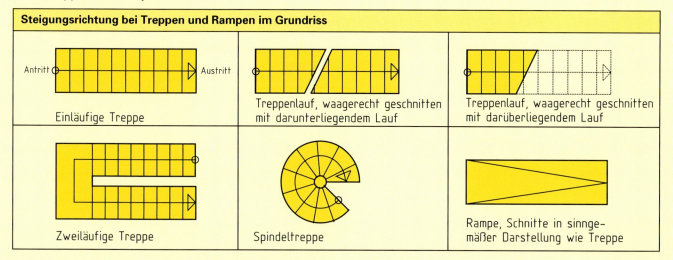

## 7.2.4 Schornsteine und Schächte

# 7 Werkzeichnungen
## 7.2.5 Aussparungen

### Tiefe der Aussparung geringer als Bauteiltiefe

Beispiel eines Wandschlitzes (WS)

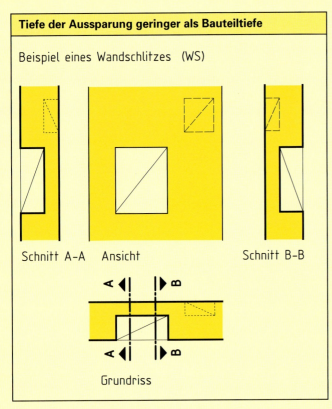

### Tiefe der Aussparung gleich Bauteiltiefe

Beispiel eines Wanddurchbruches (WD)

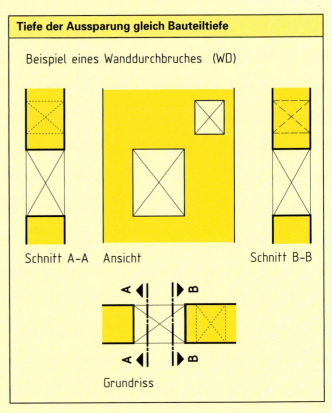

### Beispiel für die Darstellung von Aussparungen

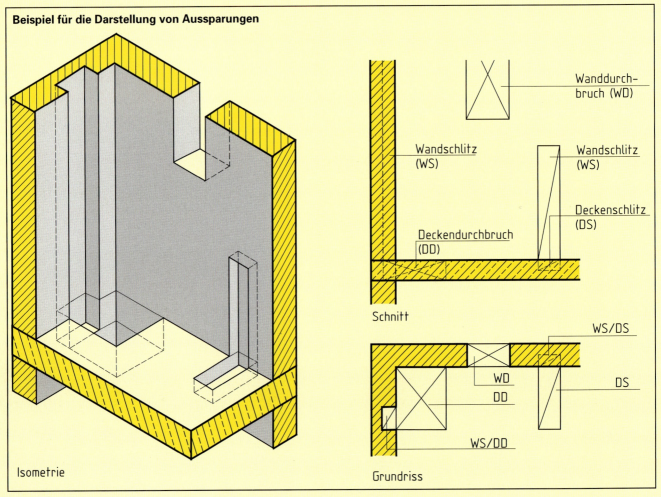

# 7 Werkzeichnungen

7.2.6 Abkürzungen in Werkzeichnungen
7.2.7 Symbole für Einrichtungen und Installationen

## 7.2.6 Abkürzungen in Werkzeichnungen

| Kennzeichnung an Bauteilen; Maßbezug; Nutzungszweck | | | |
|---|---|---|---|
| **Bezeichnung** | **Abkürzung** | **Bezeichnung** | **Abkürzung** |
| **Bauteile:** | | **Maßbezug:** | |
| Boden | B | Oberkante | OK |
| Decke | D | Unterkante | UK |
| Fundament | F | Oberkante Fertigfußboden | OK FFB ▽ |
| Wand | W | Oberkante Rohfußboden | OK RFB ▼ |
| Fertigfußboden | FFB ▽ | Unterkante Decke | UK D |
| Rohfußboden | RFB ▼ | über Normal Null | üNN |
| Bodendurchbruch | BD | waagerecht | w |
| Bodenschlitz | BS | senkrecht | s |
| Deckendurchbruch | DD | | |
| Deckenschlitz | DS | | |
| Fundamentdurchbruch | FD | | |
| Fundamentschlitz | FS | **Nutzungszweck:** | |
| Wanddurchbruch | WD | Elektroinstallation | E |
| Wandschlitz | WS | Gasinstallation | G |
| Brüstungshöhe | BRH | Heizungsinstallation | H |
| Rauchrohranschluss | RA | Lüftungsinstallation | L |
| Reinigungsöffnung | RÖ | Wasserinstallation | W |
| Steigung | STG | | |

### Anwendungsbeispiele

**FS 26/25**
Fundamentschlitz, Breite 26 cm, Tiefe 25 cm

**SWS/W bis 1,50 ü. OK RFB**
senkrechter Wandschlitz für Wasserinstallation bis 1,50 m über Oberkante Rohfußboden geführt

**BRH 1,00**
Brüstungshöhe bis Fensteröffnung 1,00 m

**▼ + 2,67**
Oberkante Rohfußboden 2,67 m über der Bezugshöhe von ± 0,00 m

## 7.2.7 Symbole für Einrichtungen und Installationen (Grundriss)

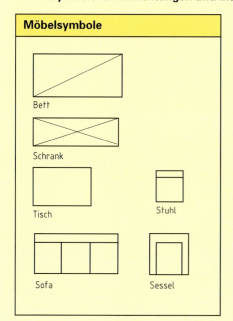

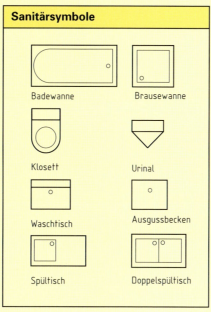

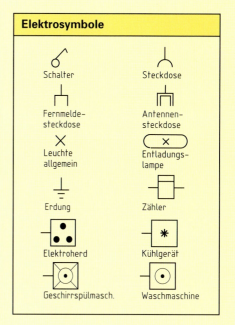

# 7 Werkzeichnungen

## 7.3 Darstellung von Werkzeichnungen
Aufgaben zu 7.3 Darstellung von Werkzeichnungen

**Darstellung von Werkzeichnungen am Beispiel einer Doppelhaushälfte**

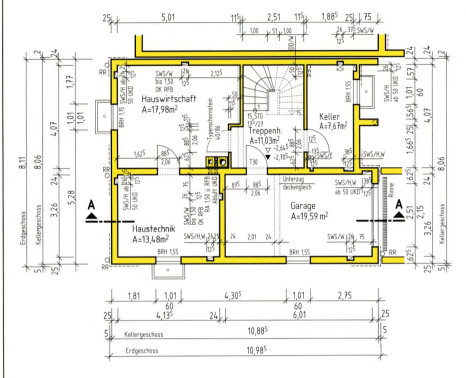

Kellergeschoss

**Übungen zum Zeichnungslesen**

1. **Grundriss Kellergeschoss**
   a) Welche Außenmaße hat das Kellergeschoss?
   b) Welche Wanddicken haben die Umfassungswände?
   c) Welche Rauminnenmaße haben die Garage, der Heizraum, die Waschküche und der Keller?
   d) Durch welche Räume wird der Schnitt A – A geführt?
   e) Was bedeutet die Schlitzbezeichnung in der Garage SWS/W 26/$12^5$?
   f) Welche Abmessungen haben die Kellerfenster?
   g) Welche Abmessungen hat das Garagentor?

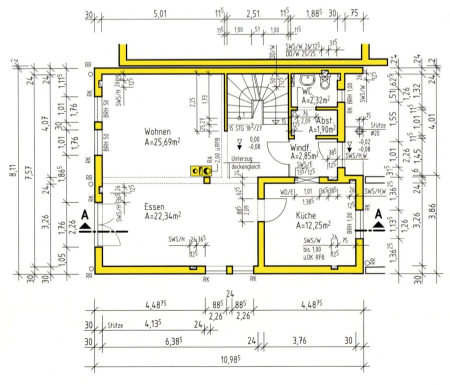

Erdgeschoss

2. **Grundriss Erdgeschoss**
   a) Welche Außenmaße hat das Erdgeschoss?
   b) Wie groß ist der Wandversatz vom Untergeschoss zum Erdgeschoss?
   c) Welche Wanddicken haben die Umfassungswände?
   d) Welche Rauminnenmaße hat die Küche, der Windfang, der Abstellbereich, das WC?
   e) Was bedeutet die Treppenbezeichnung 15 STG $18^3$/27?
   f) Welche Treppenform ist geplant?
   g) Welche Abmessungen haben die Fenster im Wohnzimmer, und wie hoch ist die Brüstung? Welche Sturzhöhe ergibt sich?
   h) Welche Abmessungen hat die 2-flügelige Terrassentüre im Esszimmer?

# 7 Werkzeichnungen

## 7.3 Darstellung von Werkzeichnungen
### Aufgaben zu 7.3 Darstellung von Werkzeichnungen

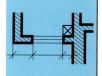

**Darstellung von Werkzeichnungen am Beispiel einer Doppelhaushälfte**

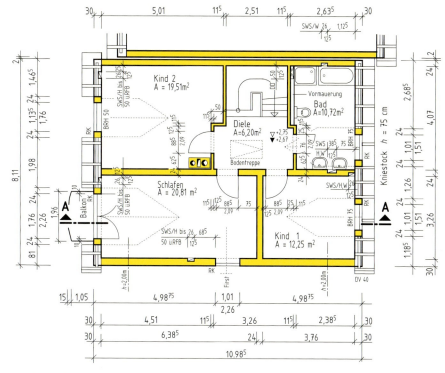

Dachgeschoss

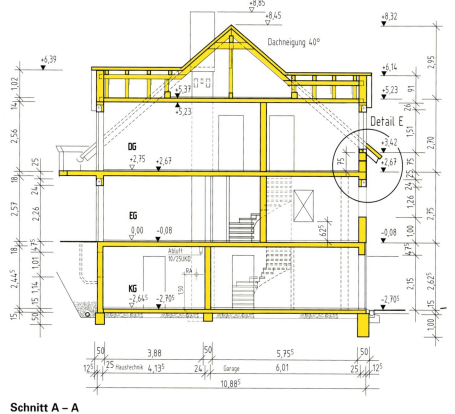

Schnitt A – A

### Übungen zum Zeichnungslesen

**3 Grundriss Dachgeschoss**

a) Welche Außenabmessungen hat das Dachgeschoss?

b) Welche Wanddicken haben die Umfassungswände?

c) Welche Wanddicken haben die Innenwände?

d) Welche Raumabmessungen haben das Schlafzimmer, das Kinderzimmer 1, das Kinderzimmer 2?

e) Welche Abmessungen hat das Bad?

f) Welche Sanitäreinrichtungsgegenstände sind im Bad vorgesehen?

g) Welche Schornsteinart ist geplant?

**4 Schnitt A – A**

a) Welche Geschosshöhen hat das Doppelhaus?

b) Welche Rohfußbodenhöhen sind für das UG, das EG und das DG angegeben?

c) Welche Fertigfußbodenhöhen sind für das UG, das EG und das DG angegeben?

d) Wie hoch ist der Fußbodenaufbau im UG, im EG und im DG?

e) Welche Dicken haben die Rohdecken?

f) Welche Bauteile werden im Detail E dargestellt?

g) Welche Abmessungen haben die Fundamente?

h) Welche Konstruktion ist für den Dachstuhl vorgesehen?

i) Auf welcher Höhe liegt die Schornsteinmündung, und wie hoch ist der Schornstein insgesamt?

# 7 Werkzeichnungen

## 7.3 Darstellung von Werkzeichnungen
### Aufgaben zu 7.3 Darstellung von Werkzeichnungen

**Darstellung von Werkzeichnungen am Beispiel einer Doppelhaushälfte**

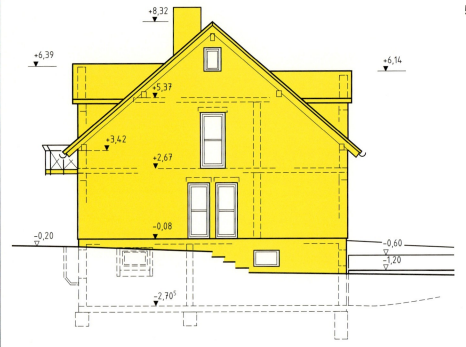

Westansicht

**Übungen zum Zeichnungslesen**

**5 Westansicht**

a) Welche Bauteile sind in der Ansicht dargestellt?

b) Welche Bauteile sind verdeckt dargestellt?

c) Auf welcher Höhe liegt das anschließende Gelände?

d) Auf welchen Höhen liegen die Stützwände der Garagenzufahrt?

e) Auf welchen Höhen liegen die Rohfußböden der Geschosse?

f) Wie hoch liegt die Oberkante der Stützwand über dem Rohfußboden des Kellergeschosses?

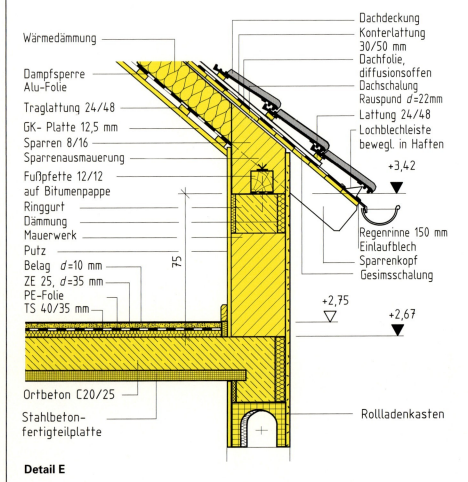

Detail E

**6 Detail E**

a) Welche Bauteile werden in der Detailzeichnung dargestellt?

b) Welche Baustoffe werden bei den einzelnen Bauteilen verwendet?

c) Auf welches Geschoss bezieht sich die Rohfußbodenhöhe von + 2,67 m

d) Wie hoch ist der Kniestock?

e) Auf welcher Höhe liegt die Oberkante des Kniestocks?

f) Aus welchen Konstruktionsteilen besteht die Rohdecke?

g) Wo sind Wärmedämmungen angeordnet?

h) Welche Querschnitte haben die Sparren und die Fußpfette?

# 7 Werkzeichnungen
## 7.4 Projekt: Garage mit Abgrenzungsmauer

**Planungsvorgaben**

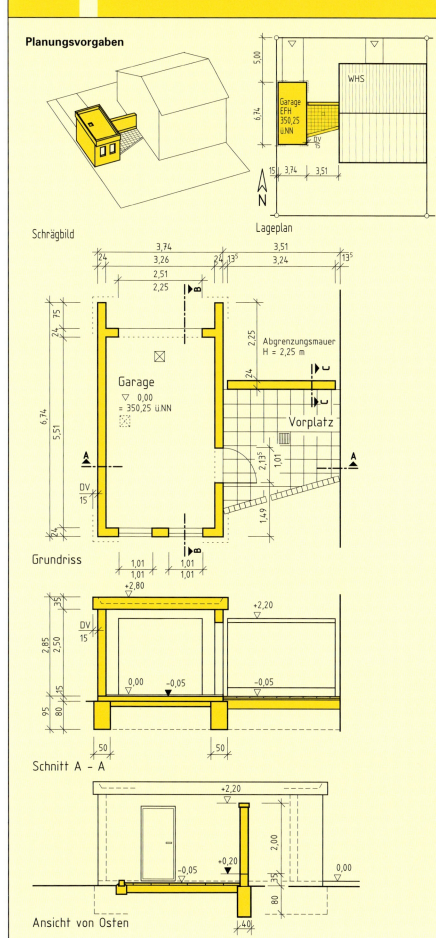

### Ausführungsbeschreibung

| Garage | |
|---|---|
| **Bauteil** | **Ausführung** |
| Fundament | Streifenfundament Standardbeton C16/20 $b/d$ = 50 cm/80 cm |
| Bodenplatte | Stahlbeton, C20/25 $d$ = 15 cm PVC-Folie als Trennlage kapillarbrechende Schicht, Splitt 11/32 $d$ = 15 cm |
| Wände | Kalksandblocksteine 16 DF (240) Dichtungsbahn nach der ersten Schicht |
| Fensterpfeiler | Kalksandlochsteine 4 DF, mittig angeordnet |
| Fenster, Türe | Überdeckung mit KS-Flachsturz Sturzhöhe 2,135 m |
| Tor | Stahlbetonsturz, C20/25 $b/d$ = 24 cm/25 cm mittig angeordnet |
| Decke | Stahlbetonmassivplatte, C25/30 $d$ = 18 cm Gleitlager ringsum Aufkantung $b/d$ = 15 cm/17 cm Aussparung raummittig 25 cm/25 cm |

| Abgrenzungsmauer | |
|---|---|
| **Bauteil** | **Ausführung** |
| Fundament | Streifenfundament Standardbeton C16/20 $b/d$ = 40 cm/80 cm Sockel mittig $b/d$ = 24 cm/40 cm |
| Sperrschicht | Dichtungsschlämme |
| Mauer | Sichtmauerwerk im Blockverband V KS 2 DF |
| Abdeckung | Sichtbetonfertigteil $b/d$ = 30 cm/11,5 cm |
| Platzgestaltung | Platten 40 cm/40 cm $d$ = 4 cm Splittbett $d$ = 6 cm Schotter $d$ = 25 cm |
| Pflasterrand | Pflaster 16 cm/16 cm auf Betonstreifen |

# 7 Werkzeichnungen

## 7.4 Projekt: Garage mit Abgrenzungsmauer
### Aufgaben zu 7.4 Projekt: Garage mit Abgrenzungsmauer

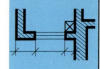

### 1 Grundriss, Schnitt A – A

Für die Garage mit Abgrenzungsmauer ist der Grundriss und der Schnitt A – A als Werkzeichnung zu zeichnen.
Im Schnitt sind alle Bauteile entsprechend der verwendeten Baustoffe zu schraffieren.

DIN A 3 Hochformat
M 1:50

### 2 Draufsicht, Schnitt B – B

Für die Garage mit Abgrenzungsmauer ist die Draufsicht und der Schnitt B – B als Werkplan zu zeichnen.
Der Längsschnitt B – B ist aus dem Grundriss zu erarbeiten und entsprechend der verwendeten Baustoffe zu schraffieren.

DIN A 3 Hochformat
M 1:50

### 3 Ansichten

Für die Garage mit Abgrenzungsmauer sind alle 4 Ansichten zu zeichnen.
Die Benennung erfolgt nach den Himmelsrichtungen. Verdeckt liegende Bauteile sind darzustellen.

DIN A 3 Hochformat
M 1:50

### 4 Detailzeichnung

Für die Garage ist auf der Torseite der Fassadenschnitt als Detailzeichnung zu erstellen. Grundlage für die Zeichnung ist der Schnitt B – B. Eine Schnittunterbrechung kann in Tormitte erfolgen. Die Bauteile sind entsprechend der Baustoffe zu schraffieren.

DIN A 3 Hochformat
M 1:10

### 5 Mauerverband

Für die Garage ist der Mauerverband für die Südostecke zu zeichnen.
Dabei sind über der Brüstung vom Türbereich bis einschließlich Mauerpfeiler zwischen den Fenstern 2 Schichten Mauerwerk im Blockverband darzustellen.

DIN A 3 Hochformat
M 1:10

### 6 Wanddetail mit Ansicht

Für die Abgrenzungsmauer ist das Wanddetail als Schnitt C – C sowie die Ansicht der Wand von Süden zu zeichnen.
Der Mauerverband für die 1. und 2. Schicht über dem Betonsockel ist im Blockverband (Kreuzverband) darzustellen.

DIN A 3 Hochformat
M 1:10

### 7 Baukörpermodell

Für die Garage mit freistehender Abgrenzungsmauer ist ein Baukörpermodell zu fertigen. Als Grundlage dienen Kopiervorlagen der Aufgaben 1 bis 3.
Dazu werden Wellpappe, Dicke 5 mm, sowie Klebstoff und Schere benötigt.

Modellbau

Die Grundplatte aus Wellpappe mit aufgeklebtem Grundriss soll dem DIN-A4-Format entsprechen.
Die Ansichten auf entsprechend große Wandplatten aufkleben und über dem Grundriss aufbauen.
Danach ergänzen die Flachdachplatte mit aufgeklebter Draufsicht und Randaufkantung den Garagenkörper.

Die Abgrenzungsmauer aus Wellpappe mit beiderseitig aufgeklebter Ansicht vervollständigt das Baukörpermodell.

Modell M 1:50

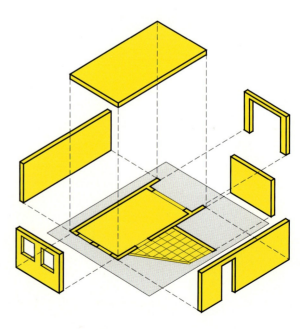

Explosionszeichnung

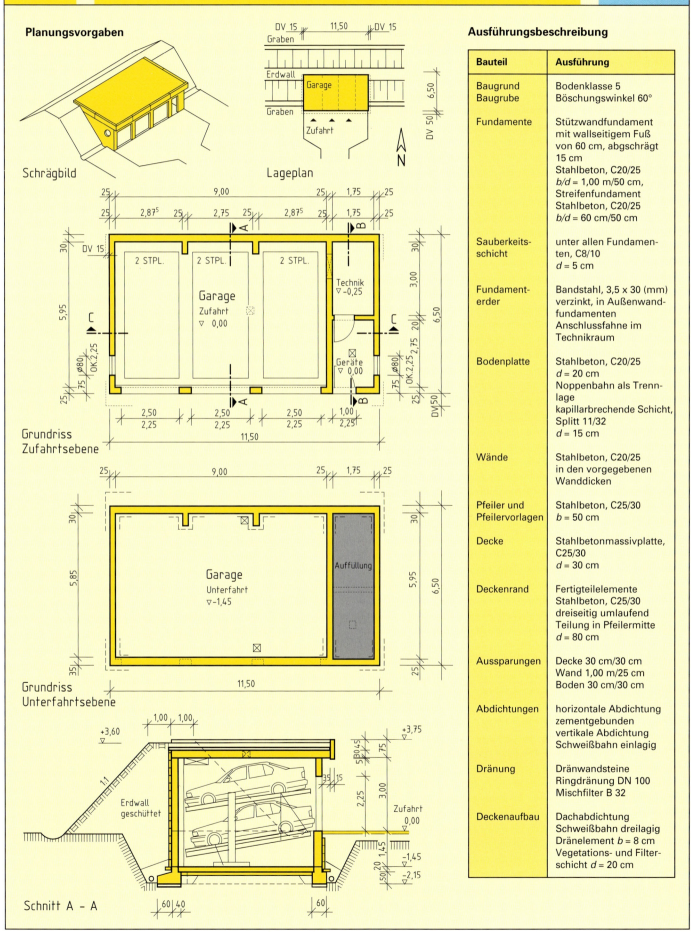

# 7 Werkzeichnungen
## 7.5 Projekt: Garagenanlage im Erdwall
### Aufgaben zu 7.5 Projekt: Garagenanlage im Erdwall

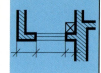

**1 Grundriss Zufahrtsebene**

Für die Garagenanlage ist der Grundriss der Zufahrtsebene als Werkplan zu zeichnen.
Die Aussparungen in Decke und Wand sowie die Aussparungen der Bodenplatte sind maßstäblich darzustellen und zu bemaßen.
Die Brüstungshöhe der beiden runden Fenster beträgt 1,45 m.
Die Rohbauhöhen sind gleichzeitig Fertighöhen.

 DIN A 3 Querformat M 1:50

**2 Grundriss Unterfahrtsebene**

Für die Garagenanlage im Erdwall ist der Grundriss auf Unterfahrtsebene als Werkplan zu zeichnen.
Die Aussparungen der Bodenplatte sind der Lage nach festzulegen und zu bemaßen.
Die Fundamente und die über der Unterfahrt liegenden Wände der Zufahrtsebene sind an den Ecken anzudeuten.

 DIN A 3 Querformat M 1:50

**3 Aushubplan, Schnurgerüst**

Für die Garagenanlage ist der Aushubplan der Baugrube und die Anordnung des Schnurgerüstes zu zeichnen.
Der Hausgrund ist in Farbe einzuzeichnen.
Die Baugrube ist im Schnitt A – A als Profilschema zu zeichnen.
Die Außenkanten des Gebäudes sind darzustellen.
Die Schalungsbreite ist mit 10 cm anzunehmen.

 DIN A 3 Querformat M 1:50

**4 Schnitt A – A**

Der in den Planungsvorgaben angegebene Schnitt A – A ist für das Garagengebäude zu zeichnen. Dabei ist sowohl der schichtweise geschüttete Erdwall als auch der Anschluss an den gepflasterten Zufahrtsweg darzustellen.
Der Aufbau der Dachbegrünung kann schematisch eingezeichnet werden.
Die Schnittflächen sind entsprechend den Baustoffen zu schraffieren.

 DIN A 3 Querformat M 1:50

**5 Schnitt B – B**

Der in den Planungsvorgaben angegebene Schnitt B – B ist für das Garagengebäude zu zeichnen.
Die Auffüllung unter dem Technik- und Geräteraum ist ab Oberkante Baugrubensohle mit Schotter 32/56 herzustellen.
Die Baustoffe sind durch Schraffur zu kennzeichnen.

 DIN A 3 Querformat M 1:50

**6 Schnitt C – C**

Der Längsschnitt C – C ist als Werkzeichnung für die Garagenanlage zu zeichnen.
Die geschnittenen Wallflächen sind schichtweise gemäß der Anfüllung darzustellen.
Die Baustoffe sind durch Schraffur zu kennzeichnen.

 DIN A 3 Querformat M 1:50

**7 Ansichten**

Für die Garagenanlage im Erdwall ist die Ansicht der Südseite und der Westseite zu zeichnen.
In der Westansicht ist der Verlauf des Erdwalles im Profil darzustellen.

 DIN A 3 Hochformat M 1:50

**8 Fassadenschnitt „W"**

Für die Garagenanlage ist der Fassadenschnitt „W" (wallseitig) als Detailzeichnung zu entwickeln. Die Schnittunterbrechung ist über der Zufahrtsebene anzuordnen.
Die Baustoffe sind durch Schraffur zu kennzeichnen.

 DIN A 3 Hochformat M 1:20

**9 Fassadenschnitt „Z"**

Für die Garagenanlage ist der Fassadenschnitt „Z" (zufahrtseitig) als Detailzeichnung zu bearbeiten. Die Schnittunterbrechung erfolgt im Torbereich.
Die Schnittflächen sind den Baustoffen entsprechend zu schraffieren.

 DIN A 3 Hochformat M 1:20

# 7 Werkzeichnungen
## 7.6 Projekt: Bushaltestelle mit Wartehäuschen

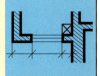

**Planungsvorgaben**

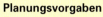

Räumliche Darstellung

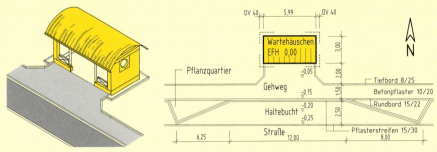

Lageplan

**Ausführungsbeschreibung**

| Bauteil | Ausführung |
|---|---|
| Fundamente | Streifenfundament Standardbeton C16/20 $b/d = 40$ cm/80 cm |
| Kapillarbrechende Schicht | Splitt 11/32 $d = 20$ cm |
| Trennlage | PE-Noppenbahn |
| Bodenplatte | Stahlbeton, C20/25 $d = 15$ cm oberflächenfertig mit Splitteinstreuung 5/8 aus Porphyr |
| Sockel | Sichtbeton, glatt Stahlbeton, C20/25, wasserundurchlässig $b/d = 24$ cm/35 cm |
| Mauerwerk | VMz 28, 2 DF Sichtmauerwerk beidseitig, im Blockverband Mörtel mit Portlandpuzzolanzement |
| Stütze | Stahlprofilrohr 168,3 x 4 (mm) Kopf- und Fußplatte 200 x 200 x 10 (mm) |
| Ringanker, Scheitrechter Sturz | Formstein als U-Schale $b/d = 24$ cm/23,8 cm Schalendicke 4 cm Betonfüllung, bewehrt C20/25 Ankerschiene, verzinkt 30 x 20 x 2 (mm) |
| Dach | Stahlbauweise mit vorgegebenen Profilen, Bogendach mit vorgeformten Trapezblechen, Kastenrinne, Zinkblech $b/d = 12$ cm/6 cm im Rinnenhalter |
| Spritzschutz | Tiefbordstein 10 cm/25 cm/100 cm Grobkiesfüllung 80/100 |
| Gehweg | Betonpflaster 20 cm/10 cm/6 cm Splittbett 5/8, $d = 5$ cm Schottertragschicht 0/45 $d = 20$ cm Rundbordstein 15 cm/22 cm/100 cm |
| Haltebucht | Asphaltbauweise: Deckschicht $d = 4$ cm Binderschicht $d = 8$ cm Schottertragschicht $d = 38$ cm |

Grundriss

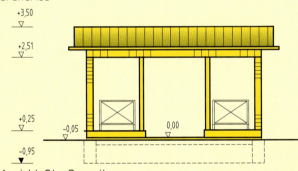

Ansicht Straßenseite

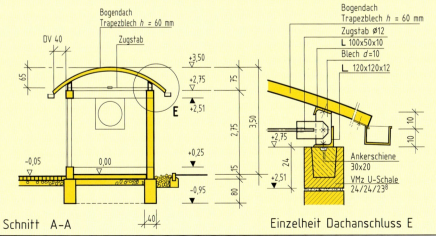

Schnitt A–A    Einzelheit Dachanschluss E

# 7 Werkzeichnungen

## 7.6 Projekt: Bushaltestelle mit Wartehäuschen
### Aufgaben zu 7.6 Projekt: Bushaltestelle mit Wartehäuschen

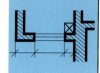

**1 Lageplan**

Für die Bushaltestelle ist der Lageplan mit Wartehäuschen, Gehweg und Haltebucht zu zeichnen. Der Gehweg ist im Lageplan entsprechend der Pflasterrichtung zu schraffieren. Die Pflanzquartiere mit Bepflanzung für Bäume sind eigenständig darzustellen.

DIN A 3 Querformat
M 1:100

**2 Aushubplan mit Schnurgerüst Grundriss**

Der Aushubplan mit Schnurgerüst ist für das Wartehäuschen zu fertigen. Die Diagonale als Kontrollmaß ist zu berechnen und in die Zeichnung einzutragen.
Weiterhin ist der Grundriss als Werkzeichnung darzustellen.

DIN A 3 Querformat
M 1:50

**3 Schnitt, Ermittlung des Bogenmittelpunktes, Isometrie**

Der Schnitt A–A ist für das Wartehäuschen zu zeichnen und der Bogenmittelpunkt für das Dach zu konstruieren.
Für das Wartehäuschen ist eine Isometrie zu fertigen.

DIN A 3 Querformat
M 1:50
Isometrie M 1:100

**4 Ansichten**

Für das Wartehäuschen sind alle 4 Ansichten zu zeichnen.
Die jeweiligen Übergänge zum Gelände oder Gehweg sind darzustellen.

DIN A 3 Querformat
M 1:50

**5 Schnitt A – A**

Der Schnitt A – A ist als Detailzeichnung für das Wartehäuschen zu fertigen.
Die Schnittunterbrechung ist in Gebäudemitte anzuordnen.
Die Schnittflächen sind baustoffgerecht zu schraffieren.

DIN A 3 Hochformat
M 1:20

**6 Mauerverband Fensterseite Schalplan Fertigteil**

Für die Fensterseite des Wartehäuschens ist die Ansicht mit Vertikalschnitt im Mauerverband als Blockverband einschließlich Sockel und Ringgurt zu zeichnen. Der Verband ist in 1. und 2. Schicht darzustellen.
Für das Fenster-Fertigteil aus Stahlbeton ist die Schalung in Draufsicht und Schnitt zu zeichnen.

DIN A 3 Querformat
Verband M 1:25
Schalung M 1:10

**7 Dachanschluss als Stahlkonstruktion**

Der Anschluss des Bogendaches an den Ringgurt im Punkt E (Schnitt A – A) ist als Detailzeichnung zu fertigen.

**8 Dachanschluss als Holzkonstruktion**

Für die Dachkonstruktion als Pfettendach ist der Detailpunkt E zu zeichnen.
Konstruktionsaufbau:
Fußpfette b/d = 10 cm/10 cm
Sparren b/d = 8 cm/14 cm
Schalung d = 24 mm
Unterspanndachbahn
Grund- und Traglattung 24 mm/ 48 mm
Ziegeleindeckung

**9 Verkehrsflächen**

Der Querschnitt durch den Aufbau der Verkehrsflächen im Übergang zwischen Warteraum und Gehweg sowie zwischen Gehweg und Haltebucht ist im Detail zu zeichnen.
Die Schnittunterbrechung ist in Gehwegmitte anzuordnen.

DIN A 3 Querformat
M 1:2

DIN A 3 Querformat
M 1:2

DIN A 3 Querformat
M 1:10

# 7 Werkzeichnungen
## 7.7 Projekt: Betriebsgebäude

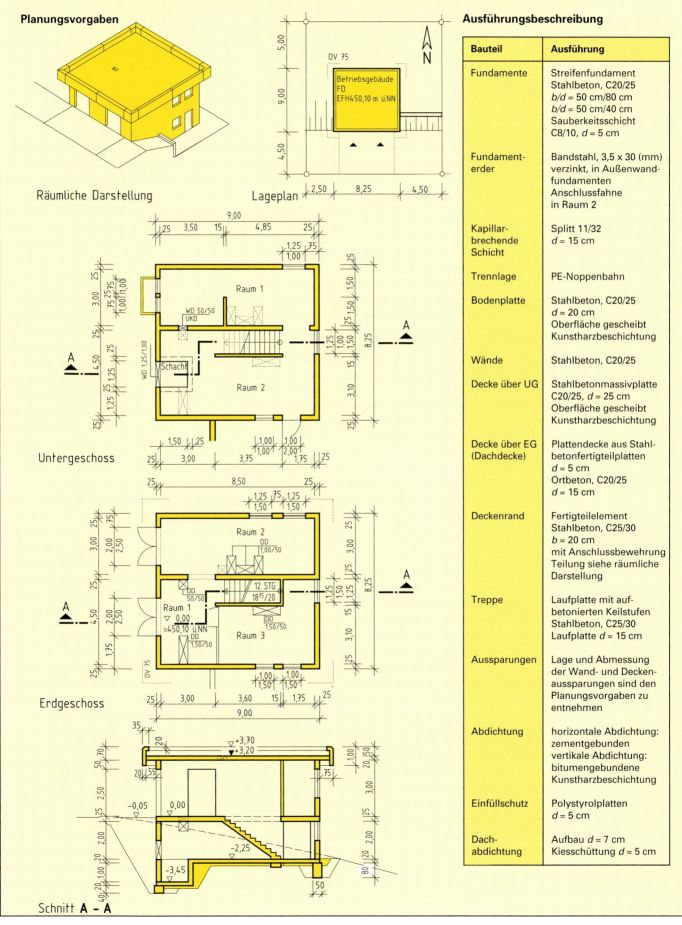

# 7 Werkzeichnungen
## 7.7 Projekt: Betriebsgebäude
### Aufgaben zu 7.7 Projekt: Betriebsgebäude

**1 Grundriss Untergeschoss**

Für das Betriebsgebäude ist der UG-Grundriss als Werkzeichnung zu fertigen. Der Lichtschacht sowie der Stützwandanschluss sind darzustellen.

DIN A 3 Querformat
M 1 : 50

**2 Grundriss Erdgeschoss**

Der EG-Grundriss für das Betriebsgebäude ist als Werkzeichnung zu fertigen. Alle Aussparungen der Decke über UG sind zu bemaßen. Die Aussparungen der Decke über EG sind lagegerecht darzustellen.

DIN A 3 Querformat
M 1 : 50

**3 Fundamentplan**

Der Fundamentplan für das Betriebsgebäude ist zu zeichnen. Die Fundamentabtreppung ist festzulegen und darzustellen.
Die Fundamentschnitte sind als Einzelschnitte seitlich herauszuzeichnen.

DIN A 3 Querformat
M 1 : 50
Schnitte M 1 : 25

**4 Schnitt A – A**

Der Schnitt A – A ist für das Betriebsgebäude zu zeichnen. Der konstruktive Aufbau der Zufahrt erfolgt nach eigener Wahl. Ein wasserdurchlässiger Pflasterbelag ist vorzusehen.

DIN A 3 Querformat
M 1 : 50

**5 Ansichten**

Die Süd- und Ostseite (Nord- und Westseite) des Betriebsgebäudes sind zu zeichnen. Der geplante und der natürliche Geländeverlauf am Gebäude sind darzustellen.

DIN A 3 Hochformat
M 1 : 50

**6 Fassadenschnitt**

Ein Fassadenschnitt durch die Südseite des Betriebsgebäudes ist als Detailzeichnung zu fertigen. Die erforderliche Schnittunterbrechung ist jeweils in Geschossmitte anzuordnen.

DIN A 3 Hochformat
M 1 : 20

**7 Dachrand**

Der Dachrand mit Stahlbeton-Fertigteilen ist als Detailzeichnung zu zeichnen.
Die Oberfläche ist in Sichtbeton herzustellen.
Die Kanten sind mit Dreikantleisten zu brechen.

DIN A 3 Hochformat
M 1 : 5

**8 Geschosstreppe**

Die Treppe zum Untergeschoss ist im Grundriss und Schnitt zu zeichnen.
Die Berechnung der Treppenmaße ist zur Kontrolle des Steigungsverhältnissses durchzuführen.

DIN A 3 Hochformat
M 1 : 20

**9 Schalplan, Decke über KG**

Für die Decke über dem UG ist der Schalungsplan in Grundriss (Draufsicht) und Schnitt zu fertigen.

DIN A 3 Querformat
M 1 : 50

# 7 Werkzeichnungen
## 7.8 Projekt: Funktionsgebäude

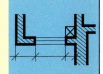

**Planungsvorgaben**

Räumliche Darstellung

Lageplan

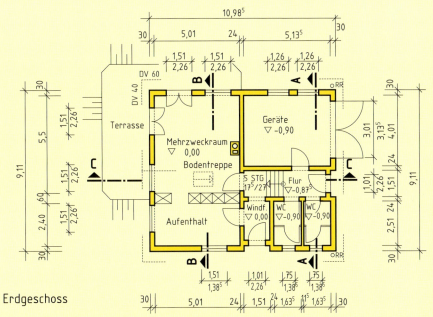

Erdgeschoss

**Fußbodenaufbau**

| | Geräte | Flur | WC | Mehrzweckraum Aufenthaltsraum Windfang |
|---|---|---|---|---|
| | Estrich auf Trennschicht | Schwimmender Estrich, Belag | | Schwimmender Estrich, Belag |
| FFB | − 0,90 | − 0,87⁵ | − 0,90 | ± 0,00 |
| RFB | − 0,95 | − 0,97⁵ | − 1,00 | − 0,10 |

Dachneigung: ∡ ca 22°

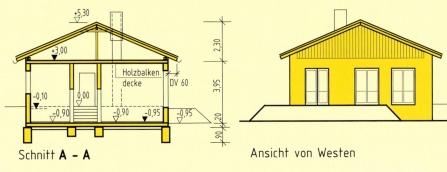

Schnitt A − A

Ansicht von Westen

**Ausführungsbeschreibung**

| Bauteil | Ausführung |
|---|---|
| Fundamente | alle Fundamente unterhalb der Ebene − 0,90 m anordnen Streifenfundament Standardbeton C16/20 $b/d$ = 50 cm/90 cm $b/d$ = 50 cm/50 cm |
| Fundamenterder | Bandstahl 3,5 x 30 (mm) Anschlussfahne im Geräteraum |
| Bodenplatte | Stahlbeton, C20/25 $d$ = 20 cm PE-Folie als Trennlage kapillarbrechende Schicht aus Splitt 11/32 $d$ = 15 cm Auffüllung zwischen Wänden mit Bodenaushub |
| Wände | Leichtbetonhohlblocksteine, alle Wanddicken |
| Fenster, Türen | innen mit Flachstürzen außen mit U-Schalen überdecken, |
| Ringgurt | Wandabschluss als Deckenauflager aus U-Schalen mit Betonfüllung, C20/25 |
| Schornstein | Fertigteilschornstein mit Abluftteil Kaminkopfummauerung mit VMz 2 DF |
| Decke über EG | Holzbalkendecke aus Nadelholz S 10 $b/d$ = 12 cm/18 cm $e$ ≤ 70 cm Brettabschalung oben $d$ = 22 mm |
| Dachkonstruktion | Pfettendach Nadelholz S 10 Fußpfette $b/d$ = 10 cm/10 cm Firstpfette $b/d$ = 12 cm/18 cm Sparren $b/d$ = 8 cm/16 cm Pfosten $b/d$ = 12 cm/12 cm Ziegeldeckung |
| Abdichtung | waagerechte Abdichtung aus Bitumenpappe, senkrechte Abdichtung profilgerecht entsprechend Geländeauffüllung mit Bitumenbeschichtung, PE-Noppenbahn als Einfüllschutz |
| Sonstiges | Wärmeschutz wahlweise durch Innen- oder Außendämmung |

# 7 Werkzeichnungen

## 7.8 Projekt: Funktionsgebäude
Aufgaben zu 7.8 Projekt: Funktionsgebäude

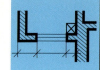

### 1 Grundriss Erdgeschoss

Der Grundriss des Erdgeschosses ist zu zeichnen.
Für die einzelnen Räume sind die Fläche A, der Umfang U sowie die Roh- und Fertigfußbodenhöhen einzutragen.

DIN A 3
Querformat
M 1:50

### 2 Schnitt A – A

Der Querschnitt A – A ist zu zeichnen.
Die Baustoffe sind durch Schraffur zu kennzeichnen. Das anschließende Gelände und die Terrasse sind darzustellen.

DIN A 3
Querformat
M 1:50

### 3 Schnitt B – B

Der Querschnitt B – B ist zu zeichnen.
Die Baustoffe und die Bodenverfüllung innerhalb des Baukörpers sind durch Schraffur zu kennzeichnen. Das anschließende Gelände und die Terrasse sind darzustellen.

DIN A 3
Querformat
M 1:50

### 4 Schnitt C – C

Der Längsschnitt C – C ist zu zeichnen.
Die Baustoffe und die Bodenverfüllung innerhalb des Baukörpers sind durch Schraffur zu kennzeichnen. Das anschließende Gelände und die Terrasse sind darzustellen.

DIN A 3
Querformat
M 1:50

### 5 Ansichten

Die Ansichten der Süd- und Westseite sind zu zeichnen.
Das vorhandene und geplante Gelände am Gebäude ist darzustellen.

DIN A 3 Hochformat
M 1:50

### 6 Ansichten

Die Ansichten der Nord- und Ostseite sind zu zeichnen.
Das vorhandene und geplante Gelände am Gebäude ist darzustellen.

DIN A 3 Hochformat
M 1:50

### 7 Schornstein

Für den Fertigteilschornstein ist der Deckendurchgang und der Schornsteinkopf im Schnitt zu zeichnen.
Die Abmessungen für die einzelnen Formteile sind einem Lieferprogramm zu entnehmen.

DIN A 3 Hochformat
M 1:10

### 8 Fassadenschnitt

Der Fassadenschnitt durch die Südseite im Schnittverlauf B – B ist zu zeichnen.
Die Schnittunterbrechung ist im Fenster anzuordnen.

DIN A 3 Hochformat
M 1:25

### 9 Holzbalkendecke

Die Balkenlage für die Holzbalkendecke über dem Erdgeschoss ist zu zeichnen.
Für das Balkenauflager sind 15 cm anzunehmen. Die Spannrichtung ist selbst festzulegen.
Die Holzliste ist zu erstellen.

DIN A 3
Querformat
M 1:50

### Ergänzungsaufgaben

### 10 Deckenverlegeplan

Für die Decke über dem Erdgeschoss aus vorgefertigten Balken und Zwischenbauteilen ist der Verlegeplan zu fertigen.
Die Konstruktionsgrundlagen sind den Zeichnungen eines Herstellers zu entnehmen.

### 11 Sparrenplan

Für das Satteldach ist die Sparrenlage zu zeichnen. Die Konstruktionsgrundlagen sowie die fehlenden Holzquerschnitte sind eigenständig zu erarbeiten.

### 12 Zwischentreppe

Für die Zwischentreppe im Flur ist die Detailzeichnung zu fertigen.
Die Treppenkonstruktion, der Stufenaufbau und der Stufenbelag sind selbst festzulegen.

# 8 Fundamente

## 8.1 Fundamentzeichnung
## 8.2 Inhalte der Fundamentzeichnung

### 8.1 Fundamentzeichnung

Die Fundamentzeichnung ergänzt die Werkzeichnungen für die Bauausführung.
In der Fundamentzeichnung für ein Bauwerk werden der Fundamentgrundriss und die Fundamentschnitte im Maßstab 1:50 dargestellt. Für die Darstellung schwieriger Fundamentbauteile oder einzelner Fundamentschnitte können die Maßstäbe 1:25 oder 1:20 verwendet werden.

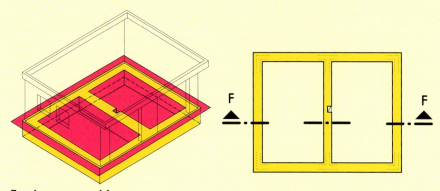

Der **Fundamentgrundriss** zeigt die geschnittene Fundamentebene unter den aufgehenden Bauteilen wie unter Wänden, Stützen, Pfeilern oder unter der Bodenplatte. Außerdem sind Aussparungen, Abtreppungen oder Versprünge dargestellt.

**Fundamentgrundriss**

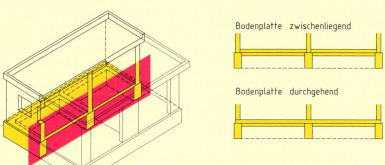

Der **Fundamentschnitt** zeigt den Aufriss des senkrecht geschnittenen Fundamentes. Fundamentschnitte können auch als Profilschnitte in die Fundamentzeichnung eingeklappt oder als Einzelschnitte herausgezeichnet werden.
Die Schnittflächen sind je nach verwendetem Baustoff zu schraffieren.

**Fundamentschnitt F – F**

### 8.2 Inhalte der Fundamentzeichnung

| Zeichnungsart | Darstellung von Bauteilen | Bemaßung | Beschriftung |
|---|---|---|---|
| Fundamentgrundriss | • lastabtragende Bauteile über dem Fundamentkörper wie Wände, Stützen, Pfeiler<br>• Aussparungen wie Durchbrüche und Schlitze<br>• Kanäle, Schächte<br>• Rohrdurchgänge, Rohrhülsen, Einbauteile<br>• Fundamenterder mit Lage der Anschlussfahnen<br>• Fundamentabtreppungen | • Fundamentgrundriss<br>• aufgehende Bauteile<br>• Aussparungen<br>• Einbauteile<br>• Konstruktionsaufbauten | • Bezeichnung des Grundrisses<br>• Raumbezeichnung entsprechend der darüberliegenden Grundrissebene<br>• Schnittverlauf<br>• Schnittkennzeichnung |
| Fundamentschnitt F – F | • Fundamentkörper<br>• Bodenplatte mit Unterbau<br>• lastabtragende Bauteile über dem Fundamentkörper wie Wände, Stützen, Pfeiler<br>• Sauberkeitsschichten<br>• Baugrubenplanum<br>• Lage des Fundamenterders<br>• Schraffur der geschnittenen Bauteile entsprechend der verwendeten Baustoffe | • Fundamenthöhe<br>• Fundamentbreite<br>• Aussparungen<br>• Lage der aufgehenden Bauteile<br>• Dicke der Bodenplatte und der Schichten des Unterbaus<br>• Dicke der Sauberkeitsschichten<br>• Konstruktionsaufbauten | • Bezeichnung des Schnittes<br>• Konstruktionsaufbauten<br>• Aussparungen<br>• Einbauteile<br>• Baustoffe |

# 8 Fundamente
## 8.3 Darstellung von Fundamentzeichnungen

**Darstellung von Fundamentzeichnungen am Beispiel einer Doppelhaushälfte**

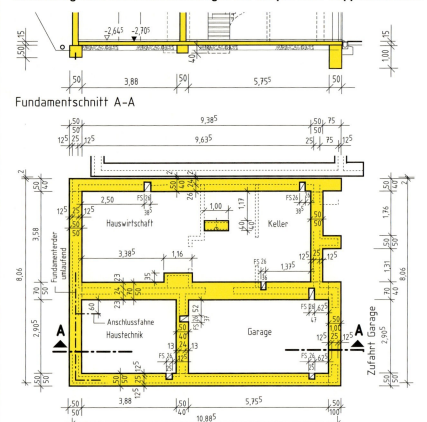

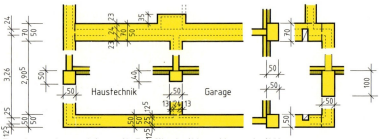

Fundamentgrundriss mit Profilschnitten (Ausschnitt)

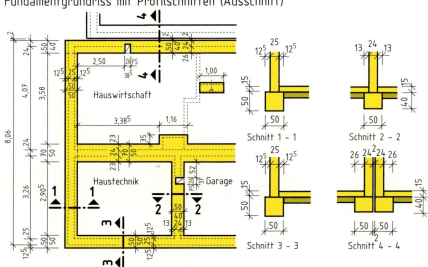

Fundamentgrundriss mit Einzelschnitten (Ausschnitt)

**Übungen zum Planlesen**

**1 Fundamentschnitt A – A**
 a) Welchen Querschnitt hat das Fundament unter der Toröffnung der Garage?
 b) Welche Dicke hat die Bodenplatte?
 c) Wie ist die Bodenplatte über dem Fundament eingebaut?
 d) Auf welcher Höhe liegt OK RFB Bodenplatte?

**2 Fundamentgrundriss**
 a) Welche Abmessung hat das Fundament unter den Außenwänden, und wie groß sind die Fundamentüberstände?
 b) Welche Abmessung hat das Fundament unter der Mittelwand, und wie groß sind die Fundamentüberstände?
 c) Welche Abmessung hat das Fundament unter der Haustrennwand, und wie groß sind die Fundamentüberstände?
 d) Welche Art der Fundamentaussparung ist dargestellt?
 e) Wie groß sind die Fundamentaußenmaße des Gebäudes?

**3 Fundamentgrundriss mit Profilschnitten**
 a) Welchen Querschnitt haben die Außenwandfundamente?
 b) Wie groß sind die Fundamentüberstände?
 c) Welche Abmessungen ergeben sich für die Fundamentaussparungen?
 d) Wie ist die Bodenplatte über den Fundamenten angeordnet?
 e) Wie groß sind die Abstände der Fundamente unter dem Heizraum und unter der Garage?
 f) In welchem Schnitt wird das Fundament der Haustrennwand dargestellt, und wie breit ist die Gebäudetrennfuge?

# 8 Fundamente

**Aufgaben zu 8. Fundamente**

**Projekt: Garage** (Werkzeichnung 7.4)

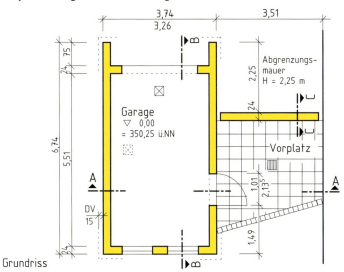

Grundriss

**Ausführungsbeschreibung**

| Bauteil | Ausführung |
|---|---|
| Fundament | Streifenfundament<br>Standardbeton C16/20<br>$b/d$ = 50 cm/80 cm |
| Bodenplatte | Stahlbeton, C20/25<br>$d$ = 15 cm<br>PVC-Folie als<br>Trennlage<br>kapillarbrechende Schicht,<br>Splitt 11/32<br>$d$ = 15 cm |
| Fundament für Abgrenzungsmauer | Streifenfundament<br>Stahlbeton, C20/25<br>$b/d$ = 40 cm/80 cm<br>Sockel, mittig<br>$b/d$ = 24 cm/40 cm |

**1 Fundamentgrundriss mit Schnitten**

Die Fundamentzeichnung ist als Grundriss sowie als Schnitt A – A und B – B zu fertigen.

DIN A 3 Hochformat
M 1 : 50

**2 Fundamentgrundriss mit Einzelschnitten**

Die Fundamentzeichnung ist als Grundriss und als Einzelschnitt der Schnittebene A – A, B – B und C – C zu zeichnen.

DIN A 3 Hochformat
Grundriss M 1 : 50
Einzelschnitt M 1 : 20

**Projekt: Garagenanlage** (Werkzeichnung 7.5)

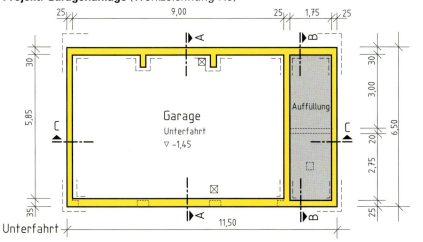

Unterfahrt

**Ausführungsbeschreibung**

| Bauteil | Ausführung |
|---|---|
| Baugrund<br>Baugrube | Bodenklasse 5<br>Böschungswinkel 60° |
| Fundamente | Stützwandfundament<br>mit wallseitigem Fuß<br>von 60 cm Breite<br>Stahlbeton, C20/25<br>$b/d$ = 1,00 m/50 cm<br>Streifenfundament<br>Stahlbeton, C20/25<br>$b/d$ = 60 cm/50 cm |
| Sauberkeitsschicht | unter allen Fundamenten, C8/10<br>$d$ = 5 cm |
| Bodenplatte | Stahlbeton, C20/25<br>$d$ = 20 cm<br>Noppenbahn als<br>Trennlage<br>kapillarbrechende Schicht,<br>Splitt 11/32<br>$d$ = 15 cm |

**1 Fundamentgrundriss mit Schnitt**

Die Fundamentzeichnung ist als Grundriss sowie als Schnitt B – B und C – C zu fertigen.

DIN A 3 Querformat
M 1 : 50

**2 Fundamentgrundriss mit Einzelschnitten**

Die Fundamentzeichnung ist als Grundriss und als Einzelschnitt der Schnittebene A – A und C – C zu zeichnen.

DIN A 3 Querformat
Grundriss M 1 : 50
Einzelschnitt M 1 : 20

# 8 Fundamente
## Aufgaben zu 8. Fundamente

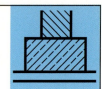

**Projekt: Betriebsgebäude** (Werkzeichnung 7.7)

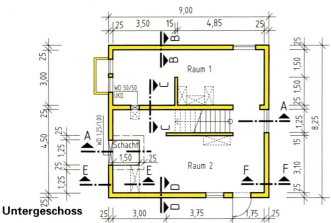

Untergeschoss

**Ausführungsbeschreibung**

| Bauteil | Ausführung |
|---|---|
| Fundamente | Streifenfundament Stahlbeton, C20/25 $b/d$ = 50 cm/80 cm $b/d$ = 50 cm/40 cm Sauberkeitsschicht C8/10, $d$ = 5 cm |
| Kapillarbrechende Schicht | Splitt 11/32 $d$ = 15 cm |
| Trennlage | PE-Noppenbahn |
| Bodenplatte | Stahlbeton, C20/25 $d$ = 20 cm Oberfläche gescheibt, Kunstharzbeschichtung |

**1 Fundamentgrundriss mit Schnitt**

Die Fundamentzeichnung ist im Grundriss und dem Schnitt A – A zu fertigen.

DIN A 3 Hochformat
M 1 : 50

**2 Fundamentgrundriss mit Einzelschnitten**

Die Fundamentzeichnung ist im Grundriss und den jeweiligen Einzelschnitten B – B, C – C, E – E, F – F zu fertigen.

DIN A 3 Querformat
Grundriss M 1 : 50
Einzelschnitt M 1 : 25

**3 Fundamentgrundriss mit Profilschnitten**

Die Fundamentzeichnung ist im Grundriss und den Profilschnitten B – B, C – C, E – E, F – F zu fertigen.

DIN A 3 Querformat
M 1 : 50

**Projekt: Funktionsgebäude** (Werkzeichnung 7.8)

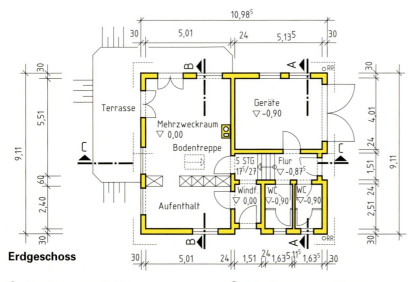

Erdgeschoss

**Ausführungsbeschreibung**

| Bauteil | Ausführung |
|---|---|
| Fundament | alle Fundamente unterhalb der Ebene – 0,90 m anordnen Streifenfundament Standardbeton C16/20 $b/d$ = 50 cm/90 cm $b/d$ = 50 cm/50 cm |
| Fundamenterder | Bandstahl, 3,5 x 30 (mm) Anschlussfahne im Windfang |
| Bodenplatte | Stahlbeton, C20/25 $d$ = 20 cm PE-Folie als Trennlage kapillarbrechende Schicht, Splitt 11/32 $d$ = 15 cm Auffüllung zwischen den Wänden |

**1 Fundamentgrundriss mit Schnitt**

Die Fundamentzeichnung ist als Grundriss und als Schnitt C – C zu fertigen.

DIN A 3 Hochformat
M 1 : 50

**2 Fundamentgrundriss mit Einzelschnitten**

Die Fundamentzeichnung ist als Grundriss und als Einzelschnitt A – A, B – B und C – C zu fertigen.

DIN A 3 Querformat
Grundriss M 1 : 50
Einzelschnitt M 1 : 25

**3 Fundamentgrundriss mit Profilschnitten**

Die Fundamentzeichnung ist als Grundriss und als Profilschnitt A – A, B – B und C – C zu zeichnen.

DIN A 3 Querformat
M 1 : 50

# 9 Entwässerung

9.1 Entwässerungszeichnung
9.2 Inhalte der Entwässerungszeichnung

## 9.1 Entwässerungszeichnung

Die Entwässerungszeichnung ergänzt die Werkzeichnungen für die Bauausführung.
Die Entwässerung für ein Bauwerk wird in die Grundrisszeichnung der untersten Bauwerksebene oder in den Fundamentplan eingezeichnet. Der Höhenverlauf der Entwässerungsleitungen wird als Leitungsschema in einer Schnittzeichnung des Bauwerks dargestellt, wobei die Höhenlage des Anschlusskanals die Planung bestimmt.
Entwässerungszeichnungen werden im Maßstab 1:50 gezeichnet. Für die Darstellung besonderer Entwässerungsteile können die Maßstäbe 1:25 oder 1:20 verwendet werden.

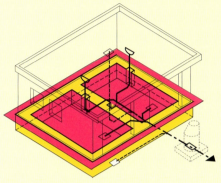

Entwässerungsgrundriss (Mischverfahren)

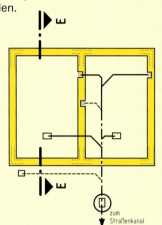

Der **Entwässerungsgrundriss** zeigt die geschnittene unterste Geschossebene oder die Fundamentebene mit dem Verlauf der Grundleitungen, den Kontrolleinrichtungen sowie den Anschlusskanal. Das örtliche Abwasserableitungsverfahren ist zu berücksichtigen.

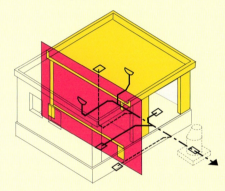

Entwässerungsschnitt

Der **Entwässerungsschnitt** zeigt als Leitungsschema den Aufriss der Entwässerungsleitungen mit Kontrolleinrichtungen. Außerdem können auch die Fallleitungen in den Geschossebenen dargestellt werden.

Schnitt E-E, Leitungsschema

## 9.2 Inhalte der Entwässerungszeichnung

| Zeichnungsart | Darstellung von Bauteilen | Bemaßung | Beschriftung |
|---|---|---|---|
| Entwässerungsgrundriss | • Lage der Fallleitungen<br>• Verlauf der Entwässerungsleitungen nach Abwasserarten<br>• Verlauf der Dränleitung<br>• Kontrolleinrichtungen und Schächte<br>• Einbauteile, Sanitärgegenstände | • Lage der Leitungen in Bezug auf andere Bauteile, z.B. Lage von Fallleitungen und Abläufen<br>• Kontrolleinrichtungen mit Höhenkotierung<br>• Höhenlage der Kanalsohle | • Bezeichnung des Grundrisses<br>• Nenndurchmesser<br>• Gefälle<br>• Baustoffe<br>• Abwasserableitungsverfahren<br>• Raumbezeichnungen<br>• Schnittverlauf<br>• Schnittkennzeichnung |
| Entwässerungsschnitt E – E | • Verlauf der Entwässerungsleitungen und Fallleitungen nach Abwasserarten in Fundamentebene und Geschossebene<br>• Kontrolleinrichtungen und Schächte<br>• Baukonstruktionen<br>• Bauteildurchdringungen<br>• Geländeverlauf | • Bauteilhöhen<br>• Höhenlage des öffentlichen Kanals, der Straße, des Geländes, der Kontrolleinrichtungen<br>• Höhenlage der Kanalsohle bei Anschlüssen und Übergängen | • Bezeichnung des Schnittes<br>• Nenndurchmesser<br>• Gefälle<br>• Baustoffe<br>• Konstruktionsaufbau |

# 9 Entwässerung

**9.3 Darstellung von Entwässerungszeichnungen**
**9.4 Sinnbilder und Zeichen für Entwässerungszeichnungen**

## 9.3 Darstellung von Entwässerungszeichnungen

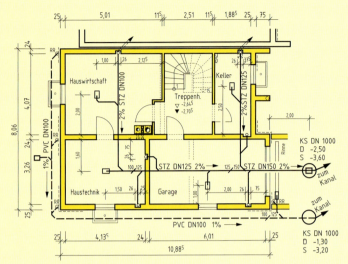

Entwässerungsgrundriss, Trennverfahren

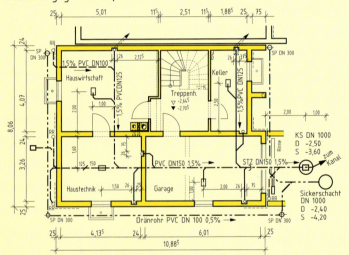

Entwässerungsgrundriss, Mischverfahren, Dränung

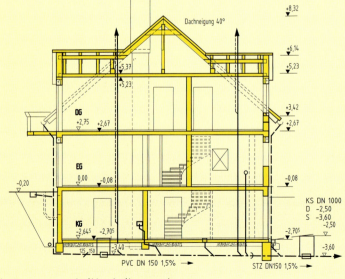

Entwässerungsschnitt, Leitungsschema

## 9.4 Sinnbilder und Zeichen für Entwässerungszeichnungen

| Benennung | Darstellung |
|---|---|
| Schmutzwasserleitung | ——— |
| Regenwasserleitung | – – – – |
| Mischwasserleitung | – · – · – |
| Lüftungsleitung | ○→ |
| Fallleitung | ○ |
| Dränleitung | – ·· – ·· – |
| Nennweitenänderung | 100 / 125 |
| Werkstoffwechsel | ⊃ |
| Reinigungsrohr | ▭ |
| Reinigungsverschluss | ▫ |
| Ablauf- oder Entwässerungsrinne | ▭ |
| Spülrohr (Dränage) | ⊕ SP |
| Schacht mit offenem Durchfluss | ○ |
| Schacht mit geschlossenem Durchfluss | ⊡ |
| Schlammfang | (S) |
| Benzinabscheider | (B) |
| Heizölsperre | HSP |
| Nenndurchmesser | DN |
| Sohle, Deckel | S, D |
| Kontrollschacht | KS |
| Regenfallrohr | RR |
| Fließrichtung | → |
| Gefälleangabe | ……%, ……‰ |
| Betonrohr | BE |
| Schleuderbetonrohr | SB |
| Steinzeugrohr | STZ |
| Kunststoff | PVC |

# 9 Entwässerung
## Aufgaben zu 9. Entwässerung

**Projekt: Garage**
(Werkzeichnung 7.4)

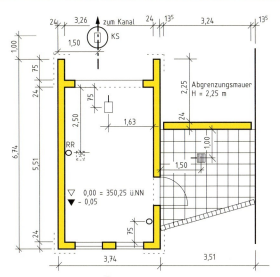

Grundriss

**Ausführungsbeschreibung**

| Bauteil | Ausführung |
|---|---|
| Entwässerungs-leitungen | STZ<br>Gefälle 2%<br>Grundleitungen DN 125<br>Anschlusskanal DN 150 |
| Kontrollschacht | Betonfertigteile<br>DN 1000<br>Höhen:<br>Schachtdeckel – 0,05<br>Schachtsohle – 1,30 |

**1 Entwässerungszeichnung im Gebäudegrundriss**

Für die Garage ist die Entwässerungszeichnung mit Gebäudegrundriss zu zeichnen. Die Entwässerung erfolgt im Mischverfahren. Eine Stückliste für die Rohre und Formstücke ist zu erstellen.

DIN A 3 Hochformat
M 1:50

**2 Entwässerungszeichnung im Fundamentplan**

Für die Garage ist die Entwässerungszeichnung im Fundamentplan zu zeichnen. Die Entwässerung erfolgt im Trennverfahren. Eine Stückliste für die Rohre und Formstücke ist zu erstellen.

DIN A 3 Hochformat
M 1:50

**3 Entwässerungszeichnung: Kontrollschacht**

Für die Garage ist der Kontrollschacht als Detailzeichnung in Schnitt und Grundriss zu zeichnen. Die entsprechenden Formteile sind einem Lieferprogramm zu entnehmen.

DIN A 3 Hochformat
M 1:20

**Gebäude in Massivbauweise**
(Werkzeichnung 6.2)

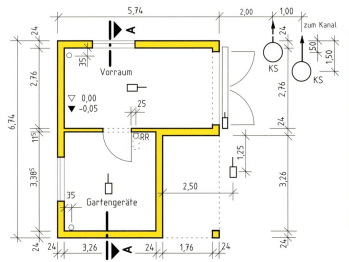

Grundriss

**Ausführungsbeschreibung**

| Bauteil | Ausführung |
|---|---|
| Entwässerungs-leitungen | PVC/STZ<br>Gefälle 2,5%<br>Grundleitungen DN 100<br>Anschlusskanal DN 150 |
| Kontrollschacht | Betonfertigteile<br>DN 1000<br>Höhen:<br>Schachtdeckel – 0,10<br>Schachtsohlen<br>– Regenwasser – 1,10<br>– Schmutzwasser – 1,35 |

**1 Entwässerungszeichnung im Gebäudegrundriss**

Für das Gebäude ist die Entwässerungszeichnung im untersten Gebäudegrundriss zu zeichnen. Die Entwässerung erfolgt im Trennverfahren. Eine Stückliste über die Rohre und Formstücke ist zu erstellen.

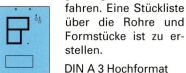

DIN A 3 Hochformat
M 1:50

**2 Entwässerungszeichnung im Fundamentplan**

Für das Gebäude ist die Entwässerungszeichnung im Fundamentplan zu zeichnen. Die Entwässerung erfolgt im Mischverfahren. Eine Stückliste über die Rohre und Formstücke ist zu erstellen.

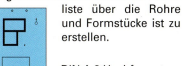

DIN A 3 Hochformat
M 1:50

**3 Entwässerungszeichnung mit Schnitt**

Für das Gebäude ist die Entwässerungszeichnung im Fundamentplan und der Schnitt A – A zu zeichnen. Die Entwässerung erfolgt im Mischverfahren.

DIN A 3 Hochformat
M 1:50

# 9 Entwässerung
## Aufgaben zu 9. Entwässerung

**Projekt: Betriebsgebäude** (Werkzeichnung 7.7)

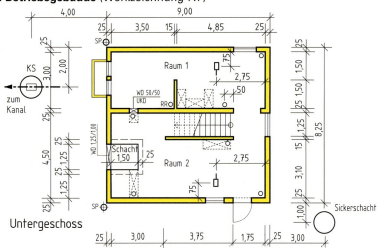

Untergeschoss

**1 Entwässerungszeichnung im untersten Gebäudegrundriss**

Für das Betriebsgebäude erfolgt die Entwässerung im Mischverfahren. Die Lage der Abwasserleitungen ist einzuzeichnen.

DIN A 3 Querformat
M 1:50

**2 Entwässerungsgrundriss im Fundamentplan**

Für das Betriebsgebäude erfolgt die Entwässerung im Trennverfahren. Der Fundamentplan mit der Lage der Abwasserleitungen ist zu zeichnen.

DIN A 3 Querformat
M 1:50

### Ausführungsbeschreibung

| Bauteil | Ausführung |
|---|---|
| Entwässerungsleitungen | Grundleitungen PVC DN 100 bzw. DN 125 Gefälle 1,5% Anschlusskanal STZ, DN 150 |
| Kontrollschacht | Betonfertigteile DN 1000 Höhen: Schachtdeckel – 0,10 Schachtsohle – 3,10 |
| Dränung | in Sickerschacht |
| Dränleitung | PVC-Vollsickerrohr DN 100 Gefälle 0,5 % |
| Spülschacht | PVC, DN 300 |
| Sickerschacht | Betonfertigteile DN 1000 Sickerfüllung, Kies 16/5 bis 30 cm unter Zulauf Füllungshöhe 1,00 m |

**Projekt: Funktionsgebäude** (Werkzeichnung 7.8)

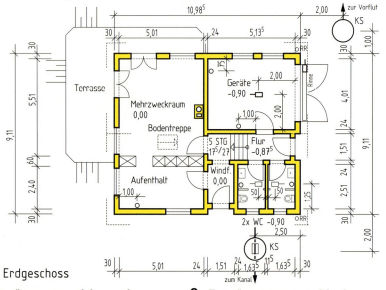

Erdgeschoss

**1 Entwässerungszeichnung im Gebäudegrundriss**

Für das Funktionsgebäude erfolgt die Entwässerung im Mischverfahren. Der Gebäudegrundriss mit der Lage der Abwasserleitungen ist zu zeichnen.

DIN A 3 Querformat
M 1:50

**2 Entwässerungsgrundriss im Fundamentplan**

Für das Funktionsgebäude erfolgt die Entwässerung im Trennverfahren. Der Fundamentplan mit der Lage der Abwasserleitungen ist zu zeichnen.

DIN A 3 Querformat
M 1:50

### Ausführungsbeschreibung

| Bauteil | Ausführung |
|---|---|
| Entwässerungsleitungen | Schmutzwasser STZ DN 100 bzw. DN 125 Gefälle 2,5% Anschlusskanal STZ, DN 150<br><br>Regenwasser PVC DN 100 Gefälle 1,5% Leitung zur Vorflut PVC, DN 125 |
| Kontrollschacht | Betonfertigteile DN 1000 Höhen: Schmutzwasserschacht Schachtdeckel – 0,20 Schachtsohle – 1,50 Regenwasserschacht Schachtdeckel – 1,05 Schachtsohle – 2,25 |

# 10 Mauerwerksbau
## 10.1 Mauerverbände aus klein- und mittelformatigen Steinen
### 10.1.1 Rechtwinklige Maueranschlüsse

**Beispiel für ein Lagergebäude** (alle Maße in am)

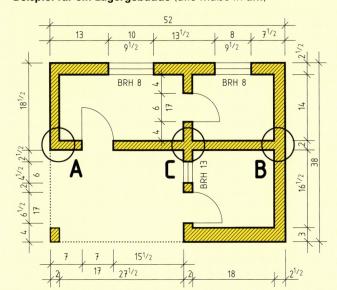

Für ein **Lagergebäude** sind die angegebenen Einzelheiten A, B und C in der 1. Schicht und der 2. Schicht im Blockverband dargestellt. Es wurden klein- und mittelformatige Mauersteine verwendet.

| Steinformate in cm | | | | |
|---|---|---|---|---|
| Formate | Kurzzeichen | Länge | Breite | Höhe |
| Kleinformat | DF | 24 | $11^5$ | $5^2$ |
| Kleinformat | NF | 24 | $11^5$ | $7^1$ |
| Kleinformat | 2 DF | 24 | $11^5$ | $11^3$ |
| Mittelformat | 3 DF | 24 | $17^5$ | $11^3$ |

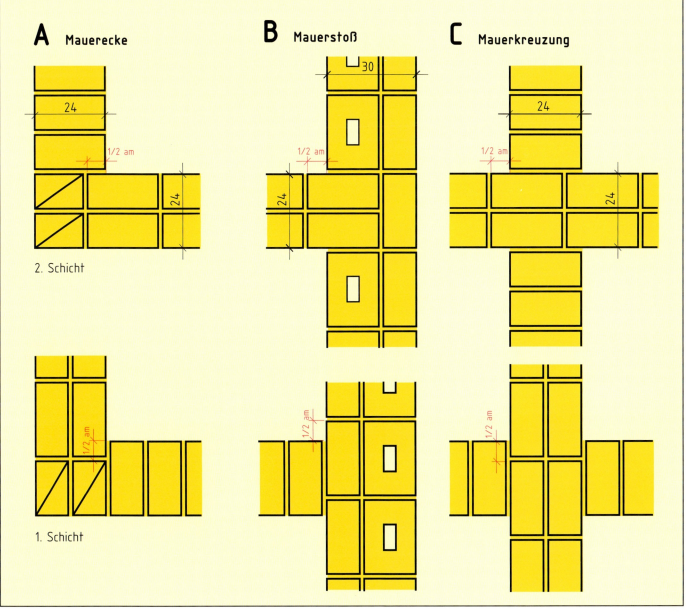

**A** Mauerecke  **B** Mauerstoß  **C** Mauerkreuzung

2. Schicht

1. Schicht

# 10 Mauerwerksbau
## 10.1 Mauerverbände aus klein- und mittelformatigen Steinen
### Aufgaben zu 10.1.1 Rechtwinklige Maueranschlüsse

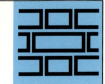

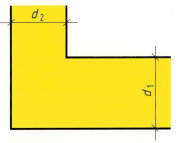
**Mauerecke mit unterschiedlichen Wanddicken**

**1** Für die **Mauerecken** mit gleichen Wanddicken $d$ ist die 1. Schicht und die 2. Schicht im Blockverband zu zeichnen sowie 6 Schichten in der Ansicht.
  $11^5$ cm/$11^5$ cm    24 cm/24 cm    30 cm/30 cm    $36^5$ cm/$36^5$ cm

DIN A 4 Hochformat
M 1:10 mit Fugendicken

**2** Für die **Mauerecken** mit gleichen Wanddicken $d$ sind 4 Schichten im Kreuzverband zu zeichnen sowie 8 Schichten in der Ansicht.
  24 cm/24 cm    $36^5$ cm/$36^5$ cm

DIN A 4 Hochformat
M 1:10 mit Fugendicken

**3** Für die **Mauerecken** mit unterschiedlichen Wanddicken $d_1$ und $d_2$ ist die 1. Schicht und die 2. Schicht im Blockverband zu zeichnen.
  $11^5$ cm/24 cm    $17^5$ cm/24 cm    24 cm/30 cm    30 cm/$36^5$ cm

DIN A 4 Hochformat
M 1:10 mit Fugendicken

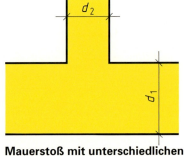
**Mauerstoß mit unterschiedlichen Wanddicken**

**4** Für die **Mauerstöße** mit gleichen Wanddicken $d$ ist die 1. Schicht und die 2. Schicht im Blockverband darzustellen.
  $11^5$ cm/$11^5$ cm    $17^5$ cm/$17^5$ cm    30 cm/30 cm    $36^5$ cm/$36^5$ cm

DIN A 4 Hochformat
M 1:10 mit Fugendicken

**5** Für die **Mauerstöße** mit unterschiedlichen Wanddicken $d_1$ und $d_2$ ist die 1. Schicht und die 2. Schicht im Blockverband darzustellen.
  24 cm/$11^5$ cm    24 cm/$17^5$ cm    30 cm/$17^5$ cm    30 cm/24 cm

DIN A 4 Hochformat
M 1:10 mit Fugendicken

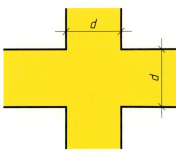
**Mauerkreuzung mit gleichen Wanddicken**

**6** Für die **Mauerkreuzungen** mit gleichen Wanddicken $d$ ist die 1. Schicht und die 2. Schicht im Blockverband zu zeichnen.
  $11^5$ cm/$11^5$ cm    $17^5$ cm/$17^5$ cm    24 cm/24 cm    30 cm/30 cm

DIN A 4 Hochformat
M 1:10 mit Fugendicken

**7** Für die **Mauerkreuzungen** mit unterschiedlichen Wanddicken $d_1$ und $d_2$ ist die 1. Schicht und die 2. Schicht im Blockverband zu zeichnen.
  24 cm/$11^5$ cm    24 cm/$17^5$ cm    30 cm/24 cm    $36^5$ cm/24 cm

DIN A 4 Hochformat
M 1:10 mit Fugendicken

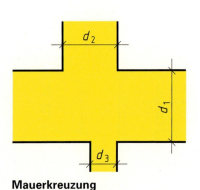
**Mauerkreuzung mit unterschiedlichen Wanddicken**

**8** Für die **Mauerkreuzungen** mit unterschiedlichen Wanddicken $d_1$ und $d_2$ ist die 1. Schicht und die 2. Schicht im Blockverband zu zeichnen.
  $36^5$ cm/24 cm/$11^5$ cm         30 cm/24 cm/$11^5$ cm
  $36^5$ cm/30 cm/24 cm            30 cm/$17^5$ cm/$11^5$ cm

DIN A 4 Hochformat
M 1:10 mit Fugendicken

**9** Der **Grundriss** des Lagergebäudes (Seite 137) ist im Blockverband zu zeichnen. In einer der beiden Schichten sind die Rohbaumaße einzutragen.

DIN A 3 Hochformat
M 1:25 ohne Fugendicken

# 10 Mauerwerksbau

## 10.1 Mauerverbände aus klein- und mittelformatigen Steinen
**Aufgaben zu 10.1.1 Rechtwinklige Maueranschlüsse**

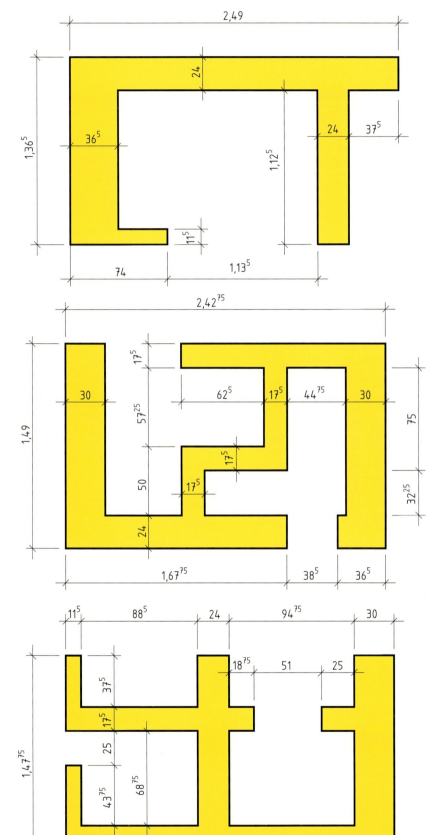

**10** Für das **Mauerwerk** im Blockverband ist die 1. Schicht und die 2. Schicht mit kleinformatigen Steinen zu zeichnen.

DIN A 3 Hochformat
M 1:10
mit Fugendicken

**11** Für das **Mauerwerk** aus Aufgabe 10 sind im Kreuzverband 4 Schichten mit kleinformatigen Steinen zu zeichnen.

DIN A 3 Hochformat
M 1:20
ohne Fugendicken

**12** Für das **Mauerwerk** im Blockverband ist die 1. Schicht und die 2. Schicht mit klein- und mittelformatigen Steinen zu zeichnen.

DIN A 3 Hochformat
M 1:10
mit Fugendicken

**13** Für das **Mauerwerk** im Blockverband ist die 1. Schicht und die 2. Schicht zu zeichnen. Den Wanddicken entsprechend sind klein- und mittelformatige Stein zu verwenden.

DIN A 3 Hochformat
M 1:10
mit Fugendicken

# 10 Mauerwerksbau

## 10.1 Mauerverbände aus klein- und mittelformatigen Steinen
### 10.1.2 Vorlagen, Nischen, Schlitze, Anschläge

**Beispiel für eine Mauerecke** (alle Maße in **am**)

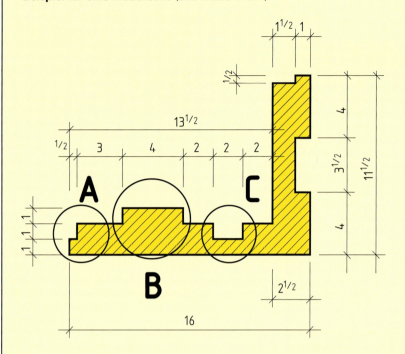

Für eine **Mauerecke** sind die angegebenen Einzelheiten A, B und C in der 1. Schicht und der 2. Schicht im Blockverband dargestellt. Es wurden kleinformatige Steine verwendet.

| Umrechnung von Baurichtmaßen (am) in Rohbaumaße (cm) | | | | |
|---|---|---|---|---|
| Bezeichnung | Breite in am | Tiefe in am | Breite in cm | Tiefe in cm |
| Anschlag | 1 | 1/2 | $11^5$ | $6^{25}$ |
| Vorlage | 4 | 1 | 49 | $12^5$ |
| Schlitz | 2 | 1 | 26 | $13^5$ |
| Nische | 3 1/2 | 1 | $44^{75}$ | $13^5$ |

**A** Anschlag    **B** Vorlage    **C** Schlitz

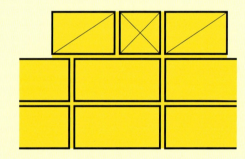
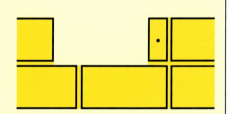

2. Schicht

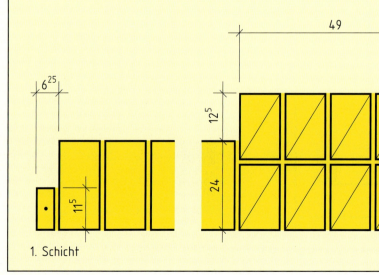
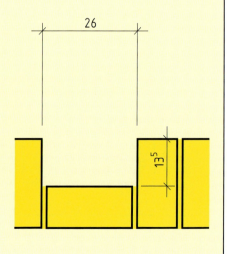

1. Schicht

# 10 Mauerwerksbau

## 10.1 Mauerverbände aus klein- und mittelformatigen Steinen
### Aufgaben zu 10.1.2 Vorlagen, Nischen, Schlitze, Anschläge

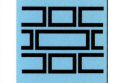

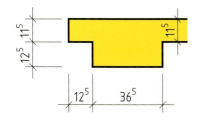
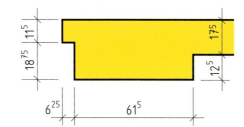

**Mauer mit Vorlage und Anschlag**

1. Für jede **Mauer mit Vorlage und Anschlag** ist jeweils die 1. Schicht und die 2. Schicht im Blockverband zu zeichnen.

   DIN A 4 Hochformat
   M 1:10 mit Fugendicken

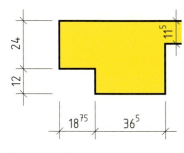
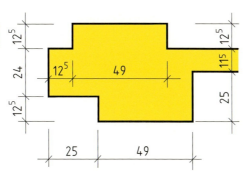

**Mauer mit Vorlage**

2. Für jede **Mauer mit Vorlage** ist jeweils die 1. Schicht und die 2. Schicht im Blockverband darzustellen.

   DIN A 4 Hochformat
   M 1:10 mit Fugendicken

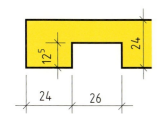
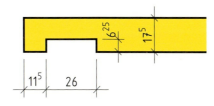

**Mauer mit Nische**

3. Für jede **Mauer mit Nische** ist jeweils die 1. Schicht und die 2. Schicht im Blockverband zu zeichnen.

   DIN A 4 Hochformat
   M 1:10 mit Fugendicken

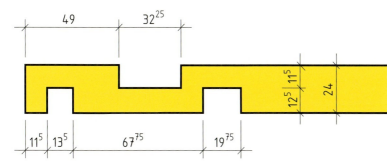

**Mauer mit Nische und Schlitzen**

4. Für die **Mauer mit Nische und Schlitzen** ist die 1. Schicht und die 2. Schicht im Blockverband darzustellen.

   DIN A 4 Hochformat
   M 1:10 mit Fugendicken

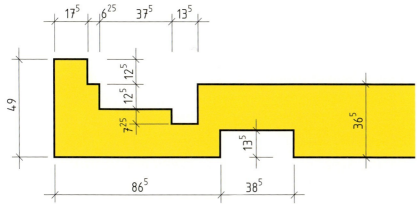

**Mauer mit Vorlage, Nischen und Schlitz**

5. Für die **Mauer mit Vorlage, Nischen und Schlitz** ist die 1. Schicht und die 2. Schicht im Blockverband zu zeichnen.

   DIN A 4 Hochformat
   M 1:10 mit Fugendicken

6. Für die **Mauerecke** im Beispiel auf Seite 140 ist die 1. Schicht und die 2. Schicht im Blockverband zu zeichnen.

   DIN A 3 Hochformat
   M 1:10 mit Fugendicken

# 10 Mauerwerksbau
## 10.1 Mauerverbände aus klein- und mittelformatigen Steinen
### 10.1.3 Mauerpfeiler

**Beispiele für Mauerpfeiler** (alle Maße in **am**)

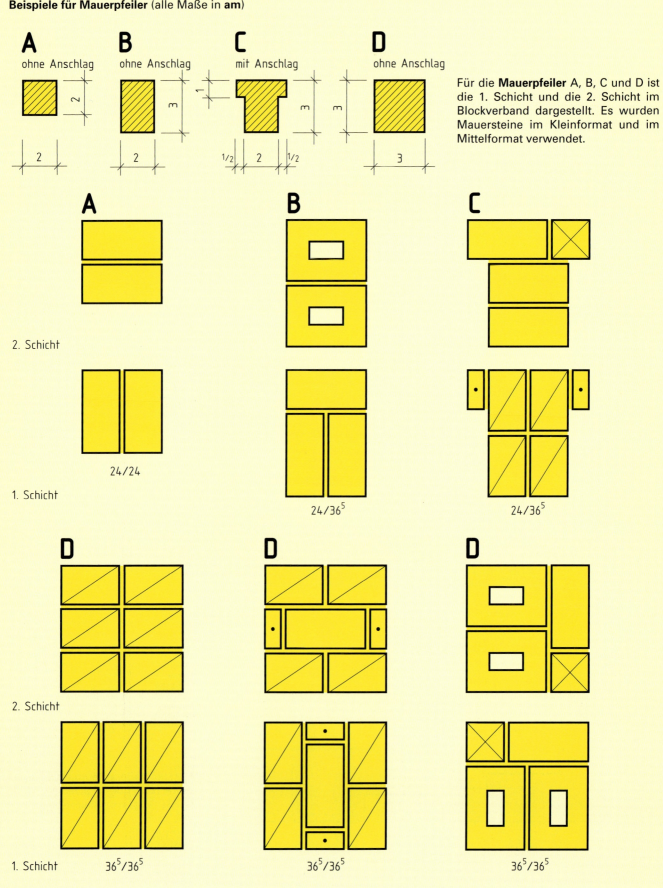

Für die **Mauerpfeiler** A, B, C und D ist die 1. Schicht und die 2. Schicht im Blockverband dargestellt. Es wurden Mauersteine im Kleinformat und im Mittelformat verwendet.

# 10 Mauerwerksbau

## 10.1 Mauerverbände aus klein- und mittelformatigen Steinen
**Aufgaben zu 10.1.3 Mauerpfeiler**

**Mauerpfeiler ohne Anschlag**        **Mauerpfeiler mit Anschlag**

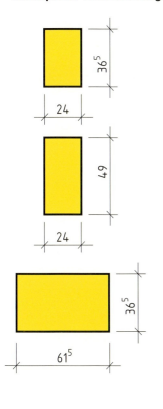 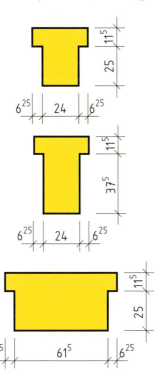

**1** Für die **Mauerpfeiler** ohne Anschlag und mit Anschlag ist jeweils die 1. Schicht und die 2. Schicht im Blockverband zu zeichnen.

Es sollen kleinformatige Steine verwendet werden.

DIN A 4 Hochformat
M 1:10 mit Fugendicken

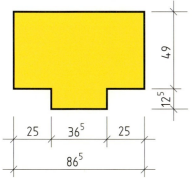 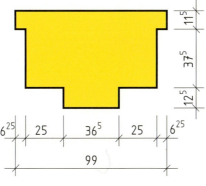

**2** Für die **Mauerpfeiler** ohne Anschlag und mit Anschlag ist jeweils die 1. Schicht und die 2. Schicht im Blockverband zu zeichnen.

Es sind soweit als möglich mittelformatige Steine zu verwenden.

DIN A 4 Hochformat
M 1:10 mit Fugendicken

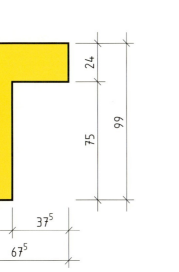 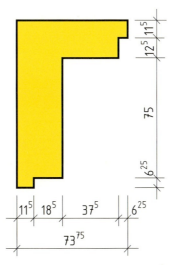

**3** Für die **Mauerpfeiler** ohne Anschlag und mit Anschlag ist jeweils die 1. Schicht und die 2. Schicht im Blockverband zu zeichnen.

Es sollen Mauersteine im Klein- und im Mittelformat verwendet werden.

DIN A 4 Hochformat
M 1:10 mit Fugendicken

# 10 Mauerwerksbau
## 10.1 Mauerverbände aus klein- und mittelformatigen Steinen
### 10.1.4 Schiefwinklige Maueranschlüsse

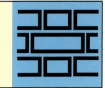

**Beispiel für einen Verkaufskiosk** (alle Maße in **am**)

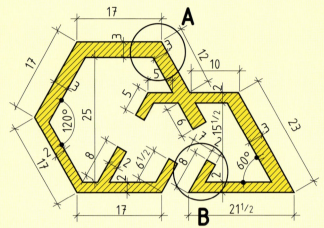

Für einen **Verkaufskiosk** sind die angegebenen Einzelheiten A und B in der 1. Schicht und in der 2. Schicht im Blockverband dargestellt.

Es wurden kleinformatige Mauersteine verwendet.

**A  Stumpfwinklige Mauerecke**

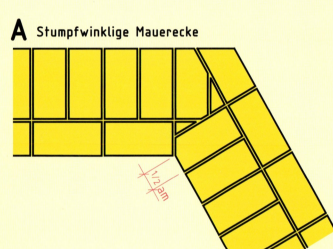

2. Schicht

Die stumpfwinklige Mauerecke wird von der **Innenecke** aus angelegt.

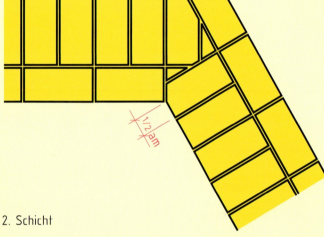

1. Schicht

**B  Spitzwinklige Mauerecke**

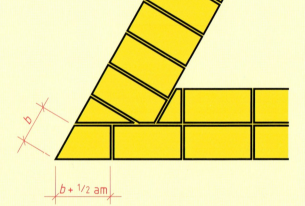

Die spitzwinklige Mauerecke wird von der **Außenecke** aus angelegt.

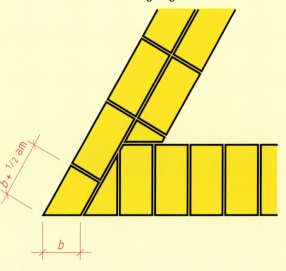

# 10 Mauerwerksbau

## 10.1 Mauerverbände aus klein- und mittelformatigen Steinen
**Aufgaben zu 10.1.4 Mauerpfeiler**

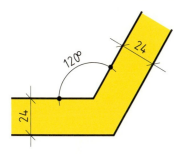 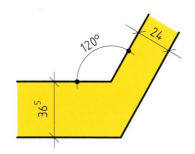

**Stumpfwinklige Mauerecken**

1. Für die **stumpfwinklige Mauerecken** sind die 1. Schicht und die 2. Schicht im Blockverband mit kleinformatigen Steinen zu zeichnen.

   DIN A 4 Hochformat
   M 1:10 mit Fugendicken

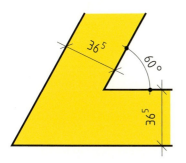 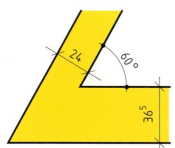

**Spitzwinklige Mauerecken**

2. Für die **spitzwinkligen Mauerecken** ist die 1. Schicht und die 2. Schicht im Blockverband zu zeichnen. Es sind kleinformatige Steine zu verwenden.

   DIN A 4 Hochformat
   M 1:10 mit Fugendicken

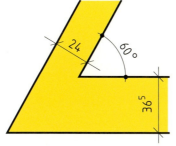

**Schiefwinklige Mauerstöße**

3. Für die **schiefwinkligen Mauerstöße sind** mit kleinformatigen Steinen die 1. Schicht und die 2. Schicht im Blockverband zu zeichnen.

   DIN A 4 Hochformat
   M 1:10 mit Fugendicken

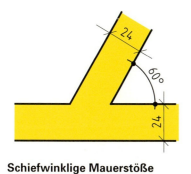 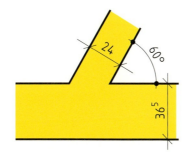

4. Für die **schiefwinkligen Mauerkreuzungen** ist die 1. Schicht und die 2. Schicht im Blockverband mit kleinformatigen Steinen zu zeichnen.

   DIN A 4 Hochformat
   M 1:10 mit Fugendicken

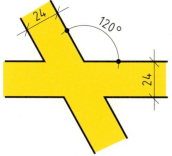 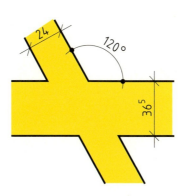

**Schiefwinklige Mauerkreuzungen**

5. Für den **Verkaufskiosk** (Seite 144) ist die 1. Schicht und die 2. Schicht im Blockverband zu zeichnen. Es sind kleinformatige Steine zu verwenden.

   DIN A 3 Hochformat
   M 1:10
   mit Fugendicken

# 10 Mauerwerksbau
## 10.2 Mauerverbände aus großformatigen Steinen

### Vorzugsgrößen bei großformatigen Mauersteinen

| Steinbreite = Mauerdicke | Steinlänge | | | | Teilsteine | Ergänzung der Formatkurzzeichen durch die Wanddicke in mm |
| --- | --- | --- | --- | --- | --- | --- |
| | 24 cm | 30 cm | $36^5$ cm | 49 cm | | |
| $11^5$ cm | | | 6DF | | | |
| 24 cm | 8DF | 10DF | 12DF | 16DF | z.B. $17^5$ cm | z.B. 10 DF (240)<br>30 cm lang, 24 cm breit |
| 30 cm | 10DF | | | | z.B. $11^5$ cm | z.B. 10 DF (300)<br>24 cm lang, 30 cm breit |
| $36^5$ cm | 12DF | | | | z.B. $11^5$ cm | z.B. 12 DF (365)<br>24 cm lang, $36^5$ cm breit |

## A  Mauerecke

**Beispiel für ein Mauerwerk**
(alle Maße in **am**)

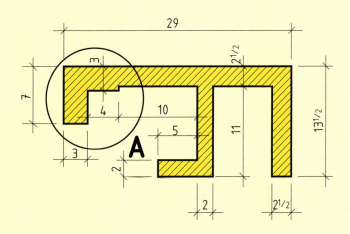

Für ein **Mauerwerk** ist die angegebene Einzelheit A in der 1. Schicht und in der 2. Schicht dargestellt. Für die unterschiedlichen Wanddicken wurden die entsprechenden Vorzugsgrößen bei großformatigen Mauersteinen verwendet.

Teilsteine können handelsübliche Ergänzungssteine sein, oder sie sind durch Sägen in der passenden Größe abzulängen.

# 10 Mauerwerksbau
## 10.2 Mauerverbände aus großformatigen Steinen
Aufgaben zu 10.2 Mauerverbände aus großformatigen Steinen

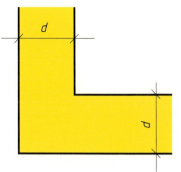
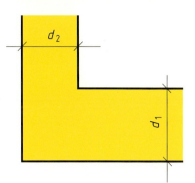

**Mauerecken**

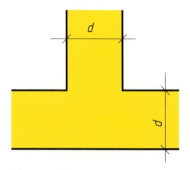
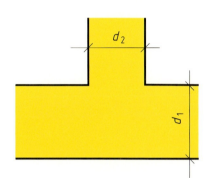

**Mauerstöße**

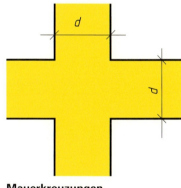
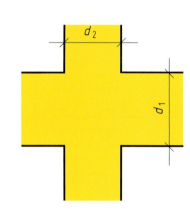

**Mauerkreuzungen**

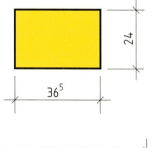
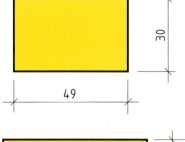

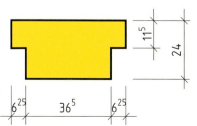
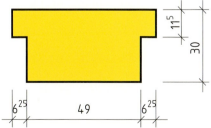

**Mauerpfeiler**

**1** Für die **Mauerecken** mit gleichen Wanddicken $d$ ist die 1. Schicht und die 2. Schicht zu zeichnen.
24 cm/24 cm    30 cm/30 cm

DIN A 4 Hochformat
M 1:10 mit Fugendicken

**2** Für die **Mauerecken** mit unterschiedlichen Wanddicken $d_1$ und $d_2$ ist die 1. Schicht und die 2. Schicht zu zeichnen.
30 cm/24 cm    30 cm/36$^5$ cm

DIN A 4 Hochformat
M 1:10 mit Fugendicken

**3** Für die **Mauerstöße** mit gleichen Wanddicken $d$ ist die 1. Schicht und die 2. Schicht zu zeichnen.
24 cm/24 cm    30 cm/30 cm

DIN A 4 Hochformat
M 1:10 mit Fugendicken

**4** Für die **Mauerstöße** mit unterschiedlichen Wanddicken $d_1$ und $d_2$ ist die 1. Schicht und die 2. Schicht zu zeichnen.
30 cm/24 cm    36$^5$ cm/24 cm

DIN A 4 Hochformat
M 1:10 mit Fugendicken

**5** Für die **Mauerkreuzungen** mit gleichen Wanddicken $d$ ist die 1. Schicht und die 2. Schicht zu zeichnen.
24 cm/24 cm    30 cm/30 cm

DIN A 4 Hochformat
M 1:10 mit Fugendicken

**6** Für die **Mauerkreuzungen** mit unterschiedlichen Wanddicken $d_1$ und $d_2$ ist die 1. Schicht und die 2. Schicht zu zeichnen.
30 cm/24 cm    36$^5$ cm/24 cm

DIN A 4 Hochformat
M 1:10 mit Fugendicken

**7** Für die **Mauerpfeiler** ohne Anschlag und mit Anschlag ist die 1. Schicht und die 2. Schicht zu zeichnen.

DIN A 4 Hochformat
M 1:10 mit Fugendicken

# 10 Mauerwerksbau
## 10.2 Mauerverbände aus großformatigen Steinen
### Aufgaben zu 10.2 Mauerverbände aus großformatigen Steinen

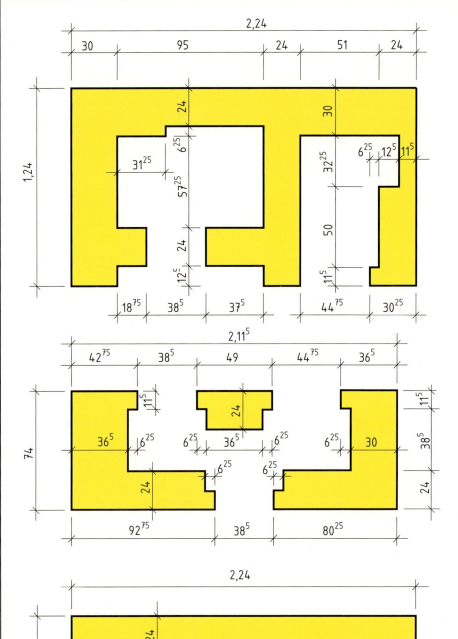

**8** Für das **Mauerwerk** ist die 1. Schicht und die 2. Schicht mit den entsprechenden Vorzugsgrößen und Ergänzungs- bzw. Teilsteinen zu zeichnen.

DIN A 3 Hochformat
M 1:10
mit Fugendicken

**9** Für das **Mauerwerk** ist die 1. Schicht und die 2. Schicht zu zeichnen. Es sind die entsprechenden Vorzugsgrößen und Ergänzungs- bzw. Teilsteine zu verwenden.

DIN A 3 Hochformat
M 1:10
mit Fugendicken

**10** Für das **Mauerwerk** ist die 1. Schicht und die 2. Schicht zu zeichnen. Den Wanddicken entsprechende Vorzugsgrößen und Ergänzungs- bzw. Teilsteine sind zu verwenden.

DIN A 3 Hochformat
M 1:10
mit Fugendicken

**11** Für das **Mauerwerk** (Seite 146) ist die 1. Schicht und die 2. Schicht zu zeichnen. In einer Schicht sind die Rohbaumaße einzutragen.

DIN A 3 Hochformat
M 1:10
mit Fugendicken

# 10 Mauerwerksbau
## 10.3 Mauerwerk
### 10.3.1 Einschaliges Mauerwerk

**Beispiel eines Fassadenschnitts durch ein Wohngebäude**

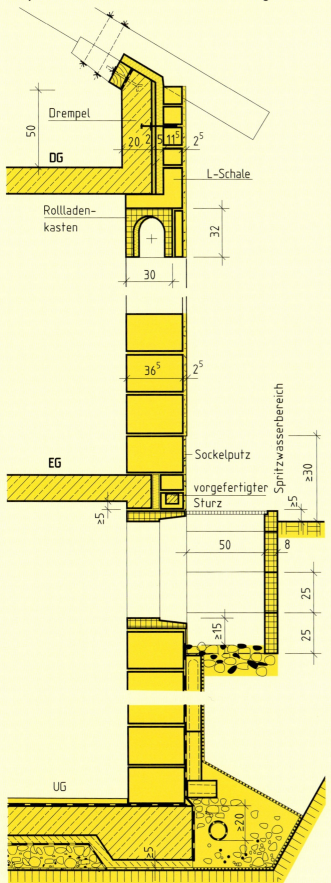

## Ausführungsbeschreibung

### Drempel
- aus Stahlbeton als Widerlager für die Schwelle des Dachstuhls mit anbetonierter 2 cm dicker Polystyrolplatte
- 5 cm Faserdämmstoff als Wärmedämmung und Längenausgleich
- 11,5 cm dicke Vormauerung mit Verankerung

### Deckenauflager
- Ummauerung mit L-förmigen Mauersteinen (L-Schale)

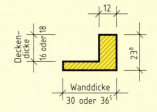

### Rollladenkasten
- selbsttragendes Fertigteil mit Wärmedämmung 32 cm hoch, die Breite ist auf die Wanddicke abzustimmen
- Verblendung mit 6 cm dicker Platte aus dem gleichen Baustoff wie Mauerwerk möglich

### Spritzwasserbereich (Sockel)
- Sockelputz gegen Spritzwasser

### Deckenauflager
- Abmauerung zur Außenseite hin mit Mauersteinen
- vorgefertigter Sturz aus U-förmigen Mauersteinen
- Wärmedämmung mit 2 cm Polystyrolplatte und 5 cm Faserdämmstoff
- Stahlbetonmassivplatte mit anbetoniertem Höhenausgleich oder einer Ausgleichsschicht aus Mauerwerk
- Querschnittsabdichtung ≥ 5 cm unter Deckenunterkante möglich

### Kellerfenster
- Einbauelement, Umrahmung als Betonfertigteil aus Leichtbeton

### Lichtschacht
- aus U-förmigen Betonfertigteilen zusammengesetzt und an der Fertigteilumrahmung des Kellerfensters eingehängt
- unten offen und mit Grobkies ausgelegt

### Kelleraußenwand
- senkrechte Abdichtung mit Dickbeschichtung, Sickersteinen oder Sickerplatten
- Schutzschicht für die senkrechte Abdichtung mit Geotextil oder Vlies als Filter gegen Eindringen von Feinstteilen
- waagerechte Sperrschicht unter der 1. Mauerwerksschicht

### Dränleitung
- DN 100 aus PVC als Ringleitung mit 0,5 % Gefälle
- Umhüllung mit Mischfilter aus Betonkies B 32 und Filtervlies
- höchster Punkt der Rohrsohle ≥ 20 cm unter OK Bodenplatte
- tiefster Punkt der Rohrsohle nicht unter Fundamentsohle

### Arbeitsraum
- Breite ≥ 50 cm
- Böschungswinkel entsprechend der Bodenklasse
- Auffüllung in Schichten ≤ 50 cm und verdichten

### Sauberkeitsschicht
- $d ≥ 5$ cm unter allen Stahlbetonbauteilen

### Kapillarbrechende Schicht
- unter der Bodenplatte $d ≥ 15$ cm und darunterliegendem Filtervlies

# 10 Mauerwerksbau

## 10.3 Mauerwerk
### Aufgaben zu 10.3.1 Einschaliges Mauerwerk

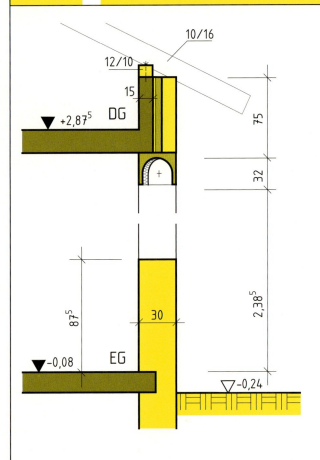

**1 Schnitt durch aufgehendes Mauerwerk über Erdgleiche**

- Mauerwerk aus Porenbeton GP 4 - 0,6 - 499 × 300 × 249
- Decke über UG aus Stahlbeton C20/25, $d$ = 16 cm
- Decke über EG aus Stahlbeton C20/25, $d$ = 18 cm
- Wärmedämmung der Stahlbetonbauteile 2 cm Polystyrolplatte und 5 cm Mineralfaserplatte
- selbsttragender Rollladenkasten als Fertigteil $b/h$ = 30 cm/32 cm mit innenliegender Wärmedämmung
- Vormauerung über Rollladenkasten bis Kniestockhöhe mit Porenbeton GP 2 - 0,4 - 499 × 115 × 249
- Außenputz 2 cm

Zu zeichnen sind

- **im Bereich der Erdgleiche**

Spritzwasserschutz im Sockelbereich mit $d$ = 1,5 cm Sockelputz, Spritzwasserschutz mit Grobkies waagerechte Sperrschichten, senkrechte Sperrschicht unter Erdgleiche, Wärmedämmung im Bereich der Decke

- **im Bereich der Decke über EG**

Höhenausgleich der Decke über EG über dem Rollladenkasten, Wärmedämmung der Stahlbetonbauteile, Vormauerung über Rollladenkasten bis UK Sparren, Außenputz

DIN A3 Hochformat
M 1:10 Mauerwerk mit Fugen

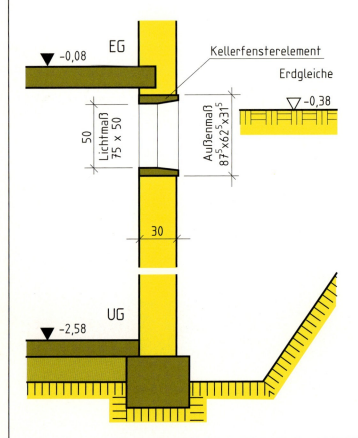

**2 Schnitt durch aufgehendes Mauerwerk unter Erdgleiche**

- Streifenfundament C16/20, 50 cm breit, 40 cm tief
- Kelleraußenmauerwerk aus HLz W-8-0,8-10 DF (300)
- Bodenplatte C20/25, $d$ =12 cm, Mineralbeton $d$ = 5 cm und kapillarbrechende Schicht $d$ = 15 cm
- Umrahmung für Kellerfensterelemente aus Stahlleichtbeton LC20/22, $\geq$ 5 cm unter der Decke über UG
- Lichtschachtfertigteile mit 50 cm lichter Weite, Wanddicke $d$ = 8 cm, Lichtschachthöhe = Fensterhöhe
- Erdgleiche = Lichtschachtoberkante abzüglich 5 cm
- Decke über UG aus Stahlbeton C20/25, $d$ = 18 cm

Zu zeichnen sind

alle waagerechten Sperrschichten, Schutz der Kelleraußenwand gegen eindringende Feuchtigkeit, Arbeitsraum an der Baugrubensohle, Dränung, Lichtschacht, Wärmeschutz im Bereich der Decke über UG, Spritzwasserschutz

DIN A3 Hochformat
M 1:10 Mauerwerk mit Fugen

# 10 Mauerwerksbau
## 10.3 Mauerwerk
### 10.3.2 Zweischaliges Mauerwerk

**Beispiel eines Fassadenschnitts durch ein Wohngebäude**

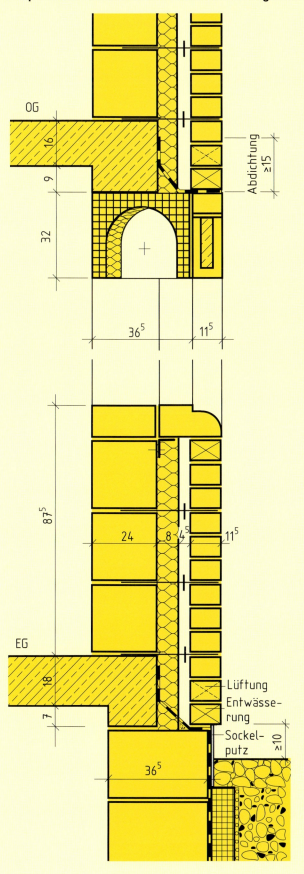

**Ausführungsbeschreibung**

### Deckenauflager über UG

- Stahlbetonmassivplatte $d$ = 18 cm
- Höhenausgleich der Deckendicke zur entsprechenden Schichthöhe des Verblendmauerwerks in Übereinstimmung mit der Geschosshöhe
- Sperrschichten gegen von außen eindringende Feuchtigkeit ≥ 15 cm hoch

### Deckenauflager über EG

- Stahlbetonmassivplatte $d$ = 16 cm
- Höhenausgleich der Deckendicke zur entsprechenden Schichthöhe des Verblendmauerwerks in Übereinstimmung mit der Geschosshöhe
- Rollladenkasten als Fertigteil 36,5 cm/30 cm mit einer Wärmedämmung auf der Innenseite
- vorgefertigter Sturz in der Verblendschale aus hochkant gestellten U-Schalen mit Beton ausgegossen
- Sperrschicht gegen von außen eindringende Feuchtigkeit ≥ 15 cm hoch

### Zweischalige Außenwand

- tragende Wand aus großformatigen Mauersteinen $d$ = 24 cm
- Wärmedämmung $d$ = 8 cm
- Luftschicht $d$ = 4,5 cm
- Verblendschale aus frostbeständigen Mauersteinen $d$ = 11,5 cm
- Verankerung der beiden Mauerwerksschalen mit nichtrostenden Ankern, $d$ = 3 mm, in der Lagerfuge rechtwinklig abgebogen und mit Kunststoff-Tropfscheibe in der Mitte der Luftschicht

  Mindestens 5 Anker/m² Wandfläche, an freien Rändern wie z.B. bei Öffnungen, Gebäudeecken oder Bewegungsfugen zusätzlich 3 Anker/m Randlänge

- Hinterlüftung der Verblendschale durch offene Stoßfugen am Fuß der Verblendschale (1. und 2. Mauerschicht, mindestens 10 cm über Erdgleiche) sowie in der obersten Mauerschicht
- bei bündigem Verblendmauerwerk mit der Kelleraußenwand Fuge mit elastischem Dichtstoff schließen
- bei überstehendem Verblendmauerwerk (Überstand 1,5 cm) entsteht Abtropfnase für Wasser
- alle Anschlussfugen außen zwischen Bauteilen und Öffnungen für Fenster und Türen sowie zwischen unterschiedlichen Baustoffen mit elastischem Dichtstoff schließen

# 10 Mauerwerksbau

## 10.3 Mauerwerk
### Aufgaben zu 10.3.2 Zweischaliges Mauerwerk

**Schnitt durch die Fassade eines Wohngebäudes**

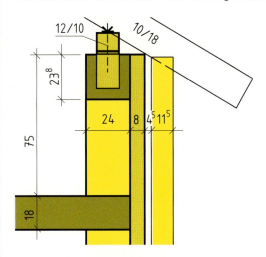

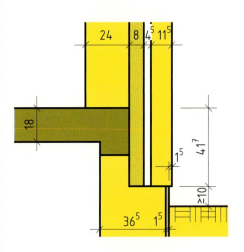

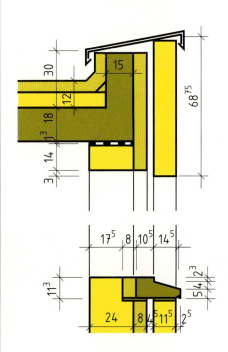

**1 Schnitt durch zweischaliges Mauerwerk mit Dachkonstruktion**

- Kellermauerwerk aus Leichtbetonhohlblocksteinen DIN 18 151 3 K Hbl 4-0,9-36,5 m mit Dickbeschichtung bzw. wasserundurchlässigem Putz, $d$ = 15 mm
- Decke über UG aus Stahlbeton C20/25, $d$ = 18 cm, 8 cm Wärmedämmung und 11,5 cm Vormauerung
- Aufgehendes zweischaliges Mauerwerk mit Tragschale $d$ = 24 cm aus großformatigen Steinen, Wärmedämmung $d$ = 8 cm, Luftschicht $d$ = 4,5 cm, Verblendschale $d$ = 11,5 cm aus NF-Steinen mit 1,5 cm Überstand am Sockel
- Decke über EG aus Stahlbeton C20/25 $d$ = 18 cm mit Höhenausgleich unter der Decke auf Schichthöhe des Mauerwerks abgestimmt
- Kniestock $h$ = 75 cm, Mauerwerk $d$ = 24 cm oberste Schicht aus U-Schalen, $b$ = 24 cm und $h$ = 23,8 cm, ausbetoniert als Ringanker und zur Befestigung der Schwelle
- Dachkonstruktion mit Holzschwelle 12 cm/10 cm und Sparren 10 cm/18 cm, Dachneigung 30°, 35 cm Dachvorsprung

Zu zeichnen sind

- ein Fassadenschnitt M 1:10 mit Unterbrechung, Wärmedämmung, allen notwendigen Sperrschichten, Verankerungen und Lüftungsfugen und
- ein Horizontalschnitt M 1:10 durch das zweischalige Mauerwerk an einer Wandecke mit allen notwendigen Angaben.

DIN A 3 Hochformat
M 1:10 Mauerwerk mit Fugen

**2 Schnitt durch zweischaliges Mauerwerk mit Fensteröffnung und Flachdachkonstruktion**

- aufgehendes zweischaliges Mauerwerk mit Tragschicht $d$ = 24 cm aus kleinformatigen Steinen z.B. aus Mauerziegel DIN 105-HLz 8 - 0,8 - 2DF, Wärmedämmung $d$ = 8 cm, Luftschicht $d$ = 4,5 cm, Verblendschale aus frostbeständigen Mauersteinen $d$ = 11,5 cm, z.B. Mauerziegel DIN 105 VMz 28 - 1,8 - DF
- Fensterbank als Betonfertigteil mit 8 cm Wärmedämmung und Sperrschicht
- Stahlbetondecke C20/25, $d$ = 18 cm auf Ringbalken, dazwischen Gleitschicht
- Verblendschale aufgelagert auf Fertigsturz aus L-Schalen 11,3 cm hoch
- Dachaufbau aus 7 cm Gefällebeton, bitumengebundenem Voranstrich, Dampfsperrschicht mit Ausgleichsschicht, 5 cm Wärmedämmung und mehrlagiger Dachhaut, Gesimsabdeckblech

Zu zeichnen sind

- Fassadenschnitt M 1:10 für eine Fensteröffnung $b$ = 63,5 cm und $h$ = 1,01 m mit Wärmedämmung, allen notwendigen Sperrschichten, Verankerungen und Lüftungsfugen und
- die Ansicht M 1:10 mit dem Mauerverband und den Lüftungsfugen (schwarz anlegen)

DIN A 3 Querformat
M 1:10 Mauerwerk mit Fugen

# 10 Mauerwerksbau
## 10.4 Mauerbögen
### 10.4.1 Rundbogen   10.4.2 Korbbogen

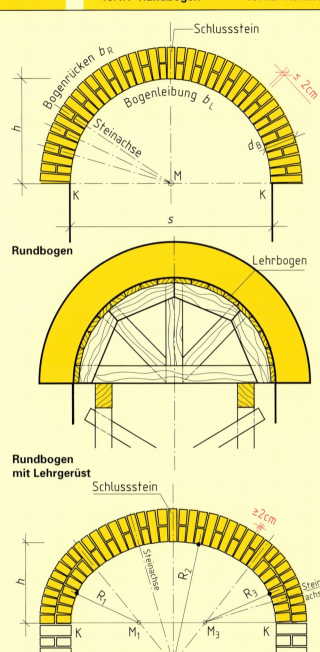

**Rundbogen**

**Rundbogen mit Lehrgerüst**

**Korbbogen mit 3 Mittelpunkten**

**Korbbogen mit Lehrgerüst**

### Allgemeine Regeln für Mauerbögen

- In der Mitte des Bogens (Scheitelpunkt) ist der Schlussstein angeordnet, die Anzahl der Schichten ist deshalb stets ungerade.
- Die Schichthöhe setzt sich zusammen aus Steinhöhe und Fugendicke.
- Die Steinhöhe ist durch das Steinformat bestimmt.
- An der Bogenleibung muß die Fugendicke mindestens 0,5 cm betragen.
- Am Bogenrücken darf die Fuge höchstens 2,0 cm dick sein. Ergeben sich dickere Fugen, sind z.B. Keilsteine zu vermauern.
- Die Verbände für Bogenmauerwerk entsprechen denen für Pfeilermauerwerk.

### 10.4.1 Rundbogen

Beim Rundbogen entspricht die Bogenlänge $b_L$ an der Leibung und die Bogenlänge $b_R$ am Rücken jeweils der Länge eines Halbkreises. Der Mittelpunkt M des Halbkreises liegt in der Mitte der Verbindungslinie zwischen den Kämpferpunkten. Der Durchmesser des Rundbogens an der Bogenleibung entspricht der Spannweite s oder der Breite der Maueröffnung.

| Bezeichnungen am Rundbogen | |
|---|---|
| $b_L$ | Bogenlänge der Leibung |
| $b_R$ | Bogenlänge des Rückens |
| $d_B$ | Dicke des Bogens |
| s | Spannweite |
| M | Mittelpunkt |
| K | Kämpferpunkt |

| Bogendicke bei Rundbögen | |
|---|---|
| Spannweite | Bogendicke |
| bis 2,0 m | $11^5$ cm, 24 cm |
| 2,0 m bis 3,5 m | $36^5$ cm |
| 3,5 m bis 5,0 m | 49 cm |

Das **Lehrgerüst** besteht aus dem Lehrbogen und der Unterstützung mit Aussteifung. Zu seiner Herstellung ist ein Aufreißen des Bogens in natürlicher Größe notwendig. Die angerissenen Bretter werden ausgesägt und zusammen mit Verstrebungen unverschieblich zu einem Lehrbogen zusammengebaut.

### 10.4.2 Korbbogen

Der Korbbogen kann aus 3 oder 5 Kreisbögen zusammengesetzt sein (Seite 39). Für seine Konstruktion sind Maße für die Spannweite s und die Stichhöhe h notwendig. Günstig ist eine Stichhöhe von 1/3 der Spannweite.
Das Lehrgerüst wird wie beim Rundbogen hergestellt.

| Bezeichnungen am Korbbogen | | | |
|---|---|---|---|
| $M_1 ... M_3$ | Mittelpunkte | s | Spannweite |
| $R_1 ... R_3$ | Halbmesser | h | Stichhöhe |
| | | K | Kämpferpunkte |

# 10 Mauerwerksbau

## 10.4 Mauerbögen
### 10.4.1 Rundbogen    10.4.2 Korbbogen

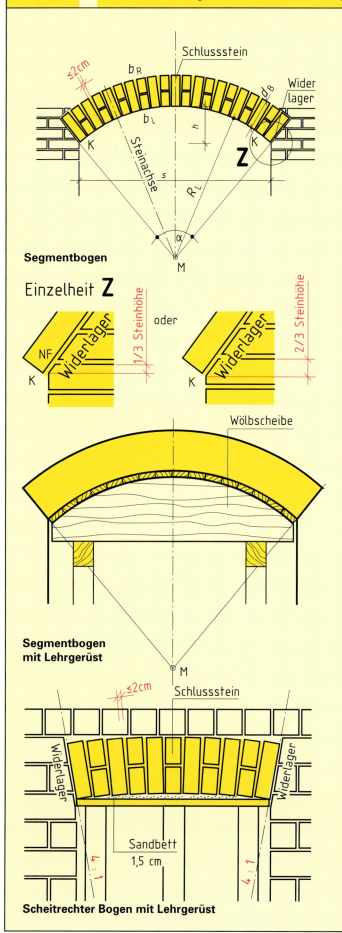

**Segmentbogen**

**Einzelheit Z**

**Segmentbogen mit Lehrgerüst**

**Scheitrechter Bogen mit Lehrgerüst**

### 10.4.3 Segmentbogen

Der Segmentbogen (Stichbogen) ist ein Teil des Kreisbogens.

| Bezeichnung am Segmentbogen | | | |
|---|---|---|---|
| $b_L$ | Bogenlänge der Leibung | $h$ | Stichhöhe |
| $b_R$ | Bogenlänge des Rückens | $\alpha$ | Mittelpunktswinkel |
| $R_L$ | Bogenradius der Leibung | M | Mittelpunkt |
| $d_B$ | Bogendicke | K | Kämpferpunkte |
| $s$ | Spannweite | | |

Die Stichhöhe soll zwischen 1/3 und 1/12 der Spannweite betragen. Der Bruch stellt das Verhältnis von Stichhöhe zu Spannweite dar und ist ein Maß für die Größe des Mittelpunktwinkels.

| Näherungswerte für Mittelpunktswinkel | | | | | | | |
|---|---|---|---|---|---|---|---|
| Stichhöhe / Spannweite | $\frac{1}{6}$ | $\frac{1}{7}$ | $\frac{1}{8}$ | $\frac{1}{9}$ | $\frac{1}{10}$ | $\frac{1}{11}$ | $\frac{1}{12}$ |
| Mittelpunktswinkel $\alpha$ | 74° | 64° | 56° | 50° | 45° | 41° | 38° |

| Bogendicke bei Segmentbögen | |
|---|---|
| Spannweite | Bogendicke |
| bis 2,0 m | 24 cm, $36^5$ cm |
| 2,0 m bis 3,5 m | $36^5$ cm, 49 cm |
| 3,5 m bis 5,0 m | 49 cm, $61^5$ cm |

Nach dem Bogenmittelpunkt richten sich beide Widerlager und alle Steinlagen aus. Das Widerlager ist so auszuführen, dass der Bogenrücken am Widerlager auf eine Lagerfuge trifft.

Sind Spannweite, Stichhöhe und Bogendurchmesser bekannt, kann der Lehrbogen aufgerissen und angefertigt werden. Er wird meist aus Tafeln ausgesägt und als Wölbscheibe bezeichnet.

### 10.4.4 Scheitrechter Bogen

Ein scheitrechter Bogen gilt als waagerechter Sturz mit geringer Stichhöhe. Die Stichhöhe liegt bei 1/50 der Spannweite und beträgt in der Regel 1,5 cm bis 2,5 cm. Der Stich kann durch ein Sandbett geformt werden.

Die Widerlagerflächen eines scheitrechten Bogens werden schräg angeordnet, wodurch sich eine gewisse Vorspannung im Bogen ergibt. Günstig für die Neigung am Widerlager ist eine Neigung zur Senkrechten von 4:1 bis 6:1. Die am Widerlager schräg angeordneten Mauersteine werden zum Schlussstein hin immer steiler gestellt. Der Schlussstein steht senkrecht. Dadurch ergibt sich an der Bogenleibung und am Bogenrücken eine sägeartige Verzahnung, die zur Mitte hin abnimmt. Die Mörtelfugen sind keilförmig.
Die geringe Stichhöhe wirkt einem optischen Durchhängen des scheitrechten Bogens entgegen.

| Bezeichnungen am scheitrechten Bogen | |
|---|---|
| $s$ | Spannweite |
| $h$ | Stichhöhe |

# 10 Mauerwerksbau
## 10.4 Mauerbögen
**Aufgaben zu 10.4 Mauerbögen**

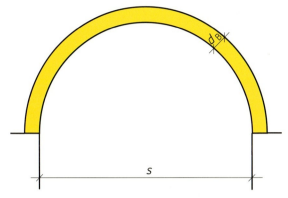

**Rundbogen**

**1** Ein **Rundbogen** mit der Spannweite $s = 1{,}63^5$ m (1,51 m) ist mit Mauersteinen im Dünnformat herzustellen. Die Bogendicke beträgt $d_B = 11^5$ cm.

Der Rundbogen mit Lehrbogen ist zu zeichnen.

DIN A 4 Querformat
M 1:10 mit Fugen

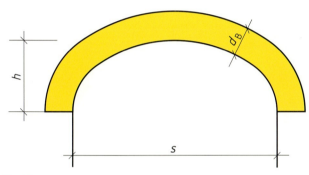

**Korbbogen**

**2** Ein **Korbbogen** aus 3 Kreisbögen (5 Kreisbögen), einer Spannweite $s = 1{,}51$ m (1,76 m), einer Stichhöhe $h = 59$ cm und einer Bogendicke $d_B = 24$ cm ist mit normalformatigen Steinen herzustellen.

Der Korbbogen mit Lehrbogen ist zu zeichnen.

DIN A 4 Querformat
M 1:10 mit Fugen

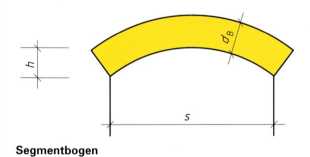

**Segmentbogen**

**3** Ein **Segmentbogen** (Stichbogen) hat die Spannweite $s = 1{,}26$ m (1,51 m) und eine Bogendicke $d_B = 24$ cm. Der Bogen soll ein Verhältnis Stichhöhe zu Spannweite $s/h = 1/6$ (1/10) haben und mit Steinen im Dünnformat (Normalformat) hergestellt werden.

Es ist der Segmentbogen mit Wölbscheibe zu zeichnen.

DIN A 4 Hochformat
M 1:10 mit Fugen

**Scheitrechter Bogen**

**4** Ein **scheitrechter Bogen** mit einer Dicke $d_B = 36^5$ cm (24 cm) ist für eine Spannweite $s = 1{,}26$ m ($88^5$ cm) mit einer Stichhöhe von 1/50 der Spannweite herzustellen. Die Neigung der Widerlager zur Senkrechten beträgt 4:1.

Es ist der scheitrechte Bogen mit Einrüstung zu zeichnen.

DIN A 4 Hochformat
M 1:10 mit Fugen

# 10 Mauerwerksbau

## 10.5 Mauerverbände aus natürlichen Steinen

### Trockenmauerwerk

Bruchsteine werden ohne Mörtel unter geringer Bearbeitung mit möglichst engen Fugen aufgeschichtet. Hohlräume sind mit kleinen Steinen auszukeilen. Als Stützmauer lässt man sie gegen das Erdreich unter einem Winkel von etwa 10° anlaufen.

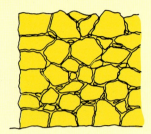

### Zyklopenmauerwerk

Unregelmäßig geformte Steine werden in Mörtel verlegt. Es ergeben sich fast keine Lagerfugen. Deshalb ist das Mauerwerk in seiner ganzen Dicke in Höhenabständen von höchstens 1,50 m auszugleichen.

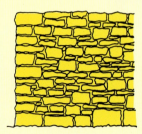

### Bruchsteinmauerwerk

Annähernd regelmäßige Bruchsteine werden in Mörtel verlegt. Es ergeben sich häufig nicht durchgehende Schichten. Am Sockel und an den Ecken sind große, möglichst rechteckige Natursteine zu vermauern.

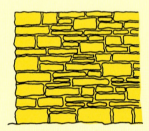

### Hammerrechtes Schichtenmauerwerk

Die Steine sind an den Lager- und Stoßflächen von der Sichtfläche aus mindesten 12 cm tief bearbeitet. Lager- und Stoßflächen stehen ungefähr senkrecht zueinander.
Die Fugen können bis zu 3 cm dick sein. Die Schichtdicke darf innerhalb einer Schicht und in den verschiedenen Schichten wechseln.

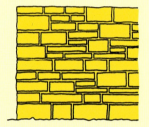

### Unregelmäßiges Schichtenmauerwerk

Die Steine haben an der Sichtfläche mindestens 15 cm tief bearbeitete Lager- und Stoßflächen. Die Schichthöhe darf innerhalb einer Schicht und in den verschiedenen Schichten in mäßigen Grenzen wechseln.

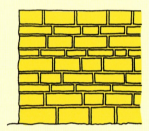

### Regelmäßiges Schichtenmauerwerk

Die Bearbeitung der Steine entspricht derjenigen bei unregelmäßigem Schichtenmauerwerk. Die Höhe der Steine ist innerhalb einer Schicht immer gleich.

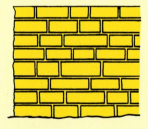

### Quadermauerwerk

Lager- und Stoßfugen müssen auf der ganzen Tiefe bearbeitet sein. Dadurch kann die Fugenbreite bis auf 4 mm verringert werden. Die Steingrößen sind nach festgelegten Maßen herzustellen. Es wechseln Läufer- und Binderschichten ab.

### Allgemeine Verbandsregeln für Natursteinmauerwerk

- Die Steinlänge soll das 4- bis 5fache der Steinhöhe nicht über und die Steinhöhe nicht unterschreiten.
- An den Sichtflächen des Mauerwerks dürfen nicht mehr als 3 Fugen zusammenstoßen.
- Stoßfugen dürfen höchstens über 2 Schichten durchgehen.
- Läufer- und Binderschichten wechseln miteinander ab oder auf 2 Läufer kommt ein Binder.
- Die Überdeckung der Stoßfugen beträgt bei Schichtenmauerwerk mindestens 10 cm, bei Quadermauerwerk mindestens 15 cm.
- An den Ecken werden die größeren Steine vermauert, gegebenenfalls 2 Schichten hoch.

# 10 Mauerwerksbau

## 10.5 Mauerverbände aus natürlichen Steinen
### Aufgaben zu 10.5 Mauerverbände aus natürlichen Steinen

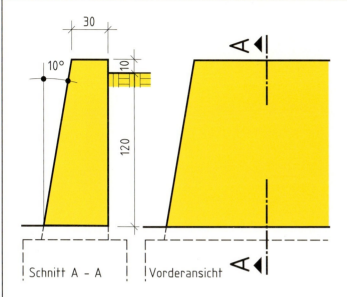

**1 Stützmauer aus Bruchsteinmauerwerk**

- Fundament aus C16/20, frostfrei gegründet, Fundamentüberstand allseitig 15 cm
- Höhe der Stützmauer $h$ = 1,20 m
- Breite der Mauerkrone $b$ = 30 cm
- Anlauf der Mauer 10°
- unregelmäßig verteilte, offene Stoßfugen zur Entwässerung im unteren Drittel der Stützmauer
- Geländeanschluss 10 cm unter der Mauerkrone

Die Vorderansicht und ein Schnitt durch die Mauer sind zu zeichnen.

DIN A 3 Querformat
M 1:10 mit Fugendicken

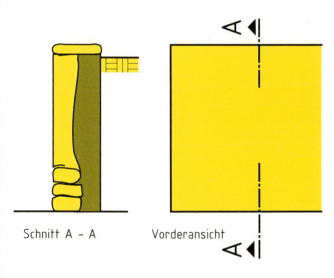

**2 Einfriedungsmauer mit Natursteinverblendung**

- Fundament aus C16/20 bewehrt, frostfrei gegründet, Fundamentüberstand allseitig 15 cm
- Höhe der Einfriedungsmauer $h$ = 1,50 m
- Abdeckung der Mauerkrone mit Natursteinplatten $d$ = 8 cm
- Verblendmauerwerk aus mindestens 30 % Binder, Steintiefe mindestens 24 cm, Einbindetiefe in den Hinterbeton mindestens 10 cm

Die Vorderansicht und ein Schnitt durch die Mauer sind zu zeichnen.

DIN A 3 Querformat
M 1:10 mit Fugendicken

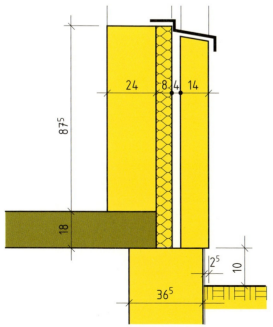

**3 Zweischaliges Mauerwerk mit Vorsatzschale aus Naturstein**

- Kelleraußenwand, gemauert mit großformatigen Steinen $d$ = 36,5 cm
- Decke über UG als Stahlbetonvollplatte C20/25, $d$ = 18 cm
- Tragschale aus großformatigen Steinen, $d$ = 24 cm Wärmedämmung $d$ = 8 cm
- Luftschicht $d$ = 4 cm
- Verblendschale aus natürlichen Mauersteinen $d$ = 14 cm in unregelmäßigem (regelmäßigem) Schichtenmauerwerk
Ausführung der Verblendschale wie bei zweischaligem Mauerwerk aus künstlich hergestellten Steinen
Überstand der Verblendschale über das Kelleraußenmauerwerk 3 cm
- Brüstungshöhe $h$ = 87,5 cm

Zu zeichnen ist der Schnitt durch das Mauerwerk von der Erdgleiche bis zur Fensteröffnung mit Deckenanschluss, Wärmedämmung, Verankerungen, allen Sperrschichten und Lüftungsschlitzen.

DIN A 4 Hochformat
M 1:5 mit Fugendicken

# 11 Schalungsbau
## 11.1 Stützenschalung

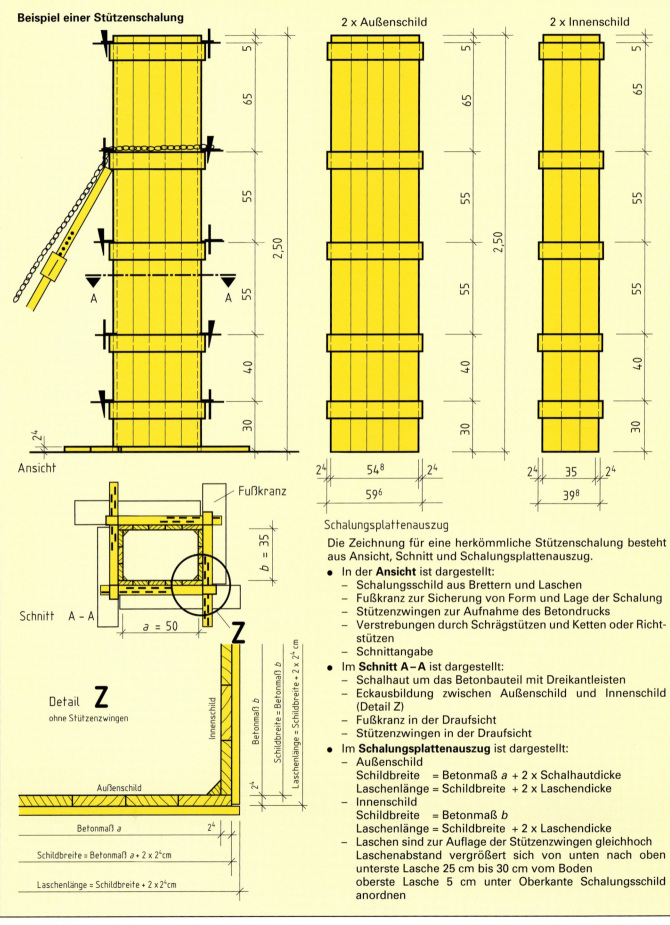

Schalungsplattenauszug

Die Zeichnung für eine herkömmliche Stützenschalung besteht aus Ansicht, Schnitt und Schalungsplattenauszug.

- In der **Ansicht** ist dargestellt:
  - Schalungsschild aus Brettern und Laschen
  - Fußkranz zur Sicherung von Form und Lage der Schalung
  - Stützenzwingen zur Aufnahme des Betondrucks
  - Verstrebungen durch Schrägstützen und Ketten oder Richtstützen
  - Schnittangabe
- Im **Schnitt A–A** ist dargestellt:
  - Schalhaut um das Betonbauteil mit Dreikantleisten
  - Eckausbildung zwischen Außenschild und Innenschild (Detail Z)
  - Fußkranz in der Draufsicht
  - Stützenzwingen in der Draufsicht
- Im **Schalungsplattenauszug** ist dargestellt:
  - Außenschild
    Schildbreite   = Betonmaß $a$ + 2 x Schalhautdicke
    Laschenlänge = Schildbreite + 2 x Laschendicke
  - Innenschild
    Schildbreite   = Betonmaß $b$
    Laschenlänge = Schildbreite + 2 x Laschendicke
  - Laschen sind zur Auflage der Stützenzwingen gleichhoch
    Laschenabstand vergrößert sich von unten nach oben
    unterste Lasche 25 cm bis 30 cm vom Boden
    oberste Lasche 5 cm unter Oberkante Schalungsschild anordnen

# 11 Schalungsbau
## 11.1 Stützenschalung

Die Schalung eckiger Stützen lässt sich am besten im Schnitt konstruieren. Die Schalhaut entspricht dabei der Form des gewünschten Betonquerschnitts und setzt sich aus einzelnen Schalungsschildern zusammen. Bei einem vieleckigen Betonquerschnitt ist es zweckmäßig, die Schalung auf eine einfachere Form, z.B. einen Rechteckquerschnitt, zurückzuführen. Dadurch lässt sich die Verspannung der Stützenschalung einfacher und wirtschaftlicher herstellen.

Die Verspannung kann mit Hilfe von Stützenzwingen, Brettkränzen und Spannankern durchgeführt werden.

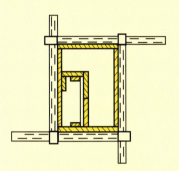
**Rechteckstütze mit Aussparung verspannt mit Stützenzwingen**

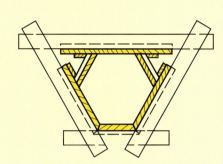
**Sechseckstütze verspannt mit Brettkranz**

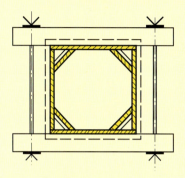
**Achteckstütze verspannt mit Spannankern**

Verändert sich bei Stützen die Querschnittsfläche, z.B. bei einer Stütze mit schräger Seite, bei einer Stütze mit Konsole oder bei einer Stütze mit Voute (verstärkter Stützenkopf), muss das schräge Schalungsschild von Drängebrettern gehalten werden. Um die Befestigung solcher Drängebretter zu ermöglichen, müssen die Seitenschilder ausreichend weit überstehen. Die Überstände können rechteckig oder abgestuft ausgebildet sein.

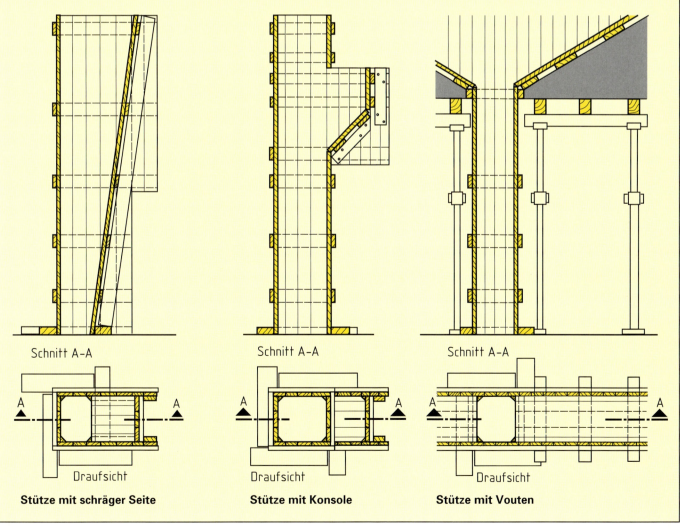

**Stütze mit schräger Seite** — **Stütze mit Konsole** — **Stütze mit Vouten**

# 11 Schalungsbau
## 11.1 Stützenschalung

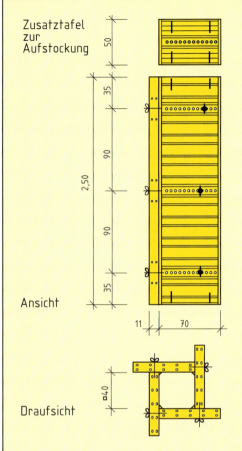

Ansicht

Draufsicht

### Systemschalung mit Rahmentafeln

Die Stützenschalung kann fast allen Betonmaßen angepasst werden, indem man die Schaltafeln an den Ecken überstehen lässt. Mit 4 Schaltafeln lassen sich Betonquerschnitte mit Seitenlängen von 15 cm bis 60 cm stufenlos einschalen, mit 6 Schaltafeln Seitenlängen bis 90 cm bzw. 150 cm.

Die Verspannung der Schaltafeln geschieht je nach System

- außerhalb des Betonquerschnitts mit Spannschrauben durch den Rahmen einer Schaltafel und die Schalfläche der anderen Schaltafeln,
- durch den Betonquerschnitt, wenn für größere Stützenabmessungen 2 Schaltafeln zusammengesetzt werden müssen,
- außerhalb des Betonquerschnitts über Eck mit Lagerböcken und Spanneinheiten.

| Angaben zu Schalsystemen (Beispiel) | | | | |
|---|---|---|---|---|
| Schaltafelbreite in cm | 70 und 95 | | | |
| Schaltafelhöhe in cm | 50 | 100 | 250 275 | 300 |
| Anzahl der Verspannungen in der Höhe | 1 | 2 | 3 | 4 |

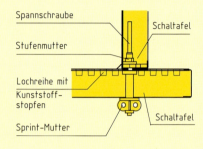

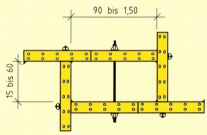

### Systemschalung mit Eckträgerelementen

Die Stützenschalung besteht aus 2 vormontierten Schalungsecken. Dabei wird die 21 mm dicke Schalhaut für 2 Stützenseiten entsprechend den Betonmaßen zusammengesetzt und von senkrecht stehenden Schalungsträgern mit einer Bauhöhe von 24 cm gehalten. In vorgegebenen Abständen aufmontierte Säulenstahlriegel sichern den rechten Winkel und ermöglichen eine Verspannung mit Spannkrallen über Eck.

### Angaben zum Schalungssystem (Beispiele)

Draufsicht 1:

Säulenstahlriegel gibt es für Säulenquerschnitte von 24 cm x 24 cm bis 48 cm x 60 cm und 40 cm x 40 cm bis 64 cm x 76 cm.

Draufsicht 2:

Säulengrundriegel und verschiebliche Säulenriegel können verwendet werden für Säulenquerschnitte von 20 cm x 20 cm bis 120 cm x 80 cm.

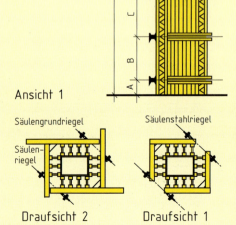

Ansicht 1

Draufsicht 2    Draufsicht 1

| Schalungshöhe $h$ in m | Anzahl und Abstände der Säulenstahlriegel in cm | | | | |
|---|---|---|---|---|---|
| | A | B | C | D | E |
| 2,70 | 46 | 148 | – | – | – |
| 3,00 | 46 | 148 | – | – | – |
| 3,30 | 46 | 118 | 118 | – | – |
| 3,60 | 46 | 118 | 148 | – | – |
| 3,90 | 46 | 118 | 148 | – | – |
| 4,20 | 46 | 118 | 178 | – | – |
| 4,50 | 46 | 118 | 178 | – | – |
| 4,80 | 31 | 89 | 118 | 148 | – |
| 5,10 | 31 | 89 | 118 | 178 | – |
| 5,40 | 31 | 89 | 89 | 118 | 148 |
| 5,70 | 31 | 89 | 89 | 118 | 148 |
| 6,00 | 31 | 89 | 89 | 118 | 178 |

| Stützenbreite in cm | Trägeranzahl pro Stützenseite |
|---|---|
| 20 bis 30 | 2 |
| 40 bis 50 | 3 |
| 60 bis 80 | 4 |
| 90 bis 110 | 5 |
| bis 120 | 6 |

# 11 Schalungsbau
## 11.1 Stützenschalung
Aufgaben zu 11.1 Stützenschalung

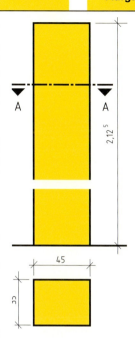

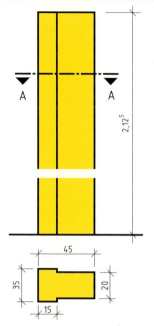

**1** Für die **Stahlbetonstütze** ist eine Brettschalung in Ansicht, Schnitt A–A und einem Schalungsplattenauszug zu zeichnen.

DIN A3 Hochformat
M 1:10
mit Verspannung
und Verstrebung

**2** Für die **Stütze mit Aussparung** ist eine Schalung aus Brettern in Ansicht, Schnitt A–A und einem Schalungsplattenauszug zu zeichnen.

DIN A3 Hochformat
M 1:10
mit Verspannung
und Verstrebung

**3** Für die **Stahlbetonstütze** ist eine Brettschalung in Ansicht, Schnitt A–A und einem Schalungsplattenauszug zu zeichnen.

DIN A3 Hochformat
M 1:10
mit Verspannung
und Verstrebung

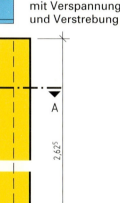

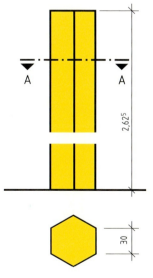

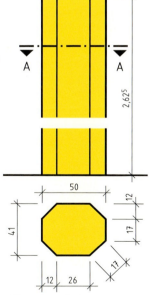

**4** Für die **Stahlbetonstütze** ist eine Brettschalung in Ansicht, Schnitt A–A und einem Schalungsplattenauszug zu zeichnen.

DIN A3 Hochformat
M 1:10
mit Verspannung
und Verstrebung

**5** Für die **Sechseckstütze** ist eine Brettschalung in Ansicht, Schnitt A–A und einem Schalungsplattenauszug zu zeichnen.

DIN A3 Hochformat
M 1:10
mit Verspannung
und Verstrebung

**6** Für die **Achteckstütze** ist eine Brettschalung in Ansicht, Schnitt A–A und einem Schalungsplattenauszug zu zeichnen.

DIN A3 Hochformat
M 1:10
mit Verspannung
und Verstrebung

# 11 Schalungsbau
## 11.1 Stützenschalung
Aufgaben zu 11.1 Stützenschalung

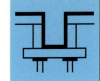

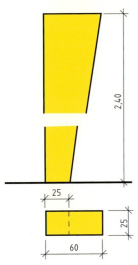

**7** Für die **Stahlbetonstütze** ist eine Brettschalung in Ansicht, Draufsicht und einem Schalungsplattenauszug zu zeichnen.

DIN A3 Hochformat
M 1:10
mit Verspannung
und Verstrebung

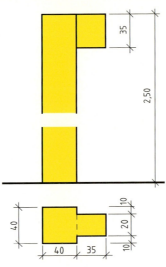

**8** Für die **Stahlbetonstütze mit abgesetzter Konsole** ist eine Brettschalung in Ansicht, Draufsicht und einem Schalungsplattenauszug zu zeichnen.

DIN A3 Hochformat
M 1:10
mit Verspannung
und Verstrebung

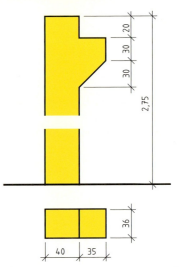

**9** Für die **Stahlbetonstütze mit Konsole** ist eine Brettschalung in Ansicht, Draufsicht und einem Schalungsplattenauszug zu zeichnen.

DIN A3 Hochformat
M 1:10
mit Verspannung
und Verstrebung

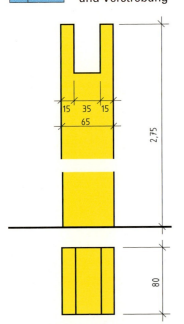

**10** Für die **Stahlbetonstütze mit gabelförmigem Stützenkopf** ist eine Brettschalung in Ansicht, Draufsicht und einem Schalungsplattenauszug zu zeichnen.

DIN A3 Hochformat
M 1:10
mit Verspannung
und Verstrebung

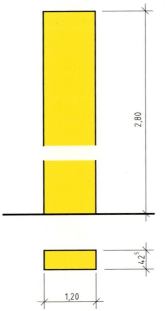

**11** Für die **Stahlbetonstütze** ist eine **Systemschalung** zu verwenden. Die Schaltafeln sind 70 cm breit sowie 250 cm und 50 cm lang. Die Ansicht und die Draufsicht ist zu zeichnen.

DIN A3 Hochformat
M 1:10
mit Verspannung
und Verstrebung

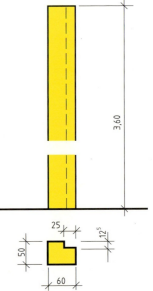

**12** Für die **Stahlbetonstütze** ist eine **Systemschalung** mit 2 vormontierten Schalungsecken zu verwenden. Die Ansicht und die Draufsicht ist zu zeichnen.

DIN A3 Hochformat
M 1:10
mit Verspannung
und Verstrebung

# 11 Schalungsbau
## 11.2 Balkenschalung

**Beispiel einer Balkenschalung**

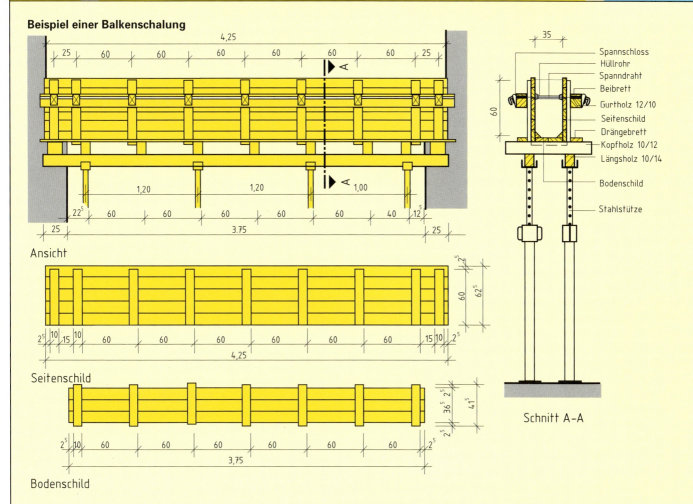

Die Zeichnung für eine herkömmliche Balkenschalung besteht aus **Ansicht, Schnitt** und **Schalungsplattenauszug**. Die Konstruktion einer Balkenschalung beginnt man mit der Schnittdarstellung.

Die **Schalhaut** besteht in der Schnittdarstellung um den Betonquerschnitt aus 3 Schalungsschildern. Wird für den Boden der Balkenschalung ein Schalungschild (Bodenschild) verwendet, dessen Breite der Balkenbreite entspricht, sind die beiden Schalungsschilder für die Seitenschalung (Seitenschilder) um jeweils eine Schalhautdicke breiter und stoßen von außen gegen das Bodenschild. Die Laschen des Bodenschilds stehen an beiden Seiten um jeweils eine Schalhautdicke über. Besteht der Boden der Balkenschalung aus Schaltafeln, die breiter ausgelegt sind als die Balkenbreite (Schalboden), setzt man die beiden Seitenschilder auf. Die Breite der Seitenschilder entspricht dann der Balkenhöhe. Die Laschen der Seitenschilder lässt man an der Balkenoberseite eine Schalhautdicke unter der Seitenschildoberkante enden.

Die **Unterstützungskonstruktion** besteht aus hochkant angeordneten Kanthölzern in Querrichtung (Kopfhölzer) und in Längsrichtung (Längshölzer oder Joche). Die Längshölzer sind von Stahlstützen unterstützt.

Die **Verspannung** kann durch Spanndraht und Spannschlösser oder durch Spannstäbe und Spannanker geschehen. Hochkant zur Spannrichtung angeordnete Kanthölzer (Gurthölzer) mit Beibrett nehmen die Kräfte aus der Verspannung auf. Drängebretter am Fuß der Seitenschilder wirken dem Betondruck entgegen. Weitere Möglichkeiten für Verspannungen sind die Verwendung von Abstandslaschen oder Zwingen, die Verschwertung mit Brettlaschen (Streben) sowie die Verspannung mit Winkelböcken und Lochschienen.

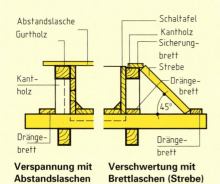

**Verspannung mit Abstandslaschen** | **Verschwertung mit Brettlaschen (Strebe)**

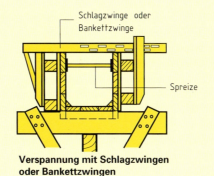

**Verspannung mit Schlagzwingen oder Bankettzwingen**

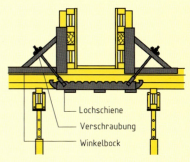

**Verspannung mit Winkelböcken und Lochschiene**

# 11 Schalungsbau
## 11.2 Balkenschalung
Aufgaben zu 11.2 Balkenschalung

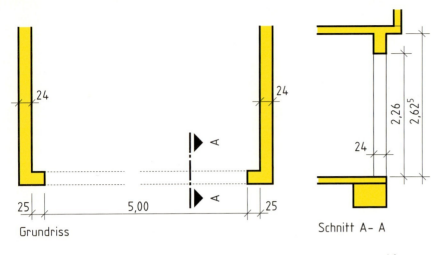

**1** Ein **Sturz** über dem Tor einer Doppelgarage ist zu schalen. Der Sturz liegt beidseitig 25 cm auf dem Mauerwerk auf. Die Ansicht, der Schnitt A–A und der Schalungsplattenauszug sind zu zeichnen.

DIN A3 Querformat
M 1:20 Ansicht und Schalungsplattenauszug
M 1:10 Schnitt A–A

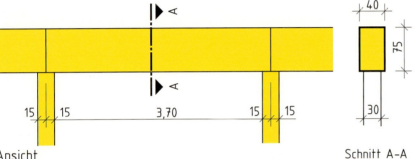

**2** Für den **Stahlbetonträger** ist eine betonierfertige Schalung in Ansicht, Schnitt mit Unterstützungskonstruktion und Schalungsplattenauszug zu zeichnen.

DIN A3 Querformat
M 1:20

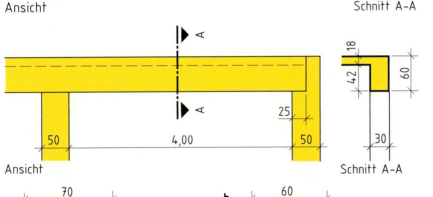

**3** Für den **Randträger** ist eine betonierfertige Schalung in Ansicht, Schnitt mit Unterstützungskonstruktion und Schalungsplattenauszug zu zeichnen. Das äußere Seitenschild soll gleichzeitig auch Randabschaltung für die Decke sein.

DIN A3 Querformat
M 1:20

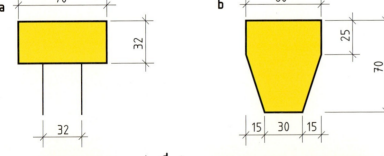

**4** Für die **Balkenquerschnitte** a bis d ist eine Sichtbetonschalung aus ungehobelten Brettern als Schnitt mit Unterstützungskonstruktion zu zeichnen.

DIN A3 Querformat
M 1:10

# 11 Schalungsbau
## 11.3 Wandschalung

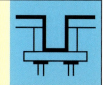

### Beispiele für Wandschalungen

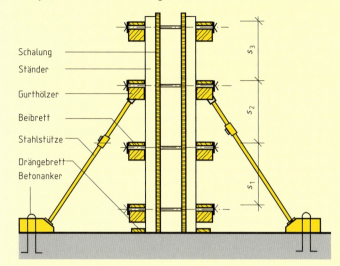

Beschriftungen: Schalung, Ständer, Gurthölzer, Beibrett, Stahlstütze, Drängebrett, Betonanker; $s_1$, $s_2$, $s_3$

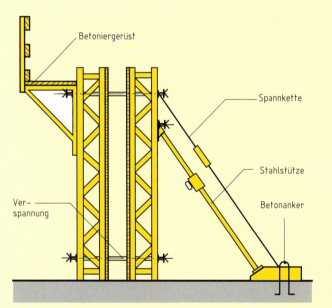

Beschriftungen: Betoniergerüst, Spannkette, Stahlstütze, Betonanker, Verspannung

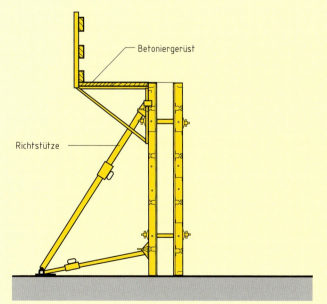

Beschriftungen: Betoniergerüst, Richtstütze

### Herkömmliche Schalung

- Die Schalhaut besteht aus Brettern und Holzschaltafeln; für Sichtbeton werden kunstharzbeschichtete Furnierplatten vor die Schalhaut gestellt.
- Die Tragkonstruktion besteht aus Stielen (Standhölzer) und Gurthölzer mit Beibrett an jeder Spannstelle.
- Die Verspannung erfolgt mit Spanndraht, Abstandshalter (z.B. Hüllrohre) und Ankerschlössern als Keil- oder Exzenterverschluss. Am Fuß der Wandschalung verhindern Drängebretter ein Ausweichen der Schalung.
  Der Abstand der Verspannung wird zum Wandfuß hin kleiner entsprechend dem Ansteigen des Frischbetondrucks.
- Die Verstrebung kann mit Hilfe von Stahlstützen oder Spannketten auf beiden Seiten der Wandschalung erfolgen.

### Systemschalung A

- Die Schalhaut besteht aus kunstharzbeschichteten Furnierplatten, die ausreichend biegesteif sind.
- Die Tragkonstruktion besteht aus senkrecht stehenden Holzgitter- oder Holzvollwandträgern und waagerecht angebrachten Stahlriegeln im unteren und im oberen Teil der Wandschalung.
- Die Verspannung geschieht mit Spannstäben, Kunststoffhüllrohren als Abstandshalter und Schraubverschlüssen als Ankerschlösser.
- Die Verstrebung kann mit Stahlstützen und Spannketten nur auf einer Schalungsseite erfolgen.

### Systemschalung B

- Die Schalhaut besteht in der Regel aus Furnierplatten, die in die Stahl- oder Aluminiumrahmen großflächiger Schaltafeln eingelassen sind.
- Als Tragkonstruktion dienen die profilierten Rahmen der Schaltafeln, die noch durch Zwischenrippen weiter ausgesteift werden.
- Die Verspannung geschieht zwei- bis dreimal bei geschosshohen Schaltafeln durch Spannstäbe, Abstandshalter aus Kunststoff und Ankerschlössern in Form von Schraubverschlüssen.
- Die Verstrebung erfolgt mit zweiarmigen Richtstützen im unteren und oberen Teil der Wandschalung.

# 11 Schalungsbau
## 11.3 Wandschalung

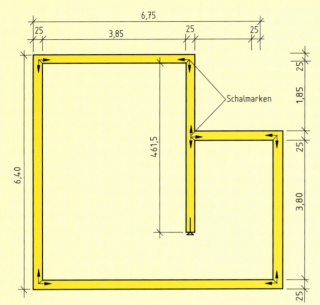

**Zeichnen des Grundrisses**

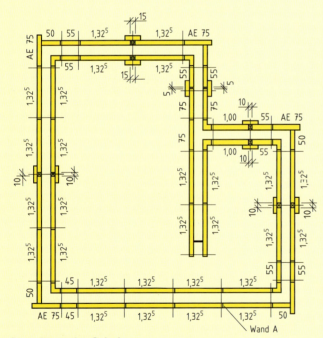

**Berechnen der Schalung**

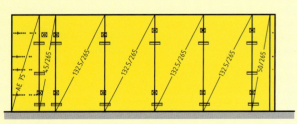

**Ausgeben der Ansichten** (Wand A)

### Erstellen eines Schalungsplans mit dem Computer

Um einen Schalungsplan mit Hilfe eines Computers erstellen zu können, ist zunächst ein Zeichenprogramm notwendig. Damit zeichnet man den Grundriss, der eingeschalt werden soll. Ein besonderes Schalprogramm, das auf die Produkte eines Schalungsherstellers abgestimmt ist, errechnet alle notwendigen Schalungsteile und gibt sie als Zeichnung aus.

Am Computer wird das Erstellen eines Schalungsplans in verschiedenen Schritten ausgeführt.

#### 1 Zeichnen des Grundrisses
- Festlegen der Schalmarken
  Schalmarken sind z.B. Anfang und Ende der Schalung, rechtwinklige und schiefwinklige Wandecken, Wandeinbindungen und Wandkreuzungen.
- Eingabe der Schalhöhe

#### 2 Berechnen der Schalung
- Schalungsberechnung unter Zugrundelegung der vorhandenen Schalungsteile (Lagerliste)
- Ausgabe der Zeichnung des eingeschalten Grundrisses mit Angabe der verwendeten Schaltafelbreiten, der Eckausbildung, der Lage der Verspannungen und aller notwendigen Längenausgleiche mit deren Breitenmaßen.

#### 3 Ausgeben der Ansichten
- Ausgabe der gewünschten Seitenansicht mit Verstrebung und Betoniergerüst
  In der Ansicht sind Schaltafelabmessungen, Lage und Anzahl der Verspannungen, alle Verbindungselemente und Längenausgleiche dargestellt und ablesbar.

#### 4 Erstellen der Stückliste
- Ausgabe von Stücklisten mit Angaben zum Projekt, sämtlichen Schalungsteilen einschließlich der Verspannung, allen Zubehörteilen, der Größe der Schalfläche und dem Gesamtgewicht.

```
Pos. 1  Schalungsteile
=====================
Teilnr. Bezeichnung                      Stück
-----------------------------------------
138019  Tafel      1325x2650 mm           28
138209  Tafel      1000x2650 mm            2
138309  Tafel       750x2650 mm            3
138609  Tafel       550x2650 mm            8
138409  Tafel       500x2650 mm            3
138749  Tafel       450x2650 mm            2
137209  Innenecke  250x250x2650 mm         7
137009  Außenecktafel 750x2650 mm          5
137298  Rasterzwinge 0- 15 cm             20
138090  Keilzwinge                       100
135109  Ausgleichstrav.  410 mm lang      20
135901  Kranbügel                          2
135019  Verbindungsschr. KL 250 mm        20
680580  Sprint- Mutter                    20
691500  Auflagerplatte 80x55x20 mm        20
-----------------------------------------
Fläche  Pos. 1 :    149.5   m2
Gewicht Pos. 1 :   9904.5   kg
-----------------------------------------
Pos. 2  Verspannung
===================
Teilnr. Bezeichnung                      Stück
670950  Spannstab d=15 mm 95 cm lg.       56
691700  Mutter m. Platte f. d=15 mm      112

Gewicht Pos. 2 :    210,8   kg
```

# 11 Schalungsbau
## 11.3 Wandschalung
Aufgaben zu 11.3 Wandschalung

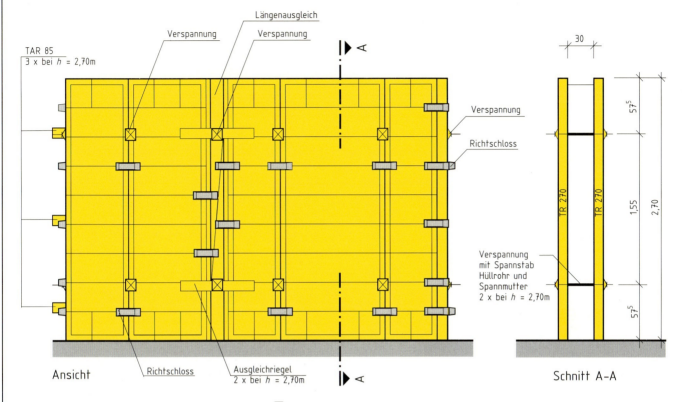

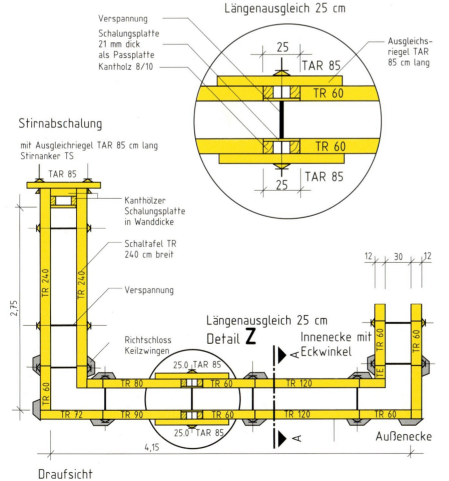

**1 Übungen zum Zeichnungslesen**

Die vorgegebene **Systemschalung** für eine 30 cm dicke Betonwand besteht aus 2 Wandecken, einer Stirnabschalung und einem Längenausgleich.

a) Welche Schalungsteile werden für die Schalung einer **Wandecke** benötigt? Die Namen der Schalungsteile aus der Zeichnung sind zu verwenden.

b) Welche Schalungsteile sind für die **Stirnabschalung** notwendig?

c) Welche **Schalungsteile** der Systemwandschalung werden für einen **Längenausgleich** benötigt?

# 11 Schalungsbau

## 11.3 Wandschalung
### Aufgaben zu 11.3 Wandschalung

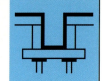

**Beispiel einer Wandschalung für ein Kellergeschoss**

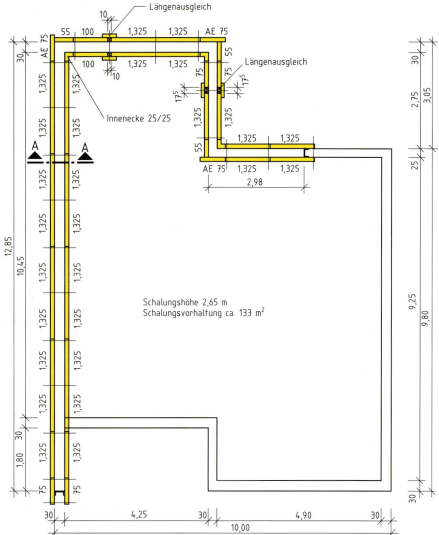

Schaltakt 1

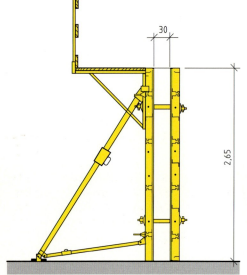

Schnitt A–A

Die Wände des **Kellergeschosses** werden in 2 Schalabschnitten bzw. 2 Betonierabschnitten (Takten) gefertigt.

**2** Für den dargestellten **1. Schaltakt** ist eine Stückliste zu erstellen mit einer Auflistung aller Schaltafeln, Innenecken 25 cm/25 cm, Außenecktafeln (AE), Spannstellen und Ausgleichsriegeln. Spannstellen und Ausgleichsriegel sind auf die Höhe der Schaltafeln jeweils zweimal notwendig. Außerdem sind Anzahl und Breite der Pass-Stücke in Holz für die Längenausgleiche anzugeben.

Für die Schalung dieses Grundrisses sind zur Verbindung der Schaltafeln 8 Rasterzwingen, 84 Keilzwingen und 12 Verbindungsschrauben notwendig.

**3** Für den dargestellten **2. Schaltakt** ist eine Stückliste wie in Aufgabe 1 zu erstellen.

Welche Schalungsteile und wie viele Schalungsteile sind insgesamt zur Herstellung der Schalung in 2 Takten für diesen Grundriss erforderlich?

**4** Der **Kellergrundriss** ist zu zeichnen und die Schalung ausgehend von den Ecken einzuteilen, wobei zu den in der Zeichnung vorgegebenen Schaltafelbreiten auch Schaltafeln mit einer Breite von 265 cm auf der Baustelle vorhanden sind. Es sind wie im Beispiel wieder 2 möglichst gleiche Schaltakte vorzusehen.

Für den 1. Takt und den 2. Takt sind die Stücklisten mit den notwendigen Schaltafeln, Eckteilen, Spannstellen und den Pass-Stücken in Holz für die Längenausgleiche zu erstellen.

DIN A 3 Hochformat
M 1:50

# 11 Schalungsbau

## 11.3 Wandschalung
### Aufgaben zu 11.3 Wandschalung

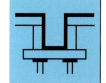

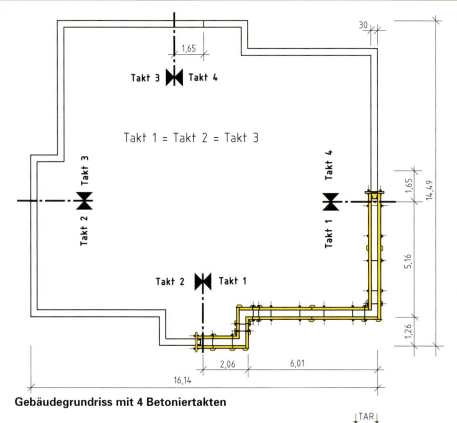

**Gebäudegrundriss mit 4 Betoniertakten**

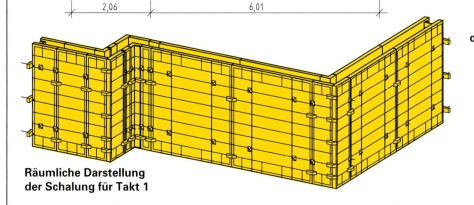

**Schalung für Takt 1 in der Draufsicht**

**Räumliche Darstellung der Schalung für Takt 1**

**5** Die Wände im dargestellten **Gebäudegrundriss** sollen in 4 Takten betoniert werden. Sie sind 3,20 m hoch und müssen deshalb aufgestockt werden. Dazu montiert man auf die 2,70 m hohen Schaltafeln noch 60 cm breite Schaltafeln. Der Zusammenbau erfolgt mit Richtschlössern. Diese sind in der räumlichen Darstellung mit dem Symbol ▭, Spannstellen mit dem Symbol ⊠ gekennzeichnet. Für die 30 cm dicke Wand steht der Baustelle die Schalung für den 1. Takt zur Verfügung.

**a)** Die **Schalung für Takt 1** ist im Grundriss zu zeichnen und für alle notwendigen Schalungsteile ist die Stückliste zu erstellen. Richtschlösser und Spannstellen können in der räumlichen Darstellung abgezählt werden. Dabei ist zu beachten, dass viele Schalungsteile bei einer Wandschalung beidseitig vorhanden sein müssen.

DIN A 4 Hochformat
M 1:50

**b)** Die **Schalung für Takt 2 und Takt 3** ist in der im Gebäudegrundriss vorgegebenen Lage getrennt untereinander zu zeichnen. Dabei sind die jeweils notwendigen Stirnabschalungen mit einzuzeichnen.

DIN A 4 Hochformat
M 1:50

**c)** **Takt 4** entspricht in seiner Form Takt 1, ist jedoch an den beiden Enden bis zum Anschluss an die vorhandenen Wände verlängert. Die Schalung ist im Grundriss zu zeichnen. Wieviele zusätzliche Schalungsteile müssen bestellt werden?

DIN A 4 Hochformat
M 1:50

# 11 Schalungsbau
## 11.4 Deckenschalung

**Beispiele für Deckenschalungen:**

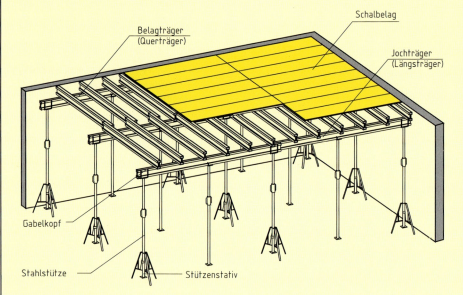

### System 1

Die Deckenschalung besteht aus Stahlstützen mit Gabelkopf oder Gabelklauen zur Aufnahme von Holzträgern. Diese können Kanthölzer, Vollwand- oder Gitterträger sein. Jochträger (Längsträger) tragen die Belagträger (Querträger). Als Schalbelag eignen sich Sperrholztafeln. Diese Art der Deckenschalung kann bis zu einer Raumhöhe von 5,90 m eingesetzt werden.

Die Unterstützungskonstruktion lässt sich durch Überlappen (Teleskopieren) der Träger den Deckenmaßen anpassen, der Schalbelag durch entsprechende Sägeschnitte bei Tafeln und Brettern.

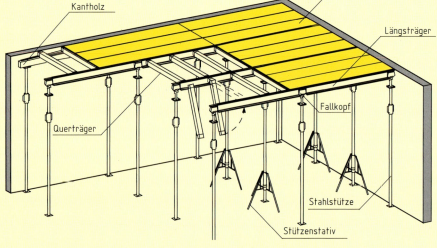

### System 2

Bei dieser Deckenschalung sind die Längsträger aus Aluminium in Stahlstützen mit Fallkopf eingehängt. Die Querträger aus Holz sind 1,00 m oder 1,50 m lang und werden zwischen den Längsträgern eingehängt, so dass eine ebene Unterstützungskonstruktion aus Längs- und Querträgern entsteht. Bei Deckendicken bis 60 cm und einem Schalbelag aus 22 mm dicken Sperrholzplatten sind die Querträger im Abstand von 50 cm zu verlegen. Die Randanpassung geschieht durch Teleskopriegel, die an der Wand auf einem Kantholz aufliegen. Der Schalbelag muss entsprechend zugeschnitten werden.

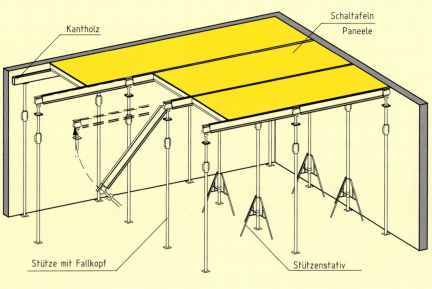

### System 3

Diese Deckenschalung besteht wie bei System 2 aus Aluminium-Längsträgern, die in Stahlstützen mit Fallkopf eingehängt sind. Zwischen die Längsträger werden 1,20 m oder 1,50 m lange Schaltafeln (Paneele) mit Breiten von 75 cm, 60 cm, 45 cm und 30 cm eingehängt. Die Schaltafeln sind längs und quer verwendbar und können Decken bis zu einer Dicke von 1,00 m tragen. Der Randausgleich erfolgt z.B. über Teleskopriegel mit entsprechend zugeschnittenem Schalbelag.

# 11 Schalungsbau
## 11.4 Deckenschalung

**Beispiel einer Deckenschalung nach System 1**

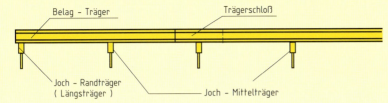

Schnitt A–A

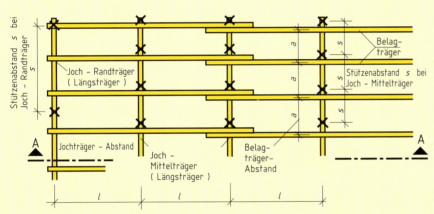

Unterstützungskonstruktion in der Draufsicht ohne Belag

Für diese Schalung sind vorzuhalten:

**Schaltafeln**
– Plattendicke 22 mm
– Plattenlänge   Breite
  500 cm        50 cm
  300 cm        50 cm
  250 cm        50 cm
  200 cm        50 cm
– Alle anderen Tafeln müssen zugeschnitten werden.

**Schalungsträger (vollwandige I-Träger)**
– Baulänge
  6,00 m
  4,90 m
  3,90 m
  3,30 m
  2,90 m
  2,45 m

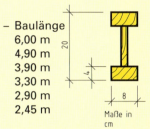

Maße in cm

– gilt sowohl für Joch-Mittelträger und Joch-Randträger als auch für Belagträger

**Stahlstützen**
– ausziehbar bis zu einer Raumhöhe von 5,90 m
– mit Gabelkopf oder mit Gabelklaue
– Stützenstative für jede 2. Stütze

**Spannketten**
– zum Ausrichten der Schalung mit Spannschlössern

**Gitterträger** aus Holz haben eine Bauhöhe von 24 cm und eignen sich ebenfalls für Deckenschalungen.

### Bestimmung der Konstruktionsmaße

Aus nebenstehenden Tabellen können unter Verwendung der vorgehaltenen Schalungsteile die Abstände der Belagträger und der größte Jochträgerabstand in Abhängigkeit von der Deckendicke abgelesen werden. Der Stützenabstand für Joch-Mittelträger und Joch-Randträger ist abhängig von der Deckendicke und dem gewählten Jochträgerabstand. Der Jochträgerabstand wiederum hängt vom Belagträgerabstand ab.

Es ist zu beachten, dass unter dem Längsstoß der Schalttafeln eventuell ein zusätzlicher Belagträger anzuordnen ist.

| Belagträger-Abstand | | | | |
|---|---|---|---|---|
| Belagträger-Abstand $a$ | 50,0 cm | 62,5 cm | 75,0 cm | Bei Verwendung von 22 mm dicken Dreischichten-Sperrholz-Platten max. Durchbiegung der Platten $a/500$ bei Belastung nach DIN 4421 |
| max. Deckendicke | 40,0 cm | 32,0 cm | 22,0 cm | |

| Größter Jochträger-Abstand | | | | | | | | | | | | | | | |
|---|---|---|---|---|---|---|---|---|---|---|---|---|---|---|---|
| Deckendicke $d$ in cm | | 12 | 14 | 16 | 18 | 20 | 22 | 24 | 26 | 28 | 30 | 32 | 34 | 36 | 38 | 40 |
| bei einem Belagträger-Abstand $a$ in cm von | 50,0 | 3,16 | 3,06 | 2,97 | 2,90 | 2,82 | 2,76 | 2,70 | 2,65 | 2,60 | 2,55 | 2,50 | 2,45 | 2,41 | 2,37 | 2,33 |
| | 62,5 | 2,94 | 2,85 | 2,77 | 2,69 | 2,63 | 2,57 | 2,51 | 2,46 | 2,42 | 2,37 | 2,32 | 2,28 | 2,24 | 2,20 | 2,17 |
| | 75,0 | 2,77 | 2,69 | 2,61 | 2,54 | 2,48 | 2,42 | 2,37 | 2,32 | 2,28 | 2,24 | 2,19 | 2,15 | 2,11 | 2,08 | 2,05 |

**Stützenabstand $s$ in m für Joch-Mittelträger und Joch-Randträger**
I = Joch-Randträger    I = Joch-Mittelträger

| $d$ | $q$ | Jochträger-Abstand | | | | | | | | | | | | | | |
|---|---|---|---|---|---|---|---|---|---|---|---|---|---|---|---|---|
| | | $l=125$ cm | | $l=150$ cm | | $l=175$ cm | | $l=200$ cm | | $l=225$ cm | | $l=250$ cm | | $l=275$ cm | | $l=300$ cm | |
| cm | kN/m² | I | I | I | I | I | I | I | I | I | I | I | I | I | I | I | I |
| 10 | 4,5 | 2,96 | 2,24 | 2,78 | 2,11 | 2,64 | 2,00 | 2,53 | 1,79 | 2,43 | 1,60 | 2,35 | 1,43 | 2,27 | 1,30 | 2,21 | 1,19 |
| 12 | 5,0 | 2,85 | 2,16 | 2,68 | 2,03 | 2,55 | 1,83 | 2,44 | 1,60 | 2,34 | 1,43 | 2,26 | 1,28 | 2,19 | 1,23 | 2,13 | 1,17 |
| 14 | 5,5 | 2,76 | 2,09 | 2,60 | 1,94 | 2,47 | 1,66 | 2,36 | 1,45 | 2,27 | 1,33 | 2,19 | 1,20 | 2,12 | 1,15 | 2,06 | 1,06 |
| 16 | 6,0 | 2,68 | 2,03 | 2,52 | 1,77 | 2,39 | 1,52 | 2,29 | 1,33 | 2,20 | 1,24 | 2,12 | 1,13 | 2,06 | 1,06 | 2,00 | 0,96 |
| 18 | 6,5 | 2,60 | 1,95 | 2,45 | 1,63 | 2,33 | 1,43 | 2,23 | 1,24 | 2,14 | 1,18 | 2,07 | 1,06 | 2,00 | 0,97 | 1,87 | 0,89 |
| 20 | 7,1 | 2,54 | 1,81 | 2,39 | 1,51 | 2,27 | 1,35 | 2,17 | 1,18 | 2,09 | 1,10 | 2,01 | 0,99 | 1,89 | 0,90 | 1,73 | 0,82 |
| 22 | 7,6 | 2,48 | 1,66 | 2,33 | 1,40 | 2,22 | 1,28 | 2,12 | 1,13 | 2,04 | 1,02 | 1,94 | 0,92 | 1,76 | 0,84 | 1,61 | 0,77 |
| 24 | 8,1 | 2,42 | 1,66 | 2,28 | 1,31 | 2,17 | 1,21 | 2,07 | 1,07 | 1,99 | 0,96 | 1,81 | 0,86 | 1,65 | 0,78 | 1,51 | 0,72 |

# 11 Schalungsbau
## 11.4 Deckenschalung

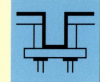

**Beispiel einer Deckenschalung**

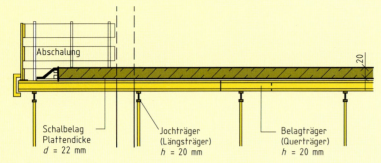

**Schnitt A - A**

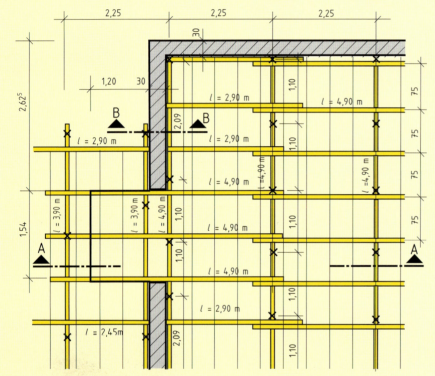

**Draufsicht auf Schalungsträger**

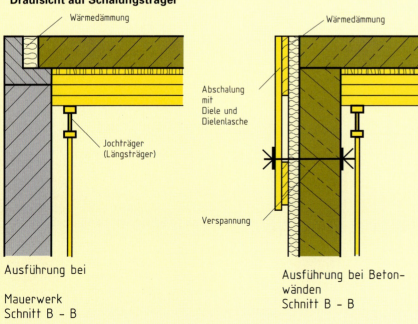

Ausführung bei Mauerwerk Schnitt B - B

Ausführung bei Betonwänden Schnitt B - B

Für den angegebenen Ausschnitt aus einem Grundriss ist die Deckenschalung dargestellt. Der Ausschnitt zeigt eine Geschossdecke mit Kragplatte. Die Vollplatte hat die Dicke $d = 20$ cm.

### Konstruktion der Deckenschalung

Bei der Konstruktion geht man vom Schalbelag aus.

**Schalbelag:** Plattendicke $d = 22$ mm

**Belagträger:** Bauhöhe $h = 20$ cm
Aus der entsprechenden Tabelle ergibt sich bei einer Deckendicke $d = 20$ cm ein Belagträgerabstand $a = 75$ cm.

**Jochträger:** Bauhöhe $h = 20$ cm
Aus der entsprechenden Tabelle ergibt sich bei einer Deckendicke $d = 20$ cm ein Jochträgerabstand $l = 2,48$ m.

**Stützen:** Aus der entsprechenden Tabelle kann für einen Jochträgerabstand $l = 2,25$ m ($\leq 2,48$ m) und einer Deckendicke $d = 20$ cm für den Joch-Randträger ein Stützenabstand $s = 2,09$ m und für den Joch-Mittelträger ein Stützenabstand $s = 1,10$ m abgelesen werden.

### Zeichnung der Deckenschalung

Man beginnt die Zeichnung von der Ecke des Grundrisses aus mit dem Eintragen des Joch-Randträgers und der Einteilung der Joch-Mittelträger. Danach werden in Querrichtung die Belagträger eingeteilt. Bauliche Gegebenheiten, wie z.B. die Kragplatte oder Zwischenwände, können den Einsatz kürzerer Träger erforderlich machen. Auch kann der Randträger zum Mittelträger werden mit engerem Stützenabstand, wie z.B. im Bereich der Kragplatte. Schaltafelstöße in Längsrichtung müssen in jedem Fall durch einen Belagträger oder durch einen zusätzlichen Träger gegen Kippen gesichert sein.

Gemauerte Außenwände und Außenwände aus Beton erfordern eine unterschiedliche Art der Deckenabschalung, um einen einheitlichen Putzgrund zu gewährleisten.

# 11 Schalungsbau
## 11.4 Deckenschalung
Aufgaben zu 11.4 Deckenschalung

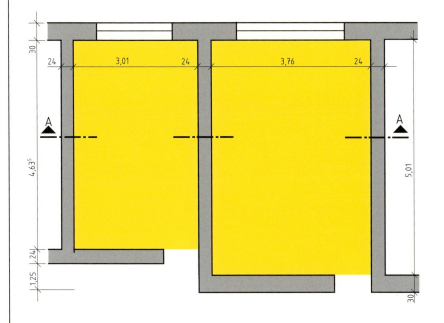

**1** Für den angegebenen Ausschnitt aus einem Grundriss ist eine **Deckenschalung** zu zeichnen. Die Außenwände sind betoniert und außen mit einer 5 cm dicken Wärmedämmung versehen. Die Deckendicke der Stahlbetonmassivplatte beträgt 18 cm. Es stehen 20 cm hohe Schalungsträger und 22 mm dicke Schaltafeln zur Verfügung. Die notwendigen Konstruktionsmaße sind den entsprechenden Tabellen auf Seite 171 zu entnehmen.

DIN A3
Querformat
M 1:20 Draufsicht,
Schnitt A–A

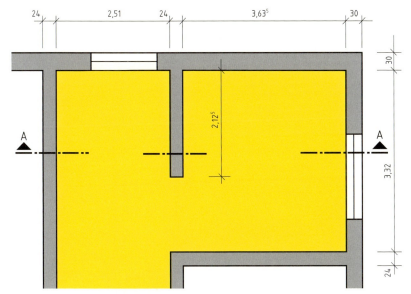

**2** Für die beiden Räume ist die **Deckenschalung** zu zeichnen. Die Stahlbetonmassivplatte hat eine Dicke von 20 cm. Alle Wände sind gemauert. Für die Schalung stehen Schalungsträger mit einer Höhe von 20 cm zur Verfügung. Die notwendigen Konstruktionsmaße sind den entsprechenden Tabellen auf Seite 171 zu entnehmen.

DIN A3
Querformat
M 1:20 Draufsicht,
Schnitt A–A

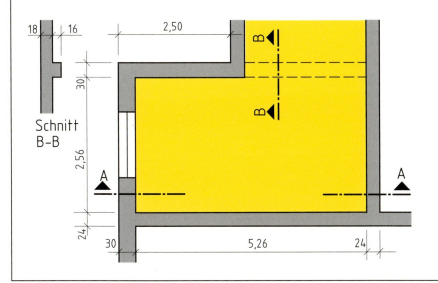

**3** Über dem Raum ist die **Deckenschalung** und eine Schalung für den Unterzug zu zeichnen. Die Stahlbetonmassivplatte hat eine Dicke von 18 cm. Die Außenwände sind aus Stahlbeton mit 5 cm Wärmedämmung. Die Schalungsträger haben eine Bauhöhe von 20 cm, die Schaltafeln eine Dicke von 22 mm. Die notwendigen Konstruktionsmaße sind den entsprechenden Tabellen auf Seite 171 zu entnehmen.

DIN A3
Querformat
M 1:20 Draufsicht,
Schnitt A–A,
Schnitt B–B

# 11 Schalungsbau

## 11.5 Treppenschalung
### Aufgaben zu 11.5 Treppenschalung

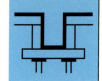

**Beispiel einer Treppenschalung**

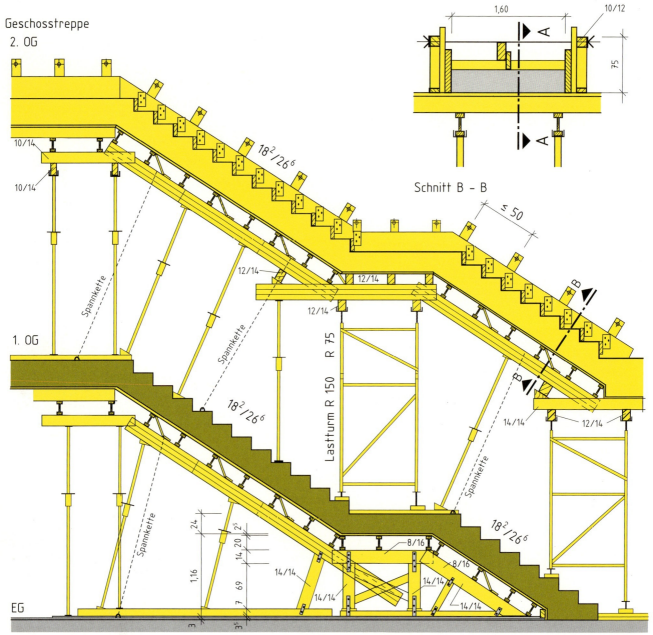

Schnitt A – A

**1  Übungen zum Zeichnungslesen**

a) Welches **Steigungsverhältnis** hat die Treppe und wie viele Steigungen hat jeder Treppenlauf?

b) Welche **Länge** hat der gerade Treppenlauf, wenn das Podest 90 cm tief ist?

c) Welche **Geschosshöhe** hat die Treppe im Rohbau?

d) Welche verschiedenen **Schalungsteile** sind für die Schalung des unteren und des oberen Treppenlaufs notwendig?

e) Für den oberen Treppenlauf ist eine **Stückliste** der bereitzustellenden Schalungsteile aufzustellen. Die Verspannungen der seitlichen Abschalung sollte höchstens 50 cm auseinanderliegen.

**2**  Die gesamte **Treppenschalung** für einen Teil der unteren Treppe ist im Schnitt zu zeichnen. Dargestellt werden soll nur der unterste Teil der Treppe einschließlich Podest. Das Podest ist 90 cm tief, die Dicke des Podestes und die Dicke der Treppenlaufplatte betragen $d$ = 24 cm.

DIN A 4
Querformat
M 1:10
Schnitt A – A

# 11 Schalungsbau

## 11.5 Treppenschalung
### Aufgaben zu 11.5 Treppenschalung

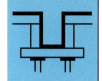

**Beispiel einer Treppenschalung**

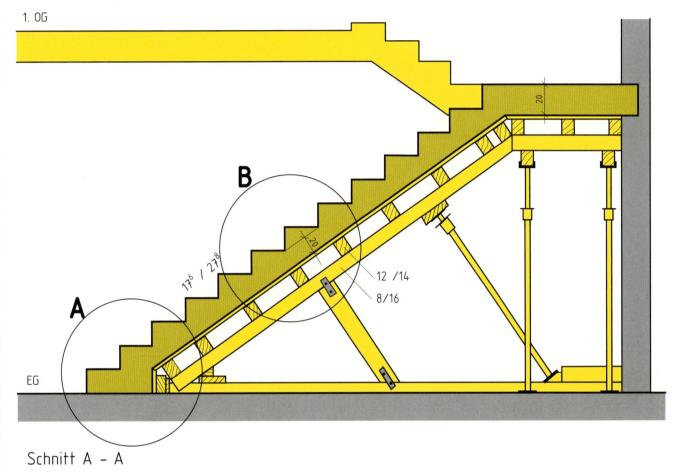

Schnitt A – A

**3 Übungen zum Zeichnungslesen**

a) Wie groß ist das **Steigungsverhältnis** der Treppe und wie viele Steigungen hat die Treppe?

b) Welche **Geschosshöhe** hat die Treppe im Rohbau?

c) Welche **Länge** hat der untere Treppenlauf einschließlich Podest, wenn die Podesttiefe 1,15 m beträgt?

d) Wie groß ist die **Durchgangshöhe** unter dem Podest, wenn dieses eine Dicke von 24 cm hat?

**4** Für die **Einzelheiten A und B der Treppe** ist die Treppenschalung einschließlich der Schalung für die Treppenstufen zu zeichnen.

DIN A 3 Hochformat
M 1:5   Einzelheit A
            Einzelheit B

**5** Für die 1,20 m breite Treppe ist der **Schalboden** (Unterstützungskonstruktion) zu zeichnen. Die Treppe ist freistehend. Eine Stückliste aller vorzuhaltenden Schalungsteile ist zu erstellen.

DIN A 4
Querformat
M 1:20
Schnitt A–A

# 11 Schalungsbau
## 11.6 Elementschalung

**Beispiel eines Blumentrogs als Betonfertigteil**

Für den Blumentrog ist eine Schalung zu zeichnen, die das Betonieren von der Unterseite her ermöglicht.

Längsschnitt und Querschnitt der Schalung sowie Vorderansicht, Seitenansicht und Draufsicht einschließlich Verspannungen sind darzustellen.

Die Verspannung kann durch Spanndraht, Verschwertung mit Brettlaschen (Streben), mit Schlagzwingen oder Bankettzwingen erfolgen.

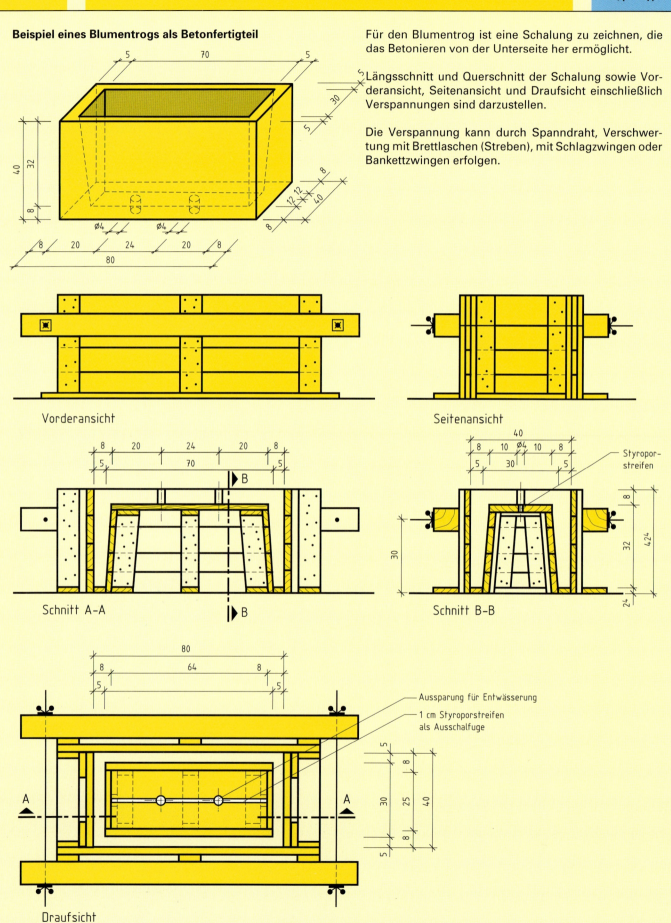

176

# 11 Schalungsbau
## 11.6 Elementschalung
### Aufgaben zu 11.6 Elementschalung

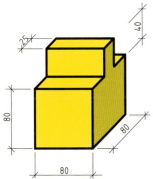

**1** Für das **Einzelfundament** ist eine Schalung zu zeichnen, die das Betonieren von der Fundamentsohle aus ermöglicht.

 DIN A 4 Hochformat
M 1:10 Draufsicht, Schnitt durch die Schalung

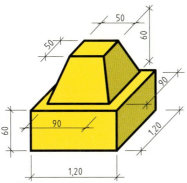

**2** Für das **Pfostenfundament** ist eine Schalung zu zeichnen, die das Betonieren von der Fundamentsohle aus ermöglicht.

 DIN A 3 Hochformat
M 1:10 Draufsicht, Schnitt durch die Schalung

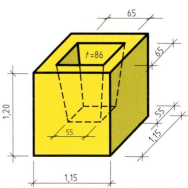

**3** Für das **Stützenfundament** ist eine Schalung zu zeichnen, die das Betonieren von der Fundamentsohle aus ermöglicht.

 DIN A 3 Hochformat
M 1:10 Draufsicht, Schnitt durch die Schalung

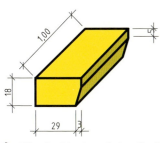

**4** Für die **Blockstufe** ist die Schalung zu zeichnen.

 DIN A 4 Hochformat
M 1:10 Draufsicht
M 1:2 Schnitt durch die Schalung

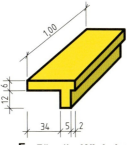

**5** Für die **Winkelstufe** ist die Schalung zu zeichnen.

 DIN A 4 Hochformat
M 1:10 Draufsicht, Schnitt durch die Schalung

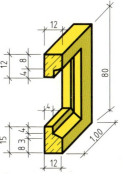

**6** Für die **Fensterumrahmung** ist eine liegende Schalung zu zeichnen.

 DIN A 3 Hochformat
M 1:5 Draufsicht, Schnitt durch die Schalung

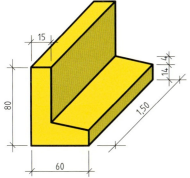

**7** Für den **L-Stein** ist die Schalung zu zeichnen.

 DIN A 4 Hochformat
M 1:10 Draufsicht, Schnitt durch die Schalung

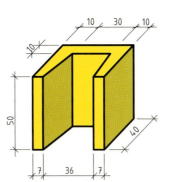

**8** Für den **U-Stein** ist die Schalung zu zeichnen.

 DIN A 4 Hochformat
M 1:5 Draufsicht, Schnitt durch die Schalung

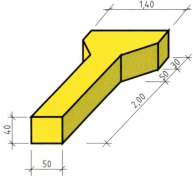

**9** Für die **Fertigteilstütze** ist eine liegende Schalung zu zeichnen.

 DIN A 3 Querformat
M 1:10 Draufsicht, Schnitt durch die Schalung

# 12 Beton- und Stahlbetonbau
## 12.1 Schalpläne

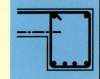

Ausführungszeichnungen des Beton- und Stahlbetonbaus sind nach DIN 1356 Zeichnungen für die Tragwerksplanung. Vorwiegend sind hierfür Schalpläne, Positionspläne und Bewehrungszeichnungen zu fertigen. Detailzeichnungen erleichtern die Arbeit auf der Baustelle ebenso wie Angaben zur Konstruktion. Solche Angaben werden als Legende bezeichnet und über dem Schriftfeld angeordnet. Nach DIN 1045-3 „Tragwerke aus Beton, Stahlbeton und Spannbeton" gehören diese Zeichnungen zu den bautechnischen Unterlagen, die vor Baubeginn vorliegen müssen.

### 12.1 Schalpläne

Für das Einschalen von Beton- und Stahlbetonbauteilen benötigt man Ausführungszeichnungen, die deren Endzustand eindeutig und übersichtlich darstellen. Außerdem müssen alle für die Mengenermittlung notwendigen Angaben enthalten sein. Für eine eindeutige und vollständige Darstellung des geplanten Bauwerks können Grundrisse, Schnitte, Ansichten, Abwicklungen und Detailzeichnungen erforderlich sein. Diese werden nach den Abbildungsprinzipien der DIN 1356 dargestellt. Bei Grundrissen wird Typ B bevorzugt angewendet (Seite 13).

Der Grundriss Typ A stellt die Draufsicht auf den unteren Teil eines waagerecht geschnittenen Bauprojektes dar. Die Schnittebene ist so zu wählen, dass wesentliche Einzelteile des Bauwerkes, z.B. Wände, Wandöffnungen und Treppen, geschnitten werden. Die Schnittebene kann dabei auch verspringen.

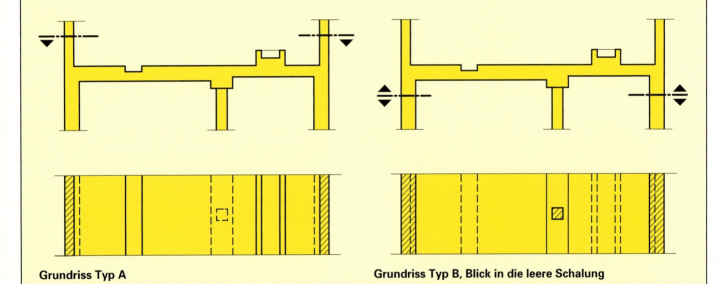

**Grundriss Typ A**        **Grundriss Typ B, Blick in die leere Schalung**

Der Grundriss Typ B ist die Untersicht des oberen Teils eines waagerecht geschnittenen Bauprojektes. Dabei werden alle tragenden Bauteile im jeweiligen Geschoss, z.B. Stützen, Wände und Unterzüge, zusammen mit der Decke in diesem Geschoss dargestellt. Der Blick von unten wird auch als „Blick in die leere Schalung" bezeichnet. Die horizontale Schnittebene ist so zu wählen, dass Gliederung und konstruktiver Aufbau des Tragwerks deutlich werden. Im Übrigen gelten für beide Typen die üblichen Zeichenregeln.

Ausführungszeichnungen bei der Ortbauweise nennt man Schalpläne, bei Fertigteilen Elementzeichnungen. Sie werden in der Regel im Maßstab 1:50, ergänzende Zeichnungen in Maßstab 1:25, 1:20 oder 1:10 dargestellt.

Dem Schalplan liegen die Entwurfsplanung, die Installationsplanung, z.B. für die Heizungs-, Lüftungs-, Sanitär- und Elektroanlage sowie der Positionsplan und die Festlegungen der statischen Berechnung zugrunde.

Schalpläne enthalten Angaben über
- Art, Festigkeitsklasse und Bezeichnung der zur Verwendung vorgesehenen Baustoffe,
- Beschaffenheit der Bauteiloberfläche, z.B. rau abgezogen oder fein geglättet und der Kanten, z.B. Dreikantleisten,
- Anordnung und Ausbildung konstruktiver Fugen, bei Sichtflächen auch die der Arbeitsfugen,
- Lage und Ausbildung der Sperr- und Dämmschichten,
- Aussparungen wie Schlitze, Durchbrüche und Kanäle, z.B. für Installationen sowie Ankerlöcher, z.B. für Geländer,
- Auflagerung von Bauteilen, z.B. auf Gleitschichten, Gleitlagern, festen Lagern und Schallschutzlagern oder Kopf- und Fußplatten, z.B. bei Stahlstützen,
- Einbauteile, die in die Schalung verlegt werden, wie z.B. Ankerschienen, Steigeisen, Futterrohre,
- Lage einbindender Mauerwerks- oder Fertigbauteile.

# 12 Beton- und Stahlbetonbau
## 12.1 Schalpläne

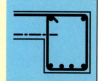

**Beispiel eines Schalplans** (Ausschnitt)

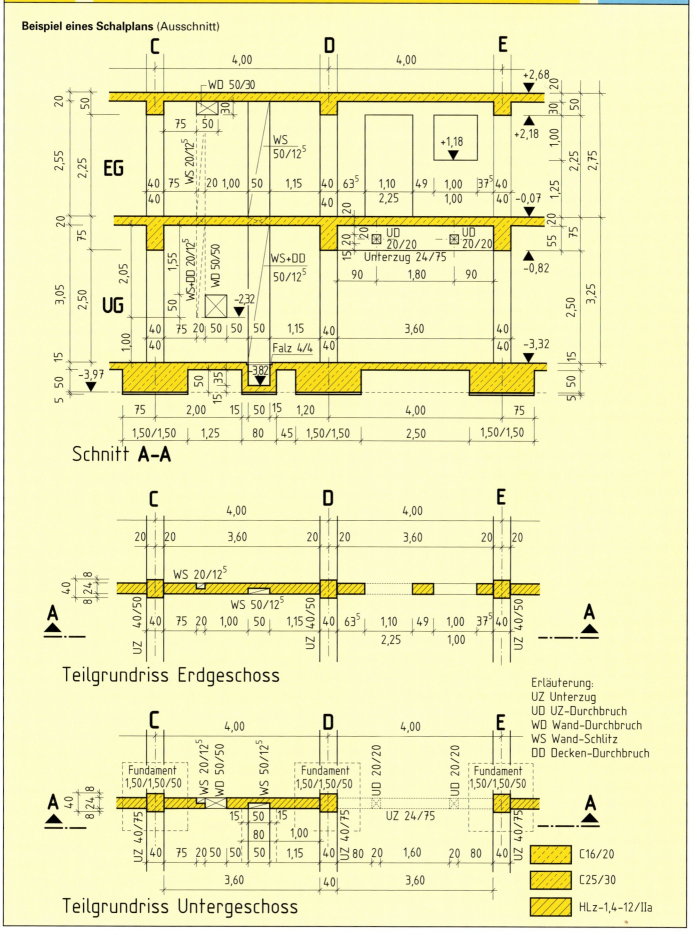

# 12 Beton- und Stahlbetonbau

## 12.2 Positionspläne

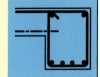

Positionspläne dienen vorwiegend zur Erläuterung der statischen Berechnung. Tragende Bauteile werden mit Positionsnummern bezeichnet. Bei Platten wird außer der Deckendicke auch die Tragrichtung angegeben. Weitere Angaben zur Konstruktion und zu den Baustoffen tragender Bauteile werden in der Legende näher bezeichnet.

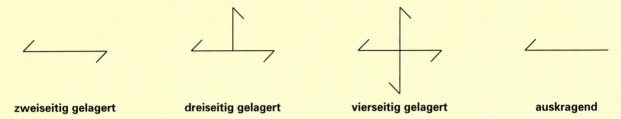

**Symbole für die Tragrichtung von Platten**

Positionspläne werden aus den Zeichnungen des Objektplaners entwickelt. In der Regel sind Grundrisse ausreichend. Sie werden meist als Grundriss Typ B im Maßstab 1:100 dargestellt.

Positionspläne enthalten Angaben über
- die Lage der tragenden Bauteile im Bauwerk,
- die Bauteilabmessungen sowie die Hauptmaße des Bauwerks und
- die Positionsnummern, dem Lastabtrag folgend.

**Beispiel eines Positionsplans für eine Decke über dem Erdgeschoss**

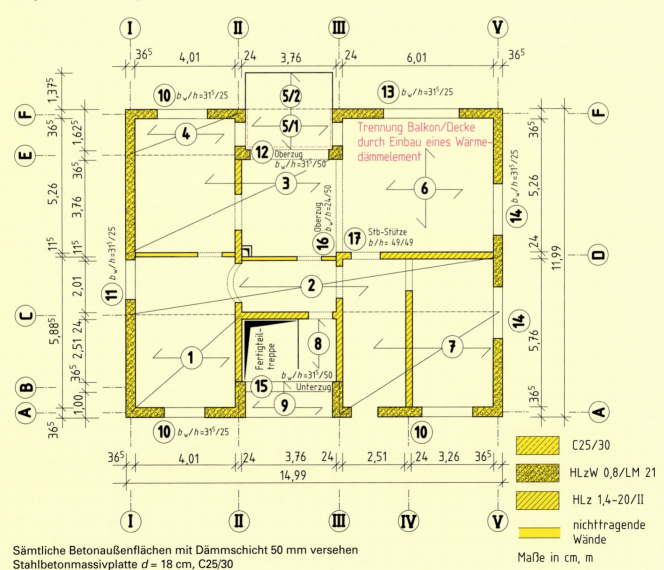

Sämtliche Betonaußenflächen mit Dämmschicht 50 mm versehen
Stahlbetonmassivplatte $d = 18$ cm, C25/30

# 12 Beton- und Stahlbetonbau

**Aufgaben zu 12.1 Schalpläne und 12.2 Positionspläne**

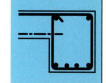

**Beispiel eines Schalplans für einen überdachten Wartungsstand**

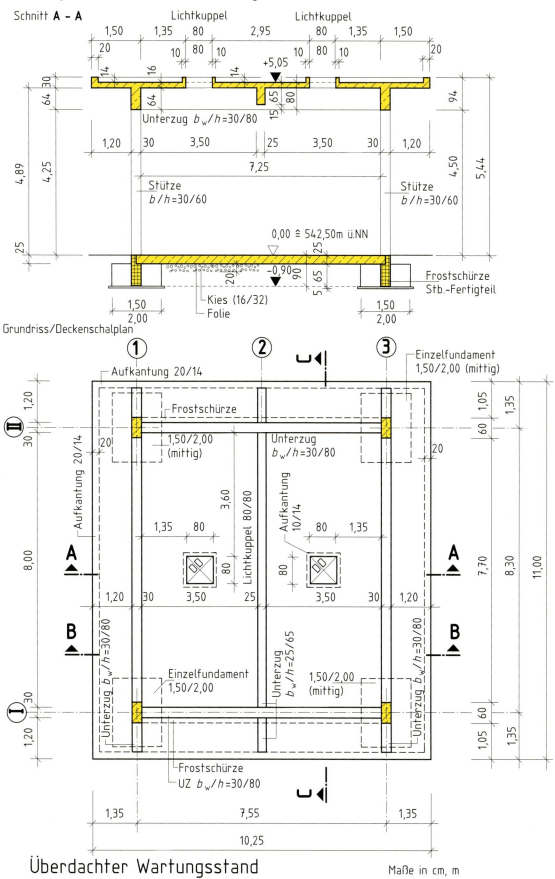

# 12 Beton- und Stahlbetonbau
**Aufgaben zu 12.1 Schalpläne und 12.2 Positionspläne**

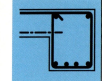

Der Bauhof wird um einen **überdachten Wartungsstand** für Erdbaumaschinen erweitert. Hierfür sind die Ausführungszeichnungen für die Tragkonstruktion zu fertigen. Grundlagen sind der durch Angaben aus dem Standsicherheitsnachweis ergänzte Grundriss und der Schnitt A – A des Bauentwurfes (Seite 181) sowie weitere Angaben zur Ausführung.

| Ausführungsbeschreibung | |
|---|---|
| Fundamente | Stahlbetoneinzelfundamente C25/30, mittig unter den Stützen angeordnet, auf Sauberkeitsschicht C16/20, $d$ = 5 cm |
| Frostschürzen | Stahlbetonfertigteile C25/30 auf Unterbeton C16/20, $d$ = 5 cm, versetzt |
| Bodenplatte | Stahlbeton C25/30, $d$ = 25 cm, als Vakuumbeton mit maschinell geglätteter Oberfläche |
| | Kapillarbrechende Schicht aus Gesteinskörnung 16/32, $d$ = 20 cm, Folie als Trennlage |
| Stützen | Stahlbeton C25/30, Kanten abgefast (Dreikantleisten) |
| Unterzüge | Stahlbeton C25/30, Kanten abgefast (Dreikantleisten) |
| Dachdecke | Stahlbeton C25/30, $d$ = 16 cm, Beton mit hohem Wassereindringwiderstand |
| | Aufkantung mit Wassernase, Kanten abgefast (Dreikantleisten) |

**Schnitt C – C** (Ausschnitt)

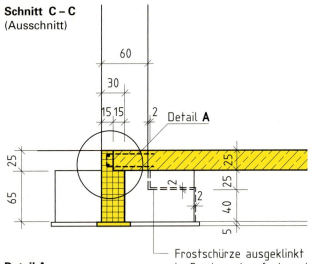

**Detail A – Regelschnitt**

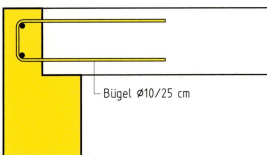

Bügel Ø10/25 cm

**Schnitt B – B** (Ausschnitt)

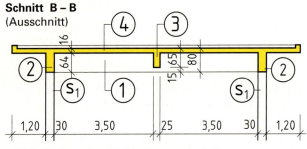

Stat.-System der Stahlbetonmassivplatte

**1** Für den überdachten Wartungsstand ist der Schalplan für die **Fundamente** und der Anschluss der Bodenplatte an die Frostschürze zu zeichnen. Die Baustoffe sind anzugeben.

DIN A 3 Querformat
M 1:50
M 1:25 Detail

**2** Für den überdachten Wartungsstand ist der **Elementschalplan** für die Frostschürzen in der Ansicht sowie der Regelschnitt zu zeichnen. Die Anschlussbewehrung besteht aus U-förmigen Bügeln BSt 500 S Ø 10/25 cm mit einer Schenkellänge von 60 cm.

DIN A 3 Querformat
M 1:50
M 1:10 Schnitt

**3** Für den überdachten Wartungsstand ist der Schnitt C – C als **Schalplan** und ein Detail Dachauskragung mit Randunterzug zu zeichnen. Die Baustoffe sind anzugeben.

DIN A 3 Querformat
M 1:50
M 1:25 Detail

**4** Für den überdachten Wartungsstand ist der **Positionsplan** für die Stahlbetonbauteile ab OK Bodenplatte nach gegebenem statischen System sowie ein Detail der Randaufkantung zu zeichnen. Die Baustoffe sind anzugeben.

DIN A 3 Querformat
M 1:50
M 1:10 Detail

# 12 Beton- und Stahlbetonbau

## 12.3 Einzelstabbewehrung
### 12.3.1 Darstellung in Bewehrungszeichnungen

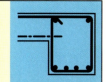

Für alle Stahlbetonbauteile ist eine Bewehrungszeichnung zu fertigen. Sie ist Bestandteil des Standsicherheitsnachweises, Grundlage für die Herstellung der Bewehrung, Arbeitszeichnung für den lagerichtigen Einbau der Bewehrung sowie Abrechnungszeichnung zur Mengenermittlung.

Die Bewehrungszeichnung umfasst in der Regel die Darstellung der Bewehrung im Längs- und Querschnitt, den Stahlauszug mit Darstellung der Biegeformen sowie die Gewichtsliste mit Angabe des Gesamtgewichtes der Bewehrung.

| Symbole für die Darstellung der Bewehrungsstäbe (Auszug) | |
|---|---|
| **Gerade Bewehrungsstäbe** | |
| ohne Verankerungselemente<br>– allgemein<br>– als Anschlussbewehrung<br>(Stab ist bereits auf anderer Zeichnung dargestellt und positioniert) | mit Verankerungselementen<br>– mit Haken<br>– mit Winkelhaken |
| **Gebogene Bewehrungsstäbe** | |
| Darstellung als geknickter Linienzug | Darstellung als Linienzug aus Geraden und Bögen<br>(bei Schlaufen, gekrümmten Bauteilen und bei Zeichnungen in großem Maßstab) |
| **Schnitt durch Bewehrungsstäbe** (Einzelstäbe und Stabbündel) | |
| – allgemein<br>– Stabbündel aus zwei Bewehrungsstäben<br>– Stabbündel aus drei Bewehrungsstäben | – als Anschlussbewehrung<br>(Stab ist bereits auf anderer Zeichnung dargestellt und positioniert) |
| **Rechtwinklig aus der Zeichenebene abgebogene bzw. aufgebogene Bewehrungsstäbe** | |
| rechtwinklig aus der Zeichenebene abgebogener Bewehrungsstab | rechtwinklig aus der Zeichenebene aufgebogener Bewehrungsstab |

### Kennzeichnung von Bewehrungsstäben

Bewehrungsstab in der Ansicht

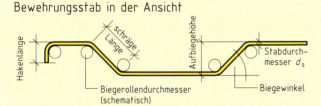

Darstellung in der Bewehrungszeichnung

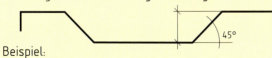

Beispiel:

③ 7Ø14 BSt 500 S; $l = 4{,}10$ m, $s = 10$ cm

Mindestwerte der Biegerollendurchmesser $d_{br}$

| $d_s$ (mm) | < 20 | ≥ 20 |
|---|---|---|
| $d_{br}$ | $4\,d_s$ | $7\,d_s$ |

| seitliche Betondeckung | > 10 cm und > 7 $d_s$ | > 5 cm und > 3 $d_s$ | ≤ 5 cm oder ≤ 3 $d_s$ |
|---|---|---|---|
| $d_{br}$ | $10\,d_s$ | $15\,d_s$ | $20\,d_s$ |

Die Kennzeichnung in Bewehrungszeichnungen muss folgende Angaben enthalten:

- Positionsnummer, in einem Kreis. Bei der Kennzeichnung erhalten gleiche Bewehrungsstäbe die gleiche Positionsnummer.
- Anzahl der Bewehrungsstäbe,
- Durchmesserzeichen und Stabnenndurchmesser in mm,
- Kurzzeichen der Betonstahlsorte, wenn verschiedene Betonstahlsorten verwendet werden,
- Schnittlänge $l$ des ungebogenen Stabes,
- Stababstand $s$ in cm,
- Biegerollendurchmesser $d_{br}$ bei gebogenen Bewehrungsstäben. Für Biegestellen ohne Angabe des Biegerollendurchmessers $d_{br}$ gelten deren Mindestwerte nach DIN 1045.
- Gegebenenfalls Zusatzbezeichnung durch Kennbuchstaben zur eindeutigen Kennzeichnung der Bewehrungslage im Bauteil.

Es sollen folgende Kennbuchstaben verwendet werden:
o = oben    u = unten    v = vorn    h = hinten

# 12 Beton- und Stahlbetonbau
## 12.3 Einzelstabbewehrung
### 12.3.1 Darstellung in Bewehrungszeichnungen

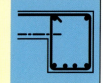

**Darstellung der Bewehrung von Bauteilen in Ansichten und Draufsichten** (Beispiele)

| Bedeutung | Darstellung |
|---|---|
| **Ansicht von Bewehrungsstäben**<br>falls erforderlich mit Markierung der beiden Stabenden durch Schrägstrich und Positionsnummer, ohne Kreis | 17 ⌐ ¬ 17 |
| **Draufsicht bei auf- oder abgebogenen Bewehrungsstäben**<br>Die Biegestellen sind durch kurze Querlinien zu markieren.<br>Der in der Zeichenebene liegende Teil des Bewehrungsstabes ist durch eine breite Vollinie, der übrige Teil durch eine breite Strichlinie darzustellen.<br>Bei ausschließlicher Darstellung in der Draufsicht ist zusätzlich die Biegeform hinter der Kennzeichnung schematisch darzustellen. | Biegestellen / Biegeform (schematisch) / Biegestelle / Biegeform (schematisch) |
| **Übergreifungsstoß von Bewehrungsstäben**<br>• ohne Markierung der Stabenden durch Schrägstrich und Positionsnummer<br>• mit Markierung der Stabenden durch Schrägstrich und Positionsnummer, ohne Kreis | $l_{ü}$ = .....    $l_{ü}$ = Übergreifungslänge<br>⑫... ⑬...<br>12   13   12   13<br>$l_{ü}$ = ..... |
| **Gruppen gleicher Bewehrungsstäbe**<br>• Eine Gruppe gleicher Bewehrungsstäbe darf durch mindestens einen maßstäblich gezeichneten Bewehrungsstab und eine sich über ihren Verlegebereich erstreckende, begrenzte Querlinie dargestellt werden. Die Zuordnung von Stabgruppe und Verlegebereich erfolgt durch einen Kreis um den Schnittpunkt von Stab und Querlinie.<br>• Bei der Anordnung gleicher Bewehrungsstäbe in Gruppen mit gegebenenfalls unterschiedlichem Stababstand sind die einzelnen Verlegebereiche durch eine entsprechend begrenzte, unterbrochene Querlinie zu kennzeichnen sowie die anteiligen, in Klammern zu setzenden Stückzahlen und, falls erforderlich, die zugehörenden Stababstände anzugeben. Die Abstände zwischen den Verlegebereichen sind zu bemaßen. Die Zuordnung von Stabgruppen und Verlegebereichen erfolgt durch einen Kreis um den Schnittpunkt des mindestens einen maßstäblich zu zeichnenden Stabes mit der Querlinie. | Begrenzung des Verlegebereiches / maßstäblich gezeichnete Länge des Bewehrungsstabes<br>⑪ 10∅12/15cm<br>Anzahl der Bewehrungsstäbe / Abstand der Bewehrungsstäbe<br>(8)–10 \| (7)–12   15∅16 ─③<br>50<br>Verlegebereich 2 / Abstand zwischen den Verlegebereichen / Verlegebereich 1 |
| **Einzelne gleiche Bewehrungsstäbe**<br>Bei einzelnen gleichen Bewehrungsstäben braucht die Kennzeichnung nur einmal angegeben zu werden, wobei die Positionsnummer mit den zugehörigen Stäben durch Hinweislinien zu verbinden ist. | ⑥ 2∅14<br>⑦ 2∅12 |

# 12 Beton- und Stahlbetonbau

## 12.3 Einzelstabbewehrung
### 12.3.1 Darstellung in Bewehrungszeichnungen

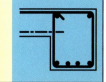

Die dargestellte Bewehrung muss mit den Angaben in der statischen Berechnung übereinstimmen. Bei Verwendung von Betonstabstahl wird außerdem ein Stahlauszug und eine Betonstahlliste, oder ersatzweise eine Biegeliste, gefertigt. Betonstahllagermatten werden in Schneideskizzen erfasst.

Auf den Bewehrungszeichnungen sind anzugeben:
- Festigkeitsklasse und, soweit erforderlich, besondere Eigenschaften des Betons,
- Stahlsorte BSt 500 S oder BSt 500 M,
- Anzahl, Durchmesser, Form und Lage der Bewehrungsstäbe, der mechanischen Verbindungsmittel, z.B. Muffenverbindungen oder Ankerkörper,
- Abstand der Bewehrungsstäbe untereinander, Rüttellücken, Übergreifungslängen an Stößen und Verankerungslängen, z.B. an Auflagern, Anordnung und Ausbildung von Schweißstellen mit Angabe der Schweißzusatzwerkstoffe,
- das Nennmaß $c_{nom}$ der Betondeckung und die Unterstützungen der oberen Bewehrung,
- besondere Maßnahmen zur Lagesicherung der Bewehrung, wenn die Nennmaße der Betondeckung unterschritten werden und
- Mindestdurchmesser der Biegerollen.

Weitere Hinweise sind z.B. „Biegemaße sind Außenmaße" oder bei Stützen „Bügel schwenken", bei Konsolen „Bügel in der Druckzone schließen", bei Bewehrungsstößen „Stäbe schwenken" und bei zweilagiger Mattenbewehrung „Zulagematte, Längsstäbe unten/oben".

### Abmessungen und Gewichte von Betonstabstahl

| Nenndurchmesser $d_s$ | [mm] | 6 | 8 | 10 | 12 | 14 | 16 | 20 | 25 | 28 |
|---|---|---|---|---|---|---|---|---|---|---|
| Nennquerschnitt $A_s$ | [mm²] | 0,283 | 0,503 | 0,785 | 1,13 | 1,54 | 2,01 | 3,14 | 4,91 | 6,16 |
| Nenngewicht $G$ | [kg/m] | 0,222 | 0,395 | 0,617 | 0,888 | 1,21 | 1,58 | 2,47 | 3,85 | 4,83 |

### Gewichtsliste für Betonstabstahl

| Betonstahl-Gewichtsliste Nr.: ... zu Plan ... | | | | | Bauvorhaben: ................ | | | | | |
|---|---|---|---|---|---|---|---|---|---|---|
| Betonstahlsorte: 500 S | | | | | | | | | | |
| Bauteil: .......................... | | | | | Bauherr: .......................... | | | | | |

| Pos. Nr. | Anzahl | $d_s$ mm | Einzellänge m | Gesamtlänge m | Gewichtsermittlung in kg für | | | | | |
|---|---|---|---|---|---|---|---|---|---|---|
| | | | | | $d_s$ = ... mm mit .,... kg/m | $d_s$ = ... mm mit .,... kg/m | $d_s$ = ... mm mit .,... kg/m | $d_s$ = ... mm mit .,... kg/m | $d_s$ = ... mm mit .,... kg/m | $d_s$ = ... mm mit .,... kg/m |
| 1 | | | | | | | | | | |
| 2 | | | | | | | | | | |
| 3 | | | | | | | | | | |
| 4 | | | | | | | | | | |
| | | | | | | | | | | |
| | | | | | | | | | | |
| | | | Gewicht je Durchmesser [kg] | | | | | | | |
| | | | Gesamtgewicht [kg] | | | | | | | |

Aufgestellt: ............     ................, den ..........

# 12 Beton- und Stahlbetonbau

## 12.3 Einzelstabbewehrung
### 12.3.1 Darstellung in Bewehrungszeichnungen

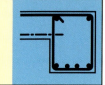

Nach DIN 1356, Teil 10 gibt es die Darstellungsart 1 und die Darstellungsart 2, wobei jeweils Bewehrungszeichnung und Gewichtsliste getrennt angefertigt werden. Sie unterscheiden sich dadurch, dass der Zeichnungsinhalt unterschiedlich anschaulich dargestellt wird. Eine weitere Möglichkeit ist die herkömmliche Darstellungsart, die zwar nicht mehr genormt, jedoch sehr anschaulich ist. Alle Bewehrungsstäbe einschließlich der Bügel sind im Bauteil und Stahlauszug maßstäblich dargestellt und bemaßt.

**Beispiel einer Bewehrungszeichnung in herkömmlicher Darstellung**

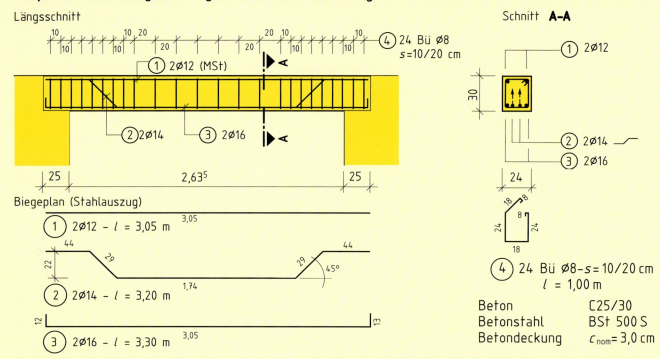

**Beispiel einer Bewehrungszeichnung nach DIN 1356 Teil 10, Darstellungsart 1**

Die Bügel sind im Längsschnitt nicht eingezeichnet. Bereiche gleicher Bügelabstände werden nur noch gekennzeichnet durch Anzahl der Bügel und Bügelabstand. Beim Wechsel der Bügelabstände ist jeweils einmal der Bügelabstand zu bemaßen.

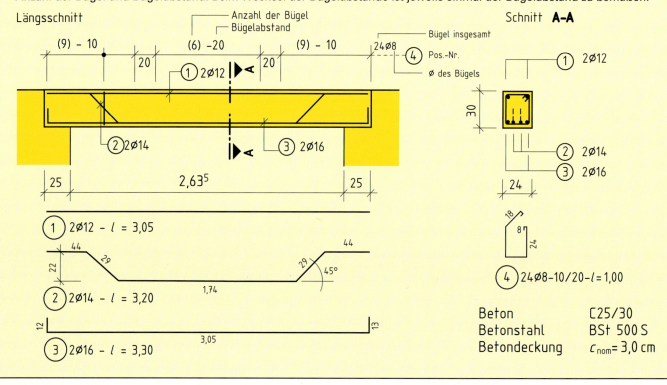

# 12 Beton- und Stahlbetonbau

## 12.3 Einzelstabbewehrung
### 12.3.1 Darstellung in Bewehrungszeichnungen

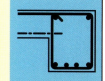

**Beispiel einer Bewehrungszeichnung nach DIN 1356 Teil 10, Darstellungsart 2**

Die einzelnen Bewehrungsstäbe werden nicht mehr als Stahlauszug dargestellt, sondern durch kleine Skizzen der bemaßten Biegeformen bei den Positionsnummern ersetzt.

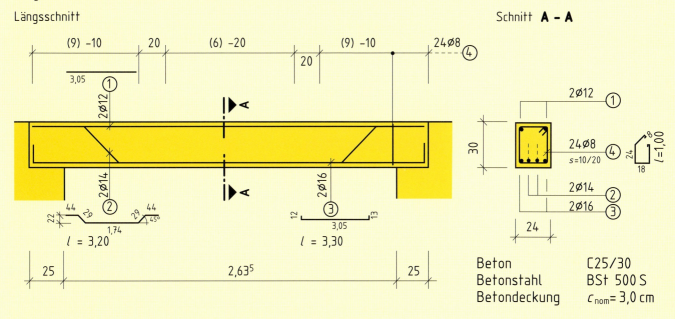

Beton          C25/30
Betonstahl     BSt 500 S
Betondeckung   $c_{nom} = 3{,}0$ cm

**Betonstahl-Gewichtsliste**

Die Gewichtsliste dient der Ermittlung der Gewichte der einzelnen Positionen und des Gesamtgewichtes. Für ihre Aufstellung müssen Anzahl, Stabdurchmesser, Schnittlänge und Nenngewichte der einzelnen Stahlpositionen bekannt sein.

| Betonstahl-Gewichtsliste Nr.: ... zu Plan ... | | | | | Bauvorhaben: .................... | | | | | |
|---|---|---|---|---|---|---|---|---|---|---|
| Betonstahlsorte: 500 S | | | | | | | | | | |
| Bauteil: ............................. | | | | | Bauherr: ........................ | | | | | |
| Pos. Nr. | Anzahl | $d_s$ mm | Einzel-länge m | Gesamt-länge m | Gewichtsermittlung in kg für | | | | | |
| | | | | | $d_s$ = 8 mm mit 0,395 kg/m | $d_s$ = 10 mm mit 0,617 kg/m | $d_s$ = 12 mm mit 0,888 kg/m | $d_s$ = 14 mm mit 1,21 kg/m | $d_s$ = 16 mm mit 1,58 kg/m | $d_s$ = 20 mm mit 2,47 kg/m |
| 1 | 2 | 12 | 3,05 | 6,10 | | | 5,42 | | | |
| 2 | 2 | 14 | 3,20 | 6,40 | | | | 7,74 | | |
| 3 | 2 | 16 | 3,30 | 6,60 | | | | | 10,43 | |
| 4 | 24 | 8 | 1,00 | 24,00 | 9,48 | | | | | |
| | | | | | | | | | | |
| | | | | | | | | | | |
| | | | | | | | | | | |
| Gewicht je Durchmesser [kg] | | | | | 9,48 | | 5,42 | 7,74 | 10,43 | |
| Gesamtgewicht [kg] | | | | | 33,07 | | | | | |
| Aufgestellt: .......... | | | | | ................, den .......... | | | | | |

# 12 Beton- und Stahlbetonbau

## 12.3 Einzelstabbewehrung
### 12.3.1 Darstellung in Bewehrungszeichnungen

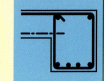

**Richtwerte für Anzahl und Anordnung von Abstandhaltern**

Platten — Unterstützungen für die obere Bewehrung z. B. Unterstützungskörbe

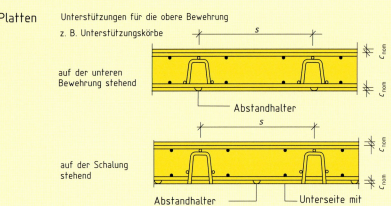

auf der unteren Bewehrung stehend — Abstandhalter

auf der Schalung stehend — Abstandhalter — Unterseite mit Korrosionsschutz

| Abstände $s$ der Abstandhalter/Unterstützungen | | | | |
|---|---|---|---|---|
| ø Tragstäbe | Abstandhalter | | | Unterstützungen |
| | punktförmig | | linienförmig, flächig | |
| | max $s$ | Stück/m² | max $s$ | max $s$ |
| bis 14 mm | 50 cm | 4 | 50 cm | 50 cm |
| über 14 mm | 70 cm | 2 | 70 cm | 70 cm |

Stützen

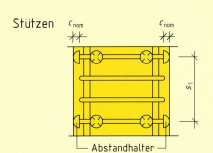

Balken

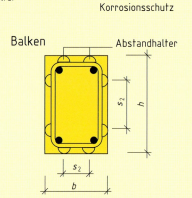

| Abstände der Abstandhalter max $s_1$ in Längsrichtung | | |
|---|---|---|
| ø Längsstäbe | Stützen | Balken |
| bis 10 mm | 50 cm | 25 cm |
| 12 mm bis 20 mm | 100 cm | 50 cm |
| über 20 mm | 125 cm | 75 cm |

| Abstände der Abstandhalter max $s_2$ in Querrichtung | | |
|---|---|---|
| $b$ bzw. $h$ | Anzahl, Abstände | |
| | Stützen | Balken |
| bis 100 cm | 2 | 2 |
| über 100 cm | ≥ 3 | ≥ 3 |
| max | 75 cm | 50 cm |

Wände

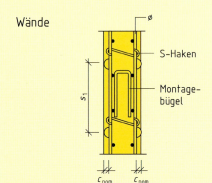 — ø — S-Haken — Montagebügel

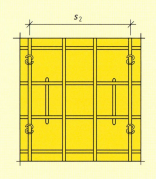

| Abstände und Anzahl | | | | |
|---|---|---|---|---|
| ø Tragstäbe | Abstandhalter | | S-Haken | Lagesicherung U-Bügel |
| | max $s_1$ | Stück je m² Wand[1] | Stück je m² Wand | Stück je m² Wand |
| bis 8 mm | 70 cm | 4 | 1 | 1 |
| 10 mm bis 16 mm | 100 cm | 2 | | |
| über 16 mm | | | 4 | |

[1] und je Wandseite

Abstandhalter — punktförmig

z. B. Klötzchen, Rädchen

linienförmig

z. B. Dreikantprofile, U-Profile, Ringe

Unterstützungen

z. B. Unterstützungskörbe, Unterstützungsböcke, Stehbügel

Lagesicherungen

z. B. S- Haken, U-Haken

# 12 Beton- und Stahlbetonbau

## 12.3 Einzelstabbewehrung
### 12.3.2 Balkenbewehrung

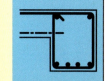

Um die Bewehrungszeichnung für einen Stahlbetonbalken fertigen zu können, benötigt man Angaben aus dem Schalplan und dem Positionsplan sowie aus der statischen Berechnung.

| Angaben für die Bearbeitung einer Bewehrungszeichnung aus | | |
|---|---|---|
| **Schalplan** | **Positionsplan** | **Statischer Berechnung** |
| • Bauteilabmessungen<br>• Zuordnung zu anderen Bauteilen<br>• Lage von Dämmschichten, Einbauteilen und Aussparungen<br>• Oberflächenbeschaffenheit<br>• Betonfestigkeitsklasse | • Bauteil mit Positionsnummer<br>• Statisches System und Auflagerung<br>• Angaben zur Ausbildung der Auflager<br>• Statisch nutzbarer Querschnitt, ohne Dämmschichten<br>• Betonfestigkeitsklasse | • Betonfestigkeitsklasse, gegebenenfalls Angaben über Beton mit besonderen Eigenschaften<br>• Betonstahlsorte<br>• Betondeckung<br>• Angaben zur Bewehrung |
| **Beispiel für einen Stahlbetonbalken:** | | |
| Breite $b$/Dicke $h$ = 24 cm/50 cm<br>Lichte Weite $l_w$ = 4,135 m<br>Innenbauteil, ohne Dämmschichten<br>Stirnseitenvormauerung mit einer Dicke $d$ = 11,5 cm<br>Oberfläche ohne besondere Anforderung<br>Beton C25/30 | Pos. 05 Stahlbetonunterzug<br>Träger auf zwei Stützen<br>Auflagerung auf Regelmauerwerk<br>Auflagertiefe beidseitig 25 cm<br>Breite $b$/Dicke $h$ = 24 cm/50 cm<br>Beton C25/30 | Beton   C25/30<br>Betonstahl   BSt 500 S<br>Betondeckung  $c_{nom}$ = 3,0 cm<br>Biegebewehrung  2 ø 16 (gerade)<br>+ 2 ø 14 (aufgeb.)<br>Montagebewehrung  2 ø 12<br>Stegbewehrung  2 ø 12<br>Schubbewehrung Bügel  ø 8/20 cm |

Die Bewehrungszeichnung in herkömmlicher Darstellungsart wird in folgenden Schritten entwickelt:

- **Darstellen und Bemaßen des Bauteils** in Längs- und Querschnitt im Maßstab M 1:20 oder M 1:25. Die Form des Bauteils wird in der Regel mit schmaler Volllinie gezeichnet.

- **Beschriften des Bauteils** entsprechend dem Positionsplan, z.B. durch Eintragen seiner Positionsnummer und Benennung sowie Angabe der Querschnittsabmessungen und der Schnittführung. Wird das Bauteil mehrmals ausgeführt, ist dies zu vermerken und beim Stahlauszug zu berücksichtigen.

- **Darstellen und Kennzeichnen der Lage der Bewehrungsstäbe im Längs- und Querschnitt.** Bewehrungsstäbe sind mit breiter Volllinie zu zeichnen, wobei für die Längsbewehrung (Biegezug-, Montage- und Stegbewehrung) und die Bügelbewehrung unterschiedliche Linienbreiten zu verwenden sind.
Sind die Aufbiegestellen aufzubiegender Stäbe nicht vorgegeben, können diese bei Aufbiegungen unter 45° im Längsschnitt ermittelt werden. Bei Endauflagern geht man dabei von einem Drittel der Auflagertiefe, bei Zwischenauflagern von der Auflagermitte aus. Durch eine Hilfslinie unter 45° wird jeweils die Biegestelle bestimmt. Im Querschnitt werden aufgebogene Stäbe durch eine schmale Strichlinie dargestellt.
Die Kennzeichnung der Bewehrungsstäbe enthält Positionsnummer des Bewehrungsstabes, die mit einem Kreis zu umschließen ist, die Anzahl der Bewehrungsstäbe an der bezeichneten Stelle, das Durchmesserzeichen und den Stabnenndurchmesser. Bei Bügeln ist außerdem der Stababstand $s$ in cm anzugeben. Die Positionierung der Bewehrungsstäbe geschieht in der Reihenfolge ihrer Lage in Längsrichtung von oben nach unten. Anschließend wird die Positionierung in Querrichtung fortgesetzt. Gleiche Bewehrungsstäbe erhalten gleiche Positionsnummer.

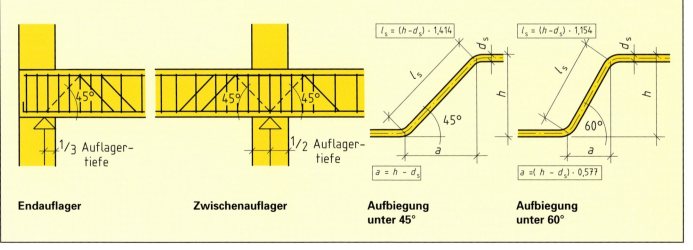

Endauflager   Zwischenauflager   Aufbiegung unter 45°   Aufbiegung unter 60°

# 12 Beton- und Stahlbetonbau
## 12.3 Einzelstabbewehrung
### 12.3.2 Balkenbewehrung

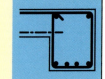

- **Darstellen und Kennzeichnen der Bewehrungsstäbe im Biegeplan** (Stahlauszug) in der Reihenfolge der Positionierung. Die Stäbe werden maßstäblich herausgezogen und vollständig bemaßt. Außerdem ist für jede Position die Gesamtanzahl und die Schnittlänge (abgewickelte Stablänge) anzugeben. Die Schnittlänge ist die Länge der Stahleinlagen in ungebogenem Zustand unter Beachtung der schrägen Aufbiegelängen und Hakenzuschlägen.
  Biegemaße, z.B. die Höhe und Breite von Bügeln, ergeben sich in der Regel aus den Bauteilabmessungen abzüglich der Betondeckungen, wobei Biegemaße stets als Außenmaße angegeben werden. Bei Plattenbalken ist bei der Bügelhöhe zusätzlich die obere Bewehrung der Deckenplatte zu berücksichtigen.
  Aufbiegehöhe bei aufgebogenen Tragstäben in verbügelten Bauteilen, ergibt sich aus der Bügelhöhe abzüglich der Durchmesser der Bügelbewehrung. Die Aufbiegehöhe $h$ wird stets von außen nach außen angegeben. Die schräge Aufbiegelänge $l_s$ ist vorwiegend vom Winkel der Aufbiegung abhängig.
- **Auflisten der Legende** mit weiteren Angaben wie z.B. Betonfestigkeitsklasse, Betonstahlsorte und Betondeckung. Biegerollendurchmesser sind dann anzugeben, wenn sie größer auszuführen sind als die geforderten Mindestwerte nach DIN 1045.
- **Aufstellen der Gewichtsliste** mit allen auf einer Bewehrungszeichnung dargestellten Bewehrungsstäben. Dazu müssen die Einzellänge, die Stabnenndurchmesser und deren Gewicht je Meter bekannt sein.

**Beispiel einer Balkenbewehrung**

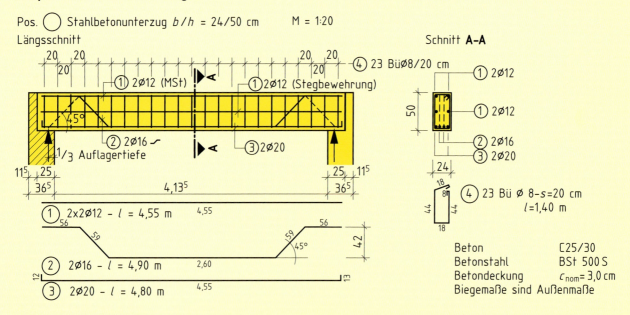

| Betonstahl-Gewichtsliste Nr.: ... zu Plan ... Betonstahlsorte: 500 S Bauteil: Stahlbetonunterzug im Erdgeschoss | | | | | Bauvorhaben: .................... Bauherr: ........................ | | | | | |
|---|---|---|---|---|---|---|---|---|---|---|
| Pos. Nr. | Anzahl | $d_s$ mm | Einzel- länge m | Gesamt- länge m | Gewichtsermittlung in kg für | | | | | |
| | | | | | $d_s$ = 8 mm mit 0,395 kg/m | $d_s$ = 10 mm mit 0,617 kg/m | $d_s$ = 12 mm mit 0,888 kg/m | $d_s$ = 14 mm mit 1,21 kg/m | $d_s$ = 16 mm mit 1,58 kg/m | $d_s$ = 20 mm mit 2,47 kg/m |
| 1 | 4 | 12 | 4,55 | 18,20 | | | 16,16 | | | |
| 2 | 2 | 16 | 4,90 | 9,80 | | | | | 15,48 | |
| 3 | 2 | 20 | 4,80 | 9,60 | | | | | | 23,71 |
| 4 | 23 | 8 | 1,40 | 32,20 | 12,72 | | | | | |
| Gewicht je Durchmesser [kg] | | | | | 12,72 | | 16,16 | | 15,48 | 23,71 |
| Gesamtgewicht [kg] | | | | | 68,07 | | | | | |

Aufgestellt: ..........                    .............., den ..........

# 12 Beton- und Stahlbetonbau

## 12.3 Einzelstabbewehrung
### Aufgaben zu 12.3.3 Balkenbewehrung

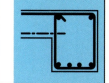

**1 Stahlbetonfenstersturz** $b_w/h$ = 25 cm/28 cm – C25/30 / BSt 500 S, mit geraden und aufgebogenen Tragstäben

Für den dargestellten Fenstersturz (einseitiger Plattenbalken) ist die Bewehrungszeichnung in herkömmlicher Darstellungsart zu fertigen und auf einem Formblatt die Betonstahl-Gewichtsliste zu erstellen. Betondeckung $c_{nom}$ = 3,0 cm.

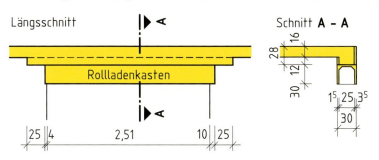

| Angaben zur Bewehrung | |
|---|---|
| Feldbewehrung | 2 ø 14 + 2 ø 12 aufgebogen |
| Montagebewehrung | 2 ø 10 |
| Bügelbewehrung | ø 8, $s$ = 20 cm |

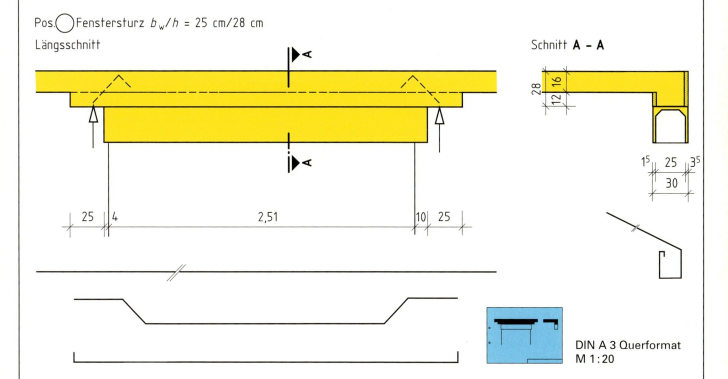

DIN A 3 Querformat
M 1:20

**2 Stahlbetonfenstersturz** $b_w/h$ = 25 cm/28 cm – C25/30 / BSt 500 S, mit geraden Tragstäben

Für den in Aufgabe 1 dargestellten Fenstersturz ist die Bewehrungszeichnung in herkömmlicher Darstellungsart zu fertigen und auf einem Formblatt die Betonstahl-Gewichtsliste zu erstellen. Betondeckung $c_{nom}$ = 3,5 cm.

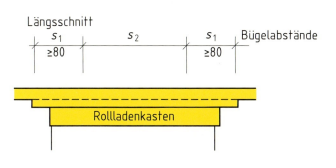

| Angaben zur Bewehrung | |
|---|---|
| Feldbewehrung | 2 ø 14 + 2 ø 12 |
| Montagebewehrung | 2 ø 10 |
| Bügelbewehrung | ø 8, $s_1$ = 10 cm, $s_2$ = 20 cm |

DIN A 3 Querformat
M 1:20

# 12 Beton- und Stahlbetonbau
## 12.3 Einzelstabbewehrung
Aufgaben zu 12.3.3 Balkenbewehrung

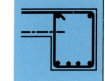

**3 Stahlbetonsturz** $b_w/h$ = 30 cm/37,5 cm – C25/30/BSt 500 S, mit geraden und aufgebogenen Tragstäben

Für den dargestellten Fenstersturz, einseitiger Plattenbalken, ist die Bewehrungszeichnung in herkömmlicher Darstellungsart zu fertigen und auf einem Formblatt die Betonstahl-Gewichtsliste zu erstellen. Betondeckung $c_{nom}$ = 3,5 cm.

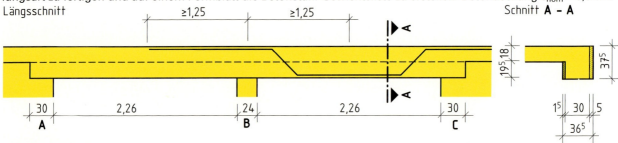

| Angaben zur Bewehrung | |
|---|---|
| Feldbewehrung | 2 ø 14 + 2 ø 12 unter 45° aufgebogen, die aufgebogenen Tragstäbe sind als Stützbewehrung ≥ 1,25 m über die Stütze B (Mittelstütze) zu führen. |
| Montagebewehrung | 2 ø 10 |
| Stützbewehrung (B) | 2 ø 12 aufgebogen aus Feld 1, 2 ø 12 aufgebogen aus Feld 2 und 2 ø 10 (Montagestäbe) |
| Bügelbewehrung | ø 8, s = 20 cm |

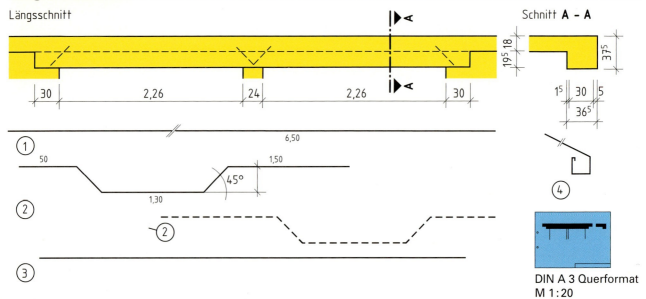

DIN A 3 Querformat
M 1 : 20

**4 Stahlbetonsturz** $b_w/h$ = 30 cm/37,5 cm – C25/30/BSt 500 S, mit geraden Tragstäben

Für den in Aufgabe 3 dargestellten Fenstersturz ist die Bewehrungszeichnung in herkömmlicher Darstellungsart zu fertigen und auf einem Formblatt die Betonstahl-Gewichtsliste zu erstellen. Betondeckung $c_{nom}$ = 3,5 cm.

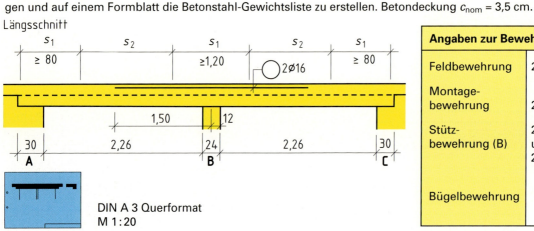

| Angaben zur Bewehrung | |
|---|---|
| Feldbewehrung | 2 ø 14 + 2 ø 12 |
| Montagebewehrung | 2 ø 10 |
| Stützbewehrung (B) | 2 ø 16, $l$ = 3,00 m und 2 ø 10 (Montagestäbe) |
| Bügelbewehrung | ø 8, $s_1$ = 10 cm, $s_2$ = 20 cm |

DIN A 3 Querformat
M 1 : 20

# 12 Beton- und Stahlbetonbau

## 12.3 Einzelstabbewehrung
### Aufgaben zu 12.3.3 Balkenbewehrung

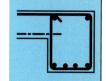

**5** **Stahlbeton-Oberzug** $b_w/h$ = 24 cm/50 cm – **Stahlbeton-Unterzug** $b_w/h$ = 24 cm/30 cm – C25/30 / BSt 500 S

Für die dargestellten Stahlbetonbalken, mit geraden und aufgebogenen Tragstäben, ist die Bewehrungszeichnung in herkömmlicher Darstellungsart zu fertigen. Auf einem Formblatt ist die Betonstahl-Gewichtsliste zu erstellen. Betondeckung $c_{nom}$ = 3,0 cm.

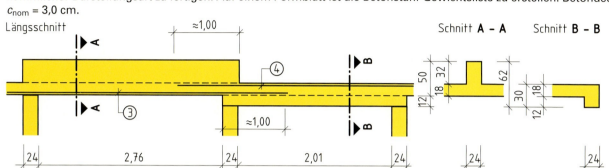

| Angaben zur Bewehrung | | | |
|---|---|---|---|
| **Oberzug** | | **Unterzug** | |
| Feldbewehrung | 2 ø 16 + 2 ø 14 aufgebogen | Feldbewehrung | 2 ø 14 + 2 ø 12 aufgebogen |
| Montagebewehrung | 2 ø 12 | Montagebewehrung | 2 ø 12 |
| Bügelbewehrung | ø 8, s = 20 cm | Bügelbewehrung | ø 8, s = 20 cm |

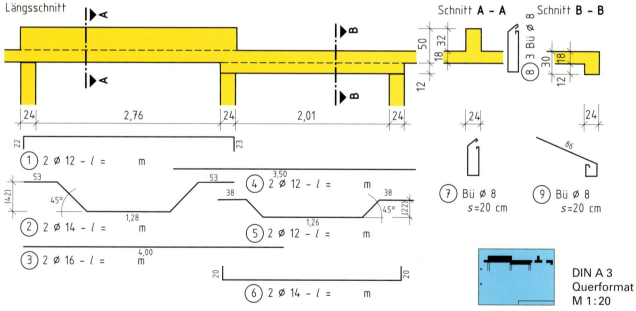

**6** **Stahlbeton-Oberzug** $b_w/h$ = 24 cm/50 cm – **Stahlbeton-Unterzug** $b_w/h$ = 24 cm/30 cm – C25/30 / BSt 500 S

Für die in Aufgabe 5 dargestellten Stahlbetonbalken ist die Bewehrungszeichnung mit geraden Tragstäben in herkömmlicher Darstellungsart zu fertigen. Auf einem Formblatt ist die Betonstahl-Gewichtsliste zu erstellen. Betondeckung $c_{nom}$ = 3,0 cm.

| Angaben zur Bewehrung | |
|---|---|
| Feld- und Montagebewehrung, wie Aufgabe 5 | Bügelbewehrung ø 8, s = 10 cm/20 cm, Verlegebereiche nach Vorgabe |

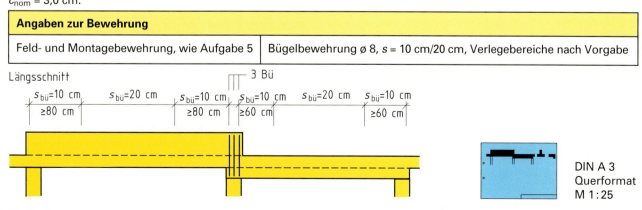

# 12 Beton- und Stahlbetonbau

## 12.3 Einzelstabbewehrung
### Aufgaben zu 12.3.3 Balkenbewehrung

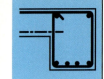

**7 Stahlbetonbalken mit Kragarm** $b/h$ = 30 cm/50 cm – C25/30/BSt 500 S

Für den dargestellten Stahlbetonbalken ist die Bewehrungszeichnung in herkömmlicher Darstellungsart zu fertigen und auf einem Formblatt die Betonstahl-Gewichtsliste zu erstellen. Betondeckung $c_{nom}$ = 3,0 cm.

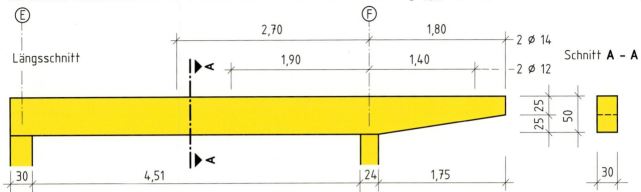

| Angaben zur Bewehrung | | | |
|---|---|---|---|
| **Feld** | | **Kragarm** | |
| Feldbewehrung | 2 ø 16 + 2 ø 14, gerade Tragstäbe | Stützbewehrung | 2 ø 14, Montagestäbe |
| Stegbewehrung | 2 ø 12, auf die gesamte Bauteillänge | | 2 ø 14, Zulagen $l$ = 4,50 m |
| Montagebewehrung | 2 ø 14, auf die gesamte Bauteillänge | | 2 ø 12, Zulagen $l$ = 3,30 m |
| | | Montagebewehrung | 2 ø 12 |
| Bügelbewehrung | ø 8, $s$ = 20 cm | Bügelbewehrung | ø 8, $s$ = 20 cm |

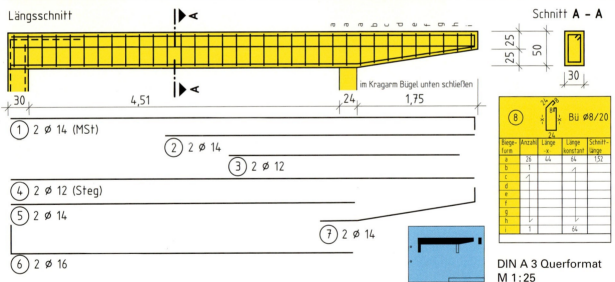

DIN A 3 Querformat
M 1 : 25

**8 Stahlbetonbalken mit Kragarm** $b/h$ = 30 cm/50 cm – C25/30/BSt 500 S

Für den in Aufgabe 7 dargestellten Stahlbetonbalken mit Kragarm ist die Bewehrungszeichnung mit geraden und aufgebogenen Tragstäben in herkömmlicher Darstellungsart zu fertigen. Auf einem Formblatt ist die Betonstahl-Gewichtsliste zu erstellen. Betondeckung $c_{nom}$ = 3,0 cm. Blatteinteilung und Maßstab wie bei Aufgabe 7.

| Angaben zur Bewehrung | | | |
|---|---|---|---|
| **Feld** | | **Kragarm** | |
| Feldbewehrung | 2 ø 16 + 2 ø 14 unter 45° aufgebogen | Stützbewehrung | 2 ø 14, Montagestäbe |
| Stegbewehrung | 2 ø 10, auf die gesamte Bauteillänge | | 2 ø 14, Zulagen $l$ = 4,50 m |
| Montagebewehrung | 2 ø 14, auf die gesamte Bauteillänge | | 2 ø 12, Zulagen $l$ = 3,30 m |
| | | Montagebewehrung | 2 ø 10 |
| Bügelbewehrung | ø 8, $s$ = 25 cm | Bügelbewehrung | ø 8, $s$ = 25 cm |

# 12 Beton- und Stahlbetonbau

## 12.3 Einzelstabbewehrung
### 12.3.4 Fundamentbewehrung

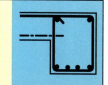

Einzelfundamente werden im Grundriss sowie im Längs- und Querschnitt gezeichnet. Mittig belastete Einzelfundamente haben meist eine quadratische Grundfläche mit der Seitenlänge $b$. Man geht von einem zweiachsigen Lastabtrag aus, wobei die Biegemomente von der Stütze zum Rand des Fundaments hin abnehmen. Daraus ergibt sich ein mittlerer Bereich der stärker beansprucht ist als die Randbereiche. Der mittlere Bereich wird mit $2 \cdot b/4$, der Randbereich mit einer Breite von $b/4$ angenommen. Die Bewehrung wird in Längs- und Querrichtung über der Fundamentsohle angeordnet. Meist werden Einzelstäbe gleichen Durchmessers mit Winkelhaken an beiden Enden eingebaut. Dabei ist der Bewehrungsabstand $s$ im Randbereich doppelt so groß wie im Mittelbereich, z.B. $s$ = 7,5 cm/15 cm bzw. $s$ = 10 cm/20 cm oder $s$ = 12,5 cm/25 cm. Die einzelnen Stäbe werden zunächst über die ganze Breite des Fundaments mit dem im Randbereich einzuhaltenden Abstand gezeichnet. Danach trägt man im mittleren Bereich je Zwischenraum einen weiteren Stab ein.

Die Anschlussbewehrung für die Stütze kann ohne Haken oder mit Winkelhaken eingebaut werden. Sie muss so weit über die Fundamentoberkante ragen, dass das Übergreifungsmaß $l_s$ mit der Stützenbewehrung eingehalten ist. Dieses Maß ist abhängig von der Stahlsorte, dem Stabdurchmesser $d_s$ sowie der Betonfestigkeitsklasse und entspricht in der Regel dem Verankerungsmaß $l_b$. Ihr Einbau erfolgt so, dass die Längsstäbe der Stütze in den Bügelecken liegen (Schnitt C – C). Zur Lagesicherung dienen Montagebügel.

**Beispiel eines Stahlbetoneinzelfundaments**

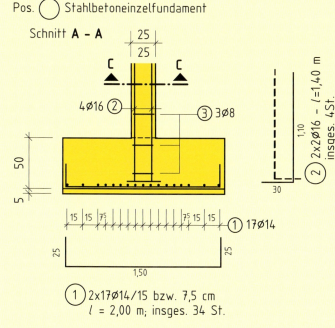

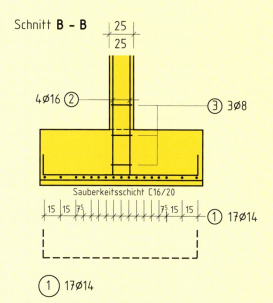

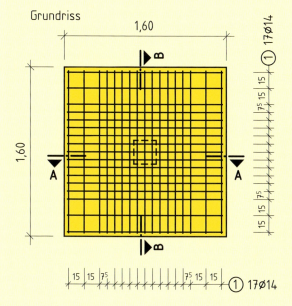

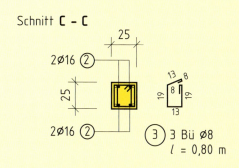

Baustoffe: C25/30; BSt 500 S
Betondeckung:
  Fundament: $c_{nom}$ = 5,0 cm
  Stütze: $c_{nom}$ = 3,0 cm

# 12 Beton- und Stahlbetonbau

## 12.3 Einzelstabbewehrung
### Aufgaben zu 12.3.4 Fundamentbewehrung

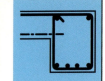

**1** Das **Einzelfundament** ist in Darstellungsart 1 nach DIN 1356 Teil 10 gezeichnet. Die Betondeckung $c_{nom}$ im Fundament beträgt 5 cm, bei der Stütze 3 cm. Für die Sauberkeitsschicht wird Beton der Festigkeitsklasse C16/20 verwendet. Das Fundament ist in herkömmlicher Darstellungsart zu zeichnen und die Gewichtsliste aufzustellen.

Pos. ◯ Stahlbetoneinzelfundament B 25 / BSt IVS

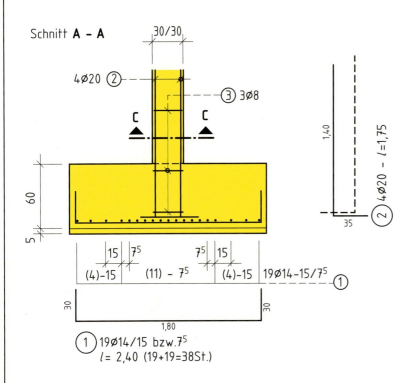

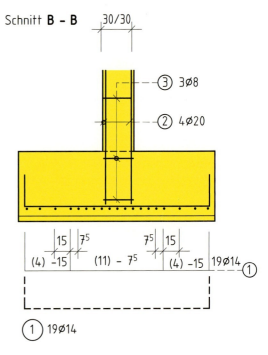

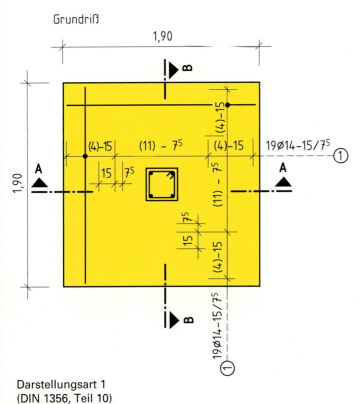

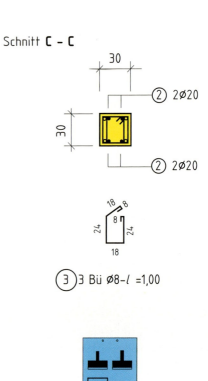

Darstellungsart 1
(DIN 1356, Teil 10)

DIN A 3 Hochformat
M 1 : 25

# 12 Beton- und Stahlbetonbau

## 12.3 Einzelstabbewehrung
### Aufgaben zu 12.3.4 Fundamentbewehrung

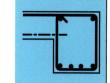

**Einzelfundament nach Darstellungsart 2**

**Schnitt A – A**

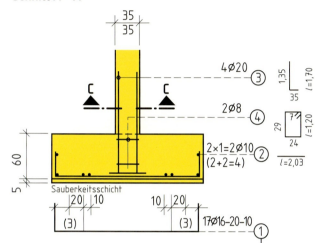

**Grundriss**

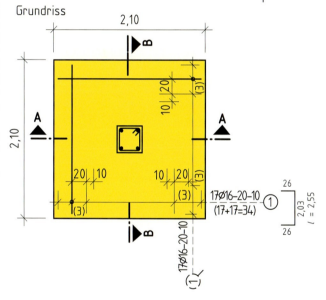

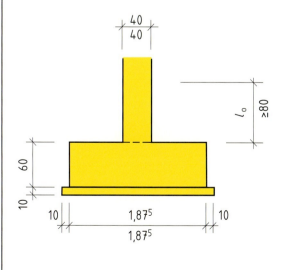

**2 Übungen zum Zeichnungslesen**

a) Welche Biegeform haben die Stäbe der Hauptbewehrung des Einzelfundaments?

b) In welchen Abständen sind die Stäbe der Hauptbewehrung des Fundaments zu verlegen?

c) Wie viele Stäbe liegen im Randbereich und wie viele Stäbe im mittleren Bereich?

d) Welche Bedeutung hat die Angabe bei Pos. ① 17⌀16-20-10?

e) Wie groß ist das Maß $c_{nom}$ der Betondeckung im Fundament?

f) Welche Aufgabe und welche Biegeform haben die Stäbe der Pos. ②?

g) Welche Pos.-Nummer, welchen Stabdurchmesser und welche Biegeform hat die Anschlussbewehrung?

h) Aus welchen Einzelmaßen setzt sich die Schnittlänge der Montagebügel zusammen?

**3** Für das im Grundriss und Schnitt A – A nach DIN 1356 Teil 10 Darstellungsart 2 gezeichnete **Einzelfundament** ist die Bewehrungszeichnung in Darstellungsart 1 zu zeichnen. Es sind alle Schnitte darzustellen und die Gewichtsliste zu fertigen.

DIN A 3 Hochformat
M 1:25

**4** Das **Einzelfundament** ist in Beton C25/30 hergestellt und mit Betonstahl BSt 500 S bewehrt. Die Hauptbewehrung besteht aus Stäben ⌀16 mit $s \leq$ 15 cm/7,5 cm. Als Anschlussbewehrung werden 4 ⌀ 20 und als Montagebügel 3 ⌀ 8 eingebaut. Für die Betondeckung $c_{nom}$ bei Fundament und Stütze sind 3,5 cm vorzusehen.

Die Bewehrungszeichnung in herkömmlicher Darstellungsart für das Fundament mit Grundriss, Schnitten, Biegeplan und Gewichtsliste ist zu fertigen.

DIN A 3 Hochformat
M 1:25

# 12 Beton- und Stahlbetonbau

## 12.3 Einzelstabbewehrung
### 12.3.5 Stützenbewehrung

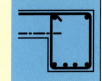

In Bewehrungszeichnungen für Stützen wird die Lage der Bewehrungsstäbe in der Regel im Aufriss und Querschnitt dargestellt. Die Querschnittsseiten der Stütze werden mit $b$ und $h$ bezeichnet, die Stabdurchmesser der Längsbewehrung mit $d_{sl}$ und die der Bügel mit $d_{sq}$. Die Anschlussbewehrung am Stützenfuß ist bereits auf der Zeichnung für das unterlagerte Bauteil, z. B. Fundament, gezeichnet und positioniert. Sie wird in der Bewehrungszeichnung für die Stütze als Strichlinie dargestellt. Die Anschlussbewehrung für eine weiterführende Stütze ist auf der Zeichnung auszuweisen.
Mindestbetonfestigkeitsklasse, Betonzusammensetzung und Betondeckung der Bewehrung sind durch Expositionsklassen festgelegt, wobei gleichzeitig mehrere zutreffen können. Maßgebend ist diese Expositionsklasse mit der höchsten Anforderung.

Für das Zeichnen bügelbewehrter Stützen ist zu beachten:

- Die geringste zulässige Seitenlänge für eine stehend hergestellte Stütze aus Ortbeton mit Vollquerschnitt ist 20 cm.
- Mindestdurchmesser der Längsbewehrungsstäbe $d_{sl}$ beträgt 12 mm.
- Längsbewehrung möglichst gleichmäßig über den Stützenumfang verteilen. Abstand der Längsstäbe ≤ 30 cm, bei Stützen mit $b ≤ 40$ cm und $h ≤ b$ genügt ein Bewehrungsstab in jeder Ecke. Kröpfen der Längsbewehrung im Unterzugbereich durchlaufender Stützen bei unterschiedlichen Querschnittsabmessungen.
- Mindestdurchmesser der Bügel darf nicht weniger als ein Viertel des größten Stabdurchmessers der Längsbewehrung ($d_{sq} ≥ 0{,}25$ max $d_{sl}$) betragen, bei Verwendung von Einzelbügeln muss jedoch $d_{sq} ≥ 6$ mm, bei Bügeln aus Betonstahlmatten $d_{sq} ≥ 5$ mm verwendet werden.
- Bügelabstand darf das 12fache des kleinsten Durchmessers der Längsstäbe ($s_w ≤ 12 \cdot$ min $d_{sl}$) sowie die kleinste Seitenlänge der Stütze ($s_w ≤ h$) bzw. 30 cm ($s_w ≤ 30$ cm) nicht überschreiten. Der jeweils kleinste Wert ist maßgebend (Regelüberstand).
- Regelüberstand ist mit dem Faktor 0,6 zu vermindern, unmittelbar über und unter Balken und Platten über eine Höhe gleich der größeren Abmessung des Stützenquerschnitts sowie bei Übergreifungsstößen der Längsstäbe, wenn deren größter Durchmesser $d_{sl}$ größer als 14 mm ist.
- Jede Bügelecke kann bis zu 5 Längsstäbe gegen Ausknicken sichern, sofern der Achsabstand vom Eckstab zum letzten Stab der Bügelecke ≤ 15 $d_{sq}$ ist. Liegen die Stäbe auf eine größere Länge verteilt, müssen sie durch zusätzliche Querbewehrung, z. B. durch Zwischenbügel, gehalten werden, die höchstens den doppelten Abstand haben dürfen.
- Jeder Bügel muss mit Haken geschlossen sein. Liegen mehr als 3 Stäbe in einer Ecke, müssen die Bügelhaken versetzt werden. In allen anderen Fällen wird das Versetzen empfohlen.

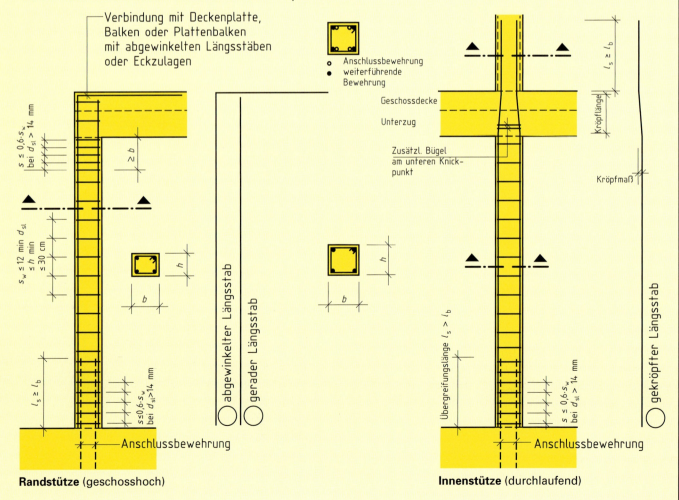

**Randstütze** (geschosshoch)  **Innenstütze** (durchlaufend)

# 12 Beton- und Stahlbetonbau

## 12.3 Einzelstabbewehrung
### Aufgaben zu 12.3.5 Stützenbewehrung

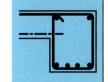

**Beispiel einer Stützenbewehrung**

Pos. ◯ Stahlbetonstütze 25 cm/25 cm – C40/50 /BSt 500 S
Aufriss M 1:20

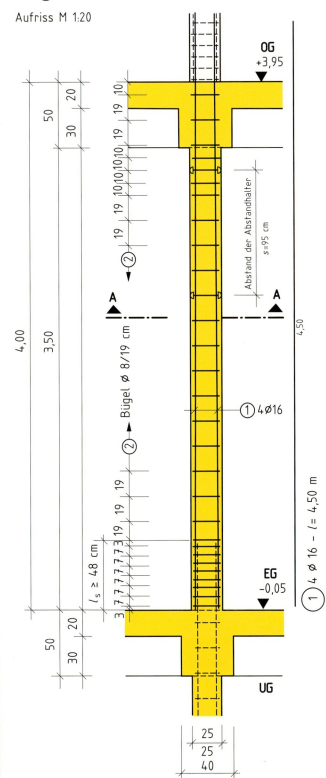

Schnitt **A – A**  M 1:10

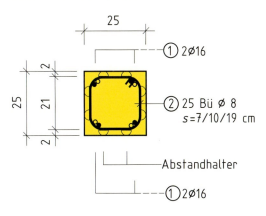

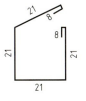

② 25 Ø 8, $s = 7/10/19$ cm
$l = 1,00$ m

Betondeckung der Bügel $c_{min} = 2,0$ cm

Zur Sicherung der Betondeckung sind Abstandhalter laut Anweisung einzubauen.

**1 Übungen zum Zeichnungslesen**

a) In welcher Darstellungsart ist die Stütze 25 cm/25 cm gezeichnet?
b) In welchen Abständen sind die Bügel im Bereich der Übergreifungslänge $l_s$ zu verlegen?
c) Wie viele Bügel sind im Regelbereich einzubauen?
d) Wie müssen die geraden Längsstäbe im Querschnitt angeordnet werden, damit sie als Anschlussbewehrung für die weiterführende Stütze im OG in 2. Lage liegen?
e) Wie lang ist das Maß $l_s$ im Obergeschoss?

**2** Die dargestellte Stütze soll in Beton C25/30 hergestellt werden. Dazu müssen bei gleicher Längsbewehrung die Querschnittsabmessungen auf 35 cm/35 cm vergrößert werden. Die Betondeckung $c_{nom}$ beträgt 3,5 cm.

Die **Bewehrungszeichnung der Stütze** ist im Aufriss und Schnitt nach DIN 1356 Teil 10 Darstellungsart 1 zu fertigen und die Gewichtsliste zu erstellen.

DIN A 3 Hochformat
M 1:20
M 1:10 Schnitt

# 12 Beton- und Stahlbetonbau

## 12.3 Einzelstabbewehrung
### Aufgaben zu 12.3.5 Stützenbewehrung

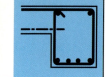

**3** Die **Stahlbetonstützen** sind in Darstellungsart 1 nach DIN 1356 Teil 10 gezeichnet.

Für die Stützen ist die Bewehrungszeichnung in herkömmlicher Darstellungsart zu fertigen und die Gewichtsliste zu erstellen, wobei die auf der Baustelle herzustellenden Bügel die Stahlposition ②a erhalten und die beiden Bügel mit einer Länge von insgesamt 2,05 m anzunehmen sind.

DIN A 3 Hochformat
M 1:25

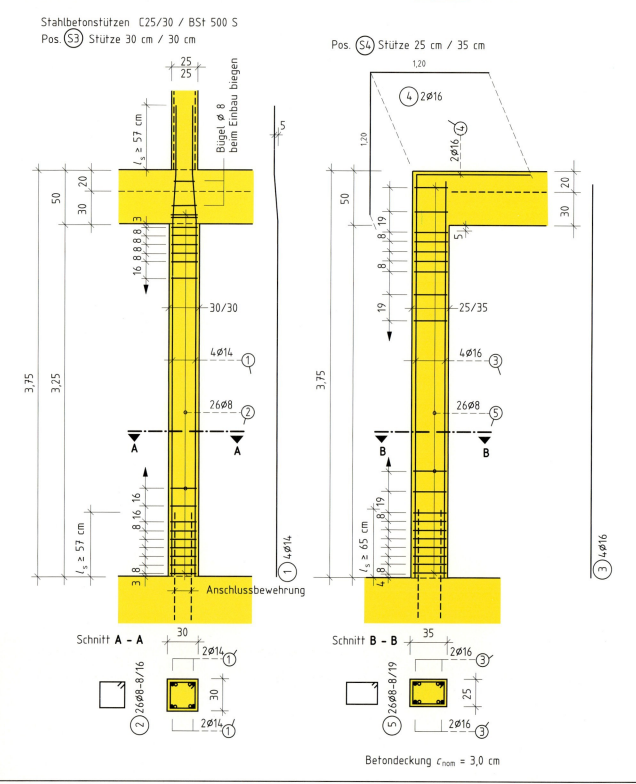

Betondeckung $c_{nom}$ = 3,0 cm

# 12 Beton- und Stahlbetonbau
## 12.3 Einzelstabbewehrung
**Aufgaben zu 12.3.5 Stützenbewehrung**

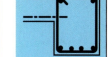

Für die **Stahlbetonstützen** ist jeweils die Bewehrungszeichnung in herkömmlicher Art zu zeichnen und die Gewichtsliste zu erstellen.

**4** Pos. (S1)    Stütze 30 cm/40 cm
- Beton    C25/30
- Betonstahl    BSt 500 S
- Betondeckung    $c_{nom}$ = 3,5 cm
- Längsbewehrung    4 ø 20
  - davon 2 ø 20 abgewinkelt, Schenkellänge 1,25 m
- Bügel    ø 8
- Bügelabstände nach den Bewehrungsrichtlinien
- Übergreifungslänge    $l_s$ = 81 cm

**5** Pos. (S2)    Stütze 30 cm/30 cm
- Beton    C25/30
- Betonstahl    BSt 500 S
- Betondeckung    $c_{nom}$ = 2,5 cm
- Längsbewehrung    4 ø 14
- Bügel    ø 8
- Bügelabstände nach den Bewehrungsrichtlinien
- Übergreifungslänge    $l_s$ = 57 cm

**6** Pos. (S3)    Stütze 25 cm/30 cm
- Beton    C25/30
- Betonstahl    BSt 500 S
- Betondeckung    $c_{nom}$ = 3,0 cm
- Längsbewehrung    4 ø 16
- Bügel    ø 8
- Bügelabstände nach den Bewehrungsrichtlinien
- Übergreifungslänge    $l_s$ = 65 cm

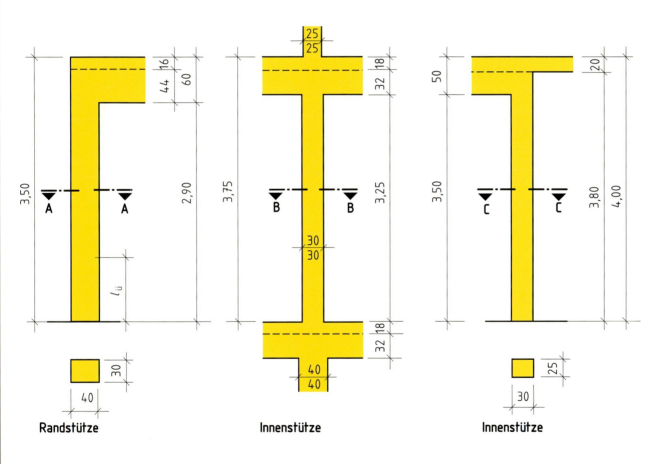

Randstütze      Innenstütze      Innenstütze

DIN A 3 Hochformat
M 1:20
M 1:10 Schnitt

DIN A 3 Hochformat
M 1:20
M 1:10 Schnitt

DIN A 3 Hochformat
M 1:20
M 1:10 Schnitt

# 12 Beton- und Stahlbetonbau

## 12.3 Einzelstabbewehrung
### 12.3.6 Wandbewehrung

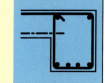

In Bewehrungszeichnungen für Wände wird die Lage der Bewehrungsstäbe in der Regel im Aufriss, Grundriss und Querschnitt dargestellt. Wandstützen, Konsolen, Aussparungen, Einbauteile und Fugenbänder sind einzuzeichnen und die Bewehrung durch weitere Schnitte zu verdeutlichen. Über mehrere Geschosse verlaufende Wände werden vorzugsweise als Einheit dargestellt und durch Achs- und Ebenenbezeichnungen dem Bauwerk zugeordnet. Einzelstabbewehrung wird überwiegend bei Wänden mit vielen Aussparungen und besonders bei hochbelasteten Wänden angewandt. Wände können auf Knicken, Biegung sowie Knicken und Biegung beansprucht werden. Knicken liegt bei Druckbeanspruchung vor, z.B. bei Wandscheiben, bei denen die Lasten über Decken von oben eingetragen werden. Solche Bauteile bewehrt man wie Stützen, d.h. die Längsbewehrung wird von der Querbewehrung umfasst. Wird Biegung z.B. durch Erddruck hervorgerufen erfolgt die Bewehrung wie bei Deckenplatten. Die Längsbewehrung wird zur Wandaußenseite hin, die Querbewehrung auf der dem Betonkern zugekehrten Seite angeordnet. Bei Wänden mit Knick- und Biegebeanspruchung richtet sich die Bewehrungsanordnung nach der überwiegenden Belastungsart. Tragende Wände wirken aussteifend und gewährleisten zusammen mit anderen Bauteilen, wie z.B. Fundamenten, Bodenplatten und Geschossdecken, die Standsicherheit eines Bauwerks. Daher ist eine Anschlussbewehrung erforderlich. Bei Wänden, die nur auf Druck beansprucht werden und keine horizontale Beanspruchung aufzunehmen haben sowie eine geringe Schlankheit aufweisen, kann auf eine geschossübergreifende Anschlussbewehrung verzichtet werden. Schwindspannungen können rissefrei aufgenommen werden, wenn im Bereich des Wandfußpunktes eine horizontale Bewehrung im engen Stababstand eingebaut wird.

Bewehrungsrichtlinien für Stahlbetonwände:
- Längsbewehrung: Nach statischen Erfordernissen.
- Querbewehrung: Je Wandseite 20% der Längsbewehrung mit einem Stababstand ≤ 35 cm.
- Verankerung der außenliegenden Bewehrungsstäbe beider Wandseiten durch vier versetzt angeordnete S-Haken je m² Wandfläche, bei dicken Wänden vorzugsweise mit Steckbügeln.
  S-Haken können bei Tragstäben mit $d_s ≤ 16$ mm entfallen, wenn die Betondeckung mindestens 2 $d_s$ beträgt.
- Zulagebewehrung z.B. an Wandenden, Türen und Fenstern durch U-förmige Steckbügel und Eckstäbe.

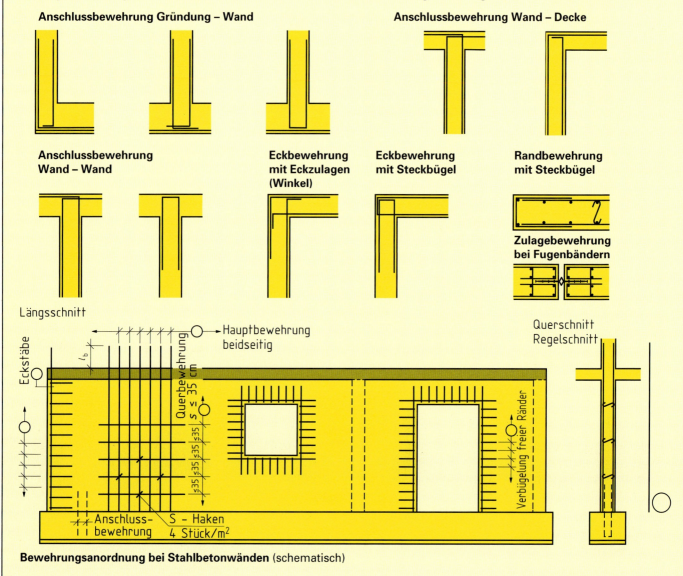

**Bewehrungsanordnung bei Stahlbetonwänden** (schematisch)

# 12 Beton- und Stahlbetonbau
## 12.3 Einzelstabbewehrung
Aufgaben zu 12.3.6 Wandbewehrung

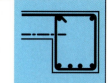

**Beispiel einer Wandbewehrung**

Pos. ◯ Stahlbetonwand in Achse "D"   C25/30 / BSt 500 S

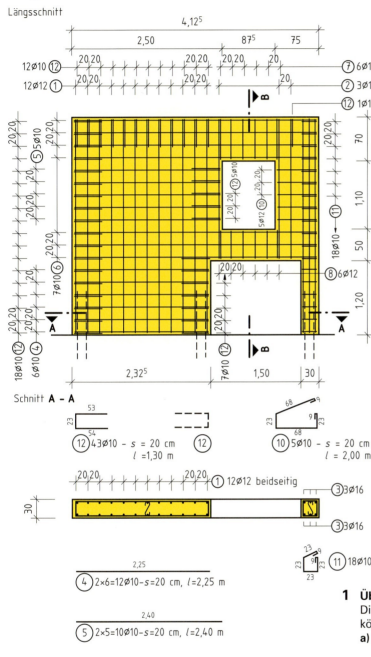

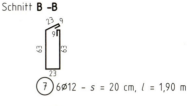

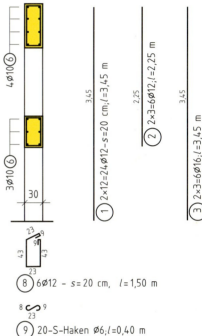

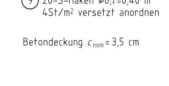

Betondeckung $c_{nom}$ = 3,5 cm

**1 Übungen zum Zeichnungslesen**
Die geschosshohe Stahlbetonwand $h$ = 30 cm ist in herkömmlicher Darstellung gezeichnet.
a) Durch welche Angabe ist die Zuordnung der Wand im Bauwerk möglich?
b) Warum ist die Anschlussbewehrung als Strichlinie dargestellt?
c) Wie groß dürfen die Abstände der Querbewehrung höchstens ausgeführt werden?
d) Welche Stabdurchmesser für die Längs- und Querbewehrung sind vorgesehen?
e) Welche Abstände haben die Stäbe der Längs- und Querbewehrung?
f) Wo ergeben sich bei der Stahlbetonwand freie Ränder?
g) Mit welchen Stahlpositionen werden die freien Ränder gesichert?
h) Welche Aufgaben haben die S-Haken, und wie sind sie anzuordnen?

**2** Für die **Stahlbetonwand in Achse „D"** ist die Bewehrungszeichnung nach DIN 1356 Teil 10 Darstellungsart 2 mit Längsschnitt, Schnitt A – A und Schnitt B – B zu fertigen sowie die Gewichtsliste zu erstellen.

DIN A 3 Querformat
M 1 : 25

# 12 Beton- und Stahlbetonbau
## 12.3 Einzelstabbewehrung
### Aufgaben zu 12.3.6 Wandbewehrung

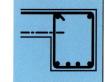

**3** Eine über mehrere Geschosse durchlaufende **Stahlbetonwand** $h$ = 30 cm wird in C25/30 mit BSt 500 S bewehrt ausgeführt. Als Hauptbewehrung sind beidseitig ø 16/15 cm und als Querbewehrung ø 10/8 cm bzw. 25 cm anzuordnen. S-Haken ø 6 und Bügel ø 10 sind den Bewehrungsrichtlinien entsprechend einzubauen. Für die Betondeckung $c_{nom}$ ist 3,0 cm vorzusehen.

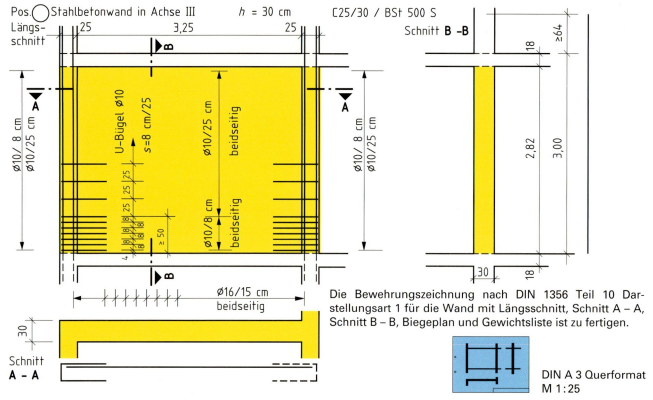

Die Bewehrungszeichnung nach DIN 1356 Teil 10 Darstellungsart 1 für die Wand mit Längsschnitt, Schnitt A – A, Schnitt B – B, Biegeplan und Gewichtsliste ist zu fertigen.

DIN A 3 Querformat
M 1:25

**4** Ein Wasserbehälter mit den Innenmaßen 4,00 m/4,00 m und einer Höhe von 2,90 m wird mit Beton C25/30 hergestellt. Die Bewehrung der Wände $h$ = 40 cm erfolgt mit BSt 500 S und wird dem Kräfteverlauf entsprechend eingebaut. Für die Betondeckung $c_{nom}$ ist 4,0 cm vorzusehen.

| Angaben zur Bewehrung | | |
|---|---|---|
| **horizontale Bewehrung** | **vertikale Bewehrung** | **konstruktive Bewehrung** |
| Wasserseite ø 16, 14, 12/16,5 cm | Wasserseite ø 12/30 cm | Randeinfassung ø 8/30 cm |
| Luftseite ø 12/16,5 cm | Luftseite ø 10/30 cm | 2 ø 16 |
| Eckstäbe ø 16 | | S-Haken 4 ø 6/m² |

Für eine **Wandscheibe des Wasserbehälters** ist die Bewehrungszeichnung nach DIN 1356 Teil 10 Darstellungsart 1 mit Längsschnitt, Schnitt A – A und Biegeplan zu fertigen.

DIN A 3 Querformat
M 1:25

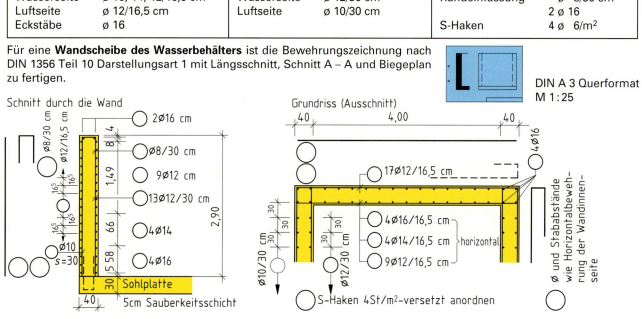

# 12 Beton- und Stahlbetonbau

## 12.3 Einzelstabbewehrung
### Aufgaben zu 12.3.6 Wandbewehrung

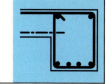

**5** Der im Querschnitt skizzierte 4,00 m lange **Kanal** verbindet zwei Gebäudeteile miteinander. An den Gebäudewänden sind im Anschlussbereich bereits Dehnfugenbänder DF 30 eingebaut. Der Kanal wird aus Beton mit hohem Wassereindringwiderstand C25/30 hergestellt, die Bewehrung der Wände $h = 30$ cm erfolgt mit BSt 500 S und wurde mit $d_{sl}$ ø 14/15 cm und $d_{sq}$ ø 12/20 cm berechnet. Die Wandkonsole in Achse „F" wird mit Bügeln ø 10/15 cm und 6 ø 14 bewehrt. Für die Betondeckung $c_{nom}$ sind 3,5 cm vorzusehen.

Die Bewehrungszeichnung nach DIN 1356 Teil 10 Darstellungsart 1 ist für die Wände in Achse „E" und „F" mit Längsschnitt, Grundriss, Querschnitt, Biegeplan und Gewichtsliste zu fertigen. Außerdem ist die Zulagebewehrung am Fugenband darzustellen. Die Bügel Ø 8 liegen in gleichem Abstand wie die Längsbewehrung.

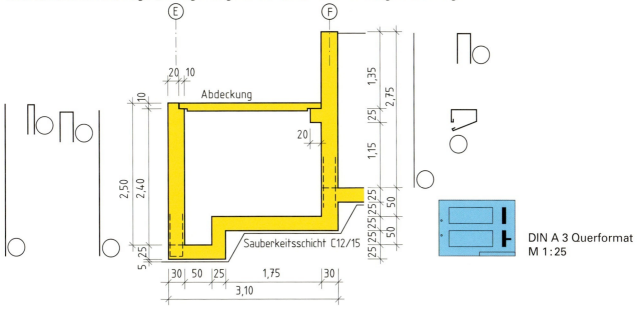

DIN A 3 Querformat
M 1 : 25

**6** Die im Querschnitt skizzierte **Winkelstützwand** wird aus Beton mit hohem Wassereindringwiderstand C25/30 hergestellt, die Bewehrung erfolgt mit BSt 500 S nach den in der Skizze angegebenen Durchmessern und Abständen. Für die Betondeckung $c_{nom}$ sind 4 cm vorzusehen.

Die Bewehrungszeichnung nach DIN 1356 Teil 10 Darstellungsart 1 ist als Regelschnitt darzustellen, der Biegeplan und die Gewichtsliste ist für eine Teillänge der Stützwand von 5,00 m zu fertigen.

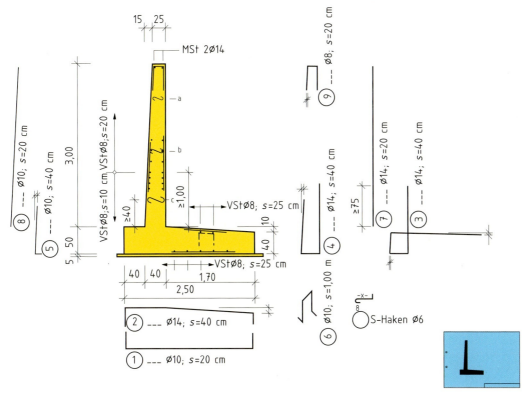

DIN A 3 Querformat
M 1 : 25

# 12 Beton- und Stahlbetonbau

## 12.3 Einzelstabbewehrung
### 12.3.7 Konsolenbewehrung

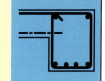

Konsolen sind aus Stützen oder Wänden ein- oder beidseitig auskragende Bauteile. Die Darstellung der Bewehrung erfolgt zusammen mit dem Bauteil, aus dem die Konsole auskragt. Konsolen tragen die Lasten über einen obenliegenden Zuggurt und eine schräg verlaufende Druckstrebe ab. Sie werden der einfacheren Schalarbeiten wegen häufig rechteckig hergestellt sowie auf die Abmessung der Stütze abgestimmt. Konsolen können im unteren Teil abgeschrägt verlaufen, da dieser Teil an der Lastübertragung nicht mitwirkt.

Die Bewehrung des Zuggurts besteht meist aus liegend eingebauten Schlaufen, wobei die Stäbe im oberen Teil der Konsole eingebaut werden. Zur Verankerung schließt man die Schlaufen, z.B. durch Winkelhaken, an die hintere Stützenbewehrung an. Vertikale Bügel, die in der Druckzone geschlossen werden, dienen zur Aussteifung des Bewehrungskorbes. Horizontale Bügel umschließen die Längsbewehrung der Stütze sowie die vertikal eingebauten Bügel. Sie erhöhen die Rissesicherung und die Tragfähigkeit der Konsole.

Zur Veranschaulichung ist die Bewehrung der Konsole, abweichend von der üblichen Darstellung in Bewehrungszeichnungen, mit Biegungen entsprechend der Biegeradien dargestellt.

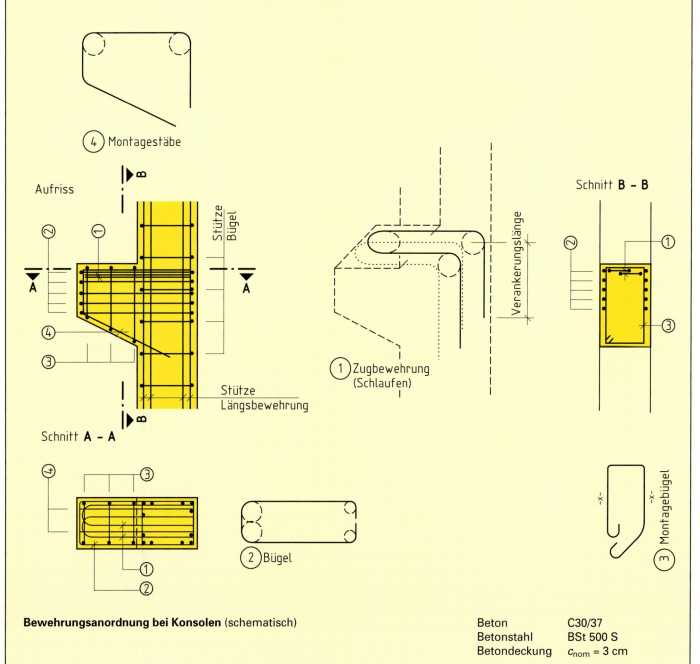

**Bewehrungsanordnung bei Konsolen** (schematisch)

Beton      C30/37
Betonstahl      BSt 500 S
Betondeckung      $c_{nom} = 3$ cm

# 12 Beton- und Stahlbetonbau

## 12.3 Einzelstabbewehrung
### Aufgaben zu 12.3.7 Konsolenbewehrung

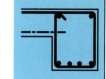

**Beispiel einer Konsolenbewehrung**

Pos. ◯ Stahlbetonstütze mit Doppelkonsole C25/30 / BSt 500 S

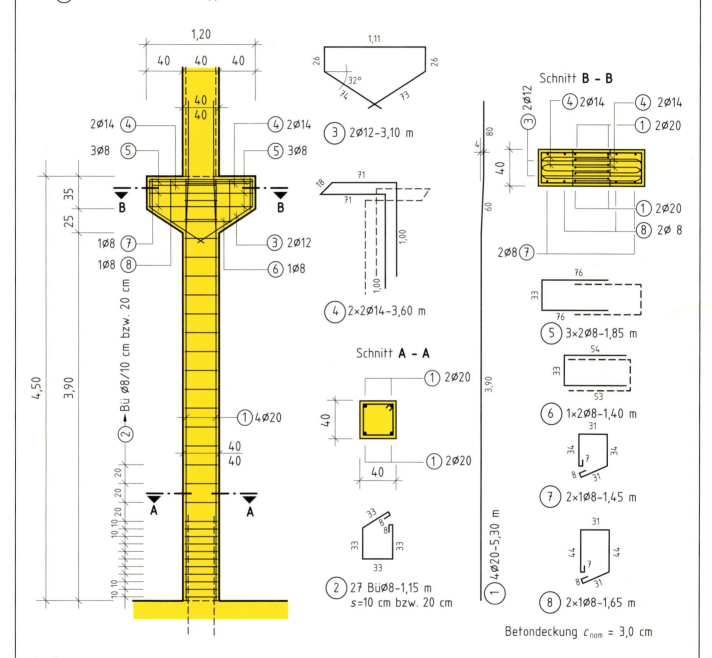

Betondeckung $c_{nom}$ = 3,0 cm

**1 Übungen zum Zeichnungslesen**

Die Stahlbetonstütze mit Doppelkonsole ist in herkömmlicher Darstellungsart gezeichnet.
a) In welchem Abstand sind die Bügel der Stütze im Bereich der Übergreifungslänge $l_s$ zu verlegen?
b) Wie lang muss das Maß $l_s$ für die weiterführende Stütze mindestens ausgeführt werden?
c) Aus wievielen Einzelstäben ø 14 mm besteht die Zugbewehrung der Konsole?
d) Welche Stahlpositionen sind für die horizontale Verbügelung der Konsole einzubauen?
e) Die horizontalen U-Bügel der Konsole umschließen die vertikal einzubauenden Montagebügel. Sind die Biegemaße entsprechend darauf abgestimmt?

**2** Für die **Stahlbetonstütze mit Doppelkonsole** ist die Bewehrungszeichnung für die Konsole nach DIN 1356 Darstellungsart 1 mit Aufriss, Schnitt B – B und Biegeplan zu fertigen.

DIN A 3 Querformat
M 1 : 20

# 12 Beton- und Stahlbetonbau

## 12.3 Einzelstabbewehrung
### Aufgaben zu 12.3.7 Konsolenbewehrung

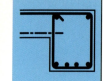

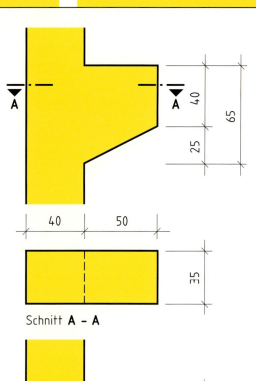

Schnitt A – A

**3** Für die skizzierte **Stütze mit Konsole** ist die Bewehrungszeichnung für die Konsole in herkömmlicher Darstellungsart mit Aufriss, Schnitt A – A und Biegeplan zu zeichnen.

| Angaben zur Bewehrung | | |
|---|---|---|
| Stütze | – Längsbewehrung<br>– Bügel | 4 ø 20<br>ø 8/20 cm |
| Konsole | – Zugbewehrung<br>– Bügel horizontal<br>– Montagebügel<br>– Montagestäbe | 4 ø 14 (2 Schlaufen)<br>6 ø 8<br>4 ø 8<br>2 ø 12 |

Beton C30/37 – Betonstahl BSt 500 S
– Betondeckung $c_{nom}$ = 3,5 cm

DIN A 3 Querformat
M 1 : 20

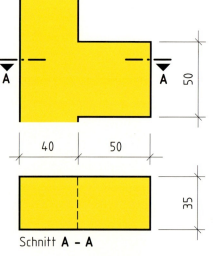

Schnitt A – A

**4** Für die skizzierte **Stütze mit Konsole** ist die Bewehrungszeichnung für die Konsole in herkömmlicher Darstellungsart mit Aufriss, Schnitt A – A und Biegeplan zu zeichnen.

| Angaben zur Bewehrung | | |
|---|---|---|
| Stütze | – Längsbewehrung<br>– Bügel | 4 ø 25<br>ø 8/20 cm |
| Konsole | – Zugbewehrung<br>– Bügel horizontal<br>– Montagebügel<br>– Montagestäbe | 4 ø 16 (2 Schlaufen)<br>6 ø 8<br>4 ø 8<br>2 ø 12 |

Beton C25/30 – Betonstahl BSt 500 S
– Betondeckung $c_{nom}$ = 3,0 cm

DIN A 3 Querformat
M 1 : 20

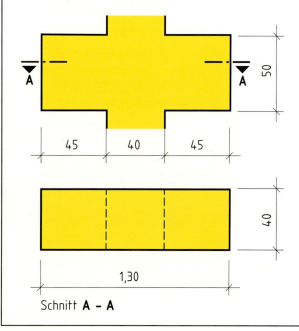

Schnitt A – A

**5** Für die skizzierte **Stütze mit Doppelkonsole** ist die Bewehrungszeichnung für die Konsole in herkömmlicher Darstellungsart mit Aufriss, Schnitt A – A und Biegeplan zu zeichnen.

| Angaben zur Bewehrung | | |
|---|---|---|
| Stütze | – Längsbewehrung<br>– Bügel | 4 ø 20<br>ø 8/20 cm |
| Konsole | – Zugbewehrung<br>– Bügel horizontal<br>– Montagebügel<br>– Montagestäbe | 4 ø 14 (2 Schlaufen)<br>6 ø 8<br>2 · 4 ø 8<br>2 ø 12 |

Beton C25/30 – Betonstahl BSt 500 S
– Betondeckung $c_{nom}$ = 3,5 cm

DIN A 3 Querformat
M 1 : 20

# 12 Beton- und Stahlbetonbau
## 12.3 Einzelstabbewehrung
### 12.3.8 Treppenbewehrung

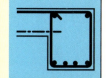

In Bewehrungszeichnungen für Treppen wird die Lage der Bewehrungsstäbe in der Regel im Längsschnitt dargestellt. Häufig werden zweiläufige Geschosstreppen mit Halbpodesten ausgeführt. An der Übergangsstelle von der schräg geneigten Laufplatte zum waagerecht liegenden Podest entsteht ein Knick. Als statisches System ergibt sich eine geknickte Platte. Dabei entstehen an der Unterseite der Laufplatte und an der Oberseite der Knickstelle Zugkräfte, die durch Bewehrung mit Einzelstäben aufgenommen werden.

Die Treppenbewehrung besteht aus der Hauptbewehrung von Podesten und Laufplatte sowie der Bewehrung an den Knickstellen. Die Stababstände der Hauptbewehrung dürfen bei einer Plattendicke $h \leq 15$ cm höchstens 15 cm, bei einer Plattendicke $h \geq 25$ cm höchstens 25 cm betragen. Zwischenwerte sind linear zu interpolieren. Als Querbewehrung müssen mindestens 20% des Querschnitts der Hauptbewehrung mit einem Größtabstand von 25 cm eingebaut werden. Werden Betonstahlmatten für die Querbewehrung verwendet, muss der Mindeststabdurchmesser $\geq 5$ mm betragen.

Knickstellen müssen so bewehrt werden, dass die einspringenden und ausspringenden Ecken durch Bewehrung gesichert sind. Die Zugbewehrung kann nur an einer ausspringenden Ecke durchlaufend weitergeführt werden. In einspringenden Ecken müssen die Bewehrungsstäbe sich kreuzend, gerade weitergeführt und in der Druckzone verankert werden. An den Knickstellen sollte etwa 60% des Bewehrungsquerschnitts der Laufplatte vorhanden sein. Zur besseren Lastverteilung können an Knickstellen unten durchlaufende Zulagestäbe angeordnet werden. Die Anschlussbewehrung an die Gründung wird entsprechend der Bewehrungsführung an Knickstellen ausgeführt.

Je nach Auflagerungsmöglichkeit werden Treppenlaufplatten mit gleichgespannten oder quergespannten Podesten ausgeführt. Bei gleichgespannten Podesten liegt die Zugbewehrung in unterster erster Bewehrungslage, bei quergespannten Podesten in zweiter Lage.

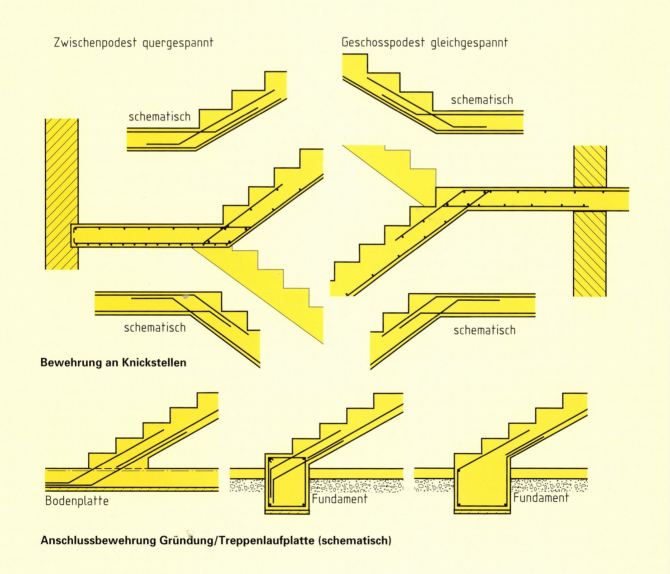

**Bewehrung an Knickstellen**

**Anschlussbewehrung Gründung/Treppenlaufplatte (schematisch)**

# 12 Beton- und Stahlbetonbau

## 12.3 Einzelstabbewehrung
### Aufgaben zu 12.3.8 Treppenbewehrung

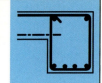

**Beispiel einer Treppenbewehrung**

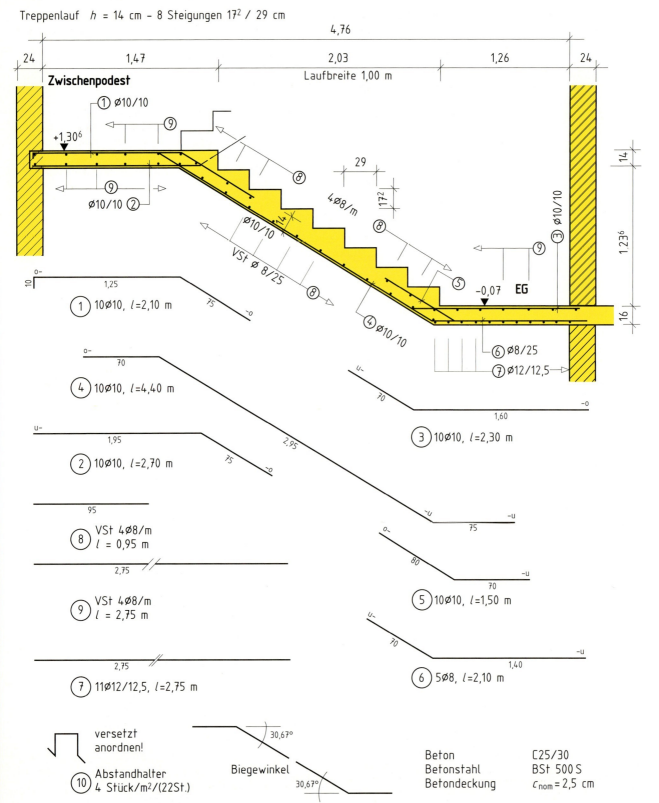

**1** Die Bewehrung des **Treppenlaufs vom Erdgeschoss zum Zwischenpodest** ist in herkömmlicher Darstellung gezeichnet. Die Gewichtsliste ist aufzustellen, wobei die fehlenden Angaben der Stahl-Positionen ⑧, ⑨ und ⑩ zu ermitteln sind.

# 12 Beton- und Stahlbetonbau

## 12.3 Einzelstabbewehrung
### Aufgaben zu 12.3.8 Treppenbewehrung

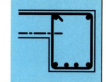

**2 Übungen zum Zeichnungslesen** zur Bewehrungszeichnung aus Aufgabe 1
   a) In welchen Abständen sind die Stäbe der Hauptbewehrung des Treppenlaufes einzubauen?
   b) Welche Spannrichtung haben das Geschosspodest und das Zwischenpodest aufgrund der dargestellten Lage der Bewehrung?
   c) Welcher Stabdurchmesser wurde für die Hauptbewehrung des Geschosspodests gewählt, und in welchem Abstand sind die Bewehrungsstäbe angeordnet?
   d) In welchem Abstand sind die Stäbe ø 8 mm der Querbewehrung (VSt) einzubauen?

**3** Der **Treppenlauf vom Zwischenpodest zum Geschosspodest** des Obergeschosses wird mit einer Dicke $h$ = 14 cm in C25/30 hergestellt. Als Betonstahl wird BSt 500 S verwendet, die Betondeckung ist mit $c_{nom}$ = 2,5 cm festgelegt. Das Zwischenpodest mit $h$ = 14 cm ist quergespannt, das Geschosspodest mit $h$ = 18 cm ist gleichgespannt. Die Hauptbewehrung des Treppenlaufs und des gleichgespannten Podests besteht aus Stäben ø 10/10 cm, die des quergespannten Podests aus Stäben ø 10/12,5 cm. Als Querbewehrung (VSt) werden Stäbe ø 8/25 cm eingebaut. Zulagen an den Knickstellen haben den gleichen Stabdurchmesser und Abstand wie die Hauptbewehrung.

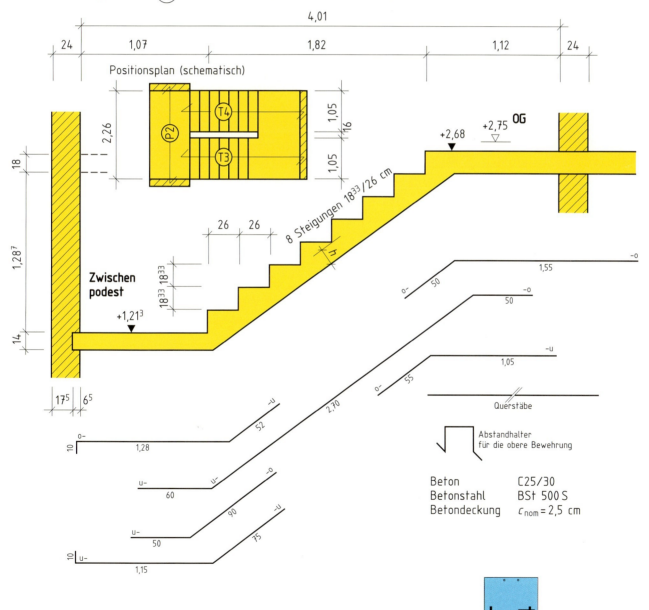

Die Bewehrungszeichnung in herkömmlicher Darstellung für den Lauf (T4) mit Biegeplan und Gewichtsliste ist zu fertigen.

DIN A 3 Hochformat
M 1:25

# 12 Beton- und Stahlbetonbau

## 12.3 Einzelstabbewehrung
### Aufgaben zu 12.3.8 Treppenbewehrung

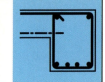

**4** Der **Treppenlauf vom UG zum Zwischenpodest** mit $h$ = 16 cm wird mit Betonstahl 500 S bewehrt und in C25/30 hergestellt. Die Betondeckung $c_{nom}$ beträgt 2,5 cm. Das Zwischenpodest $h$ = 16 cm ist gleichgespannt. Die Hauptbewehrung des Treppenlaufs und des gleichgespannten Podests besteht aus Stäben ø 12/12,5 cm. Als Querbewehrung (VSt) werden Stäbe ø 8/25 cm eingebaut. Zulagen an den Knickstellen haben gleichen Stabdurchmesser und Abstand wie die Hauptbewehrung.

Die Bewehrungszeichnung in herkömmlicher Darstellung für den Lauf 1 mit Biegeplan ist zu zeichnen. Der Biegeplan ist unter dem Treppenlauf anzuordnen. Die Gewichtsliste ist zu erstellen.

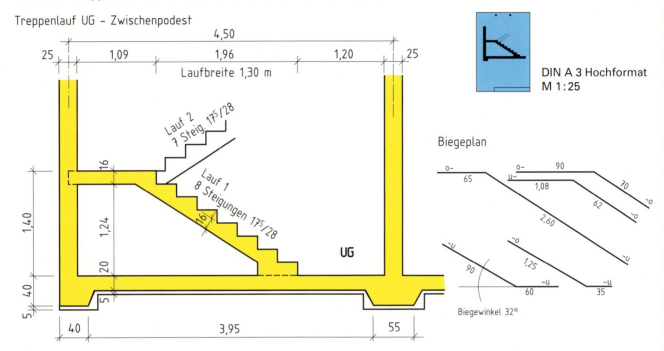

DIN A 3 Hochformat
M 1 : 25

**5** Der **Treppenlauf einer Ausgleichstreppe** mit $h$ = 15 cm wird mit Betonstahl 500 S bewehrt und in C25/30 hergestellt. Die Betondeckung $c_{nom}$ beträgt 2,5 cm. Die Podeste $h$ = 15 cm sind gleichgespannt. Die Hauptbewehrung des Treppenlaufs und der gleichgespannten Podeste besteht aus Stäben ø 12/10 cm. Als Querbewehrung (VSt) werden Stäbe ø 8/25 cm eingebaut. Zulagen an den Knickstellen haben den gleichen Stabdurchmesser und Abstand wie die Hauptbewehrung.

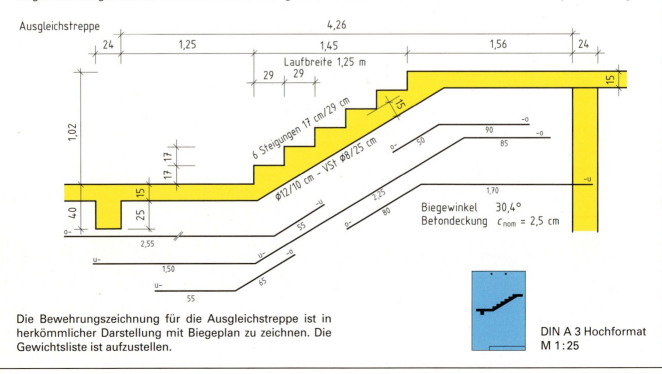

Die Bewehrungszeichnung für die Ausgleichstreppe ist in herkömmlicher Darstellung mit Biegeplan zu zeichnen. Die Gewichtsliste ist aufzustellen.

DIN A 3 Hochformat
M 1 : 25

# 12 Beton- und Stahlbetonbau
## 12.4 Betonstahlmattenbewehrung

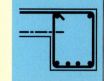

Betonstahlmatten werden hauptsächlich als Bewehrung flächiger Bauteile, wie z.B. bei Massivdecken, Bodenplatten und Wänden eingebaut. Dazu verwendet man Lagermatten, Listenmatten und Zeichnungsmatten.

**Darstellung von Bewehrungselementen**

| Draufsicht auf eine Matte | Schnitt durch eine Matte | |
|---|---|---|
| | Regeldarstellung | vereinfachte Darstellung |
| Draufsicht auf eine Matte oder Teilansicht einer gebogenen Matte, z.B. einer Bügelmatte | Die Punkte zur Angabe der Querbewehrung dürfen ganz oder teilweise entfallen, falls deren Lage zweifelsfrei oder ohne Bedeutung und eine Verwechslung mit Betonstabstahl ausgeschlossen ist. | Diese Art der Darstellung ist zweckmäßig, wenn die Lage der Querbewehrung zweifelsfrei oder ohne Bedeutung ist und wenn bei der Regeldarstellung die Gefahr der Verwechslung mit Betonstabstahl besteht. |

Betonstahlmatten, insbesondere solche mit Randeinsparung, müssen seitlich übergreifend verlegt werden. Die Übergreifungslänge $l_s$ in Matten-Querrichtung errechnet sich aus dem Abstand der Längsrandstäbe und den seitlichen Überständen der Querstäbe. Die Überstände bei Lagermatten in Querrichtung betragen 2,5 cm. Die Übergreifungslänge muss im Verlegeplan bei jeder Mattenposition mindestens einmal angegeben werden.

**Übergreifungslängen von Tragstößen als Zwei-Ebenen-Stoß** — Beton C20/25
**Verbundbereich I und $a_{s,erf}/a_{s,vorh} = 1,00$**

| Übergreifungslängen $l_s$ in cm | | | | | Maschenregel, Anzahl der Maschen | | |
|---|---|---|---|---|---|---|---|
| Mattenbezeichnung | | Randeinsparung (Längsrichtung) | Mattenlängsrichtung | Mattenquerrichtung | Mattenlängsrichtung | Mattenquerrichtung | Mattenbezeichnung |
| Q | Q 188 A | ohne | 29 | 29 | 1 | 2 | Q 188 A | Q |
| | Q 257 A | | 34 | 34 | 1 | 2 | Q 257 A | |
| | Q 335 A | | 38 | 38 | 2 | 3 | Q 335 A | |
| | Q 377 A | mit | 41 | 50 | 2 | 3 | Q 377 A | |
| | Q 513 A | | 49 | 50 | 3 | 3 | Q 513 A | |
| R | R 188 A | ohne | 29 | 29 | 1 | Verteilerstöße in Querrichtung mit einer Masche Überdeckung | R 188 A | R |
| | R 257 A | | 34 | 29 | 1 | | R 257 A | |
| | R 335 A | | 38 | 29 | 1 | | R 335 A | |
| | R 377 A | mit | 41 | 29 | 1 | | R 377 A | |
| | R 513 A | | 49 | 29 | 1 | | R 513 A | |

**Kennzeichnung von Betonstahlmatten in Bewehrungszeichnungen (Verlegeplänen)**

Gleiche Betonstahlmatten sind mit der gleichen Positionsnummer zu kennzeichnen. Die Positionsnummer ist mit einem Rechteck zu umschließen. Lagermatten erhalten die Mattenkurzbezeichnung. Bei Listenmatten verwendet man die nach Längs- und Querrichtung achsengetrennte Schreibweise. Bei Zeichnungsmatten wird im Verlegeplan die Kennzeichnung verwendet, welche bereits bei der Herstellungszeichnung der Matte gewählt wurde. Die Lage der Matten, wie z.B. oben, unten, vorn oder hinten, ist soweit erforderlich zu bezeichnen.

Bewehrungszeichnungen für Bauteile, deren Hauptbewehrung aus Betonstahlmatten besteht, bezeichnet man als Verlegepläne. In Mattenverlegeplänen für Decken wird die untere und die obere Bewehrungslage, für Wände die innere und äußere Bewehrung, getrennt dargestellt. Für Lagermatten sind Schneideskizzen und Gewichtslisten zu fertigen.

Mattenverlegepläne für Deckenplatten zeigen die jeweilige Bewehrungslage in eingebautem Zustand. Zunächst wird der Gebäudegrundriss im Maßstab 1:50 in der Draufsicht dargestellt, danach die Matten eingezeichnet. Dafür sind zwei Betrachtungsebenen üblich, die Draufsicht auf die Bewehrungslage oder die Draufsicht auf das Bauteil. Bei der Draufsicht auf die Bewehrung, auch als Blick in die Schalung bezeichnet, wird der Gebäudegrundriss wie bei Ausführungszeichnungen dargestellt. Bei der Draufsicht auf das Bauteil werden die inneren Gebäudekanten, wie z.B. Wände, Stützen und Balken als schmale Strichlinie gezeichnet. Für die Betonstahlmatten verwendet man eine schmale Volllinie. Schnitte und Einzelheiten werden größer dargestellt. Die Anordnung der Matten ist so zu planen, dass auch an Stößen höchstens drei Matten übereinander liegen. Dies wird erreicht, indem man z.B. in einem Deckenfeld mit einer Matte in ganzer Breite, im anderen Feld mit einer längshalbierten Matte, beginnt.

# 12 Beton- und Stahlbetonbau
## 12.4 Betonstahlmattenbewehrung

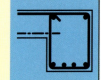

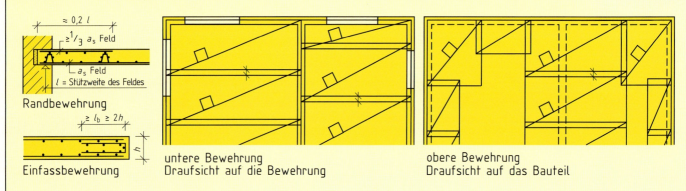

Die Matten können als Einzelmatten, als Mattengruppen oder als Mattengruppen in Achsdarstellung gezeichnet werden. Kombinationen der einzelnen Darstellungsarten sind zu vermeiden. Für jede Mattenposition ist mindestens einmal die Mattenbezeichnung sowie die Länge und Breite der Matte anzugeben. Übergreifungslängen von Mattenstößen und Verankerungslängen an End- und Zwischenauflagern sind zu bemaßen. Hauptbauteilabmessungen und die Deckendicke müssen gleichlautend wie in anderen Ausführungszeichnungen eingetragen werden. Sie können beim Verlegeplan der oberen Bewehrungslage entfallen, wenn dieser auf einer Zeichnung mit der unteren Bewehrungslage angeordnet ist. Werden Deckenfelder unterschiedlicher Höhenlage auf einer Zeichnung dargestellt, ist eine Höhenkotierung erforderlich. Die verwendeten Baustoffe und die Betondeckung, getrennt nach Bauteilen im Innern und nach Außenbauteilen, sind in einer Legende anzugeben.

**Darstellung von Betonstahlmatten**

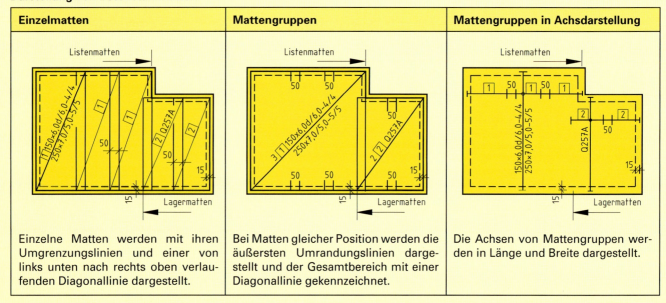

Bei Verwendung von Lagermatten ist zur Vorbereitung der Bewehrung eine Schneideskizze im Maßstab 1:100 zu fertigen. Diese enthält Anzahl, Form und Größe der einzelnen Mattenpositionen. Die Schneideskizze kann dem Verlegeplan zugeordnet oder gesondert in einen Vordruck eingetragen werden. Auf den Vordrucken befindet sich außerdem eine Liste zur Berechnung des Gesamtgewichtes der Mattenbewehrung und der Unterstützungskörbe. Die Abstände der Unterstützungskörbe (linienförmige Abstandhalter) zur Sicherung der oberen Bewehrungslage richtet sich nach dem Durchmesser der Tragstäbe. Ihre Unterstützungshöhe ist auf die Deckendicke, die Durchmesser der Bewehrungsstäbe und die Dicke der Betondeckung abzustimmen.

| Gewichte von Lagermatten | | | | | | | | | | |
|---|---|---|---|---|---|---|---|---|---|---|
| Mattenbezeichnung | Q 188 A | Q 257 A | Q 335 A | Q 377 A | Q 513 A | R 188 A | R 257 A | R 335 A | R 377 A | R 513 A |
| Mattenlänge | 5,00 m | | | 6,00 m | | 5,00 m | | | 6,00 m | |
| kg je Matte | 32,4 | 44,1 | 57,7 | 67,6 | 90,0 | 26,2 | 32,2 | 39,2 | 46,1 | 58,6 |
| kg je m² | 3,01 | 4,10 | 5,37 | 5,24 | 6,98 | 2,44 | 3,00 | 3,65 | 3,57 | 4,54 |

# 12 Beton- und Stahlbetonbau
## 12.4 Betonstahlmattenbewehrung

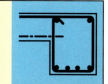

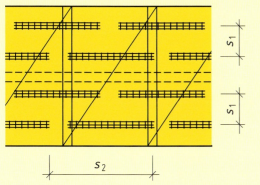

**Anordnung der Unterstützungskörbe** (Draufsicht)

### Richtwerte für Verlegeabstände und Bedarf je m²

| Stab-durchmesser der oberen Bewehrung mm | Abstand $s_1$ m | Abstand $s_2$ m | Stück/m² obere Bewehrung |
|---|---|---|---|
| 4,0 – 6,0 | ~ 0,5 | ~ 2,0 | ~ 1,0 |
| 6,5 – 9,0 | ~ 0,6 | ~ 2,0 | ~ 0,8 |
| 9,5 – 12,0 | ~ 0,7 | ~ 2,4 | ~ 0,6 |

Begehen und Befahren leichter Bewehrungen über Bohlen

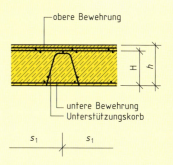

**Einbau der Unterstützungskörbe**

### Gewichte von Unterstützungskörben, Korblänge 2,00 m

| Bezeichnung/Typ | U 8 | U 9 | U 10 | U 11 | U 12 | U 13 | U 14 | U 15 | U 16 | U 17 | U 18 | U 19 | U 20 | U 21 | U 22 | U 23 | U 24 | U 25 |
|---|---|---|---|---|---|---|---|---|---|---|---|---|---|---|---|---|---|---|
| kg je Korb | 0,745 | 0,772 | 0,801 | 0,830 | 0,860 | 0,887 | 0,916 | 0,946 | 1,097 | 1,134 | 1,174 | 1,371 | 1,414 | 1,451 | 1,494 | 1,537 | 1,584 | 1,627 |

Typenbezeichnung gibt die Unterstützungshöhe H in cm an; H = lichter Abstand zwischen Schalung und oberer Bewehrung

## Schneideskizzen für Lagermatten

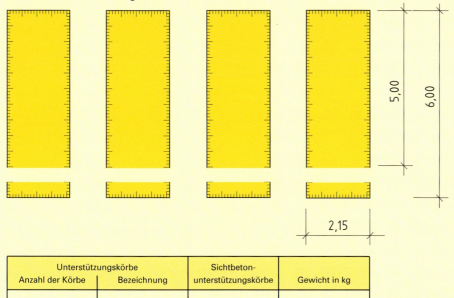

### Gewichtsliste

**Lagermatten BSt 500 M**
5,00 (6,00 m) lang, 2,15 m breit

| Anzahl | Bezeichnung | Gewicht kg |
|---|---|---|
|  |  |  |
|  |  |  |
|  |  |  |
|  |  |  |
|  |  |  |
|  |  |  |
|  |  |  |
|  |  |  |
|  |  |  |
|  |  |  |
|  | Gesamt |  |

Mattenlänge 5,00 m
Q 188 A, Q 257 A, Q 335 A, R 188 A, R 257 A, R 335 A
alle anderen Lagermatten 6,00 m lang

| Unterstützungskörbe Anzahl der Körbe | Bezeichnung | Sichtbeton-unterstützungskörbe | Gewicht in kg |
|---|---|---|---|
|  |  |  |  |
|  |  |  |  |
| Korblänge = 2,00 m |  | Gesamt |  |

Für die Bewehrungsführung in Deckenplatten gelten die Richtlinien der DIN 1045-1. Lagermatten erfüllen hinsichtlich der Stababstände und der Zuordnung von Hauptbewehrung ($a_{sl}$) und Querbewehrung ($a_{sq}$) diese Anforderungen. Bei zweiachsig gespannten Platten sind, je nach ihrer Auflagerung, weitere Bewehrungsrichtlinien zu beachten.

- Mindestens die Hälfte der Hauptbewehrung ($\geq \frac{1}{2} a_{sl}$) ist von Auflager zu Auflager zu führen und dort zu verankern.
- Mindestabstände gleichlaufender Bewehrungen zwischen den Stäben $a \geq 2$ cm bzw. $\geq d_s$. Stäbe im Stoßbereich und Doppelstäbe bei Betonstahlmatten dürfen sich berühren.
- Randbewehrung (obere Einspannbewehrung) bei Endauflagern im Mauerwerk $\geq \frac{1}{3} a_{sl}$ ist auf eine Länge von etwa 0,2 mal der Deckenspannweite auszuführen.
- Zulagebewehrung (Drillbewehrung) ist in den freien Ecken der Deckenplatten notwendig.
- Einfassbewehrung (Bügel und Längsstäbe) ist an freien, ungestützten Rändern von Platten zu verlegen.

# 12 Beton- und Stahlbetonbau

## 12.4 Betonstahlmattenbewehrung
### Aufgaben zu 12.4 Betonstahlmattenbewehrung

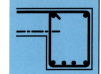

**Beispiel einer Betonstahlmattenbewehrung**
Stahlbetonmassivplatte $h$ = 18 cm — C25/30 – BSt 500 M/BSt 500 S

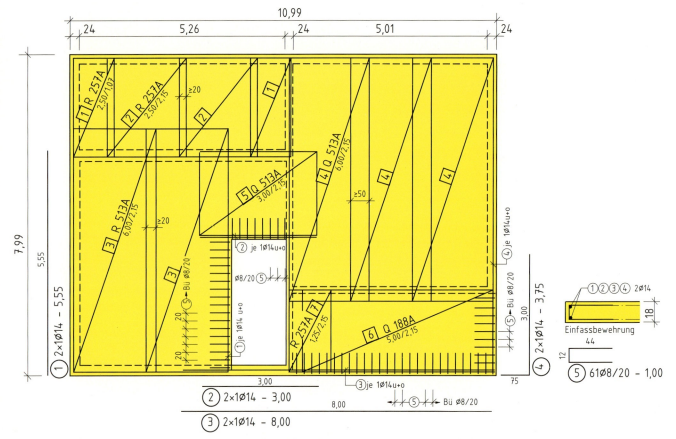

untere Bewehrung

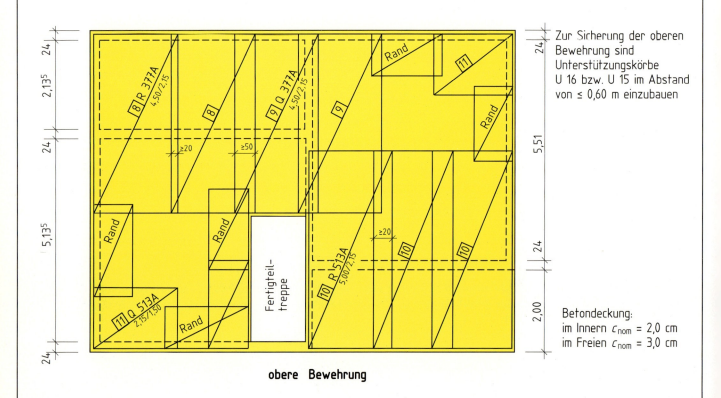

obere Bewehrung

Zur Sicherung der oberen Bewehrung sind Unterstützungskörbe U 16 bzw. U 15 im Abstand von ≤ 0,60 m einzubauen

Betondeckung:
im Innern $c_{nom}$ = 2,0 cm
im Freien $c_{nom}$ = 3,0 cm

# 12 Beton- und Stahlbetonbau

## 12.4 Betonstahlmattenbewehrung
### Aufgaben zu 12.4 Betonstahlmattenbewehrung

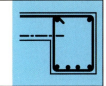

**Schneideskizze und Gewichtsliste für Lagermatten**

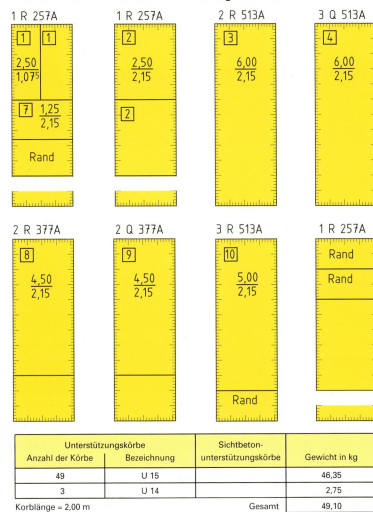

| Lagermatten BSt 500 M 5,00 (6,00 m) lang, 2,15 m breit |||
|---|---|---|
| Anzahl | Bezeichnung | Gewicht kg |
| 3 | R 257 A | 96,60 |
| 2 | R 377 A | 92,20 |
| 5 | R 513 A | 293,00 |
| 1 | Q 188 A | 32,40 |
| 2 | Q 377 A | 135,20 |
| 4 | Q 513 A | 360,00 |
|  |  |  |
|  |  |  |
|  |  |  |
|  |  |  |
|  |  |  |
| 17 | Gesamt | 1009,40 |

Mattenlänge 5,00 m
Q 188 A, Q 257 A, Q 335 A, R 188 A, R 257 A, R 335 A
alle anderen Lagermatten 6,00 m lang

| Unterstützungskörbe || Sichtbeton-unterstützungskörbe | Gewicht in kg |
|---|---|---|---|
| Anzahl der Körbe | Bezeichnung |  |  |
| 49 | U 15 |  | 46,35 |
| 3 | U 14 |  | 2,75 |
|  |  | Gesamt | 49,10 |

Korblänge = 2,00 m

**1 Übungen zum Zeichnungslesen**

Der Mattenverlegeplan für die Geschossdecke über dem Untergeschoss eines Ferienhauses ist in herkömmlicher Darstellung gezeichnet (Seite 216). Die Decke schließt mit der Außenfläche des Mauerwerks ab, da das Gebäude eine Fassadenverkleidung mit Wärmedämmung erhält.

a) An welchen Darstellungsmerkmalen ist zu erkennen, dass die Verlegepläne als Draufsicht auf die Decke gezeichnet sind?

b) Welche Art von Betonstahlmatten wurden aufgrund der Kennzeichnung für die Bewehrung verwendet?

c) Wie groß ist die Verankerungslänge am End- bzw. Zwischenauflager der Matten-Pos. [1] und [2], wenn die Matten mittig verlegt werden?

d) Welche Verankerungslänge am Endauflager darf bei den Matten der Pos. [3] und [4] unter Beachtung der Betondeckung höchstens ausgeführt werden?

e) Warum ist die Lage der oberen Bewehrung ohne Maßangabe im Verlegeplan eindeutig erkennbar?

f) Mit welcher Mattenposition wird die Randbewehrung (obere Bewehrung) in den Plattenecken verstärkt?

g) Die Massivplatte hat verschiedene Deckenfelder. Wie verläuft die Tragrichtung der einzelnen Deckenfelder aufgrund der dargestellten Bewehrung (Skizze)?

h) Für die Einfassbewehrung an den freien Plattenrändern ist nur eine Biegeform für die U-Bügel ausgewiesen, obwohl die Betondeckung im Innern und im Freien unterschiedlich ist. Wie müssen die Matten verlegt werden, damit die jeweilige Betondeckung eingehalten wird?

**2** Für die Geschossdecke des Ferienhauses ist der Mattenverlegeplan der unteren Bewehrung in vereinfachter Darstellung mit Mattengruppen zu zeichnen. Als Einfassbewehrung werden U-Bügel ø 6/15 cm aus BSt 500 S verwendet, deren Biegehöhe auf die jeweilige Betondeckung so abzustimmen sind, dass die obere Mattenlage aufgelegt werden kann.

DIN A 3 Querformat
M 1:50 Mattenverlegeplan für untere Bewehrung
M 1:20 Freie Ränder mit Einfassbewehrung

# 12 Beton- und Stahlbetonbau
## 12.4 Betonstahlmattenbewehrung
### Aufgaben zu 12.4 Betonstahlmattenbewehrung

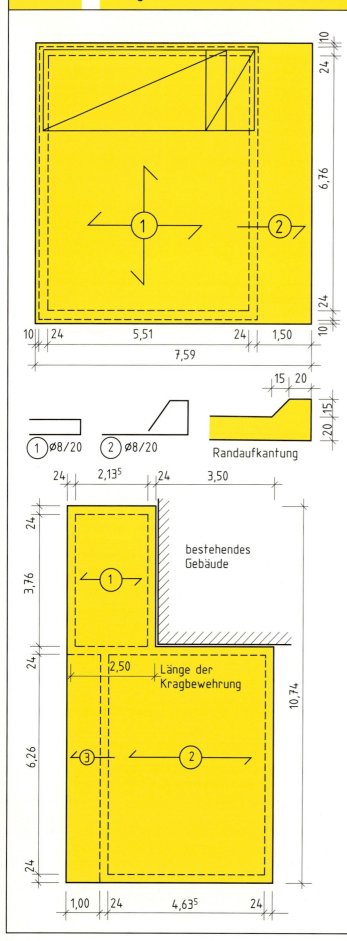

**3** Die **Dachdecke über einer Garage** mit Auskragung wird als Massivplatte mit $h = 20$ cm in Beton C25/30 und BSt 500 M ausgeführt. Zur Bewehrung der umlaufenden Aufkantung wird BSt 500 S verwendet. Das Maß der Betondeckung $c_{nom}$ beträgt unter Beachtung der Richtlinien für die Anordnung von Abstandhaltern im Innern 2,0 cm und im Freien 3,0 cm.

| Angaben zur Bewehrung | |
|---|---|
| Untere Bewehrung Feld, vierseitig gelagert | Q 377 A, es sind ganze Matten und $\frac{1}{4}$-Matten zu verwenden, Stöße versetzt anordnen. |
| Kragplatte | Q 188 A |
| Obere Bewehrung Kragplatte | R 377 A ($l$ = 5,00 m) |
| Randbewehrung | Plattenecken  Q 377 A ($\frac{1}{2}$-Matte) Restmatten und  Q 188 A |

Zur Sicherung der oberen Mattenlage sind Unterstützungskörbe einzubauen.

Die Mattenverlegepläne sind in herkömmlicher Darstellungsart zu zeichnen. Außerdem ist die Mattenschneideskizze M 1:100 und die Gewichtsliste auf einem gesonderten Blatt zu fertigen. Die Verbügelung der Randaufkantung ist als Bewehrungszeichnung auf einem besonderen Blatt im Maßstab 1:10 darzustellen, fehlende Maße sind zu ermitteln.

DIN A 3 Querformat
M 1:50

**4** Die **Geschossdecke über dem Erdgeschoss eines Anbaus** an ein bestehendes Gebäude wird als Stahlbetonmassivplatte mit $h = 16$ cm in Beton C25/30 und einer Mattenbewehrung ausgeführt. Das Maß der Betondeckung $c_{nom}$ beträgt unter Beachtung der Richtlinien für die Anordnung von Abstandhaltern im Innern 2,0 cm und im Freien 3,0 cm.

| Angaben zur Bewehrung | |
|---|---|
| Untere Bewehrung Feld 1, zweiseitig gelagert | R 257 A |
| Feld 2, zweiseitig gelagert | R 377 A |
| Kragplatte | Q 188 A |
| Obere Bewehrung Kragplatte | R 257 A ($l$ = 2,50 m) Einfassbewehrung ø 6/15 cm 2 ø 14 in den Bügelecken |
| Randbewehrung | Plattenecken Q 257 A Restmatten und R 257 A |

Zur Sicherung der oberen Mattenlage sind Unterstützungskörbe einzubauen.

Die Mattenverlegepläne sind in herkömmlicher Darstellungsart zu zeichnen sowie die Schneideskizze M 1:100 und die Gewichtsliste auf einem gesonderten Blatt zu fertigen.

DIN A 3 Querformat
M 1:50

# 12 Beton- und Stahlbetonbau

## 12.4 Betonstahlmattenbewehrung
Aufgaben zu 12.4 Betonstahlmattenbewehrung

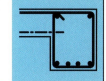

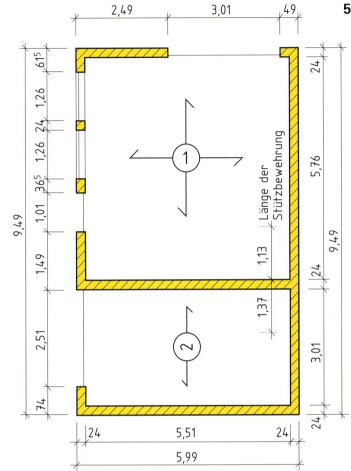

**5** Die **Decke über einer Garage** wird als Stahlbetonmassivplatte mit $h$ = 20 cm in Beton C25/30 und einer Mattenbewehrung ausgeführt. Das Maß der Betondeckung $c_{nom}$ beträgt unter Beachtung der Richtlinien für die Anordnung von Abstandhaltern 2,5 cm.

| Angaben zur Bewehrung | |
|---|---|
| Untere Bewehrung<br>Feld 1, vierseitig gelagert<br>Feld 2, zweiseitig gelagert | Q 513 A<br>R 335 A |
| Obere Bewehrung<br>Randbewehrung<br>Randbewehrung<br>Stützbewehrung | Plattenecken Q 377 A<br>Restmatten und R 335 A<br>R 377 A ($l$ = 2,50 m) |

Zur Sicherung der oberen Mattenlage sind Unterstützungskörbe einzubauen.

Die Mattenverlegepläne als Draufsicht auf die Bewehrung, sind zu zeichnen, wobei Matten gleicher Positionen als Mattengruppen darzustellen sind. Außerdem ist die Mattenschneideskizze M 1:100 und die Gewichtsliste auf einem gesonderten Blatt zu fertigen.

DIN A 3 Querformat
M 1 : 50

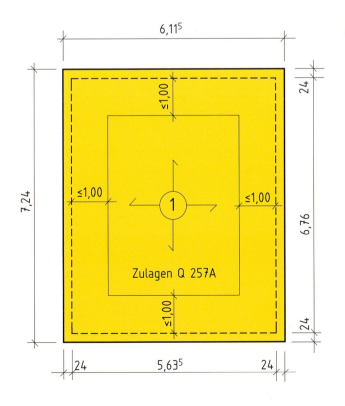

**6** Die **Zwischendecke in einem Betriebsgebäude** wird als Massivplatte mit $h$ = 20 cm in Beton C25/30 und einer Mattenbewehrung ausgeführt. Das Maß der Betondeckung $c_{nom}$ beträgt unter Beachtung der Richtlinien für die Anordnung von Abstandhaltern 2,5 cm.

| Angaben zur Bewehrung | |
|---|---|
| Untere Bewehrung<br>Feld, vierseitig gelagert | Q 513 A und Q 257 A<br>Die Bewehrung wird zweilagig als Zulagestaffelung ausgeführt<br>1. Lage Q 513 A<br>2. Lage Q 257 A |
| Obere Bewehrung<br>Randbewehrung | Plattenecken Q 513 A ($\frac{1}{2}$-Matte)<br>Restmatten und Q 257 A |

Zur Sicherung der oberen Mattenlage sind Unterstützungskörbe einzubauen.

Die Mattenverlegepläne sind in herkömmlicher Darstellungsart zu zeichnen. Außerdem ist die Mattenschneideskizze M 1:100 und die Gewichtsliste auf einem gesonderten Blatt zu fertigen.

DIN A 3 Querformat
M 1 : 50

# 13 Schornsteine
## 13.1 Schornsteinaufbau

Schornsteine bestehen aus dem Schornsteinfuß mit Fundament, dem Schornsteinschaft und dem Schornsteinkopf. Der Schornsteinkopf wird verkleidet oder erhält einen Fertigteilstülpkopf. Häufig wird er auch mit Sichtmauerwerk aus witterungsbeständigen Steinen ummauert. Bei der Konstruktion und Ausführung des Schornsteins ist auf die Durchführung durch Decken und Dach besonders zu achten.

**Schornsteinkopf**

| | |
|---|---|
| Abströmrohr | überstehendes Schamotterohr |
| Abströmkonus | Edelstahl deckt Schamotterohr ab und ermöglicht Luftaustritt bei Hinterlüftung |
| Abdeckplatte | Stahlbeton oder Faserbeton 5 cm bis 10 cm dick |
| Dehnfuge | mindestens 2 cm bzw. 3 mm/m Schornsteinhöhe |
| Ringstein | schließt Innenrohr und Dämmung ab |
| Ummauerung | frostbeständige Mauersteine, unvermörtelte Fuge zwischen Mantelstein und Ummauerung, zusätzliche Dämmung oder Hinterlüftung möglich |
| Durchführung durch Holzkonstruktionen | Verwahrung mindestens 2 cm breit aus Beton und/oder Mineralfaserplatten |
| Kragplatte | Stahl- bzw. Stahlleichtbeton |

**Schornsteinschaft**

| | |
|---|---|
| Mantelsteine | aus Leichtbeton 3 Stück/m bzw. 4 Stück/m Schornsteinhöhe |
| Wärmedämmung | Mineralfaserplatten 4 cm dick |
| Innenrohre | Rohre und Formstücke aus Schamotte, 2 cm bis 3 cm dick, übliche Bauhöhen: 33 cm, 50 cm und 66 cm |

**Schornsteinfuß**

| | |
|---|---|
| Reinigungsöffnung | Schamotte-Öffnungsstein und Formstück mit Putztüre aus Edelstahl |
| Sockel | Mantelstein mit Beton aufgefüllt oder mit eingestelltem Fundamentstein sowie Sockelstein mit Kondensatauffang, -ablauf und Zuluft |
| Fundament | Stahlbetonfundament mit Sperrschicht |

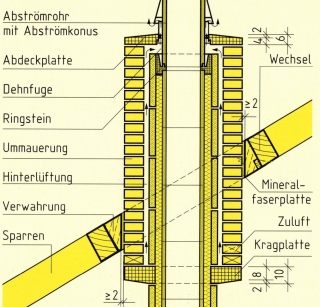

Beispiel eines Schornsteinkopfes mit Sichtmauerwerk auf Kragplatte

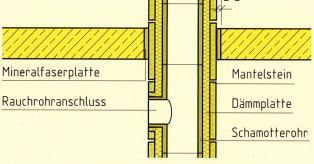

Beispiel einer Deckendurchführung durch eine Stahlbetondecke

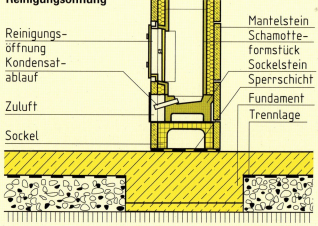

Beispiel eines Schornsteinfußes mit Fundament, Sockel und Reinigungsöffnung

# 13 Schornsteine
## 13.2 Schornsteinformstücke, Schornsteinverbände

Schornsteine werden in der Regel als dreischalige Systemschornsteine hergestellt. Sie bestehen aus Innenrohrformstücken aus Schamotte, Wärmedämmplatten und Mantelsteinen. Innenrohrformstücke haben kreisförmige oder quadratische Querschnitte. In den Ecken der Mantelsteine können zum Abführen von Feuchtigkeit Hinterlüftungskanäle angeordnet sein.

Schornsteine können jedoch auch aus einschaligen Kaminformstücken aus Leichtbeton bestehen oder gemauert sein. Gemauerte Schornsteine sind in fachgerechtem Verband zu mauern oder erhalten ein Innenrohr aus Schamotte. Ein Schornstein kann mehrere Züge und Lüftungsschächte haben.

**Beispiele für dreischalige Schornsteine**

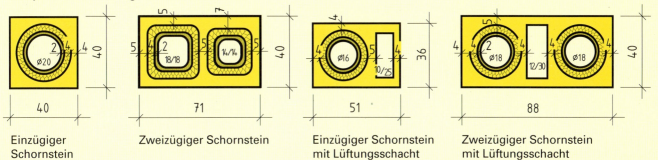

**Beispiele für dreischalige Schornsteine mit Hinterlüftung**

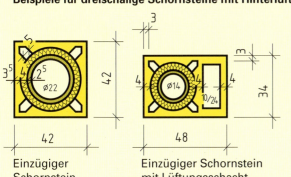

**Beispiele für einschalige Schornsteine**

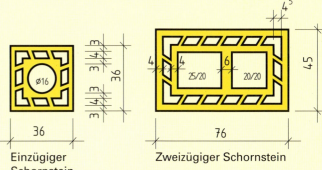

**Beispiele für gemauerte Schornsteine**

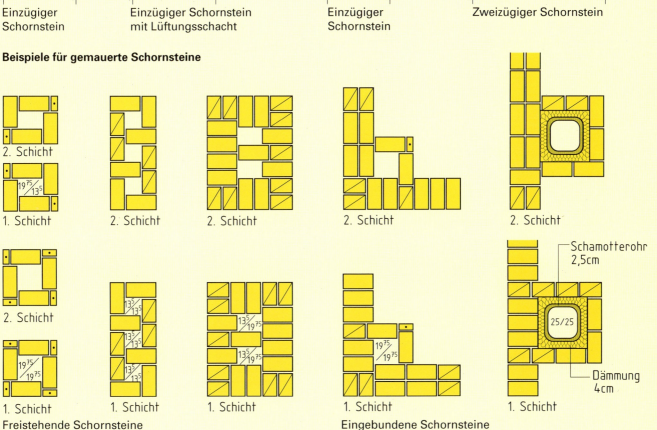

# 13 Schornsteine
## Aufgaben zu 13 Schornsteine

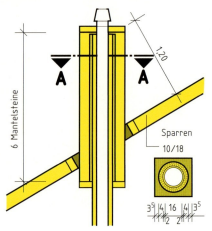

**Schornsteinkopf mit Dachdurchführung**

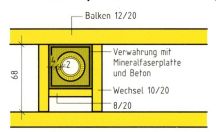

**Auswechslung der Holzbalkendecke**

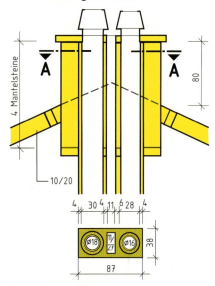

**Zweizügiger Schornstein**

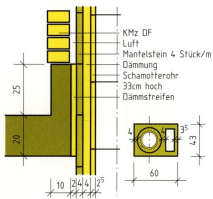

**Schornsteindurchführung durch Dachdecke**

**1** Ein dreischaliger einzügiger Schornstein wird durch ein Dach mit einer Neigung von 30° geführt. Das Schamotterohr hat einen lichten Durchmesser von 16 cm, der Mantelstein die Außenmaße von *l/b/h* = 35 cm/ 35 cm/33 cm. Der Schornsteinkopf wird mit Klinkermauerwerk aus NF-Steinen ummauert. Die Kragplatte und die Abdeckplatte haben die Abmessungen *l/b/d* = 62,5 cm/62,5 cm/8 cm.

Der **Schornsteinkopf mit Dachdurchführung** und Verwahrung ist als senkrechter Schnitt zu zeichnen. Außerdem ist der waagerechte Schnitt A – A darzustellen. Fehlende Maße sind selbst festzulegen.

DIN A 3 Hochformat
M 1 : 10

**2** Ein dreischaliger Schornstein führt über dem Erdgeschoss durch eine 18 cm dicke Stahlbetondecke und über dem Obergeschoss durch eine Holzbalkendecke. Das Innenrohr des einzügigen Schornsteins hat einen lichten Durchmesser von 18 cm, der Mantelstein hat die Außenmaße 38 cm/38 cm/33 cm.

Der Fußpunkt des Schornsteins mit Fundament, Sockelstein und Reinigungsöffnung sowie die Deckendurchführung durch die Stahlbetondecke sind als senkrechter Schnitt zu zeichnen. Darüber ist ein waagerechter Schnitt durch den Schornsteinschaft mit der Draufsicht auf die **Auswechslung der Holzbalkendecke** darzustellen. Fehlende Maße sind selbst festzulegen.

DIN A 3 Hochformat
M 1 : 10

**3** Ein **zweizügiger Schornstein** wird über den First hinausgeführt. Die Dachneigung beträgt 24°. Die Vormauerung am Kaminkopf wird mit Kalksandstein-Verblender im Dünnformat ausgeführt. Die Kragplatte hat die Abmessungen *l/b/h* = 124 cm/74 cm/10 cm, die Abdeckplatte von *l/b/h* = 136 cm/86 cm/8 cm. Zwischen den 33 cm hohen Mantelsteinen und der Ummauerung ist eine 4 cm dicke Wärmedämmung mit Luftschicht angeordnet.

Die Dachdurchführung mit Verwahrung und Schornsteinkopf als senkrechter Schnitt und der Schnitt A – A sind zu zeichnen.

DIN A 3 Hochformat
M 1 : 10

**4** Ein einzügiger Schornstein mit Lüftungsschacht wird durch eine Dachdecke aus Stahlbeton geführt. Der Mantelstein hat die Abmessungen *l/b/h* = 60 cm/43 cm/24 cm. Das Abgasrohr hat einen lichten Durchmesser = 22,5 cm und der Lüftungsschacht die lichten Querschnittsmaße von 13 cm/32 cm.

Die **Schornsteindurchführung** durch die 20 cm dicke Stahlbetondachdecke ist als senkrechter Schnitt zu zeichnen. Es ist der Rohbauzustand ohne Dachaufbau darzustellen. Fehlende Abmessungen sind selbst festzulegen.

DIN A 3 Querformat
M 1 : 5

# 13 Schornsteine
### Aufgaben zu 13 Schornsteine

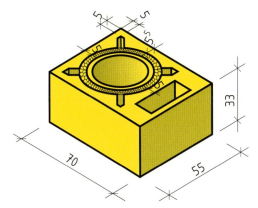

**Dreischaliger Schornstein**

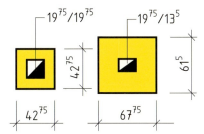

**Gemauerte Schornsteinquerschnitte**

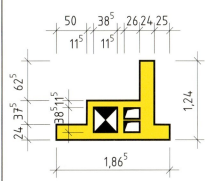

**Eingebundener Schornstein**

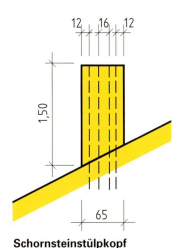

**Schornsteinstülpkopf**

**5** Ein **dreischaliger Schornstein** hat einen Zug mit Hinterlüftungskanälen und einen Lüftungsschacht. Das Schamotterohr hat einen lichten Durchmesser von 30 cm und eine Wanddicke von 3 cm. Der Lüftungsschacht hat die Querschnittsmaße 12 cm/30 cm. Die Hinterlüftungskanäle des Schornsteins sind 5 cm breit. Der Mantelstein hat die Außenmaße $l/b/h$ = 70 cm/55 cm/33 cm, die Kragplatte 111,5 cm/99 cm/12 cm. Der Schornsteinkopf erhält eine zusätzliche Dämmung von 6 cm und eine Ummauerung aus Vollklinker im Normalformat.

Es sind zwei waagerechte Schnitte durch den Schornsteinkopf mit der ersten und der zweiten Schicht der Ummauerung zu zeichnen. Außerdem ist die Ansicht des Mauerwerks vier Schichten hoch darzustellen.

DIN A 3 Hochformat
M 1 : 10 mit Fugen

**6** In einem als Baudenkmal geschützten Gebäude werden zwei freistehende **gemauerte Schornsteine** aus Mauerziegeln im Normalformat errichtet.

Von den beiden Schornsteinen sind jeweils zwei Mauerschichten und zwei 50 cm hohe Ansichten zu zeichnen.

Blatt DIN A 3 Querformat
Maßstab 1:10 mit Fugen

**7** Ein **eingebundener Schornstein** besteht aus einem Abgaszug und zwei Lüftungsschächten. Der Abgaszug hat ein Innenrohr aus Schamotte mit einem lichten Querschnitt von 25 cm/25 cm und 3 cm Wanddicke. Der Raum zwischen dem Innenrohr und dem Mauerwerk wird mit einer mineralischen Schüttung ausgefüllt. Die Lüftungsschächte sind aus Leichtbeton und haben 4 cm dicke Wände.

Von dem aus 2 DF-Steinen gemauerten Schornstein sind 2 Schichten einschließlich Abgaszug und Lüftungsschacht sowie eine 50 cm hohe Vorderansicht zu zeichnen.

DIN A 3 Hochformat
Maßstab 1:10 mit Fugen

**8** Ein **Schornsteinstülpkopf** aus Faserzement hat die äußeren Querschnittsmaße 49 cm/65 cm und eine Wanddicke von 1,5 cm. Die beiden Rechtecköffnungen haben die lichten Maße 15 cm/15 cm und 10 cm/25 cm, das Dach eine Neigung von 26°.

Die vier Seitenansichten und die Draufsicht auf den Stülpkopf sowie die Isometrie sind darzustellen.

DIN A 3 Querformat
Maßstab 1:10

# 14 Treppen

## 14.1 Treppendarstellung, Treppenbemaßung

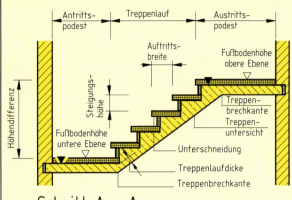

Schnitt A – A

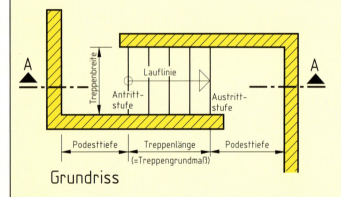

Grundriss

**Beispiel einer Treppenbemaßung**

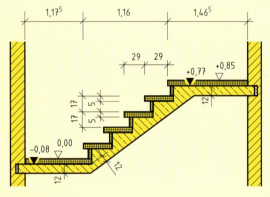

Schnitt A – A

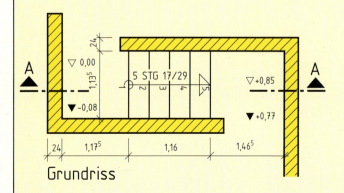

Grundriss

## Treppendarstellung

Treppen werden im Grundriss und im Schnitt, seltener in den Ansichten dargestellt.

Im **Grundriss** zeichnet man die Treppe in der Draufsicht. Die Richtung, in der die Treppe ansteigt, wird durch die Lauflinie angezeigt. Sie wird in der Mitte des Treppenlaufes eingezeichnet. Ihr Anfang ist an der Antrittstufe mit einem Kreis gekennzeichnet und ihr Ende an der Austrittstufe mit einem Pfeil. Ist die Treppe mehrläufig, wird die Lauflinie über das Podest in gleicher Weise weitergezeichnet. Bei gewendelten Treppen verläuft die Lauflinie im Bereich der Wendelung meist kreisförmig.

Bei übereinanderliegenden Treppen, wie z.B. in Geschossbauten, wird der Treppenlauf im Grundriss geschnitten und der darunterliegende Treppenlauf weitergezeichnet; ein darüberliegender Lauf wird mit einer Punktlinie dargestellt.

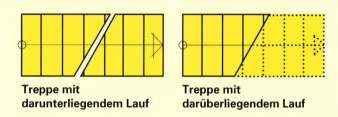

**Treppe mit darunterliegendem Lauf**    **Treppe mit darüberliegendem Lauf**

Im **Schnitt** wird die Treppe in der gesamten Höhe gezeichnet. Dabei sind die Konstruktion und die Baustoffe der Treppe ablesbar. Außerdem muß im Schnitt das Auflager des Treppenlaufs, die Ausbildung der Treppenstufen, der Anschluss der Treppenbeläge in den einzelnen Geschossebenen sowie der Verlauf der Treppenbrechkante an der Unterseite des Treppenlaufs ersichtlich sein.

## Treppenbemaßung

Eine Treppenbemaßung enthält die Anzahl der Steigungen, Steigungshöhe und Auftrittsbreite, Treppenlänge, Treppenbreite, Höhendifferenz und den Fußbodenaufbau auf der Treppe sowie auf der unteren und der oberen Ebene. Diese Treppenmaße können sowohl im Grundriss als auch im Schnitt dargestellt werden.

Im **Grundriss** werden die Anzahl der Steigungen (STG) sowie das Verhältnis Steigungshöhe/Auftrittsbreite über die Lauflinie geschrieben. Die einzelnen Treppenstufen können der Reihe nach von unten nach oben vor der vorderen Stufenkante in Laufrichtung mit einer Stufennummer versehen werden. Höhenangaben sind mit den in DIN 1356 vorgesehenen Dreiecken (▼ = Rohkonstruktion, ▽ = Fertigkonstruktion) und den zugehörigen Maßzahlen zu kennzeichnen.

Im **Schnitt** werden in der Regel mehrere Stufenhöhen in einer Maßkette bemaßt um die Gleichartigkeit der Maße zu zeigen. Ebenso verfährt man mit den Auftrittsbreiten. Zusätzlich können im Schnitt Podestdicken, Deckendicken, Treppenlaufdicken und der Fußbodenaufbau bemaßt sowie Treppenbrechkanten und Durchgangshöhen dargestellt werden.

# 14 Treppen
## 14.2 Treppendarstellung, Treppenbemaßung

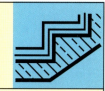

**Beispiel einer Treppenzeichnung**

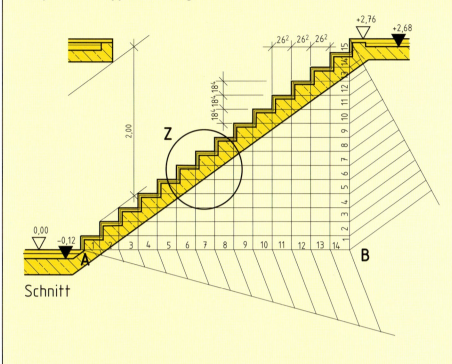

Schnitt

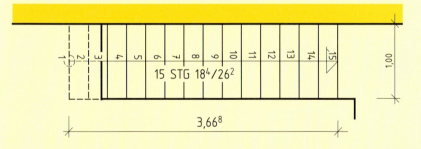

Draufsicht

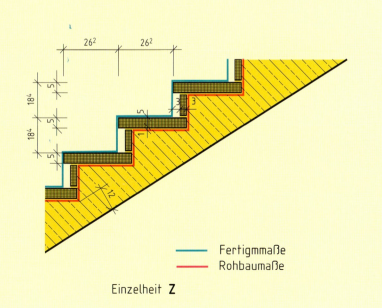

Einzelheit **Z**

**Konstruktion des Treppenschnitts**
- Zeichnen der Geschossebenen
- Festlegen der Antrittstufe
- Antragen der Treppenlänge (Treppengrundmaß) von der Antrittstufe A aus bis B
- Teilen der Treppenlänge durch Streckenteilung (Seite 24)
  Anzahl der Teile =
  Anzahl der Steigungen – 1
- Antragen der Geschosshöhe in B rechtwinklig zu AB
  Geschosshöhe = Maß von OK FFB untere Decke bis OK FFB obere Decke
- Teilen der Geschosshöhe durch Streckenteilung in gleich große Teile
  Anzahl der Teile =
  Anzahl der Steigungen
- Parallelen durch die jeweiligen Teilpunkte schneiden sich an der Treppenvorderkante

**Treppenmaße sind Fertigmaße**

Die **Rohbaumaße** der Treppe errechnen sich aus dem Fertigmaß abzüglich der für den Treppenbelag notwendigen Dicke (Einzelheit Z). Bei der Antrittstufe ergibt sich dann ein größeres Rohbaumaß für die Steigungshöhe, wenn eine unterschiedliche Dicke des Fußbodenaufbaus auf der Geschossdecke berücksichtigt werden muss. Bei der Austrittstufe wird ein Höhenunterschied durch einen Absatz an der Deckenoberseite ausgeglichen.

Die **Schrittmaßregel 2s + a = 63 cm** ist Grundlage für die Stufenabmessungen.

Die **Treppenlaufdicke** wird rechtwinklig zur Treppenuntersicht vom Schnittpunkt der Rohbaulinien zwischen Auftritt und Steigung angetragen. Die Linie für die Treppenuntersicht verläuft parallel zu diesen Schnittpunkten.

Die **lichte Durchgangshöhe** wird lotrecht über der Verbindungslinie der Stufenvorderkanten abgetragen. Eine Parallele durch den Endpunkt dieses Maßes zeigt den notwendigen freien Raum an.

**Konstruktion des Treppengrundrisses**
- Länge und Breite des Treppenhauses und des Treppenlaufs aufreißen
- Auftrittsbreiten mit Hilfe der Streckenteilung ermitteln oder aus darüberliegendem Schnitt übertragen
- Form und Größe des Treppenauges bei mehrläufigen Treppen einzeichnen

# 14 Treppen
## 14.2 Gerade Treppen
Aufgaben zu 14.2 Gerade Treppen

**Beispiel einer Treppe über mehrere Geschosse**

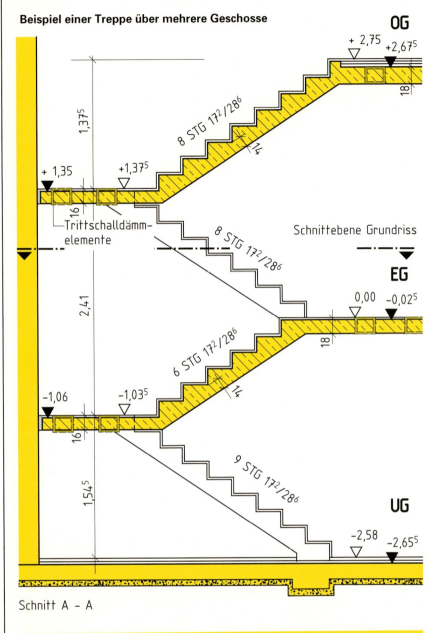

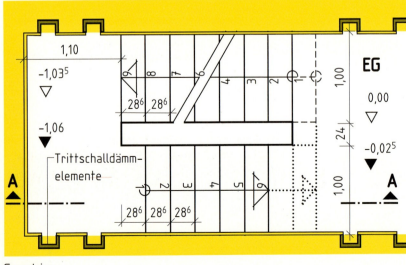

**1 Übung zum Zeichnungslesen**

a) Über wie viele Geschosse führt die Treppe?

b) Welche Treppenformen sind dargestellt?

c) Welche Angaben sind für die Herstellung der einzelnen Treppenläufe notwendig?

d) In welchem Geschoss liegt die im Grundriss mit einer Strichlinie dargestellte Treppenstufe?

e) Wo liegen die im Grundriss mit einer Punktlinie dargestellten Treppenstufen?

f) Warum ist im Grundriss der Treppenlauf unterbrochen?

g) Welche Linie beginnt im Grundriss mit einem Kreis und endet mit einem Pfeil?

h) Welche Geschosshöhen haben das Untergeschoss und das Erdgeschoss?

i) Welche lichte Höhen haben Untergeschoss und Erdgeschoss?

j) Wie breit und wie tief sind die Treppenpodeste?

k) In welcher Höhe liegen OK FFB der Treppenpodeste in Bezug auf ± 0,00?

l) Wie lang sind die einzelnen Treppenläufe?

m) Wie groß ist die lichte Höhe zwischen unterem und oberem Treppenpodest?

n) Welche Dicke haben die Treppenläufe?

o) Wie dick sind die Podestplatten?

p) Wie dick ist der jeweilige Fußbodenaufbau auf den einzelnen Geschossdecken?

q) An welcher Stelle im Grundriss verlaufen die Brechkanten der Treppenläufe an der Treppenunterseite?

r) Wie hoch ist das Steigungsmaß der Antrittstufe UG im Rohbau?

s) Wie breit ist das Treppenauge?

t) Welche Breite hat das Treppenhaus?

u) Wie lang ist das Treppenhaus in jedem Geschoss, wenn auf der Geschossdecke jeweils noch eine Tiefe von 1,10 m zugerechnet wird?

v) Welche Höhenangaben werden mit ▼ und mit ▽ gekennzeichnet?

# 14 Treppen

## 14.2 Gerade Treppen
### Aufgaben zu 14.2 Gerade Treppen

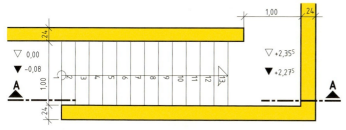
**Stahlbetontreppe**

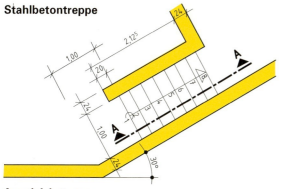
**Ausgleichstreppe**

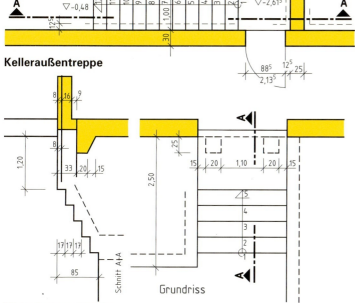
**Kellerauẞentreppe**

**Hauseingangstreppe**

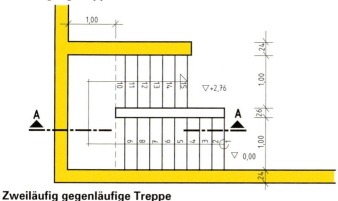
**Zweiläufig gegenläufige Treppe**

### 2 Stahlbetontreppe
Deckendicke und Podestdicke  $d = 18$ cm
Treppenlaufdicke  $d = 12$ cm
Treppenbelag aus Fliesen in Mörtelbett  2,5 cm
Treppenhauswände als Sichtmauerwerk

 Der Grundriss und der Schnitt A – A sind zu zeichnen.

DIN A 3 Hochformat
M 1 : 20  Grundriss und Schnitt A – A

### 3 Ausgleichstreppe
Steigungshöhe  $h = 18{,}5$ cm
Deckendicke und Podestdicke  $d = 16$ cm
Treppenlaufdicke  $d = 12$ cm
Treppenbelag aus Trittplatten 5 cm, Stell-
 platten 3 cm, Mörtelbett 1,5 cm
Brüstungsmauer zu beiden Seiten der Treppe aus Kalksandsteinen im 2 DF-Format, 90 cm hoch mit abschließender Rollschicht

 Darzustellen ist der Grundriss und der Schnitt sowie als Detail Z eine Treppenstufe mit Belag im Schnitt.
DIN A 3 Hochformat
M 1 : 20  Grundriss und Schnitt A – A
M 1 : 5  Detail Z

### 4 Kellerauẞentreppe
Blockstufen, beidseitig mit Kalksandsteinen
$d = 11{,}5$ cm untermauert
Fundamente mittig unter Brüstung bzw. Stützwand
$b/h = 50$ cm/40 cm
Podestabmessung $b/t = 1{,}00$ m/1,10 m, $d = 15$ cm
Austritt mit Belag aus Platten 60 cm/40 cm

 Der Grundriss und der Schnitt sind zu zeichnen sowie als Detail Z ein Schnitt durch die Treppenstufen.
DIN A 3 Hochformat
M 1 : 20  Grundriss und Schnitt A – A
M 1 : 5  Detail Z

### 5 Hauseingangstreppe
Waschbetontrittplatten und Podestplatte $d = 8$ cm
2 Treppenbalken $b/d = 20$ cm/25 cm liegen an der Gebäudeauẞenwand auf Konsolen

 Unter der Antrittstufe ist eine eigene Gründung erforderlich.

DIN A 3 Querformat
M 1 : 10  Grundriss und Schnitt A – A

### 6 Zweiläufig gegenläufige Treppe
Stahlbetonlauf mit Auftrittsbreite $a = 26{,}2$ cm
Deckendicke $d = 18$ cm, Fuẞbodenaufbau 10 cm

 Treppenbelag aus Fliesen im Mörtelbett $d = 2{,}5$ cm

DIN A 3 Hochformat
M 1 : 20  Grundriss und Schnitt A – A

# 14 Treppen

## 14.3 Gewendelte Treppen
### 14.3.1 Verziehen einer viertelgewendelten Treppe

**Beispiel für die Konstruktion einer viertelgewendelten Treppe**

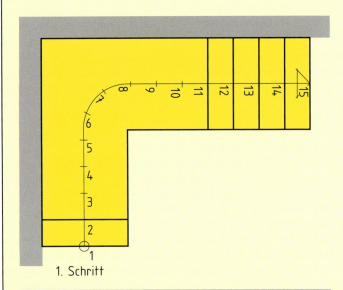

Eine im Antritt viertelgewendelte Treppe hat 15 Steigungen. Die Länge der Lauflinie misst 3,78 m; das Steigungsverhältnis der Treppe beträgt 18/27.
Es sollen die Stufen 2 bis 10 verzogen werden.

### Lösung

1. Schritt: Einzeichnen der Lauflinie in der Mitte der Treppe
   Antragen der Auftrittsbreiten auf der Lauflinie

2. Schritt: Ermitteln der Stufenbreiten an der Treppeninnenseite durch eine Hilfskonstruktion

   Hilfskonstruktion
   - Dreieck ABC mit rechtem Winkel in Scheitel A und den Katheten $s$ konstruieren
     $s$ = halbe Strecke an der Treppeninnenseite zwischen den zu verziehenden Stufen
   - Kreis um A mit Radius $l$ schneidet Gerade CB in D
     $l$ = halbe Strecke auf der Lauflinie zwischen den zu verziehenden Stufen
   - auf $\overline{AD} = l$ die Auftrittsbreiten der zu verziehenden Stufen abtragen
   - Verbindungslinien zwischen C und den Teilpunkten auf $l$ teilen $\overline{AB} = s$ in die gesuchten Stufenbreiten an der Treppeninnenseite

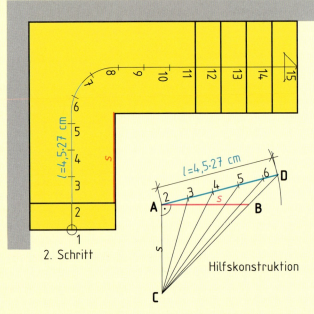

3. Schritt: Übertragen der gesuchten Teilpunkte an die Treppeninnenseite im Grundriss
   Verbinden dieser Teilpunkte mit den entsprechenden Teilpunkten auf der Lauflinie
   Es ergibt sich die jeweilige Stufenvorderkante.

### Allgemeine Regeln für die Stufenverziehung

- Die Anzahl der zu verziehenden Stufen muss festgelegt werden. Sie läßt sich weder rechnerisch noch zeichnerisch ermitteln.
- Es wird in der Regel eine ungerade Anzahl von Stufen verzogen.
- Die Stufenbreiten an der Innenseite der Treppe werden von den festgelegten, nicht verzogenen Stufen zur Eckstufe hin schmaler.
- Die Vorderkante der Eckstufe darf nicht mit der Verbindungslinie Außenecke – Innenecke der Treppe zusammenfallen.
- Die Eckstufe sollte etwa mittig zur Verbindungslinie Außenecke – Innenecke sein.
- Um die Auftrittsbreiten an der Treppeninnenseite zu verbreitern, kann man die Treppe ausrunden.
- Die kleinste Auftrittsbreite sollte nicht weniger als 10 cm betragen.
- Diese Regeln gelten sinngemäß auch für das Verziehen von halbgewendelten Treppen.

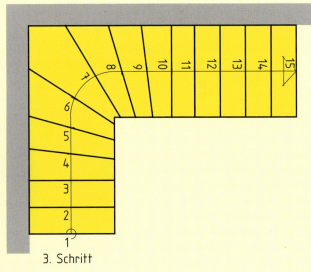

# 14 Treppen

## 14.3 Gewendelte Treppen
### 14.3.2 Verziehen einer halbgewendelten Treppe

**Beispiel für die Konstruktion einer halbgewendelten Treppe**

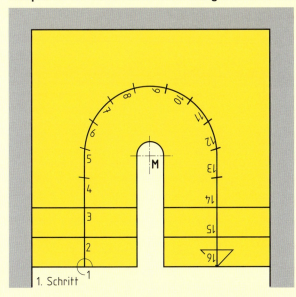
1. Schritt

Eine halbgewendelte Treppe hat 16 Steigungen. Die Länge der Lauflinie misst 4,05 m; das Steigungsverhältnis der Treppe beträgt 18/27.
Es sollen die Stufen 3 bis 13 verzogen werden.

**Lösung**

1. Schritt: Einzeichnen der Lauflinie in der Mitte der Treppe
   Antragen der Auftrittsbreiten auf der Lauflinie

2. Schritt: Ermitteln der Stufenbreiten an der Treppeninnenseite durch eine Hilfskonstruktion

   Hilfskonstruktion
   
   – Dreieck ABC mit rechtem Winkel in Scheitel A und den Katheten $s$ konstruieren
     $s$ = halbe Strecke an der Treppeninnenseite zwischen den zu verziehenden Stufen

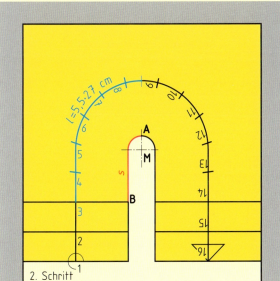
2. Schritt

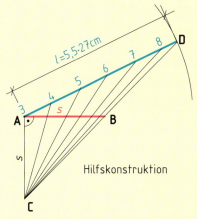
Hilfskonstruktion

– Kreis um A mit Radius $l$ schneidet Gerade CB in D
   $l$ = halbe Strecke auf der Lauflinie zwischen den zu verziehenden Stufen
– auf $\overline{AD} = l$ die Auftrittsbreiten der zu verziehenden Stufen abtragen
– Verbindungslinien zwischen C und den Teilpunkten auf $l$ teilen $\overline{AB} = s$ in die gesuchten Stufenbreiten an der Treppeninnenseite

3. Schritt: Übertragen der gesuchten Teilpunkte an die Treppeninnenseite im Grundriss

   Symmetrisches Übertragen der noch fehlenden Teilpunkte auf die andere Treppenlaufhälfte

   Verbinden dieser Teilpunkte mit den entsprechenden Teilpunkten auf der Lauflinie

   Es ergibt sich die jeweilige Stufenvorderkante.

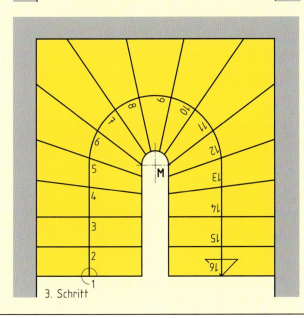
3. Schritt

# 14 Treppen

## 14.3 Gewendelte Treppen
### 14.3.3 Aufriss der Wandseiten einer viertelgewendelten Treppe

**Beispiel für den Aufriss der Wandseiten**

Vor Beginn der Herstellung einer gewendelten Treppe aus Stahlbeton wird diese auf der Baustelle in natürlicher Größe aufgerissen. Dabei zeichnet man zuerst den Grundriss der Treppe auf den Boden des Treppenraumes. Danach fertigt man den **Aufriss** für die Wandseiten der Treppe an den Außenwänden oder der Außenschalung. Dabei wird die Vorderkante jeder Stufe aus dem Grundriss senkrecht nach oben übertragen. Durch Antragen der Steigungshöhe erhält man die Treppenlinie mit den entsprechenden Auftrittsbreiten an der Wandseite. Die Linie für die Treppenunterseite verläuft im Abstand der Treppenlaufdicke zu den Eckpunkten aus Auftritt und Steigung. Diese Linie hat eine geschwungene Form. In gleicher Weise kann der Aufriss für die Innenseiten der Treppe konstruiert werden. Daraus ergibt sich für die Treppenlaufunterseite eine gewundene Fläche.

Mit Hilfe von Schere und Klebstoff läßt sich aus der Zeichnung ein räumliches **Modell** mit den Aufrissen der Außenseiten der Treppe herstellen. Schneidet man die Zeichnung wie dargestellt ein, knickt sie an den gekennzeichneten Linien um 90° nach oben und klebt den Papierumschlag fest, erhält man ein maßstäblich verkleinertes Modell.
In diesem Modell sieht man die Arbeitsvorgänge, die auf der Baustelle zum Aufreissen der Treppenaußenseiten notwendig sind. In der Raumecke erkennt man die gleichhohe Auftrittsfläche der Eckstufe sowie den Übergang der unterschiedlich geschwungenen Linien der Treppenlaufunterseiten.

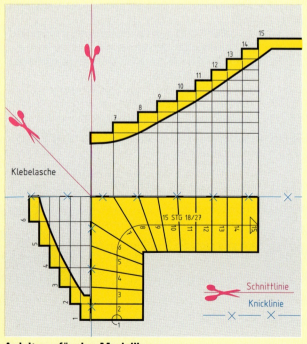

**Anleitung für den Modellbau**

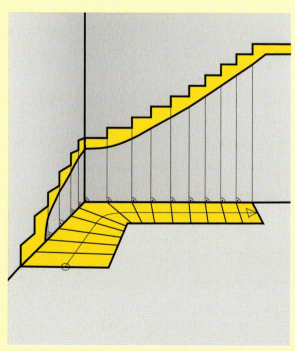

**Räumliche Darstellung der aufgerissenen Wandseiten**

# 14 Treppen

## 14.3 Gewendelte Treppen
### 14.3.4 Aufriss der Wandseiten einer halbgewendelten Treppe

**Beispiel für den Aufriss der Wandseite**

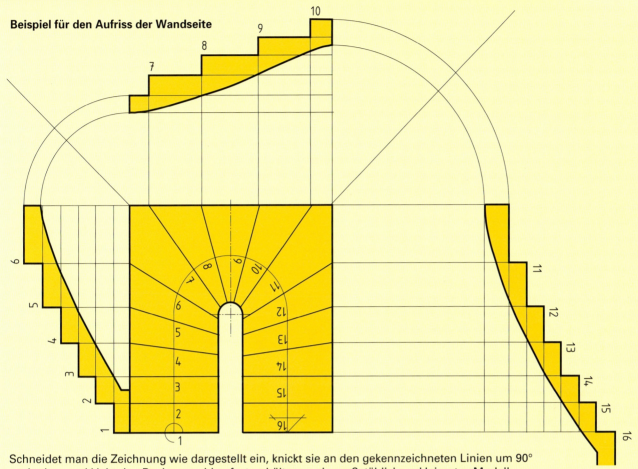

Schneidet man die Zeichnung wie dargestellt ein, knickt sie an den gekennzeichneten Linien um 90° nach oben und klebt den Papierumschlag fest, erhält man ein maßstäblich verkleinertes Modell.
In diesem **Modell** sieht man die Form der 3 Wandseiten für diese halbgewendelte Treppe und ihre Lage im Treppenraum. In den Raumecken erkennt man die gleichhohe Auftrittsflächen der Eckstufen sowie den Übergang der unterschiedlich geschwungenen Linien der Treppenlaufunterseiten.

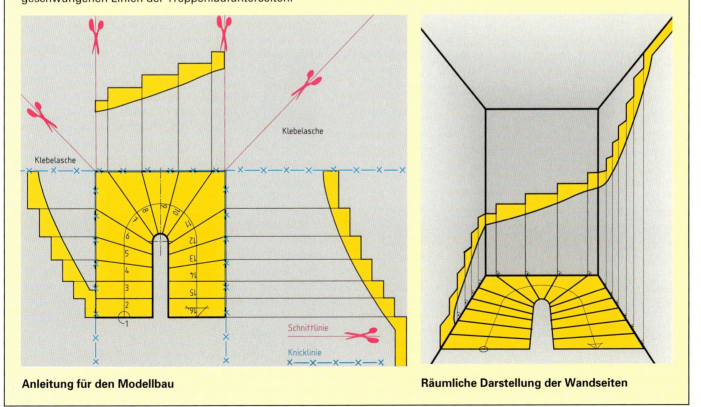

**Anleitung für den Modellbau**     **Räumliche Darstellung der Wandseiten**

# 14 Treppen
## 14.3 Gewendelte Treppen
Aufgaben zu 14.3 Gewendelte Treppen

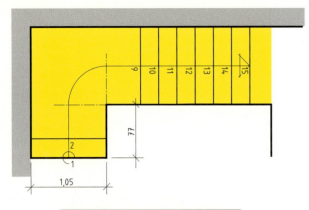

**1 Im Antritt viertelgewendelte Treppe**

Geschosshöhe $h = 2{,}75$ m
Deckendicken $d = 18$ cm
Treppenlaufdicke $d = 14$ cm
Die Schrittmaßregel ist anzuwenden.

Im Grundriss sind Stufe 2 bis Stufe 8 zu verziehen und der Aufriss für die Wandseiten der Treppe zu zeichnen.

DIN A 3 Hochformat
M 1 : 20 Grundriss und Aufriss
der Wandseiten

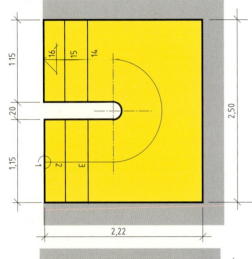

**2 Einläufige halbgewendelte Treppe**

Geschosshöhe $h = 2{,}87^5$ m
Deckendicken $d = 18$ cm
Treppenlaufdicke $d = 14$ cm
Die Schrittmaßregel ist anzuwenden.

Im Grundriss sind Stufe 3 bis Stufe 13 zu verziehen und der Aufriss für die Wandseiten der Treppe zu zeichnen.

DIN A 3 Hochformat
M 1 : 20 Grundriss und Aufriss
der Wandseiten

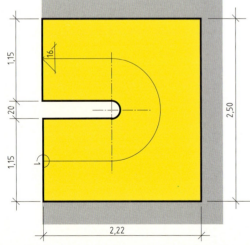

**3 Einläufige halbgewendelte Treppe**

Geschosshöhe $h = 2{,}87^5$ m
Deckendicken $d = 18$ cm
Treppenlaufdicke $d = 14$ cm
Die Schrittmaßregel ist anzuwenden.

Im Grundriss sind alle Stufen zu verziehen und der Aufriss für die Wandseiten der Treppe zu zeichnen.

DIN A 3 Hochformat
M 1 : 20 Grundriss und Aufriss
der Wandseiten

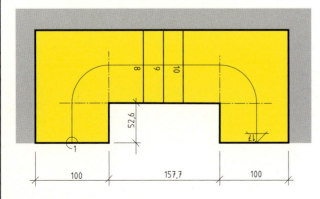

**4 Im Antritt und im Austritt viertelgewendelte Treppe**

Geschosshöhe $h = 3{,}12^5$ m
Deckendicken $d = 18$ cm
Treppenlaufdicke $d = 14$ cm
Treppenbelag aus Trittplatten 5 cm, Stellplatten 3 cm, Mörtelbett 30 cm
Die Schrittmaßregel ist anzuwenden.

Der Grundriss ist zu fertigen, wobei jeweils 7 Stufen im Antritt und im Austritt zu verziehen sind. Für die Wandseiten ist der Aufriss zu zeichnen sowie als Detail Z ein Schnitt durch die Treppenstufen.

DIN A 3 Querformat
M 1 : 20 Grundriss und Aufriss
der Wandseiten
M 1 : 5 Detail Z

# 15 Fertigteilbau
## 15.1 Großtafelbauweise

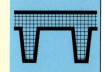

Für die Herstellung der Fertigteile aus Stahl- und Spannbeton benötigt man Element-Schalpläne und Element-Bewehrungszeichnungen. Diese sind vergleichbar mit den entsprechenden Ausführungszeichnungen für Ortbetonbauteile. Zusätzlich enthalten Element-Schalpläne Angaben über Lage und Anzahl von Anschlagmitteln, z.B. Transportanker, oder Angaben über Verbundanker, z.B. für Sandwichplatten sowie über die Oberflächenbeschaffenheit der Fertigteile. Auf Element-Bewehrungszeichnungen werden zusätzlich Verankerungselemente und Betonstahl-Verbindungsmittel, z.B. Bewehrungsanschlüsse, dargestellt.

Die Montage der Elemente erfolgt nach Verlegeplänen und Montagezeichnungen. Diese zeigen, an welcher Stelle in einem Bauwerk ein bestimmtes Element eingebaut wird. Dabei werden die Fertigteile in ihrer Solllage dargestellt und bemaßt. Die einzelnen Fertigteile werden eindeutig bezeichnet und gleichlautend in eine Stückliste eingetragen. Sie können in der Schnittdarstellung entweder baustoffgerecht oder als Fertigteil schraffiert werden.

Für Verbindungen und Knotenpunkte werden Detailzeichnungen unter Beachtung der statischen, bauphysikalischen und ausführungstechnischen Anforderungen an die Konstruktion gefertigt. Außerdem kann bei Darstellung im entsprechenden Maßstab überprüft werden, ob z.B. die Betondeckung und der Biegerollendurchmesser eingehalten werden können oder ob ausreichend Arbeitsraum zur Ausführung der Verbindungen und des Ortbetonvergusses vorhanden sind.

Bauwerke werden vorwiegend in Großtafelbauweise und in Skelettbauweise erstellt. Eine Mischbauart ist die Kombination von Skelett- und Großtafelbau. Räume mit kleinerer Grundfläche, z.B. Büros, werden als Tafelbau, Räume mit größeren Grundflächen bis zu ganzen Geschossbereichen, z.B. Produktions- oder Lagerräume, in Skelettbauweise errichtet. Geschossdecken bilden dabei das verbindende Element.

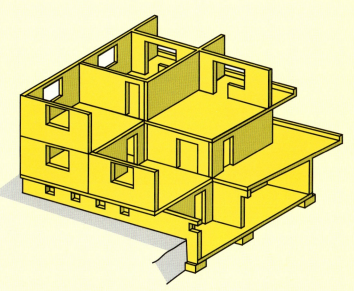

**Gebäude in Großtafelbauweise**

## 15.1 Großtafelbauweise

Bei der Großtafelbauweise werden Wandtafeln und Deckenplatten zu Räumen zusammengesetzt. Sie übernehmen neben der tragenden und aussteifenden Aufgabe zugleich eine raumabgrenzende Funktion. Die Verbindung der Elemente an den Stößen erfolgt z.B. durch Bewehrungsschlaufen, Anker, Dübel, Schrauben oder Bolzenschlösser, mit oder ohne Fugenverguss.

**Wandtafeln** werden nach ihrer Lage im Bauwerk als Außenwandtafeln bzw. Fassadenelemente oder als Innenwandtafeln bezeichnet. Fassadenelemente können mit unterschiedlichem Wandaufbau ausgeführt werden. Überwiegend verwendet man Sandwich-Elemente. Nichttragende Innenwände werden üblicherweise in leichter Bauweise als Ständerwände montiert. Für tragende Innenwände werden meist einschalige Stahlbeton- oder Stahlleichtbetonelemente verwendet.

**Deckenelemente** tragen in der Regel nicht nur vertikale Einwirkungen (Lasten) ab, sondern werden in den meisten Fällen zu Scheiben verbunden, um horizontale Einwirkungen (Lasten), z.B. Windlasten, auf die Wände übertragen zu können. Deckenspannweite und Verkehrslasten beeinflussen die Wahl des Deckensystems maßgebend. Balkon- und Loggiaplatten baut man meist mit einer thermischen Trennung von den angrenzenden Betonbauteilen ein. Podestplatten bei Treppen erhalten z.B. eine Konsol-Ausbildung zur Auflagerung der vorgefertigten Treppenläufe, die auf schwingungsdämpfende Lager versetzt werden.

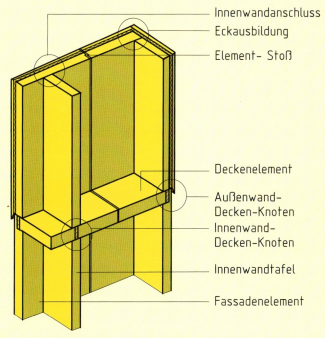

**Anschlüsse bei der Großtafelbauweise**

# 15 Fertigteilbau
## 15.1 Großtafelbauweise

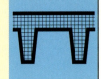

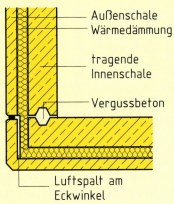

**Eckausbildung bei Sandwichplatten** — Außenschale um die Gebäudekante geführt

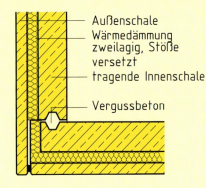

Elementfuge durch Versatz nicht geradlinig durchgehend

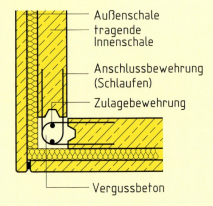

Elementfuge durch Ortbetonverguss nicht durchgehend

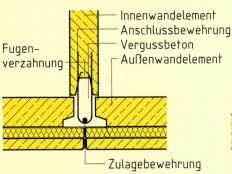

**Anschlüsse von Innenwänden**

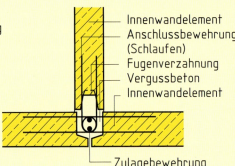

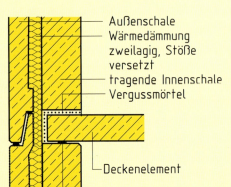

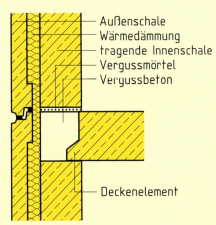

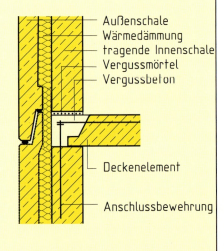

**Außenwand-Decken-Knoten**

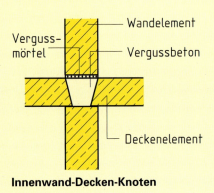

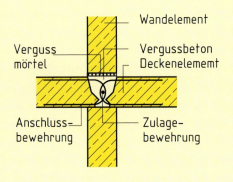

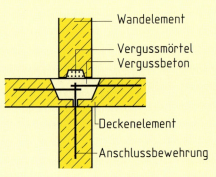

**Innenwand-Decken-Knoten**

# 15 Fertigteilbau
## 15.1 Großtafelbauweise
Aufgaben zu 15.1 Großtafelbauweise

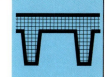

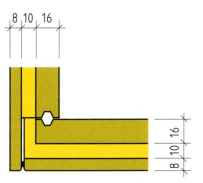

**Eckausbildung bei Sandwichplatten**

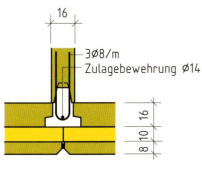

**Anschlüsse von Innenwänden**

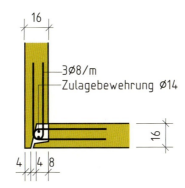

**1** Bei einem Bauwerk in Großtafelbauweise werden für die Fassade Sandwichplatten und für die tragenden Innenwände Stahlbetonelemente verwendet.

Die **Eckausbildungen bei Sandwichplatten** und die **Innenwandanschlüsse** sind als Horizontalschnitt nach den vorgegebenen Bauteilabmessungen zu zeichnen. Die Maße der Fugen sind so zu wählen, dass eine baustellengerechte Ausführung der Verbindungen gewährleistet ist.

DIN A 3 Querformat
M 1:5

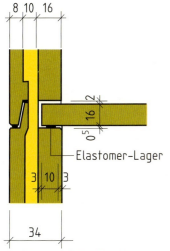

**Außenwand-Decken-Knoten**

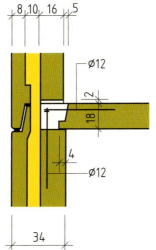

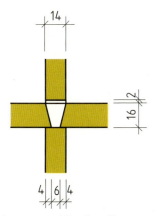

**Innenwand-Decken-Knoten**

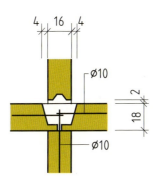

**2** Für ein mehrgeschossiges Gebäude in Großtafelbauweise werden Sandwichplatten, Decken- und Innenwandtafeln aus Stahlbeton verwendet.

Die **Wand-Decken-Knoten** sowohl bei Außenwänden wie bei Innenwänden sind als Vertikalschnitt nach den vorgegebenen Bauteilabmessungen zu zeichnen. Die Maße der Fugen sind so zu wählen, dass eine baustellengerechte Ausführung der Verbindung gewährleistet ist.

DIN A 3 Querformat
M 1:5

# 15 Fertigteilbau
## 15.2 Skelettbauweise

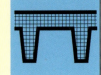

### 15.2 Skelettbauweise

Bei der Skelettbauweise werden tragende und aussteifende Elemente zu einem Bauwerk zusammengesetzt. Tragende Elemente sind z.B. Deckenelemente, Unterzüge (Träger), Stützen und Köcherfundamente. Deckenelemente werden zu Deckenscheiben verbunden und übernehmen die horizontale Aussteifung. Die vertikale Aussteifung erfolgt durch Wandscheiben oder Kerne. Kerne können z.B. durch die in Ortbeton ausgeführten Wände eines Aufzugschachtes gebildet werden. Deckenelemente eignen sich für Geschossdecken und Dachdecken. Skelettbauten weisen keine tragenden Wände auf, deshalb kann durch den Einbau leichter Wandelemente die Grundrissgestaltung der jeweiligen Nutzung angepasst werden. Fassaden können z.B. mit Sandwichplatten, Porenbetonplatten oder Mauerwerksausfachungen ausgeführt werden.

**Fundamente** werden meist in Ortbeton als Einzelfundamente ausgeführt. Einzelfundamente in Form von Köcher- oder Blockfundamenten haben einen köcherartigen Hohlkörper zur Aufnahme der vorgefertigten Stützen. Der Stützenfuß gilt als eingespannt, wenn nach dem Ausrichten der Stütze die Fuge zwischen Stütze und Köcher vergossen wird. Der Vergussbeton muss die gleiche Festigkeitsklasse wie die des Köchers aufweisen.

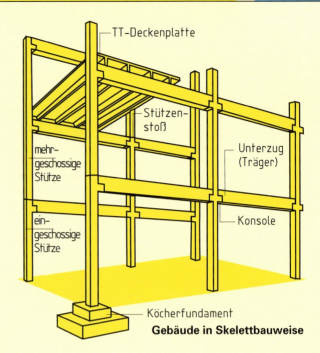

**Gebäude in Skelettbauweise**

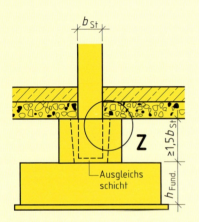

**Köcherfundament**

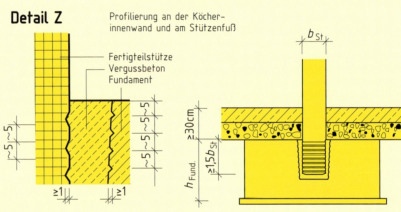

**Blockfundament**

**Stützen** werden in der Regel mit Rechteckquerschnitt und zwei gegenüberliegenden Konsolen hergestellt. Sie können geschosshoch oder über mehrere Geschosse durchgehend sein. Bei Geschossbauten wird eine über alle Geschosse gleichbleibende, quadratische Querschnittsform angestrebt, damit sich einheitliche Knotenpunkte ergeben.

**Unterzüge** (Träger) werden vorwiegend mit rechteckiger oder trogförmiger Querschnittsform ausgeführt. Zur Auflagerung der Deckenplatten können die Querschnitte im unteren Bereich durch Linienkonsolen verbreitert werden. Die Wahl der Querschnittsform wird z.B. durch die verfügbare Konstruktionshöhe und einer möglichst einfachen Art der Auflagerung von Deckenplatten beeinflusst.

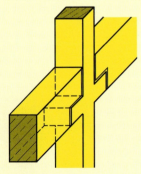

Rechteckquerschnitte

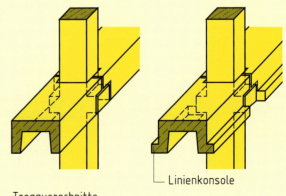

Trogquerschnitte

**Knotenpunkt bei Mittelstütze und Unterzug (Träger)**

# 15 Fertigteilbau
## 15.2 Skelettbauweise

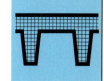

**Deckenelemente** werden als Stahlbeton- und Spannbetonplatten gefertigt. Sie müssen statische und bauphysikalische Anforderungen erfüllen. Die Deckenspannweite beeinflusst die Wahl des Deckensystems maßgebend. Vorwiegend werden Hohlplatten, TT-Doppelstegplatten und Trogplatten verwendet. In der Regel müssen die Einzelelemente zu Scheiben verbunden werden. Dies wird durch Fugenverguss oder örtlich aufgebrachten Ortbeton erreicht. Das Austreten des Vergussbetons kann durch einen eingelegten Dichtungsstreifen, z.B. aus Pappe, verhindert werden.

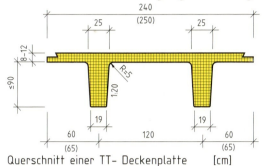

Querschnitt einer TT-Deckenplatte   [cm]

**TT-Doppelstegplatten**

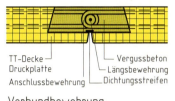

Verbundbewehrung in der Vergussfuge

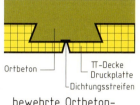

bewehrte Ortbetonschicht

**Verbindung der Deckenelemente**

**Verbindung der Fertigteile.** Bei der Montage der Fertigteile sind z.B. Verbindungen zwischen Stütze und Fundament, zwischen Unterzug und Stütze, zwischen Deckenplatte und Unterzug sowie Stützenstöße und Verbindungen der Deckenelemente herzustellen. Der Stützenfuß kann z.B. auf einer Ausgleichsschicht aufgesetzt werden. Die Auflagerung von Unterzügen auf den Konsolen von Stützen und von Deckenelementen auf Unterzügen können z.B. über Elastomer-Lager oder bei Horizontallasten mit Dollen erfolgen. Stützenstöße können mit Dollen oder bei Horizontallasten unter Einbezug einer Ortbetonschicht auf der Decke ausgeführt werden. Verbindungen der Deckenelemente bei TT-Deckenplatten erfolgen durch Verbundbewehrung in der Fuge oder einer bewehrten Ortbetonschicht.

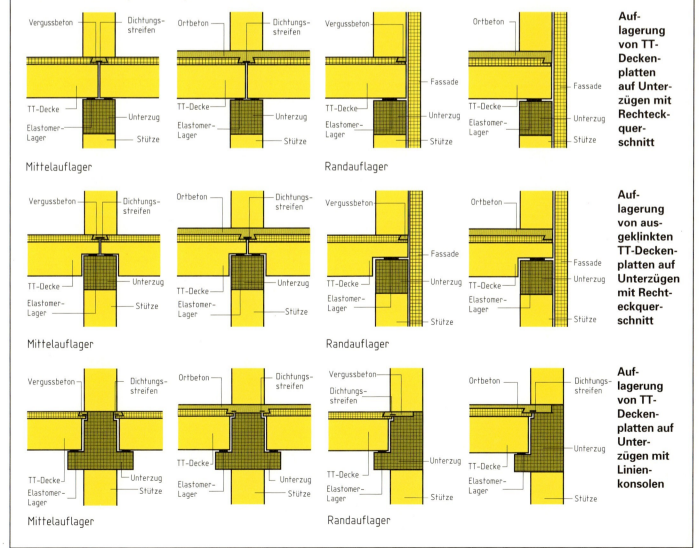

# 15 Fertigteilbau
## 15.2 Skelettbauweise
### Aufgaben zu 15.2 Skelettbauweise

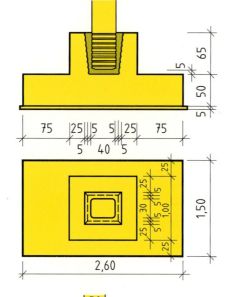

**Köcherfundament mit eingespannter Stütze**

**1** Eine Fertigteilstütze mit den Querschnittsabmessungen $b/h$ = 40 cm/30 cm wird in ein Köcherfundament aus Ortbeton eingespannt. Sohlplatte und Köcher werden mit C25/30, die Sauberkeitsschicht mit C16/20 hergestellt. Köcherinnenwandung und Stützenfuß erhalten eine profilierte Oberfläche mit einer Zahntiefe von 1 cm. Die Ausgleichsschicht und der Vergussbeton entspricht der Festigkeitsklasse C25/30.

Für das **Köcherfundament mit eingespannter Stütze** ist die Draufsicht sowie der Längs- und Querschnitt zu zeichnen. Alle für die Ausführung notwendigen Maße sind anzugeben.

DIN A 3 Querformat
M 1 : 20

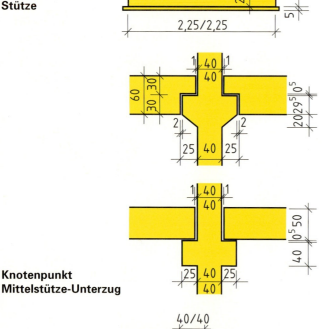

**Blockfundament mit eingespannter Stütze**

**2** Eine Fertigteilstütze mit den Abmessungen $b/h$ = 30 cm/ 30 cm wird in ein quadratisches Blockfundament aus Ortbeton eingespannt. Das Fundament wird mit C25/30, die Sauberkeitsschicht mit C16/20 hergestellt. Der mittig angeordnete Köcher erhält eine profilierte Oberfläche mit einer Zahntiefe von 1 cm. Die Stütze wird auf einer Ausgleichsschicht zentriert und die Fuge mit Vergussbeton gefüllt. Ausgleichsschicht und Vergussbeton entsprechen der Festigkeitsklasse C25/30.

Für das **Blockfundament mit eingespannter Stütze** ist die Draufsicht und der Schnitt zu zeichnen. Alle für die Ausführung notwendigen Maße sind anzugeben.

DIN A 4 Hochformat
M 1 : 20

**Knotenpunkt Mittelstütze-Unterzug**

**3** Für ein Betriebsgebäude werden über mehrere Geschosse durchlaufende Stützen mit Konsolen und Unterzügen mit rechteckiger Querschnittsform zu einem Tragwerk verbunden. Die Auflagerung der Unterzüge erfolgt auf Elastomer-Lagern. Im Ausstellungsraum werden ausgeklinkte Unterzüge verwendet. Im Fertigungsbereich bleibt die Tragkonstruktion sichtbar.

Die **Knotenpunkte Mittelstütze-Unterzug** sind für beide Ausführungsarten in der Ansicht zu zeichnen.

DIN A 3 Querformat
M 1 : 10

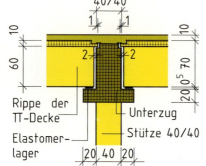

**Knotenpunkt Unterzug-Deckenplatte**

**4** Für eine eingeschossige Ausstellungshalle werden für die Dachdecke TT-Doppelstegplatten verwendet, die auf Unterzügen mit Linienkonsolen auflagern. Die Rippen der Deckenplatten werden auf Elastomer-Lagern versetzt. Zur Verbindung der Deckenelemente wird eine bewehrte Ortbetonschicht aus Beton mit hohem Wassereindringwiderstand C25/30 von 10 cm Dicke aufgebracht.

Der **Knotenpunkt Unterzug – Deckenplatte** ist als Schnitt im Bereich der Deckenplatte zu zeichnen.

DIN A 4 Hochformat
M 1 : 10

# 16 Grundlagen der CAD-Technik
## 16.1 Hardware und Software
### 16.1.1 Hardware

Die Möglichkeit, mit Hilfe eines Computersystems am Bildschirm zu entwerfen und zu konstruieren, bezeichnet man als **C**omputer **A**ided **D**esign – **CAD**. Durch die Entwicklung leistungsfähiger Computer ist der Einsatz dieser Technologie in allen Bereichen der Technik möglich geworden. Umfangreiche CAD-Programme für verschiedenste Anwendungsbereiche ergänzen die herkömmlichen Zeichenwerkzeuge. Die Eingabegeräte, wie z.B. Tastatur und Maus, übernehmen die Aufgabe des Zeichenstifts, die Ausgabegeräte, wie z.B. Bildschirm, Drucker und Plotter die Aufgabe des Reißbretts.

## 16.1 Hardware und Software

Damit die in der Bautechnik erforderlichen Zeichnungen und Pläne an einem CAD-Arbeitsplatz erstellt werden können, sind gerätetechnische Voraussetzungen, die **Hardware,** und zeichentechnische Bedingungen, die **Software,** zu erfüllen.

## 16.1.1 Hardware

Wie jeder Computer-Arbeitsplatz dient auch der CAD-Arbeitsplatz zur **E**ingabe, **V**erarbeitung und **A**usgabe eingegebener Daten (**EVA**-Prinzip).

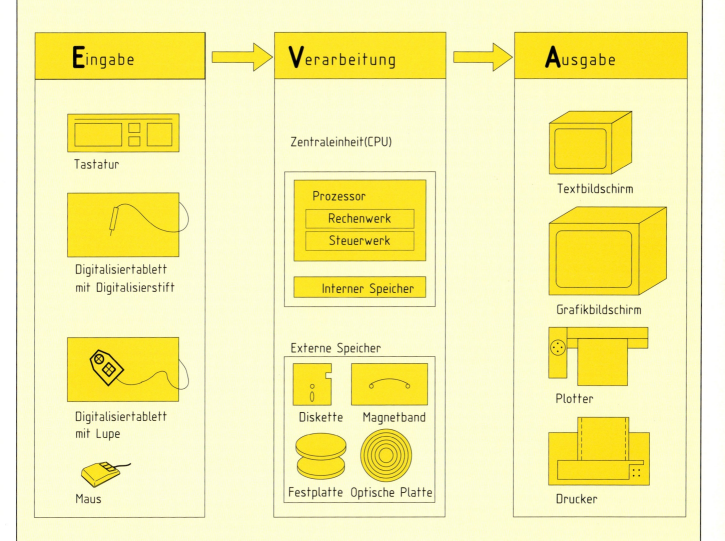

Die **Zentraleinheit** (CPU) muss für den CAD-Einsatz mit einem möglichst großen internen Speicher, dem Arbeitsspeicher, bestückt sein. Dazu sollte die Taktfrequenz der verwendeten Mikroprozessoren hoch sein. Zur Unterstützung der vielen Rechenoperationen ist ein mathematischer Coprozessor von Vorteil.

**Externe Speicher** werden zur Speicherung der CAD-Daten benötigt. Die Kapazität dieser Speichermedien sollte möglichst groß sein (mehr als 1 GByte). Dazu werden meist Festplatten eingesetzt, deren Zugriffszeit möglichst klein sein sollte (kleiner als 10 Millisekunden). Für umfangreiche Programme und große Datenmengen werden vielfach optische Platten (CD-ROM) verwendet. Zur Datensicherung in regelmäßigen Abständen dienen Magnetbandkassetten (Streamer).

# 16 Grundlagen der CAD-Technik
## 16.1 Hardware und Software
### 16.1.1 Hardware

Die **Eingabegeräte** dienen dazu, Texte und Daten zur Weiterverarbeitung in den Computer einzugeben.

Eingabegeräte müssen bei CAD-Systemen außer der Eingabe von Zahlen und Texten auch die Eingabe von Koordinatenwerten auf dem Bildschirm ermöglichen. Dazu wird neben der Tastatur meist eine Maus oder ein Digitalisiertablett mit Lupe oder mit einem Digitalisierstift verwendet.

**Maus**      **Digitalisiertablett mit Lupe**      **Digitalisiertablett mit Digitalisierstift**

Das **Digitalisiertablett** hat unter der Oberfläche ein feines Netz aus elektrischen Leiterdrähten. Durch die Spule der Lupe oder des Digitalisierstifts werden elektrische Spannungen induziert. Aus der Größe der Spannungen errechnen Mikroprozessoren im Tablett denjenigen Punkt, an dem sich das Fadenkreuz der Lupe befindet. Das Tablettmenue auf dem Digitalisiertablett ist in einen Bildschirmbereich und mehrere Befehlsfelder eingeteilt. Im Bildschirmbereich berechnet der Computer die Koordinatenwerte dieses Punktes in Bildschirmkoordinaten um und steuert damit das Fadenkreuz auf dem Zeichenfeld des Bildschirms. Befindet sich das Fadenkreuz der Lupe auf einem Befehlsfeld des Tablettmenues, so wird durch Betätigen der entsprechenden Picktaste an der Lupe ein bestimmter Befehl oder eine Befehlsfolge ausgelöst.

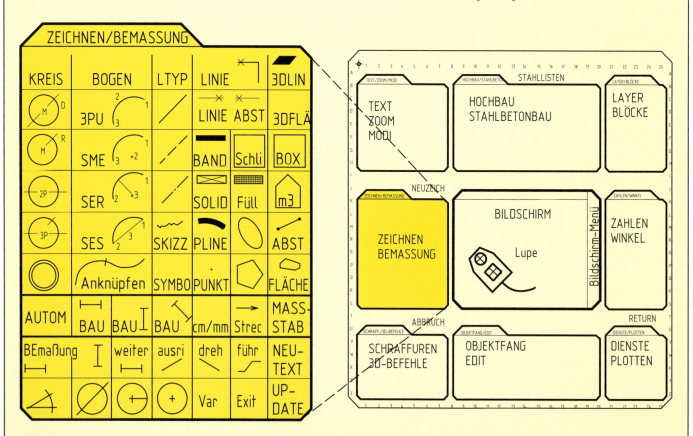

**Digitalisiertablett mit Tablettmenue**

Die **Maus** dient ebenfalls zum Steuern des Fadenkreuzes auf dem Bildschirm. Aus der Lage der Maus werden Koordinatenwerte ermittelt, die das Fadenkreuz auf dem Bildschirm positionieren. Mit der Maus können Befehle des Bildschirmmenues ausgewählt und mit Hilfe der Maustasten ausgelöst werden.

# 16 Grundlagen der CAD-Technik
## 16.1 Hardware und Software
### 16.1.2 Software

Die **Ausgabegeräte** dienen der Dokumentation von Zeichnungen und Texten.

Das wichtigste Ausgabegerät während der Erstellung einer Zeichnung ist der **Bildschirm.** Zur Darstellung von Texten und Tabellen wird ein Textbildschirm, meist mit etwa 35 cm Bildschirmdiagonale (14 Zoll) verwendet. Für die Ausgabe und Bearbeitung von Zeichnungen wird an einem CAD-Arbeitsplatz ein farbiger Grafikbildschirm mit einer Größe von etwa 50 cm Bildschirmdiagonale (20 Zoll) benötigt. Die Auflösung des Grafikbildschirmes sollte mindestens 1280 horizontale und 1024 vertikale Bildpunkte betragen. Eine nicht ausreichende Auflösung führt bei schrägen Linien und bei Kreisen zu einem Treppeneffekt. Um unterschiedliche Linienbreiten und verschiedene Zeichenebenen darstellen zu können, sollten mindestens 16 Farben zur Verfügung stehen.

**Plotter** dienen zur Ausgabe von Zeichnungen auf Papier. Plotter sind Zeichenmaschinen, die von der Zentraleinheit direkt gesteuert werden. Flachbettplotter sind meist mit Tusche- oder Faserstiften bestückt, die von einem Antriebssystem über das Papier geführt werden. Trommelplotter arbeiten entweder mit Zeichenstiften oder mit einem elektrostatischen Verfahren, das dem eines Kopierers ähnlich ist. Bei Trommelplottern wird das Zeichenpapier in Längsrichtung transportiert, während der Zeichenstift die Querbewegung ausführt. Wegen der größeren Arbeitsgeschwindigkeit und der besseren Auflösung sind elektrostatische Plotter vorzuziehen.

### 1.6.1.2 Software

Software bezeichnet die Summe aller Programme, die beim Einsatz eines Computers benützt werden.

Bei der **CAD-Software** wird nach dem Grad der Spezialisierung unterschieden. Es gibt

- allgemeine CAD-Systeme, die für viele Bereiche der Technik als Zeichenprogramm geeignet sind,
- allgemeine CAD-Systeme, die durch einen berufsspezifischen Teil (Applikation) erweitert wurden und
- besondere CAD-Systeme, die z.B. die speziellen Anforderungen der Bautechnik erfüllen.

Die **Dimensionalität** (2D, 2$^1\!/_2$D, 3D) ist ein entscheidendes Merkmal für die Qualität und den Einsatz eines CAD-Programms in der Bautechnik.

**2D-Programme** beschränken sich auf die x- und die y-Achse und damit auf eine Ebene. Jeder Punkt auf dieser Ebene kann mit dem Wertepaar x, y (Koordinaten) dargestellt werden. Die Beschränkung auf die Darstellung ebener Flächen schließt die automatische Erzeugung von Ansichten, Schnitten, Isometrien und Perspektiven aus. Wichtig ist ferner, dass aus solchen rein geometrischen Zeichnungen keine Mengenermittlung möglich ist.

**2$^1\!/_2$D-Programme** arbeiten ebenfalls mit der x- und y-Achse, beziehen jedoch die z-Achse als dritte Achse bedingt mit ein. Wird bei einer gegebenen Grundfläche eine Höhe oder Tiefe angegeben, so wird diese Grundfläche vervielfacht (dupliziert), indem alle Punkte der Fläche um dieses Maß verschoben werden. Das Programm erzeugt dann Verbindungslinien zwischen gleichartigen Punkten. Dadurch entsteht der Eindruck eines räumlichen Bildes. Mit 2$^1\!/_2$D-Programmen ist es nicht möglich, Körper mit unterschiedlicher Grund- und Deckfläche darzustellen.

**3D-Programme** arbeiten mit den drei Achsen x, y und z. Mit CAD-Programmen für die Bautechnik wird von Anfang an beim Entwurf eines Bauwerks am Computer mit den drei Achsen x, y und z gearbeitet. Darin ist auch der wesentliche Unterschied zwischen dem herkömmlichen Konstruieren und dem Konstruieren am Bildschirm zu sehen. Zeichnet man z.B. im Grundriss eine Wand als Ebene, muss bei 3D-Zeichnungen auch gleich die Höhe der Wand mit angegeben werden.

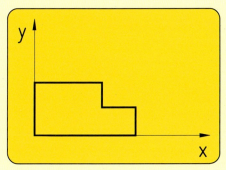

**2D**-Darstellung

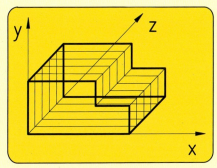

**2$^1\!/_2$D**-Darstellung

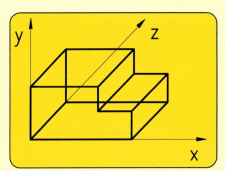

**3D**-Darstellung

# 16 Grundlagen der CAD-Technik
## 16.2 Grundfunktionen
### 16.2.1 Koordinatensysteme

Punkte, Linien, Kreise, Bemaßung und Beschriftung sowie Schraffuren sind wesentliche Elemente einer Bauzeichnung. Um diese Elemente beim Zeichnen am Bildschirm eingeben zu können, sind Kenntnisse über Koordinatensysteme und die wichtigsten Grundfunktionen erforderlich.

### 16.2.1 Koordinatensysteme

Punkte in einer Ebene oder im Raum werden beim Konstruieren mit Hilfe der Koordinatensysteme eindeutig festgelegt oder definiert. Man unterscheidet das kartesische und das polare Koordinatensystem.

Beim **kartesischen Koordinatensystem** werden durch einen frei wählbaren Ursprungspunkt (Nullpunkt) drei senkrecht zueinander stehende Geraden gelegt. Diese nennt man x-Achse, y-Achse und z-Achse. Sind diese Achsen mit einem Maßstab versehen (skaliert), so ist jeder Punkt in der Ebene durch zwei, jeder Punkt im Raum durch drei Zahlenwerte festgelegt, die in der Reihenfolge **x, y, z** anzugeben sind.

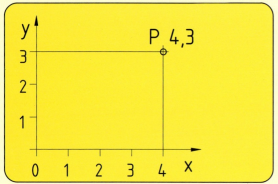

Kartesisches Koordinatensystem: Punkt in der Ebene

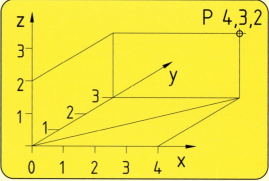

Kartesisches Koordinatensystem: Punkt im Raum

Beim **polaren Koordinatensystem** wird ein Punkt P in der Ebene durch den Abstand R des Punktes P vom Ursprung und dem Winkel, den die Strecke vom Ursprung zum Punkt P zur positiven x-Achse einschließt, angegeben. Ein Punkt P im Raum benötigt zusätzlich den Abstand des Punktes von der x-y-Ebene in z-Richtung.

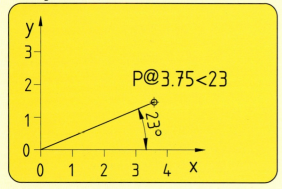

Polares Koordinatensystem: Punkt in der Ebene

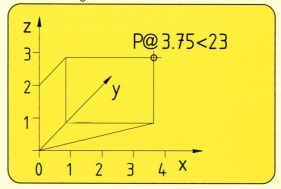

Polares Koordinatensystem: Punkt im Raum

Die **Eingabe von Koordinaten** zum Positionieren eines Punktes erfolgt mit Hilfe von Zahlenpaaren (2D) bzw. Zahlentripeln (3D). Als Koordinatenwerte benutzt man
- **absolute Koordinaten,** die sich auf den Ursprung des Koordinatensystems beziehen (Nullpunkt),
- **relative Koordinaten,** die sich auf den zuletzt eingegebenen Koordinatenpunkt beziehen (inkrementale Koordinaten).

**Beispiel für das Zeichnen mit Koordinaten**

**Gezeichnete Fläche**

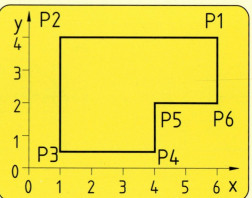

| Koordinatentabelle für eine Fläche | | | | |
|---|---|---|---|---|
| Punkt | absolute Koordinaten | | relative Koordinaten | |
|  | x | y | x | y |
| P1 | 6.00 | 4.00 | 6.00 + | 4.00 + |
| P2 | 1.00 | 4.00 | 5.00 − | 0.00 |
| P3 | 1.00 | 0.50 | 0.00 | 3.50 − |
| P4 | 4.00 | 0.50 | 3.00 + | 0.00 |
| P5 | 4.00 | 2.00 | 0.00 | 1.50 + |
| P6 | 6.00 | 2.00 | 2.00 + | 0.00 |
| P1 | 6.00 | 4.00 | 0.00 | 2.00 + |

# 16 Grundlagen der CAD-Technik
## 16.2 Grundfunktionen
### 16.2.2 Positionierfunktionen

Das Positionieren von Punkten im Koordinatensystem ist beim Zeichnen am Bildschirm eine sehr häufig vorkommende Funktion. Deshalb stellen CAD-Systeme für diese Aufgabe mehrere Möglichkeiten zur Verfügung. Beim Positionieren wird der Cursor oder das Fadenkreuz auf einen bestimmten Punkt des Bildschirms gesetzt.

Beim **freien Positionieren** kann der Cursor, das Fadenkreuz auf dem Bildschirm, mit den Pfeiltasten der Tastatur, mit der Maus, mit dem Digitalisierstift oder mit der Lupe des Digitalisiertabletts gesteuert werden. Die Genauigkeit der Positionierung hängt dabei von der Cursorschrittweite und von der ruhigen Hand des Bedieners ab. Unabhängig davon ist das Einschalten der **<ORTHO>**-Funktion sehr hilfreich. Wenn diese Funktion eingeschaltet (aktiviert) ist, sind nur Eingaben in horizontaler oder in vertikaler Richtung möglich, z.B. nur horizontale Linien. Sinnvoll ist bei dieser Arbeitsweise das Einschalten der **<FANG>**-Funktion auf eine selbst gewählte Schrittweite, z.B. Fangwert 10 cm, damit das Fadenkreuz nur auf bestimmte Koordinatenwerte gesetzt werden kann, z.B. auf Punkte im Abstand 10 cm.

Beim **Positionieren im Raster** wird auf dem Bildschirm ein Netz von Punkten erzeugt, deren Dichte der Anwender in x- und y-Richtung frei wählen kann. Zusätzlich kann meist das Raster um beliebige Winkel gedreht werden. Des Weiteren kann man durch Einschalten der **<FANG>**-Funktion das Fadenkreuz so einstellen, dass es immer nur auf Rasterpunkte springt (Fangwert = Rasterwert). Sollen mit Hilfe eines Digitalisiergerätes Punkte zwischen der Rasterung definiert werden, muss man die **<FANG>**-Funktion vorher ausschalten.

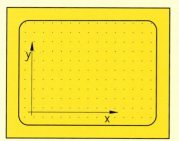

**Raster normal**

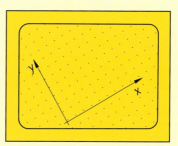

**Raster gedreht**

Beim **Positionieren über Zielkoordinaten** sind absolute und relative (inkrementale) Koordinaten zu unterscheiden. Die Befehlsstruktur ist bei den meisten CAD-Systemen ähnlich:

- **absolute Koordinaten:**    **Befehl**     x-Wert,    y-Wert,    z-Wert
  **Beispiel:**     LINIE     100,    200,    100

Durch ein vorangestelltes Sonderzeichen, z.B. &, $, @, wird dem System angegeben, dass eine relative Koordinateneingabe folgt.

- **relative Koordinaten:**    **Befehl**   Sonderzeichen   x-Wert,   y-Wert,   z-Wert
  **Beispiel:**     LINIE    @    50,    −50,    50

Durch die Eingabe der Koordinatenwerte über die Tastatur des Computers ist immer eine genaue Positionierung möglich.

Das **Positionieren auf bestehenden Elementen** muss dann erfolgen, wenn z.B. an eine bestehende Linie eine weitere Linie angeschlossen werden soll. Hierbei wird meist über einen **Objektfang** mit Hilfe eines definierten Fangfensters der nächstliegende Koordinatenpunkt angesprungen, z.B. **END**punkt einer Linie, **SCH**nittpunkt zweier Linien, **ZEN**trum eines Kreises. Positioniert man das Fadenkreuz so, dass der einzugebende Punkt innerhalb des Fangfensters liegt, wird der gewünschte Punkt vom System ermittelt. Das Fangfenster wird meist durch ein Quadrat um den Cursor dargestellt.

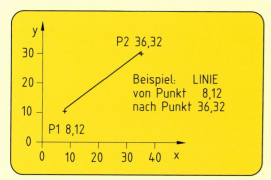

**Positionieren über Koordinateneingabe**

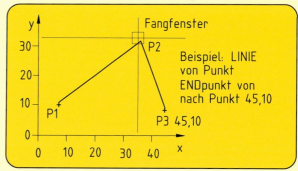

**Positionieren über den Objektfang ENDpunkt**

# 16 Grundlagen der CAD-Technik
## 16.3 Hilfsfunktionen
### 16.3.1 Programmparameter

### 16.2.3 Identifizierungsfunktion

Die Identifizierungsfunktion (identifizieren = auswählen, selektieren) dient dazu, am Bildschirm vorhandene Zeichnungselemente, z.B. Linien, auszuwählen. Sind ein oder mehrere Elemente identifiziert, erscheinen sie danach meist in einer anderen Farbe oder in einer anderen Linienart, z.B. gepunktet. Danach können die ausgewählten Zeichnungselemente weiterbearbeitet werden. Häufig verwendete Methoden zur Identifizierung sind das direkte Anklicken eines Elementes und die Auswahl über die Funktion **<Fenster>**. Beim direkten Identifizieren wird mit Hilfe des Fadenkreuzes ein Element durch Anklicken ausgewählt. Sollen mehrere Zeichnungselemente gleichzeitig identifiziert werden, so wird mit Hilfe zweier Eckpunkte ein rechteckiges Fenster über die auszuwählenden Elemente gelegt. Durch weitere Angaben kann die Identifizierung für alle Elemente innerhalb oder außerhalb des Rechteckfensters erfolgen, oder auf vom Fenster gekreuzte Elemente beschränkt sein. Dabei werden nur diejenigen Zeichnungselemente ausgewählt, die sich innerhalb des Fensters befinden. Sollen auch Elemente erkannt werden, die das Fenster berühren oder kreuzen, geschieht dies über die Auswahl **<Fenster kreuzen>**.

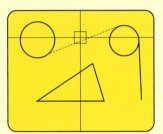
**Identifizieren durch Anklicken**

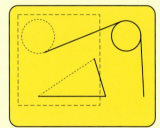
**Identifizieren mit <Fenster>, Elemente innerhalb**

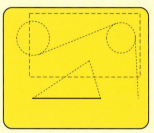
**Identifizieren mit <Fenster kreuzen>, Elemente kreuzen**

### 16.3 Hilfsfunktionen

Je nach CAD-Programm unterstützen eine Reihe von Hilfsfunktionen die Arbeit des Bauzeichners am Bildschirm.

### 16.3.1 Programmparameter

Unter Programmparametern versteht man Einstellungen am CAD-Programm, die vor oder während des Arbeitens vorzunehmen sind.

Die **Skalierung** des Bildschirms legt den Maßstab der Zeichnung auf dem Bildschirm fest.

Mit der **Darstellungsgenauigkeit** wird festgelegt, mit wie viel Zwischenpunkten ein Zeichnungselement gezeichnet und abgespeichert wird. Diese Funktion ist vor allem beim Erzeugen von gekrümmten Linien wichtig, z.B. bei Kreisen oder bei Bögen.

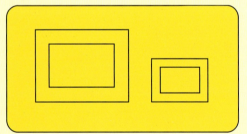
**Bildschirmskalierung, z.B. <VARIA> 0.6**

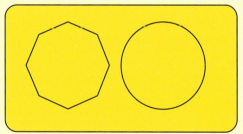
**Darstellungsgenauigkeit bei Kreisen
Kreis mit 8 Punkten und Kreis mit 100 Punkten**

Die **Dezimalstellenangabe** legt fest, mit wie viel Stellen z.B. die Bildschirmkoordinaten und die Bemaßung dargestellt werden sollen.

Das **Ausblenden verdeckter Kanten** ist bei der Darstellung von Körpern in 3D-Darstellung eine wichtige Funktion. Damit können störende Kanten aus 3D-Zeichnungen entfernt werden. Diese Funktion ist allerdings sehr rechenaufwendig.

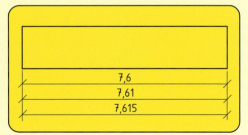
**Dezimalstellenanzeige**

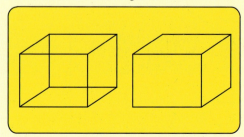
**Körper mit und Körper ohne verdeckte Kanten**

# 16 Grundlagen der CAD-Technik
## 16.3 Hilfsfunktionen
### 16.3.2 Zoomfunktionen   16.3.3 Ebenentechnik, Layer

**Handhabungsparameter** ermöglichen eine Vielzahl von Einstellungen, z.B. Raster ein/aus, Fang ein/aus, Koordinatenanzeige absolut/relativ/aus. Diese Einstellungen lassen sich meist mit Hilfe der Funktionstasten der Tastatur ändern.

**Elementeparameter** betreffen vor allem die Linienarten, Linienbreiten und Farben. Jeder Zeichenebene können eigene Elementeparameter zugewiesen werden, z.B. für die Zeichenebene Bemaßung die Linienart ausgezogen und die Farbe Gelb.

**Linienarten** müssen in einem CAD-Programm den Normen entsprechen. Sie werden meist durch eine Ziffer oder eine sinngemäße Abkürzung angegeben.

**Linienbreiten** müssen vor dem Plotten von Zeichnungen den verschiedenen Linienarten zugeordnet werden. Auf dem Bildschirm erscheinen normalerweise alle erzeugten Linien in gleicher Breite.

**Farben** für verschiedene Zeichenelemente, wie z.B. für Mittellinien oder Schraffurlinien, erleichtern das Unterscheiden von Objekten am Bildschirm.

## 16.3.2 Zoomfunktionen

Die Möglichkeit der Skalierung des Bildschirms erlaubt Zeichnungsgrößen fast jeder gewünschten Größe. Um dies zu erreichen, stellen CAD-Systeme **<ZOOM>**-Funktionen zur Verfügung. Mit Hilfe der Zoom-Funktionen können Zeichnungselemente vergrößert oder verkleinert auf dem Bildschirm dargestellt werden. Dabei bleibt die gespeicherte Größe der Zeichnungselemente erhalten. Häufig benutzte Zoom-Funktionen sind **<ZOOM-Fenster>** und **<ZOOM-Grenzen>**.

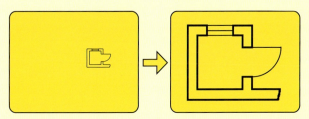

**<ZOOM-Grenzen>**

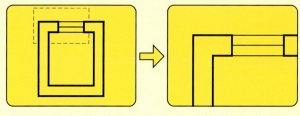

**<ZOOM-Fenster>**

## 16.3.3 Ebenentechnik, Layer

Eine Zeichnungsebene wird als Layer bezeichnet. Das Zeichnen auf verschiedenen Ebenen (Layern) lässt sich mit dem Zeichnen auf einzelnen Zeichenblättern vergleichen. Dazu werden unterschiedliche Zeichnungselemente auf verschiedenen Layern konstruiert. So befindet sich z.B. auf einer Zeichenebene der Grundriss mit Wänden und Öffnungen, auf einer anderen die Bemaßung und die Beschriftung. Je nach Bedarf lassen sich durch Ausblenden oder Einblenden entsprechender Layer Zeichnungen überlagern und ausplotten.

Der Grundriss eines Gebäudes kann z.B. aus den Layern WAENDE und OEFFNUNGEN, BEMASSUNG und BESCHRIFTUNG, SCHRAFFUR und MOEBLIERUNG bestehen. Für den Bewehrungsplan wäre ein solcher Grundriss unbrauchbar. Deshalb werden für diesen die nicht benötigten Layer ausgeblendet und zum Layer WAENDE und OEFFNUNGEN eine weitere Zeichenebene BEWEHRUNG eingefügt.

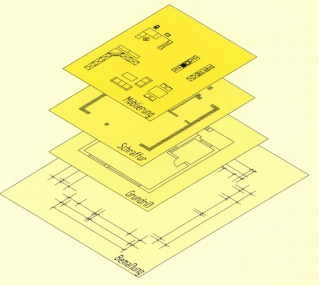

**Ebenen für einen Grundriss**

# 16 Grundlagen der CAD-Technik
## 16.4 Zeichenfunktionen

Wie beim herkömmlichen Zeichnen wird auch beim rechnerunterstützten Konstruieren mit den grafischen Grundelementen Punkt, Linie und Kreis gearbeitet. Erweiterte Zeichenelemente, wie z.B. das Polygon, die Doppellinie, die Ellipse oder mathematische Kurven, lassen sich von den Grundelementen ableiten.

Der **Punkt** als einfachstes grafisches Grundelement wird meistens nur als Konstruktionshilfe verwendet. In CAD-Systemen wird ein Punkt durch seine Abstände vom Koordinaten-Nullpunkt in x-, y- und z-Richtung festgelegt. Die Eingabe erfolgt über die Tastatur oder durch Anklicken mit dem Digitalisiergerät, z.B. Maus oder Digitalisiertablett mit Lupe, wenn sich das Fadenkreuz an der gewünschten Stelle des Bildschirms befindet.

Die **Linie** ist das am häufigsten verwendete Grundelement. Eine Linie wird in CAD-Systemen durch Anfangs- und Endpunkt definiert. Die Eingabe von Linien mit Tastatur oder Digitalisiergerät kann auf unterschiedliche Weisen geschehen:

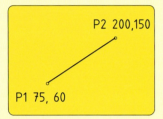

**LINIE:** Anfangspunkt absolut
Endpunkt absolut

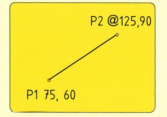

**LINIE:** Anfangspunkt absolut
Endpunkt relativ (inkremental)

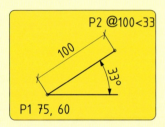

**LINIE:** Anfangspunkt absolut
Endpunkt mit Länge und
Winkel zur Waagerechten

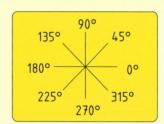

**Winkel positiv:** Drehung gegen den Uhrzeigersinn
**Winkel negativ:** Drehung im Uhrzeigersinn

**Polygone** bestehen aus einer Vielzahl von Linien. Beim Zeichnen von Polygonen übernimmt das CAD-Programm ab der zweiten Linie automatisch den Endpunkt der vorangegangenen Linie als neuen Anfangspunkt. Um die Linienfolge eines Polygons zu schließen, ist bei den meisten Programmen nur der Buchstabe <S> zum Schließen des Polygonzuges einzugeben.

**Beispiel für das Zeichnen eines Polygons:**

**Gezeichneter Polygonzug**

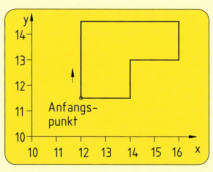

| Polygonzug: Gespeicherte Polygondaten | | | |
|---|---|---|---|
| **X**anf | **Y**anf | **X**end | **Y**end |
| 12.00 | 11.50 | 12.00 | 14.50 |
| 12.00 | 14.50 | 16.00 | 14.50 |
| 16.00 | 14.50 | 16.00 | 13.00 |
| 16.00 | 13.00 | 14.00 | 13.00 |
| 14.00 | 13.00 | 14.00 | 11.50 |
| 14.00 | 11.50 | 12.00 | 11.50 |

**Doppellinien** sind bei Bauzeichnungen häufig vorkommende Linien, z.B. bei der Darstellung von Wänden oder Decken. Solche Elemente werden in der Regel wie Linien oder Polygone eingegeben, jedoch zusätzlich mit dem Abstand der Linien, z.B. der Wanddicke. Manche CAD-Programme löschen automatisch Überschneidungen an den Ecken der Doppellinien.

**Doppellinien mit Überschneidung**

**Doppellinien ohne Überschneidung**

# 16 Grundlagen der CAD-Technik
## 16.4 Zeichenfunktionen

Der **Kreis** ist für das CAD-System eine gleichmäßig gekrümmte Linie, deren Anfangs- und Endpunkt auf den gleichen Koordinaten liegen. Da ein idealer Kreis aus unendlich vielen Punkten zusammengesetzt ist, würde das Zeichnen eines solchen Kreises einen großen Rechen- und Zeitaufwand darstellen. Deshalb werden Kreise meist als regelmäßige Vielecke aus einer Vielzahl von Linien, z.B. 100 Linien, gebildet. Bei so gezeichneten Kreisen erkennt man nur bei extremer Vergrößerung (Zoomen), dass sie eigentlich aus einer Vielzahl gerader Linien bestehen.

Der **Bogen** ist Teil eines Vollkreises und lässt sich aus diesem konstruieren. Dabei gelten für die Eingabe in das CAD-System die gleichen geometrischen Grundsätze wie beim herkömmlichen Zeichnen.

### Eingabemöglichkeiten für Kreise

| Befehl | Darstellung |
|---|---|
| KREIS D<R><br>Radius oder Durchmesser | Kreis mit Radius R, Mittelpunkt M |
| KREIS 2P<br>2 Punkte | Kreis durch P1 und P2 |
| KREIS 3P<br>3 Punkte | Kreis durch P1, P2, P3 |
| KREIS TTR<br>Tangente Tangente Radius | Kreis mit Radius R, tangential an T, T |

### Eingabemöglichkeiten für Bögen

| Befehl | Darstellung |
|---|---|
| BOGEN 3P<br>3 Punkte | Bogen durch P1, P2, P3 |
| BOGEN S, M, E<br>Startpunkt, Mittelpunkt, Endpunkt | Bogen S, M, E |
| BOGEN S, M, W<br>Startpunkt, Mittelpunkt, Winkel | Bogen S, M, W |
| BOGEN S, E, R<br>Startpunkt, Endpunkt, Radius | Bogen S, E, R |

Der **Objektfang** ist eine wichtige Zeichenhilfe bei der datengerechten Eingabe von Punkten, Linien und Kreisen. Mit dieser Funktion lassen sich bestimmte Punkte bereits bestehender Zeichnungselemente fangen. Bei den meisten CAD-Programmen können diese Objektfang-Funktionen sowohl für einen einzelnen Objektfang als auch für mehrfachen Objektfang aktiviert werden. Dies erfolgt mit Hilfe des Digitalisiertabletts, der Maus oder über die Tastatur. So kann z.B. durch Eingabe von <ZEN> für den Objektfang ZENtrum der Mittelpunkt eines bestehenden Kreises oder eines Bogens gefangen werden.

### Objektfang – Möglichkeiten

| ZENtrum | TANgente | ENDpunkt | MITtelpunkt |
|---|---|---|---|
| QUAdrant | NAEchst | SCHnittpunkt | LOT |

# 16 Grundlagen der CAD-Technik
## 16.5 Editierfunktionen
### 16.5.1 Editieren

Mit den Editierfunktionen und den Manipulationsfunktionen (editieren = verändern, manipulieren) lassen sich sowohl die Koordinaten einzelner Objekte als auch ganze Objekte oder Zeichnungsteile nachträglich verändern. Dabei ist die Befehlsstruktur der verwendeten Software einzuhalten. Die Eingabe lässt sich in der Regel mit folgendem Schema darstellen:

| Befehl | Quelle | Ziel |
|---|---|---|
| Aufruf der Funktion | Auswählen der Objekte | Zielangabe für die neuen Objekte |
| z.B. **Kopieren** | z.B. die zu kopierenden **Objekte** | z.B. durch **Positionieren** des Cursors |

Wichtige **Editierfunktionen** sind z.B. Löschen, Ändern, Ausblenden:

**<Löschen>** eines oder mehrerer Elemente bedeutet das Entfernen vom Bildschirm und aus dem rechnerinternen Speicher. Das Löschen entspricht damit dem Radieren beim herkömmlichen Zeichnen. Die Auswahl der zu löschenden Elemente kann einzeln durch Anklicken des Objekts oder durch Zusammenfassen z.B. über die Funktionen **<Fenster>** oder **<Kreuzen>** getroffen werden. Die meisten Systeme verfügen über eine **<UNDO>**- und **<REDO>**-Funktion, um versehentliche Löschungen wieder zurückzunehmen.

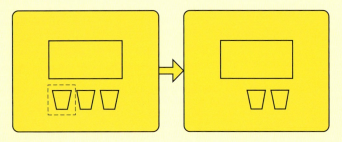

**Löschfunktion mit <Fenster>**

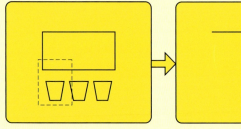

**Löschfunktion mit <Kreuzen>**

**<Ändern>** ermöglicht nachträgliche Veränderungen bestehender Objekte. Damit können z.B. die Linienart, die Farbe, der Layer oder andere Eigenschaften von einzelnen oder mehreren Objekten geändert werden.

**<Ausblenden>** bewirkt, dass die ausgewählten Elemente vorübergehend nicht am Bildschirm erscheinen. Im rechnerinternen Speicher bleiben diese aber erhalten und können jederzeit durch **<Einblenden>** wieder aktiviert werden.

Wichtige **Manipulationsfunktionen** sind z.B. Bruch, Stutzen, Schieben, Kopieren, Reihe, Abrunden, Fase, Strecken, Dehnen, Spiegeln, Varia, Drehen, Versetzen, Ausrichten:

**<Bruch>** wird verwendet, wenn z.B. aus einem Linienelement durch Anklicken von zwei Unterbrechungspunkten zwei Linien entstehen sollen. Wird zur Unterbrechung der gleiche Punkt zweimal angeklickt, ist die Unterbrechung am Bildschirm nicht zu erkennen. Jedes der erzeugten Linienelemente wird dabei zu einem eigenständigen neuen Element.

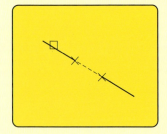
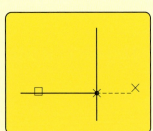

**<Stutzen>** oder **Trimmen** wird benutzt, um nicht benötigte Teile von Elementen zu löschen. Dazu müssen Schnittkanten oder Schnittpunkte definiert werden, an denen das Abschneiden erfolgen soll.

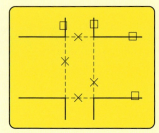
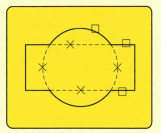

# 16 Grundlagen der CAD-Technik
## 16.5 Editierfunktionen
### 16.5.1 Editieren

**<Schieben>** wird angewandt, wenn einzelne Elemente oder Gruppen von Elementen an eine andere geometrische Position auf der Zeichnung verschoben werden sollen. Damit kann z.B. die Blatteinteilung einer Zeichnung verändert werden.

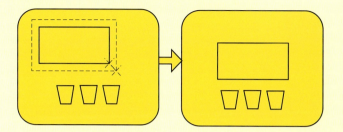

**<Kopieren>** oder **Duplizieren** ist eine Funktion, mit deren Hilfe Elemente einer Zeichnung an einer anderen Stelle wiederholt dargestellt werden können.

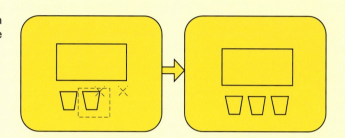

**<Reihe>** ist eine Funktion, die sich aus Schieben und Kopieren zusammensetzt. Ergänzt durch die Eingabe von Anzahl und Abstand der Zeilen und Spalten lässt sich eine regelmäßige **<rechteckige Anordnung>** der neuen Elemente erreichen. Für eine **<kreisförmige Anordnung>** ist das Zentrum der Anordnung sowie die Anzahl der Elemente und der auszufüllende Winkel anzugeben. Zusätzlich kann ausgewählt werden, ob die Elemente beim Kopieren gedreht werden sollen.

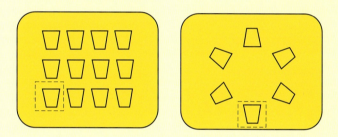

**<Abrunden>** ermöglicht, zwei sich schneidende Linien durch einen Übergangsradius zu verbinden. Dabei werden zu kurze Linienelemente verlängert und überstehende Enden gestutzt. Einen besonderen Vorteil dabei bietet das Trimmen (Stutzen) von überstehenden Enden an einer Ecke, wenn als Rundungsradius der Wert 0 (Null) gewählt wird.

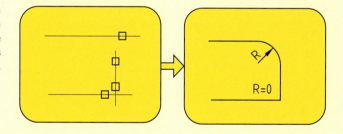

**<Fase>** oder **Facette** ist in seiner Funktion ähnlich dem Abrunden. Der Übergang zwischen den zu verbindenden Elementen wird dabei durch eine gerade Linie hergestellt. Der Abstand der Fase von der Ecke kann für die einzelnen Achsrichtungen verschieden gewählt werden.

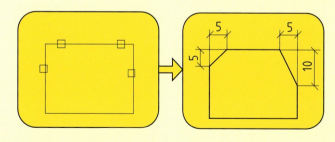

**<Strecken>** bietet die Möglichkeit, eine geometrische Konstruktion in einer Richtung zu strecken. Dazu muss der zu streckende Bereich durch Auswahl der Objekte, z.B. durch **<Fenster>**, definiert werden. Mit der gleichen Funktion können Objekte auch verkleinert werden, z.B. durch **Stauchen**.

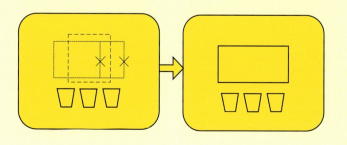

# 16 Grundlagen der CAD-Technik
## 16.5 Editierfunktionen
### 16.5.1 Editieren

**<Dehnen>** bietet die Möglichkeit, einzelne geometrische Grundelemente in einer Richtung zu verlängern. Dazu ist zuerst die Grenzkante einzugeben, bis zu der die gewünschten Objekte gedehnt werden sollen. Danach können diese durch Anklicken mit Hilfe des Objektfangs gedehnt werden.

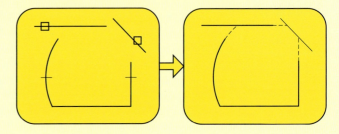

**<Spiegeln>** findet dort Anwendung, wo mehrere Objekte der Zeichnung zueinander symmetrisch sind. Die Elemente werden hierbei um eine einzugebende Spiegelachse gespiegelt.

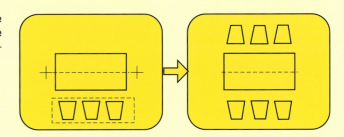

**<Varia>** oder **Skalieren** ist eine Funktion zum Vergrößern oder Verkleinern von Objekten in einem zu wählenden Maßstab. Dabei werden die Objekte tatsächlich in ihrer Größe verändert und nicht nur in anderer Größe auf dem Bildschirm dargestellt.

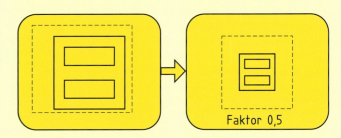

**<Drehen>** ermöglicht, ein oder mehrere Elemente um einen Drehpunkt und um einen bestimmten Winkel zu drehen. Dabei wird der Drehwinkel gegen den Uhrzeigersinn positiv, im Uhrzeigersinn negativ, angegeben.

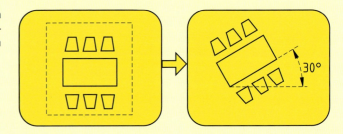

**<Versetzen>** von Objekten ist eine schnelle Hilfe, um z.B. parallele Linien mit einem bestimmten Abstand zueinander zu zeichnen.

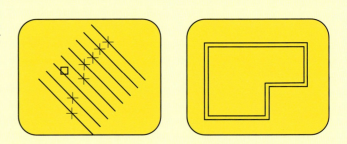

**<Ausrichten>** ermöglicht das nachträgliche Drehen und Verschieben von Zeichnungen in die Richtung einer vorgegebenen Projektionsachse. Nach Auswahl der gewünschten Objekte können nacheinander Punkte der vorhandenen Zeichnung auf Punkte der neuen Projektionsachse verschoben werden.

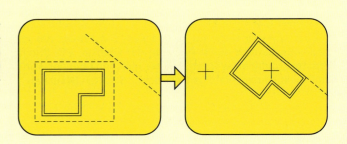

# 16 Grundlagen der CAD-Technik
## 16.5 Editierfunktionen
### 16.5.2 Schraffieren

Schraffuren dienen in der Bautechnik dazu, geschnittene Flächen in Zeichnungen zu markieren und den verwendeten Baustoff zu kennzeichnen. Schraffurarten, Schraffurabstand und Schraffurwinkel sind meist im Zeichenprogramm einstellbar. Wichtigste Voraussetzung für die Erstellung einer Schraffur ist die vorherige Festlegung von Begrenzungslinien. Diese müssen die zu schraffierende Fläche mit einer geschlossenen Kette von Linien begrenzen, z.B. mit einem Polygonzug.

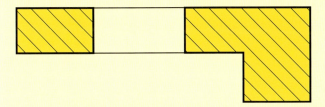
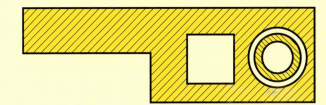

**Abgrenzung von Schraffurflächen**

Schraffuren erfordern viel Speicherplatz und verzögern daher den Bildaufbau erheblich. Deshalb sollte man Zeichnungen erst zuletzt mit Schraffuren versehen und diese auf einem eigenen Layer speichern, der bei Bedarf aus- oder eingeblendet werden kann.

Die Markierung der zu schraffierenden Fläche kann auf verschiedene Arten erfolgen:

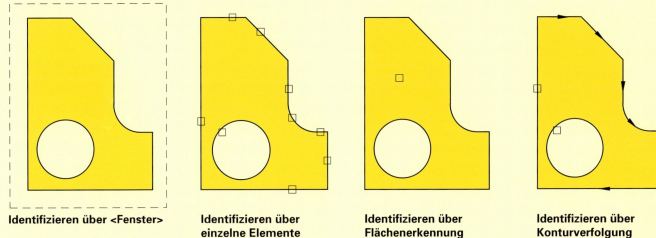

**Identifizieren über &lt;Fenster&gt;** — **Identifizieren über einzelne Elemente** — **Identifizieren über Flächenerkennung** — **Identifizieren über Konturverfolgung**

Bohrungen, Aussparungen, Durchbrüche oder unterschiedliche Linienarten der Begrenzungslinien dürfen keine Behinderung für die Schraffur einer Fläche sein.

Die meisten CAD-Systeme verfügen über eine **assoziative Datenstruktur** (assoziativ = verkoppelt). Diese bewirkt, dass z.B. bei einer nachträglichen Änderung der Geometriedaten einer Fläche die Schraffur automatisch nachgeführt wird.

**Beispiele für assoziatives Bemaßen und Schraffieren**

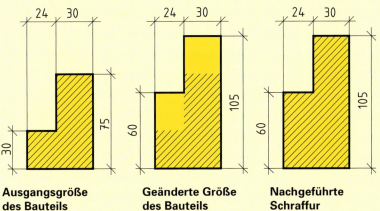
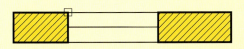
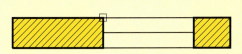

**Ausgangsgröße des Bauteils** — **Geänderte Größe des Bauteils** — **Nachgeführte Schraffur** — **Schieben einer Fensteröffnung mit Schraffuranpassung**

# 16 Grundlagen der CAD-Technik

## 16.6 Bemaßen, Beschriften
### 16.6.1 Bemaßen

Beim traditionellen Zeichnen in der Bautechnik ist die Bemaßung meist sehr zeitaufwendig. Mit CAD-Systemen lässt sich dagegen die Bemaßung schnell und auf einfache Weise durchführen. Da für alle Bauausführungszeichnungen immer die gleichen Werkzeichnungen als Grundlage verwendet werden, können keine Übertragungsfehler von einer Zeichnung zur anderen auftreten.

Je nach Leistungsfähigkeit des CAD-Systems erfolgt die Bemaßung halb- oder vollautomatisch.

Bei der **halbautomatischen Bemaßung** werden die einzelnen Maßpunkte identifiziert, indem z.B. über den Objektfang Schnittpunkte ausgewählt werden. Das Programm ermittelt die Koordinaten dieses Schnittpunktes selbständig. Der Benutzer muss nur auswählen, welches Element zu bemaßen ist und an welcher Stelle das Maß in der Zeichnung erscheinen soll.

Bei der **vollautomatischen Bemaßung** legt man durch das zu bemaßende Bauteil eine oder mehrere Hilfsachsen. Alle Linienelemente, die sich mit einer Hilfsachse schneiden, werden vom System erkannt und identifiziert. Die sich daraus ergebende Maßkette wird vom CAD-Programm selbstständig erstellt.

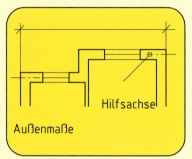
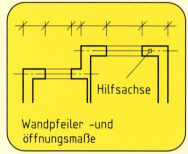
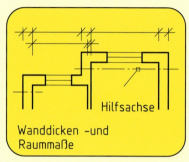

**Automatische Bemaßung über Schnittachsen**

Beim Bemaßen ist das Arbeiten mit Bemaßungssymbolen auf einem Digitalisiertablett besonders vorteilhaft. Assoziativ arbeitende Zeichenprogramme haben beim Bemaßen zusätzlich den Vorteil, dass bei Änderungen der Größe von Bauteilen auch die Maße mitgeändert werden. Man nennt diese Bemaßungsart **assoziative Bemaßung** (Seite 251).

Die **Linienbemaßung** kann sowohl horizontal, vertikal, parallel zu einer Linie als auch unter einem bestimmten Winkel erfolgen. Außerdem sollte das System sowohl Bezugsbemaßung (absolute Bemaßung) als auch Kettenbemaßung (inkrementelle Bemaßung) ermöglichen.

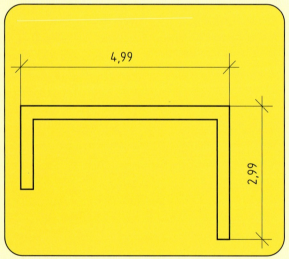
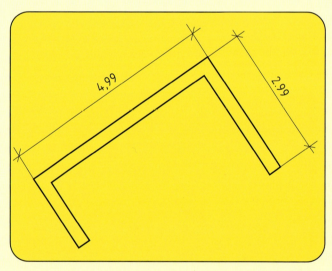

**Linienbemaßung**

Bei der **Kreisbemaßung** unterscheidet man die Bemaßung von Kreisen, Radien und Bögen.

Bei der **Winkelbemaßung** kann sowohl der eingeschlossene Winkel als auch der komplementäre Winkel bemaßt werden.

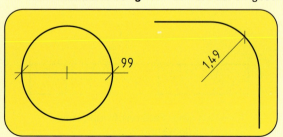
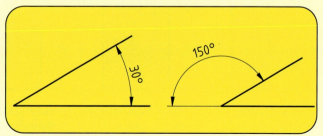

**Kreisbemaßung und Radiusbemaßung**　　　　**Winkelbemaßung**

# 16 Grundlagen der CAD-Technik
## 16.6 Bemaßen, Beschriften
### 16.6.2 Beschriften

Die Beschriftung einer Zeichnung muss gut lesbar sein und prägt deren Erscheinungsbild wesentlich. In technischen Zeichnungen treten Beschriftungen im Schriftfeld, in Legenden, in Tabellen, in Symbolen und bei der Bemaßung auf. Architekturbüros verwenden Beschriftungen in Zeichnungen auch zur grafischen Gestaltung.

**Zeichensätze**

In den CAD-Programmen sind alle Buchstaben, Zahlen und Symbole gezeichnete Elemente. Dazu wurde jedes Zeichen wie eine Zeichnung mit den grafischen Grundelementen erzeugt und in einer Zeichensatzdatei gespeichert. Meist sind in der CAD-Software häufig verwendete Schriftarten und Zeichen enthalten. Zusätzlich bietet sich für den Benutzer die Möglichkeit, individuelle Zeichensätze mit eigenen Symbolen zu entwerfen.

**Beispiele für Zeichensätze**

| | | |
|---|---|---|
| NormalText | Euroroman | GRUNDRISS |
| Roman Simplex | TECHNIK LIGHT | *GRUNDRISS* |
| Roman Duplex | SansSerif | Schnitt A - A |
| Roman Triplex | *Italic Triplex* | *Schnitt A - A* |
| Roman Complex | Sans Serif | *Schnitt A - A* |

**Textformatierung**

In der Standardeinstellung der Textfunktion beginnt der Text an der Cursor-Position oder an der Position des Fadenkreuzes. Weitere Formatierungen sind ähnlich wie bei den Textverarbeitungsprogrammen möglich. Die Eingabe von Text erfolgt nach folgendem Schema:

- **Befehl**      \<Text\>
- **Quelle**      \<Roman\>      Zeichensatz laden
-                  \<0\>      Neigung des Zeichensatzes
-                  \<10\>      Schrifthöhe in Zeichnungseinheiten
-                  \<Dach\>      Text eingeben
- **Ziel**        \<50,80\>      Textanfangspunkt in x, y oder über Fadenkreuz

**Beispiele für Textformatierung**

**Textkorrektur**

Die meisten Zeichenprogramme speichern eingegebene Texte mit der **\<RETURN\>**-Taste als ein Element in der Zeichnung. Bei Änderung des Textes muss daher das ganze Element gelöscht und der Text neu eingegeben werden.

# 16 Grundlagen der CAD-Technik
## 16.7 Bibliotheken
### 16.7.1 Symbole und Makros   16.7.2 Varianten

Die in Bauzeichnungen wiederholt vorkommenden Symbole oder Bauteile wie z.B. Treppen, Fenster, Türen, Sanitäreinrichtungen, Nordpfeile, Möblierungen bezeichnet man als Zeichen-Bausteine. Diese sind in Bibliotheken gespeichert. Solche Bausteine aus einer Bibliothek können wie Grundelemente in eine Zeichnung eingefügt werden und sind dann Bestandteile dieser Zeichnung. Diese Zeichentechnik verringert den Arbeitsaufwand und hilft, Fehler in Zeichnungen zu vermindern. Außerdem erleichtert das Arbeiten mit Zeichen-Bausteinen das Ändern von Zeichnungen. Vielseitige und umfangreiche Bibliotheken gehören in der Regel zu einem CAD-Programm. Darüber hinaus können für besondere Anforderungen eigene Bibliotheken erstellt werden.

### 16.7.1 Symbole und Makros

Symbole und Makros sind in Bibliotheken gespeicherte Zeichnungen. Für das Erstellen von Symbolen und Makros können alle Zeichenfunktionen angewandt werden.

**Symbole** sind meist einfache 2D-Zeichnungen, die mit dem Befehl **<Block>** als eine Einheit gespeichert werden, z.B. Teile der Möblierung. Diese können mit dem Befehl **<Einfügen>** in eine neue Zeichnung eingefügt werden. An einem eingefügten Symbol sind weitere Manipulationen nur dann möglich, wenn das als **<Block>** eingefügte Bauteil vorher mit dem Befehl **<Ursprung>** in die einzelnen Zeichenelemente zerlegt wurde.

**Makros** sind umfangreichere Zeichnungen als Symbole. Das Makro **<Deckenöffnung>** kann z.B. so angelegt sein, dass sowohl die Form der Öffnung als auch die Abmessungen definiert sind und die Maße für die Lage der Deckenöffnung eingegeben werden müssen. Das CAD-System zeichnet dann die Deckenöffnung an der richtigen Stelle selbstständig ein.

Symbole und Makros haben dort ihre Anwendungsgrenzen, wo sich einzelne Maße eines Bauteils durch Vergrößern oder Verkleinern der Ausgangszeichnung zu stark verändern. So wird beim Vergrößern eines Fensters z.B. um den Faktor 2 auch der Fensterrahmen doppelt so breit.

**Beispiele für Symbole**     **Beispiel für ein Makro**

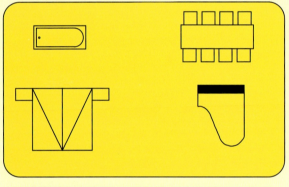

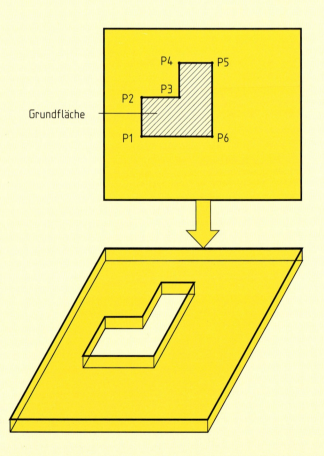

### 16.7.2 Varianten

Unter Varianten versteht man in der CAD-Technik die Möglichkeit, oft wiederkehrende Bauteilformen mit einer vorprogrammierten Zeichenmethode zu erstellen. Dazu werden alle wesentlichen Bauteilmaße in einem Variantenprogramm als Variable festgelegt. So kann z.B. bei einem Variantenprogramm **<Deckendurchbruch>** die Angaben über Länge und Breite des Durchbruchs sowie die Dicke der Decke als Variable enthalten sein. Diese Variablen werden beim Aufruf der Variante über die Tastatur eingegeben. Zeichnen mit Hilfe von Varianten ist für den erfahrenen Bauzeichner eine komfortable Möglichkeit, schnell Änderungen an Zeichnungen und Entwürfen durchzuführen. Häufig werden Variantenprogramme auch zum Zeichnen von Normteilen, wie z.B. von Schrauben oder anderen Verbindungselementen, verwendet.

# 16 Grundlagen der CAD-Technik
## 16.8 Dreidimensionales Konstruieren

Ein wesentlicher Vorteil beim Einsatz von CAD-Programmen in der Bautechnik ist die Möglichkeit des dreidimensionalen Konstruierens. Jede Zeichnung mit Schraffuren, Bemaßung und Beschriftung ist zweidimensional. Zusätzlich zu den Bauteilmaßen in Richtung der x- und y-Achse können die Maße in Richtung der z-Achse eingegeben werden, z.B. die Bauteilhöhe oder Bauteildicke. Damit ist es möglich, dass die einmal erstellte Zeichnung für vielfältige weitere Darstellungsarten und Aufgaben weiterverarbeitet werden kann. So kann z.B. eine 3D-Darstellung eines Gebäudes erzeugt werden und man kann sie für die Baustoffmengenermittlung benutzen.

Bei der dreidimensionalen Darstellung von Körpern unterscheidet man das Drahtmodell, das Flächenmodell und das Volumenmodell.

Das **Drahtmodell** ist die einfachste Form der 3D-Darstellung. Hierbei wird ein Körper durch Kanten und Eckpunkte dargestellt. Die Kanten stellt man sich als Drähte vor, die an den Eckpunkten zusammengefügt sind. Drahtmodelle bestehen aus geraden, kreisförmigen und kurvenförmigen Linienelementen. Drahtmodelle ergeben oft keine eindeutige Darstellung des Körpers oder sind durch zu viele Kanten unübersichtlich. Bei der Erzeugung von Schnitten entstehen nur Punkte, die nachträglich durch Linien und Schraffuren zu ergänzen sind.

**Beispiele für Drahtmodelle**

Das **Flächenmodell** benutzt statt Bauteilkanten die Bauteilflächen zur 3D-Darstellung. Dazu werden wie bei einem Papiermodell die einzelnen Bauteilflächen zu einem Körper zusammengefügt. Das CAD-Programm erzeugt dazu zwischen den Kanten des Drahtmodells Flächen. Aus dem Flächenmodell lassen sich Ansichten und Perspektiven von Körpern erzeugen und verdeckte Kanten ausblenden. Außerdem können damit automatisch Schnitte erzeugt werden.

**Beispiele für Flächenmodelle**

# 16 Grundlagen der CAD-Technik
## 16.8 Dreidimensionales Konstruieren

Das **Volumenmodell** erlaubt die umfassendste 3D-Darstellung von Baukörpern mit CAD-Programmen. Die Baukörper werden hierbei wie mit Bauklötzen aus einer Vielzahl von Grundbausteinen zusammengesetzt. Diese Grundbausteine sind z.B. prismatische Körper, Zylinder, Drehkörper, Kugel, Kegel und Pyramide sowie Kegel- und Pyramidenstumpf. Die meisten Bauelemente lassen sich aus diesen Grundkörpern durch Hinzufügen oder Herausschneiden erzeugen.

Aus einem Volumenmodell kann ein CAD-Programm alle erforderlichen Projektionen und Schnitte mit der dazugehörigen Schraffur automatisch erzeugen. Außerdem können damit Baustoffmengenberechnungen für ein Bauvorhaben erstellt werden. Durch Schattieren von Flächen und das Betrachten mit Lichtquellen kann man 3D-Darstellungen erzeugen, die Fotografien sehr ähnlich sind (Shadowing).

**Beispiele für Volumenmodelle**

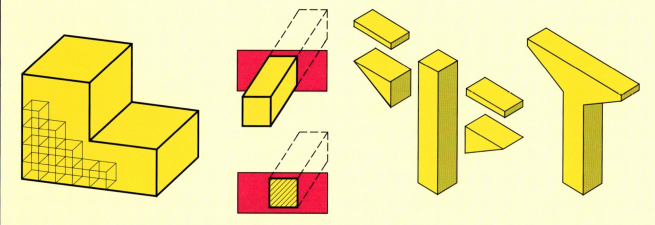

**Beispiel für Volumenmodell mit Schattierung**

# 16 Grundlagen der CAD-Technik

## 16.9 Spezifische BAU-CAD-Technik
### 16.9.1 Weiterverarbeitung der Geometriedaten

Bei der herkömmlichen Planung von Bauvorhaben sind für die unterschiedlichen Gewerke meist eigene Zeichnungen hergestellt worden. Dabei wurde z.B. der Grundriss eines Gebäudes mehrfach gezeichnet. Der Vorteil der CAD-Technik beruht darauf, dass einmal eingegebene Daten eines Bauvorhabens jedem an der Planung Beteiligten in gleicher Weise zur Verfügung stehen.

### 16.9.1 Weiterverarbeitung der Geometriedaten

Für die Ausführung eines Bauvorhabens müssen die vom Architekten gezeichneten Pläne für verschiedene Zwecke weiterbearbeitet werden:

| Ausführungszeichnungen | Berechnungen |
|---|---|
| Tragwerksplanung (Statik)<br>Schalpläne<br>Bewehrungszeichnungen<br>Installationszeichnungen für<br>– Heizungsinstallation<br>– Sanitärinstallation<br>– Elektroinstallation | Wohn- und Nutzflächenberechnung<br>Wärmebedarfsermittlung<br>Mengenermittlung für Ausschreibungen<br>Baukostenüberwachung<br>Abrechnung nach Aufmaß |

Aus dem räumlichen Modell lassen sich zudem durch Herausschneiden einzelner Bauteile 2D-Zeichnungen für den Grundbau, den Mauerwerksbau, den Holzbau sowie die Schalungs- und Bewehrungspläne für den Betonbau erstellen.

**Beispiel für einen Entwurfsplan mit Möblierung**

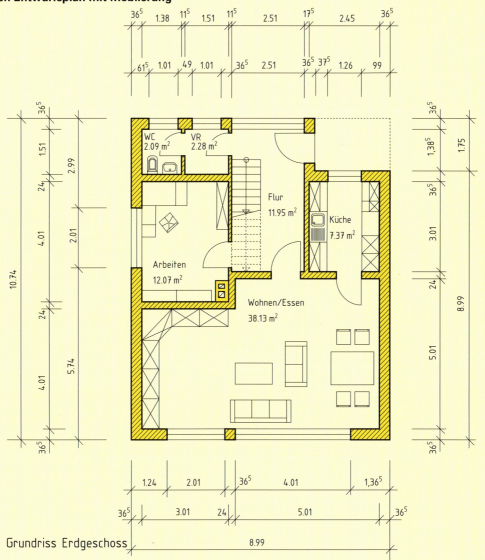

Grundriss Erdgeschoss

# 16 Grundlagen der CAD-Technik
## 16.9 Spezifische BAU-CAD-Technik

### 16.9.2 Mengen- und Kostenermittlung

Wenn alle Bauwerksdaten in einem Volumenmodell erfasst sind, ist mit Hilfe der CAD-Technik eine Mengenermittlung möglich. Voraussetzung für die Kostenermittlung aus den Mengen ist ein Bauteilkatalog (Datenbank), in dem die entsprechenden Einheitspreise enthalten sind. Je umfangreicher diese Bauteilkataloge sind, desto genauer ist die Kostenermittlung möglich. Die Grenzen der maschinellen Kostenermittlung sind dort zu sehen, wo auf herkömmliche Weise eine schnellere Kostenermittlung möglich ist.

### 16.9.3 Vom CAD-System zur automatischen Fertigung

In einigen Bereichen des Baugewerbes ist der Einsatz des Computers außer als Zeichenmaschine auch als Steuereinheit zur automatischen Fertigung möglich.

Bei **Beton- und Stahlbetonbauarbeiten** können z.B. mit Hilfe des Computers automatisch Pläne für Schalungen erstellt werden. Aus dem im CAD-System gezeichneten Grundriss wird dabei unter Berücksichtigung des verwendeten Schalungssystems ein Schalungsplan gezeichnet und eine Stückliste der notwendigen Schalungsteile erstellt.

Für **Mauerarbeiten** können z.B. geometrische Formen in Natursteine gefräst werden. Dazu lassen sich aus dem CAD-Programm automatisch Steuerprogramme für computergesteuerte Fräsmaschinen (CNC-Fräsmaschinen) erzeugen.

Bei **Zimmer- und Holzbauarbeiten** kann z.B. der Abbund für einen Dachstuhl computergesteuert geplant und gezeichnet werden. Die entsprechenden CAD-Programme sind in der Lage, neben den Zeichnungen auch die zum Abbund gehörenden Holz- und Verbindungsmittellisten selbstständig zu erstellen. Ebenso können für gerade oder gewendelte Holztreppen mit Hilfe von CAD-Programmen auf einfache Weise Pläne gezeichnet und Holzlisten erstellt werden.

**Beispiel für einen Schalungsplan aus einem CAD-System**

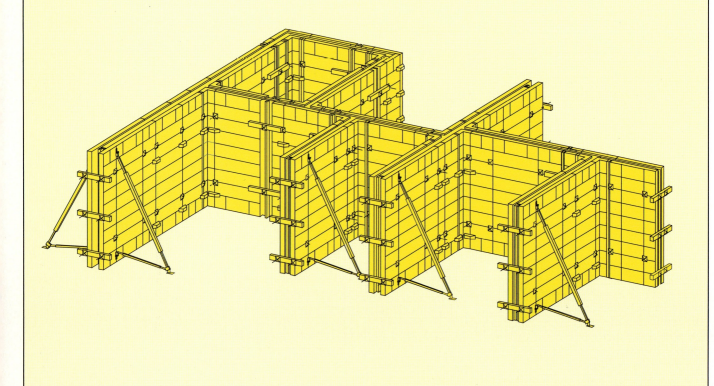

# Sachwortverzeichnis

Abmaß ... 19
Abrundungen ... 36
Abstandhalter, Anzahl und Anordnung ... 188
Abwicklungen ... 67
Anordnung von Maßketten ... 17
Ansichten, Anordnung der ... 41
Arbeitsmittel zum Zeichnen ... 7
Arten der Bemaßung ... 17
Ausbau ... 101
Aussparungen ... 114

Balkenbewehrung ... 189
Balkenlage im Holzbau ... 98
Balkenschalung ... 163
Bauaufnahmen ... 88
Bauskizze, Entstehung einer ... 84
Baustoffschraffuren ... 20
Bemaßen von Bauzeichnungen ... 16
Bemaßen mit Computer ... 252
Beschriften von Bauzeichnungen ... 14
Beschriften mit Computer ... 253
Beton- und Stahlbetonbau ... 178
Betonstabstahlbewehrung ... 183
Betonstahlmattenbewehrung ... 213
Bewehrung von Balken ... 189
Bewehrung von Fundamenten ... 195
Bewehrung von Konsolen ... 206
Bewehrung von Stützen ... 198
Bewehrung von Treppen ... 209
Bewehrung von Wänden ... 202
Bewehrungsstäbe, Kennzeichnung von ... 183
Bewehrungsstäbe, Symbole für die Darstellung ... 183
Bewehrungszeichnungen, Darstellungsarten ... 186
Bezugsbemaßung ... 18
Bezugslinien ... 17
Bogenbemaßung ... 19
Bogenformen ... 39

CAD-Technik ... 239

Deckenauflager, einschalige Außenwand ... 149
Deckenauflager, zweischalige Außenwand ... 151
Deckenschalung ... 170
Dickenbemaßung ... 19
Dimetrie ... 58
Dränung ... 149
Drehverfahren ... 67
Dreidimensionales Konstruieren ... 255
Dreiecke ... 28
Dreitafelproduktion ... 43
Drempel ... 149

Ebenentechnik ... 245
Editierfunktionen ... 248
Einschaliges Mauerwerk ... 149
Einzelstabbewehrung ... 183
Elementschalung ... 176
Ellipse ... 38
Entwässerungszeichnung, Darstellung ... 134
Entwässerungszeichnung, Inhalte ... 133
Entwässerungszeichnung, Projekte ... 135, 136
Entwässerungszeichnung, Sinnbilder und Zeichen ... 134
Erdbau ... 107
Ergänzungszeichen ... 53

Fachwerkwand ... 98
Farbkennzeichnung von Baustoffen ... 20
Fassadenschnitt durch ein Wohngebäude ... 149
Fertigteile ... 233
Fliesenarbeiten ... 101
Freihandzeichnen ... 81
Fundamentbewehrung ... 195
Fundamentzeichnung, Darstellung ... 130
Fundamentzeichnung, Inhalte ... 129
Fundamentzeichnung, Projekte ... 131, 132
Fünfeck ... 33

Gebäude in Holzbauweise ... 97
Gebäude in Massivbauweise ... 90
Geometrische Grundkonstruktionen ... 23
Gerade ... 23
Gerade Treppen ... 225
Gewichtsliste für Betonstabstahl ... 185
Gewichtsliste für Betonstahlmatten ... 215
Großtafelbauweise ... 233
Größtmaß ... 19

Halbschnitt ... 76
Hardware ... 239
Hilfsfunktionen ... 244
Hinweislinien ... 17
Höhenbemaßung ... 18
Holzverbindungen im Fachwerkbau ... 98

Identifizierungsfunktionen ... 244
Isometrie ... 58
Istmaß ... 19

Kavalierperspektive ... 58
Kelleraußenwand ... 149
Klappverfahren ... 67
Kleinstmaß ... 19
Konsolenbewehrung ... 206
Koordinatensysteme ... 242
Korbbogen ... 39, 153
Kreis ... 35
Kreisübergänge ... 36

Leichte Trennwände ... 103
Lese- und Schreibrichtung ... 17
Lichtschacht ... 149
Linienbreiten ... 11

Makros ... 254
Maßeinheiten ... 16
Maßlinien ... 16
Maßstäbe ... 16
Maßtoleranzen ... 19
Maßzahlen ... 16
Mauerbögen ... 153
Mauerpfeiler ... 142
Mauerverbände aus großformatigen Steinen ... 146
Mauerverbände aus klein- und mittelformatigen Steinen ... 92, 137
Mauerwerk aus natürlichen Steinen ... 156

Natursteinmauerwerk ... 156
Normalprojektion ... 41

# Sachwortverzeichnis

Objektfang .................................... 247
Öffnungsarten von Türen und Fenstern ........... 113
Oval .......................................... 38

Papierformate ................................. 9
Parallelen .................................... 23
Parallelogramm ................................ 30
Positionierfunktionen ......................... 243
Positionspläne ................................ 180
Profilschnitt ................................. 76
Projekt: Betriebsgebäude ...................... 125
Projekt: Bushaltestelle mit Wartehäuschen ..... 123
Projekt: Funktionsgebäude ..................... 127
Projekt: Garage mit Abgrenzungsmauer .......... 119
Projekt: Garagenanlage im Erdwall ............. 121
Projektionen .................................. 41

Quadrat ....................................... 29
Querschnittsbemaßung .......................... 18

Radienbemaßung ................................ 19
Räumliche Darstellungen ....................... 58
Räumliche Darstellungen,
   Arbeitsablauf beim Zeichnen ................ 59
Raute ......................................... 30
Rechteck ...................................... 29
Rechtwinklige Maueranschlüsse ................. 137
Rollladenkasten ............................... 149
Rundbogen ................................. 39, 153

Schalpläne .................................... 178
Schalungsbau .................................. 158
Scheitrechter Bogen ........................... 154
Schiefwinklige Maueranschlüsse ................ 144
Schneideskizzen für Betonstahlmatten .......... 215
Schnittanordnung .............................. 77
Schnittdarstellung ............................ 77
Schnittkennzeichnung .......................... 13
Schnittversprung .............................. 77
Schornsteine und Schächte, Darstellung ........ 113
Schornsteine, Aufbau .......................... 220
Schornsteinformstücke ......................... 221
Schornsteinverbände ........................... 221
Schraffieren mit Computer ..................... 251
Schraffuren ................................... 20
Schreibrichtung ............................... 17
Schriftfeld ................................... 9
Schrifthöhen .................................. 14
Sechseck ...................................... 33
Segmentbogen .................................. 154
Sehne ......................................... 35
Sehnenbemaßung ................................ 19
Senkrechte .................................... 24
Skelettbauweise ............................... 236
Skizziertechnik ............................... 81
Software ...................................... 241
Sollmaß ....................................... 19
Spitzbogen .................................... 39
Spitzgeräte ................................... 8
Stichbogen .................................... 39
Strahl ........................................ 23
Straßenbau .................................... 109
Strecke ....................................... 23
Strecken teilen ............................... 24
Stuckarbeiten ................................. 105

Stuckschablonen ............................... 105
Stufenverziehung .............................. 228
Stützenbewehrung .............................. 198
Stützenschalung ............................... 158
Symbole für Einrichtungen und Installationen .. 115

Tabellenbemaßung .............................. 18
Tangente ...................................... 35
Teilschnitt ................................... 76
Thaleskreis ................................... 26
Tiefbau ....................................... 109
Trapez ........................................ 31
Treppe, gerade ................................ 225
Treppe, halbgewendelt ......................... 229
Treppe, viertelgewendelt ...................... 228
Treppe, Aufriss der Wandseiten ................ 230
Treppenbemaßung ............................... 224
Treppenbewehrung .............................. 209
Treppen, Darstellung .......................... 224
Treppenschalung ............................... 174
Treppen und Rampen, Darstellung ............... 113
Trockenbauarbeiten ............................ 103

Unregelmäßiges Viereck ........................ 31
Unterdecken ................................... 103
Unterstützungskörbe für Betonstahlmatten ...... 215

Verlegeplan für Deckenplatten ................. 103
Verlegeplan für Betonstahlmatten .............. 213
Vielecke, regelmäßige ......................... 33
Vielecke, unregelmäßige ....................... 31
Vierecke ...................................... 29
Vollschnitt ................................... 76

Wahre Flächen ................................. 68
Wahre Größen .................................. 67
Wahre Längen .................................. 67
Wandbewehrung ................................. 202
Wandfliesenbelag, Aufteilung .................. 101
Wandschalung .................................. 165
Wangenaufriss ................................. 230
Werkzeichnungen, Abkürzungen .................. 115
Werkzeichnungen, Arten ........................ 111
Werkzeichnungen, Beispiel ..................... 116
Werkzeichnungen, Inhalte ...................... 112
Winkel ........................................ 25
Winkelbemaßung ................................ 19
Winkel, Konstruktionen ........................ 25
Winkel übertragen ............................. 25

Zeichenarbeitsplätze .......................... 7
Zeichendreiecke ............................... 8
Zeichenfunktionen ............................. 246
Zeichengeräte ................................. 8
Zeichenmaßstäbe ............................... 8
Zeichenpapiere ................................ 9
Zeichenplatte ................................. 8
Zeichenschablonen ............................. 8
Zeichenschiene ................................ 8
Zeichenstifte ................................. 8
Zeichnungsfaltung ............................. 10
Zeichnungsnormung ............................. 10
Zirkel ........................................ 8
Zoomfunktionen ................................ 245
Zweischaliges Mauerwerk ....................... 151